Walter Strampp
Victor Ganzha
Evgenij Vorozhtsov

Höhere Mathematik mit Mathematica 3

Walter Strampp
Victor Ganzha
Evgenij Vorozhtsov

Höhere Mathematik mit Mathematica

Band 3: Differentialgleichungen und Numerik

Mit 145 Beispielen mit Mathematica

Gedruckt auf säurefreiem Papier

ISBN-13: 978-3-528-06790-8   e-ISBN-13: 978-3-322-80297-2
DOI: 10.1007/978-3-322-80297-2

Vorwort

Dieses Buch bildet den dritten Band unserer vierbändigen Einführung in die Höhere Mathematik mit *Mathematica*. Es enthält den Stoff einer etwa drei- bis vierstündigen Einführung in die Gewöhnlichen Differentialgleichungen sowie einer Einführung in die Numerik etwa gleichen Umfangs. Auf beiden Gebieten bestehen ausgezeichnete Einsatzmöglichkeiten des Computer-Mathematik-Systems *Mathematica*. In zahlreichen Beispielen werden die mathematischen Grundvorstellungen durch die Wechselwirkung von inhaltlicher Überlegung und symbolischer bzw. symbolisch-numerischer Rechnung verdeutlicht. Viele Graphiken, die alle mit *Mathematica* erstellt wurden, unterstützen diese Arbeit.

Die wesentlichen mathematischen Begriffe und *Mathematica*-Befehle werden auf der Randspalte hervorgehoben. Ziel dieses Buches ist, zusammen mit der Einführung in die mathematische Theorie die Einsatzmöglichkeiten der Computeralgebra zu demonstrieren. Dabei werden für den interessierten Leser gelegentlich Programme – insbesondere im Numerikteil – mitgeliefert, deren vollständige Erläuterung eine kurze Einführung in *Mathematica* als Programmiersprache erfordern würde. *Mathematica* übernimmt deswegen in unserem Buch keinesfalls die Funktion einer Black-Box.

Viele Leser – vor allem Studenten – werden noch mit älteren *Mathematica*-Versionen arbeiten. Dies kann ohne Probleme geschehen. Im wesentlichen haben wir mit der Version 2.2.3 gearbeitet. Die verwendeten Befehle können aber auch ohne Änderung in der neueren Version 3.0 übernommen werden.

Der gesamte *Mathematica*-Programm-Code aus den Beispielen des dritten und vierten Bandes der Höheren Mathematik mit *Mathematica* kann vom Server des Vieweg-Verlages heruntergeladen werden.

Die Adresse:

```
http://www.vieweg.de/welcome/downloads/strampp3
```

Mit Herrn W. Schwarz vom Verlag Vieweg verbindet uns eine mehrjährige vertrauensvolle Zusammenarbeit. Dafür und für seinen stetigen Einsatz für unser Projekt gebührt ihm unser herzlicher Dank.

Literatur

K. Meyberg, P. Vachenauer, Höhere Mathematik, Band II, Springer-Verlag, Berlin, Heidelberg 1991.

K. Endl, W. Luh, Analysis III, Akademische Verlagsgesellschaft, Frankfurt am Main 1974.

W. Walter, Gewöhnliche Differentialgleichungen, Springer-Verlag, Berlin, Heidelberg 1972.

W. Luther, K. Niederdrenk, F. Reutter, Gewöhnliche Differentialgleichungen: Analytische und numerische Aspekte, Verlag Vieweg, Braunschweig/Wiesbaden 1987.

K. Burg, H. Haf, F. Wille, Höhere Mathematik für Ingenieure, Band III, B. G. Teubner, Stuttgart 1990.

J.-P. Demailly, Gewöhnliche Differentialgleichungen: Theoretische und numerische Aspekte, Verlag Vieweg, Braunschweig/Wiesbaden 1994.

C. Ross, Differential Equations, An Introduction with Mathematica, Springer-Verlag, Berlin, Heidelberg 1995.

E. Stiefel, Einführung in die numerische Mathematik, B. G. Teubner, Stuttgart 1970.

G. Engeln-Müllges, F. Reutter, Numerische Mathematik für Ingenieure, B.I. Wissenschaftsverlag, Mannheim 1984.

J. Stoer, Numerische Mathematik 1, Springer-Verlag, Berlin, Heidelberg 1989.

J. Stoer, R. Bulirsch, Numerische Mathematik 2, Springer-Verlag, Berlin, Heidelberg 1990.

G. Opfer, Numerische Mathematik für Anfänger, Verlag Vieweg, Braunschweig/Wiesbaden 1994.

W. Oevel, Einführung in die numerische Mathematik, Spektrum Akademischer Verlag, Heidelberg, Berlin 1996.

M. L. Abell, J. P. Braselton, Mathematica by Example, Academic Press, Inc., San Diego, CA 1992.

R. Braun, R. Meise, Analysis mit Maple, Verlag Vieweg, Braunschweig/Wiesbaden 1995.

E. Heinrich, H. Janetzko, Das Mathematica-Arbeitsbuch, Verlag Vieweg, Braunschweig/Wiesbaden 1996.

W. Werner, Mathematik lernen mit Maple V, dpunkt Verlag, Heidelberg 1996.

T. Westermann, Mathematik für Ingenieure mit Maple, Band I u. II, Springer-Verlag, Berlin, Heidelberg 1997.

Inhaltsverzeichnis

Teil I

Gewöhnliche Differentialgleichungen

1 Differentialgleichungen erster Ordnung

1.1 Einige Grundbegriffe

Wir legen zunächst fest, was wir unter einer Differentialgleichung
und ihren Lösungen verstehen wollen.

> **Definition 1.1** Auf einem Gebiet $D \subseteq \mathbb{R} \times \mathbb{R}$ sei eine reellwer-
> tige, stetige Funktion g erklärt. Die Gleichung
>
> $$y' = g(x, y)$$
>
> wird als *Differentialgleichung erster Ordnung* bezeichnet.
> Verläuft der Graph einer auf einem Intervall I stetig differenzier-
> baren Funktion f ganz in D
>
> $$\{(x, f(x)) \mid x \in I\} \subset D$$
>
> und gilt für jedes $x \in I$
>
> $$f'(x) = g(x, f(x)),$$
>
> so heißt f *Lösung* der Differentialgleichung.

Differentialgleichung erster Ordnung

Lösung

Es ist oft zu umständlich, für die Variable y der Funktion g und
die Lösungsfunktionen f verschiedene Namen zu verwenden. Wir
schreiben auch

$$f(x) = y(x) \quad \text{und} \quad y'(x) = g(x, y(x)).$$

Zwei einfache Typen von Differentialgleichungen, nämlich $y' =
g(x)$ und $y' = g(y)$, deren rechte Seite nicht von y bzw. x abhängt,
können ohne weitere Vorkenntnisse gelöst werden.

Beispiel 1.1

Sei $g(x)$ eine auf einem Intervall I stetige Funktion. Wir suchen alle Lösungen der Differentialgleichung

$$y' = g(x).$$

Jede Lösung $y(x)$ besitzt die Eigenschaft:

$$y(x) = y(x_0) + \int_{x_0}^{x} g(t)\, dt$$

mit einem beliebigen $x_0 \in I$. Offenbar stellt jede Lösung eine Stammfunktion von g dar, und zwei Lösungen können sich nur durch eine Konstante unterscheiden. Ist zum Beispiel

$$y' = \frac{1}{1 + x^2} \, ,$$

so bekommen wir die Lösungen

$$y(x) = y_0 + \arctan(x)$$

mit einer beliebigen Konstanten y_0.

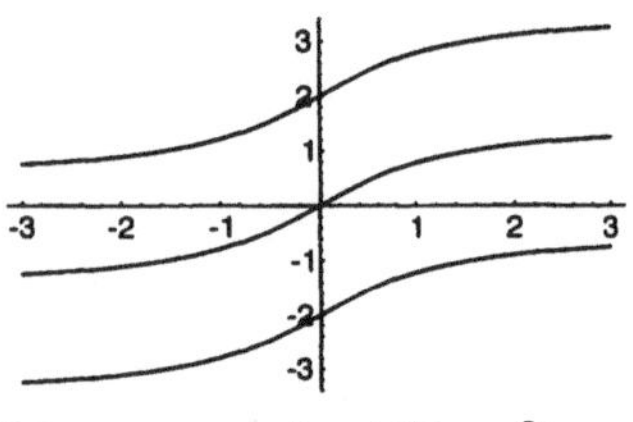

Lösungen von $y' = 1/(1 + x^2)$

Beispiel 1.2

Nun sei $g(y)$ eine auf einem Intervall J stetige Funktion. Wir suchen Lösungen der Differentialgleichung

$$y' = g(y) \, .$$

Falls $g(\bar{y}) = 0$ ist, dann stellt $y(x) = \bar{y}$ eine konstante Lösung dar. Falls $y(x)$ aber eine Lösung mit $y(x_0) = y_0$ und $g(y_0) \neq 0$ ist, dann können wir in einer Umgebung des Punktes (x_0, y_0) ihre Umkehrfunktion $x(y)$ betrachten. Für die Umkehrfunktion bekommen wir die folgende Differentialgleichung:

$$\frac{dx}{dy} = \frac{1}{g(y)}$$

mit den Lösungen

$$x(y) = x(y_0) + \int\limits_{y_0}^{y} \frac{1}{g(s)} \, ds \, .$$

Beispielsweise wird man bei der Differentialgleichung

$$y' = e^y$$

auf die Differentialgleichung

$$\frac{dx}{dy} = e^{-y}$$

für die Umkehrfunktionen geführt, deren Lösungen

$$x(y) = x(y_0) - e^{-y} + e^{-y_0}$$

lauten. Löst man mit $x_0 = x(y_0)$ nach y auf, so ergeben sich die Lösungen

$$y(x) = -\ln(x_0 + e^{-y_0} - x), \quad x < x_0 + e^{-y_0} \, ,$$

der Ausgangsgleichung.

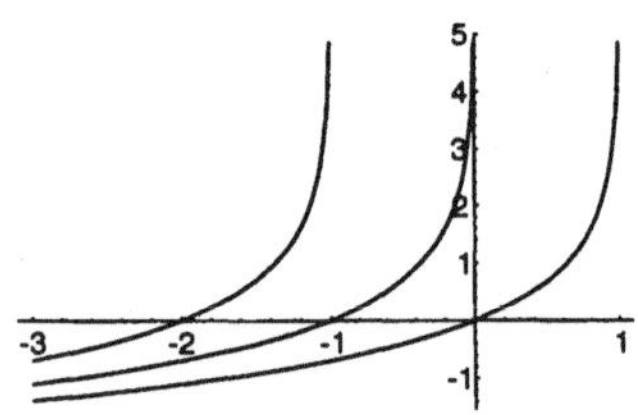

Lösungen von $y' = e^y$

Beispiel 1.3

`Integrate`

`Solve`

Wir wollen die Differentialgleichung aus Beispiel 1.2: $y' = e^y$ mit den beiden Befehlen `Integrate` und `Solve` bearbeiten:

```
Solve[x==x0+Integrate[Exp[-s],{s,y0,y}],y]

Solve::ifun:
    Warning: Inverse functions are being used by Solve,
        so some solutions may not be found.

                        y0          y0
{{y -> y0 - Log[1 - E   x + E    x0]}}
```

Mathematica überläßt es uns, den Definitionsbereich der Umkehrfunktion
zu bestimmen.

Beispiel 1.4

Bei der Differentialgleichung

$$y' = \frac{1}{1+y^2}$$

ergibt sich die folgende Gleichung zur Bestimmung der Umkehrfunktionen
von Lösungen:

$$\frac{dx}{dy} = 1 + y^2 \,.$$

Die Umkehrfunktionen der gesuchten Lösungen lauten also:

$$x(y) = \frac{1}{3}y^3 + y + x(y_0)\,.$$

Hier leistet `Solve` gute Dienste bei der Auflösung. Mit $x(y_0) = x_0$ ergeben
sich drei Auflösungen, von denen zwei komplex sind. Die reelle Auflösung
lautet:

```
Solve[y^3/3+y==x-x0,y][[1]]

{y ->

                             1/3
                        -3 2
    ------------------------------------------------ +
                             2                1/3
    (Sqrt[2916 + 6561 (x - x0) ] + 81 (x - x0))

                             2                1/3
    (Sqrt[2916 + 6561 (x - x0) ] + 81 (x - x0))
    ------------------------------------------------}
                             1/3
                        3 2
```

Also:

$$y(x) = -3\,\frac{\sqrt[3]{2}}{\sqrt[3]{\sqrt{2916 + 6561\,(x-x_0)^2} + 81\,(x-x_0)}}$$
$$+ \frac{\sqrt[3]{\sqrt{2916 + 6561\,(x-x_0)^2} + 81\,(x-x_0)}}{3\,\sqrt[3]{2}}\,.$$

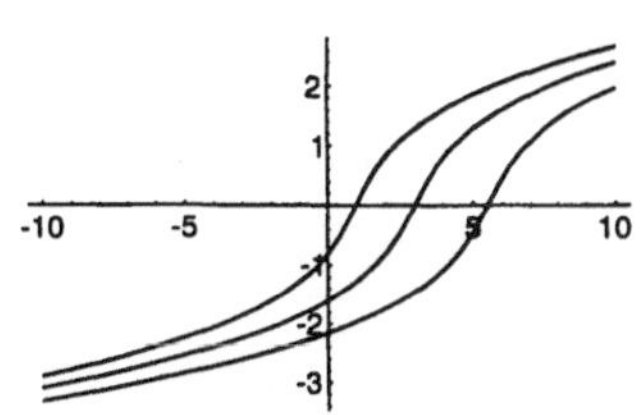

Lösungen von $y' = 1/(1+y^2)$

Zur Veranschaulichung der Differentialgleichung $y' = g(x, y)$ dienen folgende Begriffe:

> **Definition 1.2** Gegeben sei eine Differentialgleichung
>
> $$y' = g(x, y), \quad g : D \to \mathbb{R}.$$
>
> Jeder Punkt $(x, y, g(x, y)) \in \mathbb{R}^3$, $(x, y) \in D$ heißt *Linienelement*. Die Menge aller Linienelemente
>
> $$\{(x, y, g(x, y)) \mid (x, y) \in D\}$$
>
> heißt *Richtungsfeld* der Differentialgleichung. Jede Kurve, welche die Gleichung
>
> $$g(x, y) = c, \quad c \in \mathbb{R},$$
>
> erfüllt, heißt *Isokline* der Differentialgleichung.

Linienelement
Richtungsfeld
Isokline

Die Isoklinen vereinigen Punkte mit gleicher Richtung zu Kurven. Sie bilden also gerade die Höhenlinien der Funktion $g(x, y)$.

Wenn der Graph einer Lösung f durch einen Punkt $(x_0, y_0) \in D$ geht, dann stellt die Gerade

$$y = y_0 + g(x_0, y_0)(x - x_0)$$

die Tangente an f in diesem Punkt dar. Wenn der Graph einer Lösung f in einem Punkt $(x_0, y_0) \in D$ eine Isokline schneidet, so stellt der Parameter c den Anstieg der Tangente an f in diesem Punkt dar.

Das Richtungsfeld kann graphisch dargestellt werden, indem man in jedem Punkt $(x_0, y_0) \in D$ ein kleines Geradenstück mit dem Anstieg $g(x_0, y_0)$, also ein kleines Stück der Gerade $y = y_0 + g(x_0, y_0)(x - x_0)$ zeichnet.

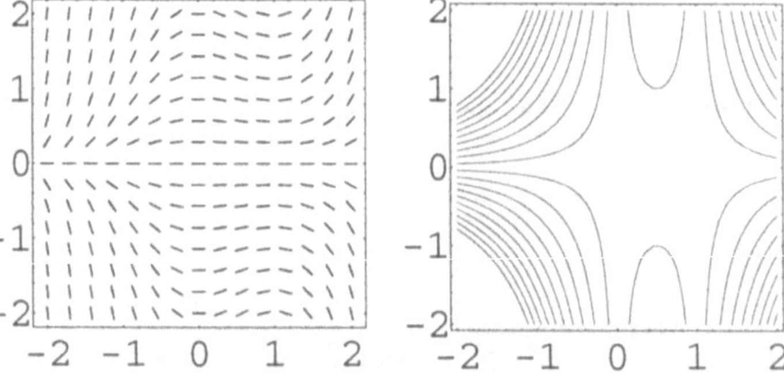

Richtungsfeld (links) und Isoklinen (rechts) von $y' = (x^2 - x)y$

Beispiel 1.5

Wenn man das Richtungsfeld der Differentialgleichung

$$y' = g(x)$$

zeichnet, so stellt man fest, daß die Richtungen auf Parallelen zur y-Achse konstant sind. Die Graphen von Lösungen können ebenfalls parallel zur y-Achse verschoben werden. Man findet auf diese Weise eine anschauliche Bestätigung für die Tatsache, daß sich Stammfunktionen einer gegebenen Funktion nur um eine Konstante unterscheiden.

Analog gilt für das Richtungsfeld der Differentialgleichung

$$y' = g(y) \,,$$

daß die Richtungen auf Parallelen zur x-Achse konstant sind. Die Graphen von Lösungen können auch im Richtungsfeld parallel zur x-Achse verschoben werden.

Beispiel 1.6

Seien $a : I \to \mathbb{R}$ und $b : I \to \mathbb{R}$ stetige Funktionen. Wir untersuchen das Richtungsfeld der linearen Gleichung

$$y' = a(x)y + b(x) \,.$$

Dazu betrachten wir die Tangente an eine Lösung durch den Punkt (x_0, y_0):

$$y = (a(x_0)y_0 + b(x_0))(x - x_0) + y_0 \,.$$

Falls $a(x_0) \neq 0$ erkennt man sofort, daß der Punkt

$$(x_s(x_0), y_s(x_0)) = \left(x_0 - \frac{1}{a(x_0)}, -\frac{b(x_0)}{a(x_0)} \right)$$

auf der Tangente liegt. Also zeigen alle auf einer Geraden $x = x_0$ abgetragenen Richtungen auf den Punkt $(x_s(x_0), y_s(x_0))$, in dem sich alle Tangenten schneiden. Alle Schnittpunkte

$$(x_s(x_0), y_s(x_0)) \,, \quad a(x_0) \neq 0 \,,$$

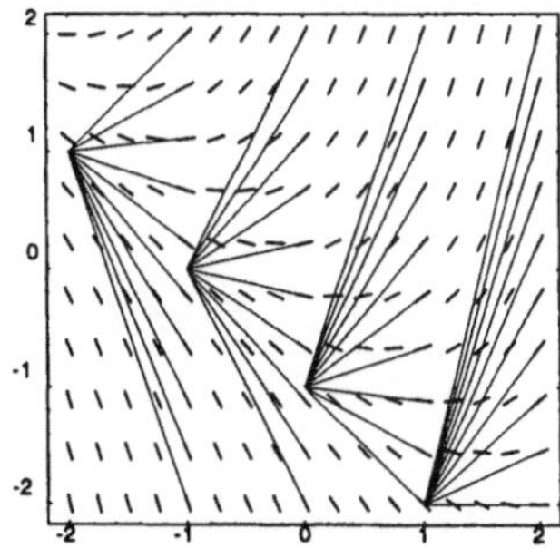

Richtungsfeld von $y' = y + x$ mit sich auf der Leitkurve schneidenden Tangenten

Leitkurve

können zu einer Kurve, der sogenannten *Leitkurve* zusammengefaßt werden.

Falls $a(x_0) = 0$ ist, sind die auf der Geraden $x = x_0$ vorliegenden Richtungen parallel und die entsprechenden Tangenten schneiden sich nicht.

Bei der Gleichung

$$y' = y + x$$

ergibt sich die Leitkurve

$$(x_0 - 1, -x_0) \,.$$

Man kann nach der Menge aller Lösungen einer gegebenen Differentialgleichung erster Ordnung (*allgemeine Lösung*) fragen oder nach einer Lösung, die durch einen bestimmten Punkt geht.

Allgemeine Lösung

> **Definition 1.3** Gegeben sei die Differentialgleichung
>
> $$y' = g(x, y), \quad g : D \to \mathbb{R},$$
>
> und ein Punkt $(x_0, y_0) \in D$. Gesucht werde eine Lösung, die durch den Punkt (x_0, y_0) geht:
>
> $$y(x_0) = y_0.$$
>
> Diese Bedingung wird als *Anfangsbedingung* und die Problemstellung als *Anfangswertproblem* bezeichnet.

Anfangsbedingung

Anfangswertproblem

Beispiel 1.7

Differentialgleichungen mit `DSolve` lösen:

Mit dem Befehl `DSolve` gestattet *Mathematica* unter Verwendung des Pakets `Calculus`DSolve`` die Bestimmung der allgemeinen Lösung:

`DSolve`

`Calculus`DSolve``

```
DSolve[y'[x]==g[x,y[x]],y[x],x]
```

und die Lösung des Anfangswertproblems

```
DSolve[{y'[x]==g[x,y[x]],y[x0]==y0},y[x],x]
```

Betrachten wir nun die Gleichung:

$$y' = x^2 y, \quad D = \mathbb{R} \times \mathbb{R}.$$

```
<<Calculus`DSolve`
DSolve[y'[x]==x^2 y[x],y[x],x]

                 3
             x /3
{{y[x] -> E       C[1]}}
```

Also:
$$y(x) = c\, e^{\frac{x^3}{3}}, \quad c \in \mathbb{R}.$$

Man bestätigt sofort durch Differenzieren, daß diese Funktionenschar tatsächlich die Differentialgleichung erfüllt. Nun betrachten wir das Anfangswertproblem:

$$y' = x^2 y, \quad y(1) = 3.$$

```
DSolve[{y'[x]==x^2 y[x],y[1]==3},y[x],x]

                   3
          -(1/3) + x /3
{{y[x] -> 3 E             }}
```

Also:
$$y(x) = \frac{3}{e^{\frac{1}{3}}}\, e^{\frac{x^3}{3}}.$$

Natürlich hätte man dies auch aus der allgemeinen Lösung durch Anpassen der Konstanten an die Anfangsbedingung bekommen können.

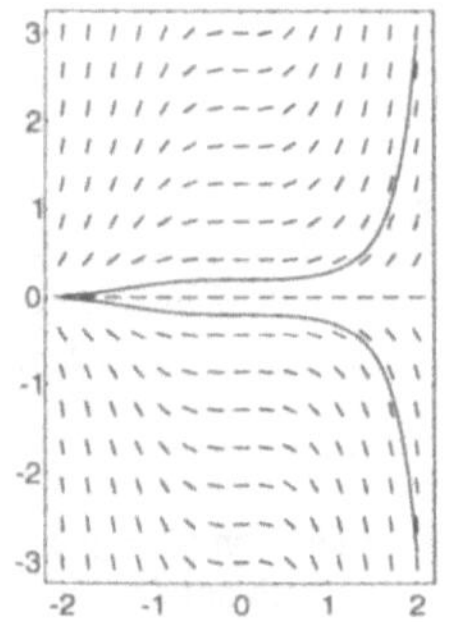

Lösungen von $y' = x^2 y$ im Richtungsfeld

Bemerkung 1.1 Ein Anfangswertproblem kann mehrere Lösungen besitzen, wie man an der auf $D = \mathbb{R} \times \mathbb{R}$ erklärten Differentialgleichung

$$y' = 3\sqrt[3]{y^2}$$

sehen kann. Wir suchen eine Lösung, die die Anfangsbedingung $y(0) = 0$ erfüllt. Dieses Anfangswertproblem besitzt beliebig viele Lösungen, nämlich

$$y(x) = \begin{cases} (x-\alpha)^3 & , \quad x \leq \alpha \\ 0 & , \quad \alpha < x \leq \beta \\ (x-\beta)^3 & , \quad \beta \leq x \end{cases}$$

für beliebige $\alpha < 0 < \beta$. DSolve liefert nur die Lösung

$$y(x) = x^3$$

für das Anfangswertproblem.

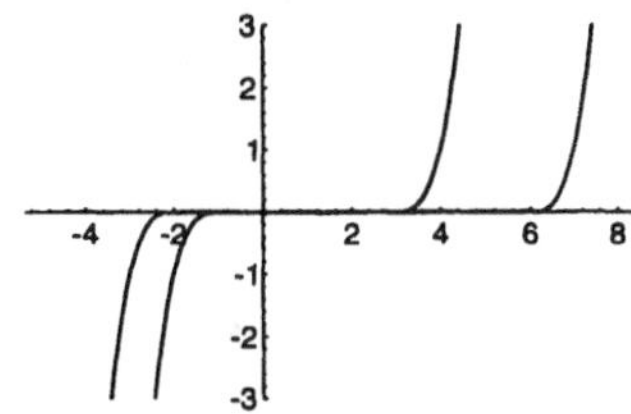

Lösungen von
$y' = 3y^{2/3}$, $y(0) = 0$

```
<<Calculus`DSolve`
DSolve[{y'[x]==3 y[x]^(2/3),y[0]==0},y[x],x]

              3
{{y[x] -> x }}
```

Beispiel 1.8

Die Probe mit *Mathematica* durchführen:

Wir betrachten das folgende Anfangswertproblem:

$$y' = x \cos(x)\, y\,, \quad y(\pi) = 3\,.$$

```
<<Calculus`DSolve`
DSolve[{y'[x]==x Cos[x] y[x],y[Pi]==3},y[x],x]

              1 + Cos[x] + x Sin[x]
{{y[x] -> 3 E                      }}
```

Also:

$$y(x) = 3\, e^{1+\cos(x)+x\,\sin(x)}\,.$$

Wir führen mit *Mathematica* die Probe durch:

```
s=DSolve[{y'[x]==x Cos[x] y[x],y[Pi]==3},y[x],x];
l[x]=y[x]/.s[[1]]

    1 + Cos[x] + x Sin[x]
3 E

Simplify[D[l[x],x]-x Cos[x] l[x]]

0
```

Die Durchführung der Probe kann einfacher gestaltet werden, wenn man den Begriff der Pure Function benutzt. Um die Lösung als eine Pure Function zu bekommen, setzt man y anstatt y[x] als zweites Argument in den DSolve-Befehl ein.

Pure Function

DSolve

```
dgl=y'[x]==x Cos[x] y[x];
ab=y[Pi]==3;
lp=DSolve[{dgl,ab},y,x]
```

$$\{\{y \rightarrow \text{Function}[x,\ 3\ E^{1 + \cos[x] + x\,\sin[x]}]\}\}$$

```
Simplify[dgl/.lp]
```

```
{True}
```

```
Simplify[ab/.lp]
```

```
{True}
```

Das Ergebnis `True` zeigt an, daß Einsetzen der Lösung in die Differentialgleichung eine wahre Aussage ergab. Ohne die Verwendung der `Pure Function` hingegen, hätte Einsetzen von s in die Differentialgleichung zu folgendem Ergebnis geführt:

```
Simplify[y'[x]==x Cos[x] y[x]/.s]
```

$$\{y'[x] == 3\ E^{1 + \cos[x] + x\,\sin[x]}\ x\,\cos[x]\}$$

1.2   Existenz und Eindeutigkeit von Lösungen

Mit dem Existenz-und Eindeutigkeitssatz werden wir eine Grundlage für die weitere Behandlung von Differentialgleichungen legen. Wir betrachten das Anfangswertproblem:

$$y' = g(x, y)\,, \quad y(x_0) = y_0\,,$$

mit einer auf einem Gebiet $D \subset \mathbb{R} \times \mathbb{R}$ stetigen und nach y stetig partiell differenzierbaren Funktion g.

Wir gehen zunächst vom Anfangswertproblem zu einer *Integralgleichung* über:

Integralgleichung

$$y(x) = y_0 + \int_{x_0}^{x} g(t, y(t))\, dt$$

Jede Lösung des Anfangswertproblems liefert eine Lösung der Integralgleichung, und umgekehrt stellt jede stetige Lösung der Integralgleichung eine Lösung des Anfangswertproblems dar. Beide Aussagen gehen auf den Hauptsatz der Differential- und Integralrechnung zurück. Die Integralgleichung hat den Vorteil, daß man ihre Lösung rekursiv durch *Picard-Iteration* (sukzessive Approximation) angehen kann:

$$y_k(x) = y_0 + \int\limits_{x_0}^{x} g(t, y_{k-1}(t))\, dt\,, \quad y_0(x) = y_0\,, \quad k \geq 1\,,$$

Picard-Iteration

Wir wollen annehmen, daß die Iteration auf einem Intervall

$$U_\rho(x_0) = \{x \mid |x - x_0| \leq \rho\}$$

durchführbar ist, und die Funktionenfolge $y_k(x)$ dort gleichmäßig gegen eine Grenzfunktion $y(x)$ konvergiert. Wir setzen voraus, daß die rechte Seite $g(x, y)$ eine *Lipschitzbedingung*:

$$|g(x, \bar{y}) - g(x, y)| \leq L|\bar{y} - y|\,, \quad \text{für alle} \quad x, y, \bar{y} \in D$$

Lipschitzbedingung

mit einer Konstanten $L > 0$ erfüllt. Die Lipschitzbedingung garantiert, daß auch die Funktionenfolge $g(x, y_k(x))$ auf $U_\rho(x_0)$ gleichmäßig gegen die Grenzfunktion $g(x, y(x))$ konvergiert. Integration und Grenzübergang können nun vertauscht werden, und man bekommt

$$\begin{aligned}
y(x) &= \lim_{k \to \infty} y_k(x) \\[1mm]
&= y_0 + \lim_{k \to \infty} \int\limits_{x_0}^{x} g(t, y_{k-1}(t))\, dt \\[1mm]
&= y_0 + \int\limits_{x_0}^{x} \lim_{k \to \infty} g(t, y_{k-1}(t))\, dt \\[1mm]
&= y_0 + \int\limits_{x_0}^{x} g(t, y(t))\, dt\,,
\end{aligned}$$

so daß $y(x)$ eine Lösung des Anfangswertproblems darstellt.

Beispiel 1.9

Wir berechnen die ersten beiden Picard-Iterierten beim Anfangswertproblem:

$$y' = 2x\,y\,, \quad y(0) = 1\,,$$

und bekommen:

$$y_1(x) = 1 + \int_0^x 2t\,dt = 1 + x^2$$

$$y_2(x) = 1 + \int_0^x 2t(1 + t^2)\,dt = 1 + x^2 + \frac{x^4}{2}.$$

`Integrate`
`Do`

Mit Hilfe von `Integrate` und `Do` berechnen wir nun die ersten fünf Picard-Iterierten:

```
x0=0;y0=1;
yi[0,x_]:=y0;
g[x_,y_]:=2 x y;
Do[yi[k_,x_]:=y0+Integrate[g[t,yi[k-1,t]],{t,x0,x}];

    Print["y(",k,",",x)=",yi[k,x]],{k,1,5}]

                 2
y(1,x)=1 + x

                         4
                 2       x
y(2,x)=1 + x     +  --
                         2

                         4       6
                 2       x       x
y(3,x)=1 + x     +  --  +  --
                         2       6

                         4       6       8
                 2       x       x       x
y(4,x)=1 + x     +  --  +  --  +  --
                         2       6       24

                         4       6       8       10
                 2       x       x       x       x
y(5,x)=1 + x     +  --  +  --  +  --  +  ---
                         2       6       24      120
```

Man bestätigt durch vollständige Induktion, daß

$$y_k(x) = \sum_{\nu=0}^{k} \frac{x^{2\nu}}{\nu!},$$

und somit $y_k(x)$ gleichmäßig gegen die Grenzfunktion

$$y(x) = \sum_{\nu=0}^{\infty} \frac{x^{2\nu}}{\nu!} = e^{x^2}$$

konvergiert. Die Grenzfunktion stellt die Lösung des Anfangswertproblems dar.

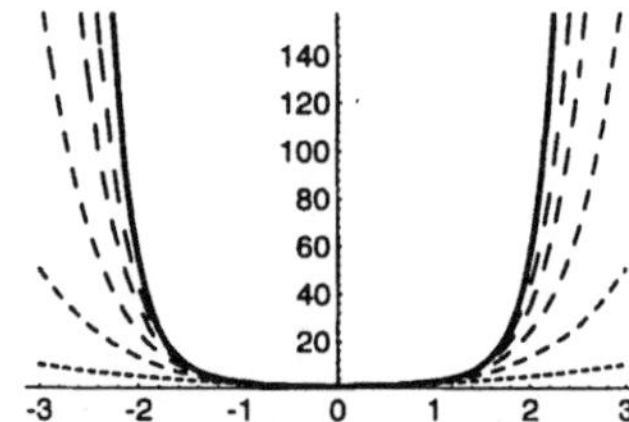

Picard-Iterierte für
$y' = 2xy$, $y(0) = 1$ mit exakter
Lösung

Beispiel 1.10

Wir berechnen die ersten fünf Picard-Iterierten beim Anfangswertproblem:

$$y' = 2xy + 1, \quad y(0) = 1,$$

mit `Integrate`:

```
x0=0;y0=1;
yi[0,x_]:=y0;
g[x_,y_]:=2 x y+1;
Do[yi[k_,x_]:=y0+Integrate[g[t,yi[k-1,t]],{t,x0,x}];
   Print["y(",k,",x)=",yi[k,x]],{k,1,5}]
```

```
           2
y(1,x)=1 + x + x
```

```
                   3     4
           2   2 x     x
y(2,x)=1 + x + x   + ---- + --
                   3       2
```

```
                   3     4     5     6
           2   2 x     x    4 x     x
y(3,x)=1 + x + x   + ---- + -- + ---- + --
                   3       2    15      6
```

```
                   3     4     5     6     7     8
           2   2 x     x    4 x     x    8 x     x
y(4,x)=1 + x + x   + ---- + -- + ---- + -- + ---- + --
                   3       2    15      6    105     24
```

```
                   3     4     5     6     7
           2   2 x     x    4 x     x    8 x
y(5,x)=1 + x + x   + ---- + -- + ---- + -- + ---- +
                   3       2    15      6    105
```

```
    8        9      10
   x     16 x      x
   -- + ----- + ---
   24     945    120
```

Man bestätigt durch vollständige Induktion, daß

$$y_k(x) = \sum_{\nu=0}^{k} \frac{x^{2\nu}}{\nu!} + \sum_{\nu=0}^{k-1} 2^\nu \frac{x^{2\nu+1}}{1 \cdot 3 \cdot 5 \cdots (2\nu - 1) \cdot (2\nu + 1)}.$$

Die Iterierten $y_k(x)$ konvergieren gleichmäßig gegen die Grenzfunktion

$$y(x) = \sum_{\nu=0}^{\infty} \frac{x^{2\nu}}{\nu!} + \sum_{\nu=0}^{\infty} 2^\nu \frac{x^{2\nu+1}}{1 \cdot 3 \cdot 5 \cdots (2\nu - 1) \cdot (2\nu + 1)},$$

welche die Lösung des Anfangswertproblems darstellt.

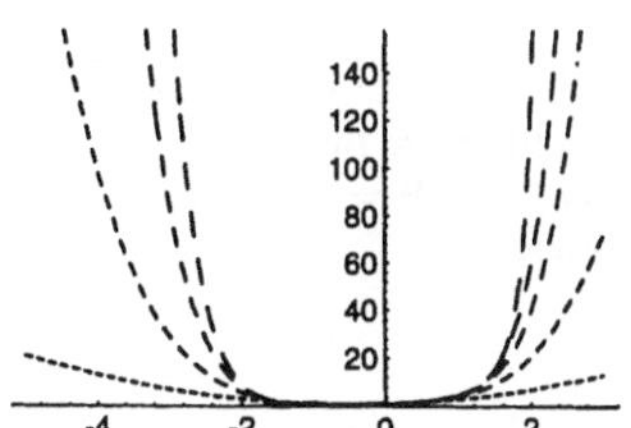

Picard-Iterierte für
$y' = 2xy + 1$, $y(0) = 1$

Beispiel 1.11

Wir berechnen die ersten vier Picard-Iterierten beim Anfangswertproblem:

$$y' = y^2, \quad y(0) = 1,$$

mit `Integrate`:

```
x0=0;y0=1;
yi[0,x_]:=y0;
g[x_,y_]:=y^2;
Do[yi[k_,x_]:=y0+Integrate[g[t,yi[k-1,t]],{t,x0,x}];
    Print["y(",k,",x)=",yi[k,x]],{k,1,4}]

y(1,x)=1 + x
```

$$y(2,x)=1 + x + x^2 + \frac{x^3}{3}$$

$$y(3,x)=1 + x + x^2 + x^3 + \frac{2x^4}{3} + \frac{x^5}{3} + \frac{x^6}{9} + \frac{x^7}{63}$$

$$y(4,x)=1 + x + x^2 + x^3 + x^4 + \frac{13x^5}{15} + \frac{2x^6}{3} + \frac{29x^7}{63} +$$

$$\frac{71x^8}{252} + \frac{86x^9}{567} + \frac{22x^{10}}{315} + \frac{5x^{11}}{189} + \frac{x^{12}}{126} + \frac{x^{13}}{567} +$$

$$\frac{x^{14}}{3969} + \frac{x^{15}}{59535}$$

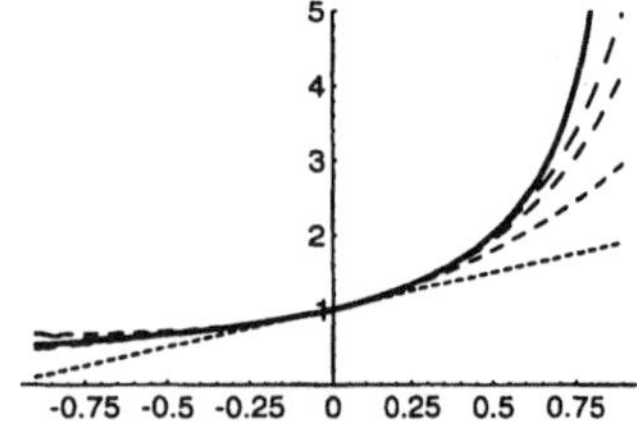

Picard-Iterierte für
$y' = y^2$, $y(0) = 1$ mit exakter
Lösung

Man vermutet, daß die Picard-Iterierten gegen die Grenzfunktion

$$y(x) = \sum_{k=0}^{\infty} x^k = \frac{1}{1 - x}, \quad |x| < 1$$

konvergieren. Durch Nachrechnen überzeugt man sich davon, daß die Funktion

$$y(x) = \frac{1}{1 - x}, \quad x < 1$$

eine Lösung der Differentialgleichung darstellt.

Nach diesen Vorüberlegungen und Beispielen wollen wir nun präzise Existenz-und Eindeutigkeitsaussagen formulieren. Wir betrachten das Anfangswertproblem mit einer auf einem Rechteck

$$D = \{(x, y) \mid |x - x_0| \leq \alpha, \ |y - y_0| \leq \beta, \ \alpha, \beta \in \mathbb{R}_{>0}\}$$

stetigen und nach y stetig partiell differenzierbaren Funktion g.

Aus Stetigkeitsgründen gibt es dann Schranken M und L für die Funktion $g(x, y)$ und ihre partielle Ableitung $\partial g(x, y)/\partial y$

$$M = \max_{(x,y)\in D} |g(x,y)|, \quad L = \max_{(x,y)\in D} \left| \frac{\partial}{\partial y}\,(g(x,y)) \right|.$$

Das Intervall, auf dem wir die Picard-Iteration durchführen wollen, wird nun folgendermaßen festgelegt:

$$U_\rho(x_0) = \{x \mid |x - x_0| \le \rho\} \quad \text{mit} \quad \rho = \min\left(\alpha, \frac{\beta}{M}\right).$$

> **Satz 1.1** *(Existenz-und Eindeutigkeitssatz)*
> *Das Anfangswertproblem*
>
> $$y' = g(x, y), \; y(x_0) = y_0,$$
>
> *besitzt unter den obigen Voraussetzungen auf dem Intervall $U_\rho(x_0)$ genau eine Lösung. Sie ergibt sich als gleichmäßiger Grenzwert der Funktionenfolge $y_k(x)$ der Picard-Iterierten.*

Existenz-und Eindeutigkeitssatz

Beweis: Entsprechend den Vorbetrachtungen muß folgendes gezeigt werden: 1) Die Iterierten $y_k(x)$ sind wohldefiniert. 2) Die Folge der Iterierten $y_k(x)$ konvergiert gleichmäßig. 3) Die Lösung der Integralgleichung ist eindeutig.

1) Daß die Iterierten $y_k(x)$ erklärt sind, sieht man durch folgende Abschätzung:

$$|y_1(x) - y_0| \le \left| \int_{x_0}^{x} |g(t, y_0(t))|\,dt \right| \le M|x - x_0|.$$

Hieraus ergibt sich die Ungleichung $|y_1(x) - y_0| \le M\rho \le \beta$, die mittels vollständiger Induktion sofort auf $y_k(x)$ übertragen werden kann: $|y_k(x) - y_0| \le \beta$.

2) Der Mittelwertsatz liefert die Ungleichung (Lipschitzbedingung) $|g(x, \bar{y}) - g(x, y)| \le L|\bar{y} - y|$. Die Anwendung hiervon auf die ersten beiden Iterierten $y_2(x)$ und $y_1(x)$ führt auf

$$|y_2(x) - y_1(x)| = \left| \int_{x_0}^{x} (g(t, y_1(t)) - g(t, y_0)))\,dt \right|$$

$$\le \left| \int_{x_0}^{x} |g(t, y_1(t)) - g(t, y_0))|\,dt \right|$$

$$\le L \left| \int_{x_0}^{x} |y_1(t) - y_0|\,dt \right| \le LM \left| \int_{x_0}^{x} |t - x_0|\,dt \right|$$

$$\le LM \frac{|x - x_0|^2}{2} \le \frac{M}{L} \frac{(L\rho)^2}{2!}.$$

Durch einen einfachen Induktionsschritt verallgemeinern wir dies zu

$$|y_m(x) - y_{m-1}(x)| \leq \frac{M}{L} \frac{(L|x - x_0|)^m}{m!} \leq \frac{M}{L} \frac{(L\rho)^m}{m!} \,.$$

Zum Nachweis der gleichmäßigen Konvergenz der Funktionenfolge

$$y_k(x) = y_0 + \sum_{m=1}^{k} (y_m(x) - y_{m-1}(x))$$

verwenden wir das *Cauchy-Kriterium*:

$$|y_{k+j}(x) - y_k(x)| \leq \sum_{m=k+1}^{k+j} |y_m(x) - y_{m-1}(x)|$$

$$\leq \frac{M}{L} \sum_{m=k+1}^{k+j} \frac{(L\rho)^m}{m!} \,.$$

Da die Reihe $\sum_{m=0}^{\infty}(L\rho)^m/m!$ konvergiert, ist die Behauptung bewiesen.

3) Die Annahme einer zweiten Lösung $\bar{y}(x)$ führt mit

$$|\bar{y}(x) - y(x)| \leq L \left| \int_{x_0}^{x} |\bar{y}(t) - y(t)| \, dt \right|$$

auf die Abschätzung

$$|\bar{y}(x) - y(x)| \leq L \left(\max_{|x-x_0|\leq\rho} |\bar{y}(x) - y(x)| \right) |x - x_0|$$

$$\leq \left(\max_{|x-x_0|\leq\rho} |\bar{y}(x) - y(x)| \right) L\rho \,.$$

Mit vollständiger Induktion erhalten wir daraus für beliebiges m

$$|\bar{y}(x) - y(x)| \leq \left(\max_{|x-x_0|\leq\rho} |\bar{y}(x) - y(x)| \right) \frac{(L\rho)^m}{m!} \,.$$

Da $(L\rho)^m/m!$ eine Nullfolge darstellt, ergibt sich schließlich die Gleichheit der beiden Lösungen. $\qquad\square$

Nach dem Existenz- und Eindeutigkeitssatz kann eine Lösung in einem inneren Punkt des Gebiets D weder aufhören zu existieren, noch kann sie dort ihre Eindeutigkeit verlieren, indem sie sich in mehrere Lösungsäste verzweigt.

> **Satz 1.2** *(Fortsetzungssatz)*
>
> *Sei $D \subseteq \mathbb{R} \times \mathbb{R}$ ein Gebiet und g eine stetig differenzierbare Funktion auf D. Sei $y(x)$ die Lösung von $y' = g(x, y)$, die durch den Punkt $(x_0, y_0) \in D$ geht. Die Lösung $y(x)$ lasse sich über das Intervall $\underline{x}_0 < x < \bar{x}_0$, $(\underline{x}_0 < x_0 < \bar{x}_0)$, hinaus nicht fortsetzen. Dann liegt einer der folgenden Fälle vor:*
>
> 1. *$\underline{x}_0 = -\infty$ (bzw. $\bar{x}_0 = \infty$),*
>
> 2. *die Werte $|y(x)|$ besitzen einen Häufungspunkt bei ∞, wenn x von rechts gegen $\underline{x}_0$ (bzw. x von links gegen $\bar{x}_0$) strebt,*
>
> 3. *die Abstände der Punkte $(x, y(x))$ vom Rand von D besitzen einen Häufungspunkt bei 0, wenn x von rechts gegen $\underline{x}_0$ (bzw. x von links gegen $\bar{x}_0$) strebt.*
>
> *Ferner gilt, daß es auf dem Intervall $\underline{x}_0 < x < \bar{x}_0$ nur eine Lösung durch (x_0, y_0) gibt.*

Fortsetzungssatz

Beweis: Wir beschränken uns hier darauf, zwei wichtige Grundgedanken des Beweises wiederzugeben.

Wenn die Lösung $y(x)$ auf dem Intervall $x_0 \leq x < \bar{x}_0$ existiert und die Kurve $(x, y(x))$, $x_0 \leq x < \bar{x}_0$ in einer kompakten Teilmenge von D verläuft, dann kann die Lösung auf das abgeschlossene Intervall $x_0 \leq x \leq \bar{x}_0$ erstreckt werden.

Wenn $y(x)$ auf dem Intervall $x_0 \leq x \leq \bar{x}_0$ und $\tilde{y}(x)$ auf dem Intervall $\bar{x}_0 \leq x \leq \hat{x}_0$ eine Lösung darstellt und $y(\bar{x}_0) = \tilde{y}(\bar{x}_0)$ ist, dann stellt die zusammengesetzte Funktion

$$y_z(x) = \begin{cases} y(x) & , & x_0 \leq x < \bar{x}_0 \\ \tilde{y}(x) & , & \bar{x}_0 \leq x \leq \hat{x}_0 \end{cases}$$

eine Lösung auf dem Intervall $\bar{x}_0 \leq x \leq \hat{x}_0$ dar. $\qquad\square$

Bemerkung 1.2 Die Graphen zweier Lösungen fallen entweder völlig zusammen, oder sie schneiden sich in keinem Punkt aus dem Gebiet D.

1.3 Lineare Differentialgleichungen

Wir betrachten nun Differentialgleichungen, deren rechte Seite die Gestalt $g(x, y) = a(x)y + b(x)$ einer in der Variablen y linearen Funktion annimmt.

Lineare Differentialgleichung

> **Definition 1.4** Eine Differentialgleichung der Gestalt
>
> $$y' = a(x)y + b(x)$$
>
> mit auf einem Intervall I erklärten und dort stetigen Funktionen a und b wird als *lineare Differentialgleichung* bezeichnet.

Die Stetigkeit der Funktionen a und b bewirkt, daß die lineare Differentialgleichung die Voraussetzungen des Existenz-und Eindeutigkeitssatzes in einem Streifen $D = I \times \mathbb{R}$ erfüllt.

Homogene Differentialgleichung

Inhomogene Differentialgleichung

> **Definition 1.5** Verschwindet die Funktion b identisch auf I, so heißt die Differentialgleichung *homogen*, andernfalls heißt sie *inhomogen*. Man nennt
>
> $$y' = a(x)\,y$$
>
> auch die zu
>
> $$y' = a(x)\,y + b(x)$$
>
> gehörige homogene Gleichung.

Die Differenz zweier Lösungen der inhomogenen Gleichung ergibt offensichtlich eine Lösung der homogenen Gleichung. Deshalb beginnen wir mit der Lösung der homogenen Gleichung.

Im Intervall I besitzt die stetige Funktion a zu gegebenem $x_0 \in I$ die Stammfunktion

$$\tilde{a}(x) = \int_{x_0}^{x} a(t)\,dt$$

mit $\tilde{a}(x_0) = 0$. Mit dieser Stammfunktion bekommen wir den

Allgemeine Lösung der homogenen Gleichung

> **Satz 1.3** *Die allgemeine Lösung der homogenen Gleichung*
>
> $$y' = a(x)\,y$$
>
> *ist gegeben durch*
>
> $$y(x) = c\,e^{\tilde{a}(x)}, \quad \text{mit beliebigem} \quad c \in \mathbb{R}.$$

Beweis: Man bestätigt durch Nachrechnen, daß für beliebiges $y_0 \in \mathbb{R}$ $y(x) = y_0\,e^{\tilde{a}(x)}$ eine Lösung mit $y(x_0) = y_0$ darstellt. Nach dem Existenz-und Eindeutigkeitssatz kann es aber keine weiteren Lösungen des Anfangswertproblems mehr geben. $\qquad\square$

Beispiel 1.12

Wir suchen die allgemeine Lösung von: $y' = \sin(x)\, y$ und bekommen $y(x) = c\, e^{-\cos(x)+\cos(x_0)}$. Dieselbe Lösungsschar wird durch $y(x) = c\, e^{-\cos(x)}$ gegeben. Mit *Mathematica*:

```
c Exp[Integrate[Sin[t],{t,x0,x}]];

     -Cos[x] + Cos[x0]
c E
```

oder:

```
c Exp[Integrate[Sin[t],{t,Pi,x}]];

     -1 - Cos[x]
c E
```

Beide Ergebnisse sind gleich.

Bei der unbestimmten Integration überlassen wir es *Mathematica*, eine Stammfunktion auszuwählen.

```
c Exp[Integrate[Sin[x],x]];

      c
  -------
   Cos[x]
  E
```

Schließlich verwenden wir `DSolve`:

```
DSolve[y'[x]==Sin[x] y[x],y[x],x]

              C[1]
{{y[x] -> -------}}
             Cos[x]
            E
```

Beispiel 1.13

Wir bestimmen jeweils die allgemeine Lösung von

$$y' = |x|\, y, \quad \text{bzw.} \quad y' = e^{x^3} y.$$

Im ersten Fall lautet diese

$$y(x) = c \begin{cases} e^{\frac{x^2}{2}} & , \quad x \geq 0 \\ e^{-\frac{x^2}{2}} & , \quad x < 0 \end{cases}$$

und im zweiten Fall

$$y(x) = c\, e^{\int e^{x^3}\, dx}.$$

In beiden Fällen kann man die allgemeine Lösung nicht geschlossen angeben.

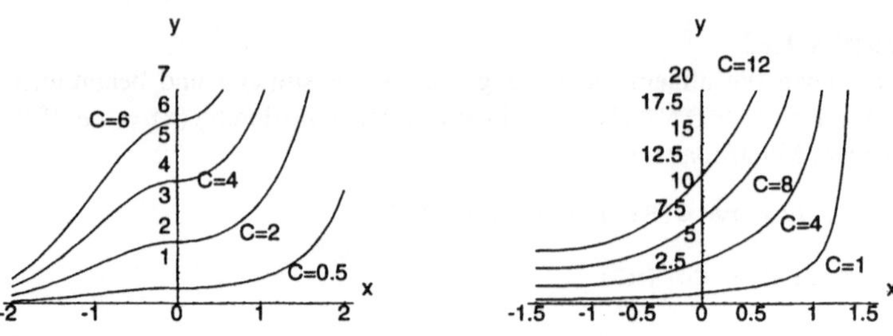

Lösungen von $y' = |x|\, y$ (links),
Lösungen von $y' = e^{x^3} y$ (rechts)

Abs

Mit *Mathematica* ergibt sich unter Verwendung von Abs:

```
DSolve[y'[x]==Abs[x] y[x],y[x],x]

                   Integrate[Abs[x], x]
{{y[x] -> E                              C[1]}}

DSolve[y'[x]==Exp[x^3] y[x],y[x],x]

                        3
                       x
                 Integrate[E  , x]
{{y[x] -> E                              C[1]}}
```

Mit *Mathematica* kann man sich aber Lösungskurven (mit Hilfe numerischer Routinen) veranschaulichen.

Bemerkung 1.3 Die Lösung $y(x)$ von $y' = a(x)\, y$ mit $y(x_0) = y_0 \neq 0$ kann man systematisch auf folgende Art gewinnen. Nach dem Existenz-und Eindeutigkeitssatz muß entweder $y(x) > 0$ für alle x oder $y(x) < 0$ für alle x sein. Also:

$$\frac{y'(x)}{y(x)} = a(x)$$

bzw.

$$\ln(|y(x)|) - \ln(|y_0|) = \tilde{a}(x)$$

und

$$|y(x)| = |y_0| e^{\tilde{a}(x)}.$$

Beispiel 1.14
Gesucht wird die Lösung des Anfangswertproblems:

$$y' = x \cos(x)\, y, \quad y(\pi) = 3.$$

Wir integrieren und bekommen die Lösung durch

$$y(x) = 3\, e^{\int_\pi^x t \cos(t)\, dt} = 3\, e^{\cos(x) + x \sin(x) + 1}.$$

Mit *Mathematica*:

```
3 Exp[Integrate[t Cos[t],{t,Pi,x}]]

    1 + Cos[x] + x Sin[x]
3 E
```

Die Lösung des Anfangswertproblems kann natürlich auch aus der allgemeinen Lösung gewonnen werden, (und dabei kommt es in keiner Weise auf die darin verwendete Stammfunktion an).

```
x0=Pi; y0=3;
y1=Exp[Integrate[x Cos[x],x]];
y10=y1/.x->x0;
y0 (1/y10) y1

    1 + Cos[x] + x Sin[x]
3 E
```

Mit `DSolve`:

```
DSolve[{y'[x]==x Cos[x] y[x],y[Pi]==3},y[x],x]

                1 + Cos[x] + x Sin[x]
{{y[x] -> 3 E                         }}
```

Beispiel 1.15

Die folgenden beiden Differentialgleichungen betrachten wir jeweils in der linken oder in der rechten Halbebene:

$$y' = \frac{1}{x^2}y, \quad y' = -\frac{1}{x^2}y$$

und suchen die allgemeine Lösung.

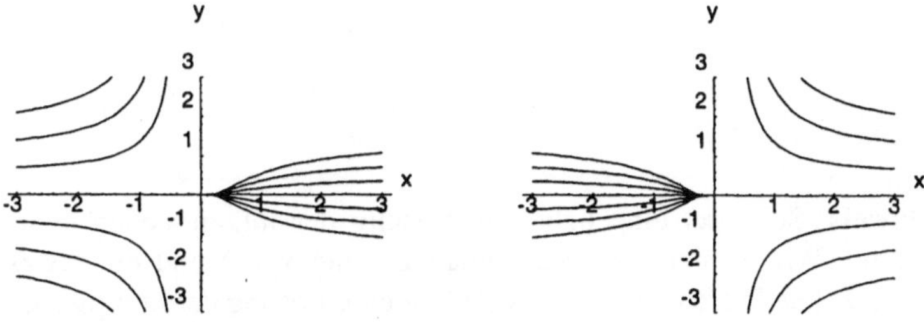

Lösungen von $y' = \frac{1}{x^2}y$ (links),
Lösungen von $y' = -\frac{1}{x^2}y$ (rechts)

Wir benötigen eine Stammfunktion von $1/x^2$. In beiden Halbebenen können wir

$$\int \frac{1}{x^2}\,dx = -\frac{1}{x}$$

als Stammfunktion wählen und bekommen im ersten Fall

$$y(x) = ce^{-\frac{1}{x}}, \quad x < 0, \quad \text{bzw.} \quad x > 0, \quad c \in \mathbb{R}$$

als allgemeine Lösung. In der linken Halbebene besitzen alle Lösungen einen Pol bei $x = 0$. In der rechten Halbebene besitzen alle Lösungen den Grenzwert 0 bei $x = 0$. Jede Lösung besitzt bei $|x| \to \infty$ den Grenzwert c.

Im zweiten Fall lautet die allgemeine Lösung:

$$y(x) = ce^{\frac{1}{x}}, \quad x < 0, \quad \text{bzw.} \quad x > 0, \quad c \in \mathbb{R}.$$

Zeichnet man die Lösungen in der Ebene, so bekommt man das an der y-Achse gespiegelte Bild des ersten Falles. Ist nämlich $y(x)$ eine Lösung von $y' = (1/x^2)y$, so ist $\bar{y}(x) = y(-x)$ eine Lösung von $y' = -(1/x^2)y$. (Die Richtungsfelder gehen ebenfalls durch Spiegelung an der x-Achse aus einander hervor).

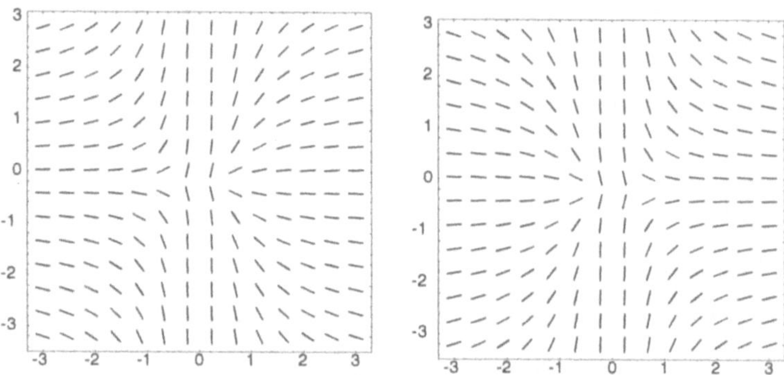

Richtungsfeld von $y' = \frac{1}{x^2} y$ (links), Richtungsfeld von $y' = -\frac{1}{x^2} y$ (rechts)

Wir betrachten nun die inhomogene Gleichung.

Allgemeine Lösung der inhomogenen Gleichung

> **Satz 1.4** *Die* allgemeine Lösung *der inhomogenen Gleichung*
>
> $$y' = a(x)\, y + b(x)$$
>
> *hat die Gestalt*
>
> $$y(x) = c\, e^{\tilde{a}(x)} + y_p(x)$$
>
> *mit einer beliebig gewählten partikulären Lösung $y_p(x)$ der inhomogenen Gleichung.*

Beweis: Sei $y(x)$ eine beliebige Lösung der inhomogenen Gleichung. Wir wählen eine partikuläre Lösung $y_p(x)$ und ein festes $x_0 \in I$. Die Differenz $y(x) - y_p(x)$ ist eine Lösung der homogenen Gleichung $y' = a(x)\, y$, die an der Stelle x_0 den Wert $y(x_0) - y_p(x_0)$ annimmt. Damit wird aber

$$y(x) - y_p(x) = (y(x_0) - y_p(x_0))e^{\tilde{a}(x)}. \qquad \square$$

Zur Herstellung der allgemeinen Lösung der inhomogen Gleichung benötigt man also nur eine einzige Lösung der inhomogenen Gleichung sowie die allgemeine Lösung der homogenen Gleichung. Jedes Element der Lösungsmenge der inhomogenen Gleichung ergibt sich mit einer Konstanten c aus Satz 1.4. Hat man die allgemeine Lösung der inhomogenen Gleichung, so ergibt sich die Lösung des Anfangswertproblems $y(x_0) = y_0$, indem man

$$c = y(x_0) - y_p(x_0)$$

wählt.

Es kommt also jetzt noch darauf an, eine einzige partikuläre Lösung der inhomogenen Gleichung zu finden. Wir machen dazu den Ansatz der *Variation der Konstanten*:

Satz 1.5 *Durch*

$$y_p(x) = \left(\int_{\tilde{x}_0}^{x} b(t)e^{-\tilde{a}(t)} \, dt \right) e^{\tilde{a}(x)}$$

wird eine partikuläre Lösung der inhomogenen Gleichung

$$y' = a(x)\,y + b(x)$$

gegeben.

Variation der Konstanten

Beweis: Differenziert man

$$y_p(x) = c_p(x)e^{\tilde{a}(x)}$$

und setzt anschließend in die inhomogene Gleichung ein, so wird man auf die Bedingung

$$c_p'(x) = b(x)e^{-\tilde{a}(x)}$$

für die Funktion $c_p(x)$ geführt. Es bleibt also, eine Stammfunktion von $b(x)e^{-\tilde{a}(x)}$ zu bestimmen:

$$c_p(x) = \int_{\tilde{x}_0}^{x} b(t)e^{-\tilde{a}(t)} \, dt \,.$$

Damit haben wir diejenige Lösung $y_p(x)$ der inhomogenen Gleichung gewählt, die durch den Punkt $(\tilde{x}_0, 0)$ geht. $\square$

Bemerkung 1.4 Wenn man die allgemeine Lösung der inhomogenen Gleichung $y' = a(x)\,y + b(x)$ bestimmen will, geht man so vor: Man berechnet zunächst die allgemeine Lösung der homogenen Gleichung

$$y_h(x) = c \, e^{\int_{x_0}^{x} a(t)\,dt}$$

und dann eine partikuläre Lösung der inhomogenen Gleichung

$$y_p(x) = \left(\int_{\tilde{x}_0}^{x} b(t)\, e^{-\int_{x_0}^{t} a(s)\,ds} \, dt \right) e^{\int_{x_0}^{x} a(t)} \, dt \,.$$

Die Summe der beiden stellt die allgemeine Lösung der inhomogenen Gleichung dar:

$$y(x) = y_h(x) + y_p(x) \,.$$

Im allgemeinen wird man bei jeder Integration dieselbe untere Grenze $x_0 \in I$ wählen und nicht mit zwei verschiedenen unteren Grenzen x_0 und $\tilde{x}_0$ aus I arbeiten. Dies hat jedoch keinerlei Einfluß auf die allgemeine Lösung. Natürlich kann die allgemeine Lösung auch mit unbestimmten Integralen ausgedrückt werden:

$$y(x) = c\,\tilde{y}_h(x) + \left(\int \frac{b(x)}{\tilde{y}_h(x)}\,dx \right) \tilde{y}_h(x)\,, \quad \tilde{y}_h(x) = e^{\int a(x)\,dx}\,.$$

Beispiel 1.16
Wir bestimmen die allgemeine Lösung von:

$$y' = y + x\,.$$

Wir integrieren unbestimmt, und überlassen es wieder *Mathematica* eine Stammfunktion auszuwählen:

```
Clear[cp,yh,y];
    yh=Exp[Integrate[1,x]];
    cp=Integrate[x/yh,x];
    y=(c+cp) yh;
    Print["y(x)=",y]


         x         -1 - x
y(x)=E    (c + ------)
                   x
                  E
```

Clear (Es empfiehlt sich den Befehl `Clear` zu benutzen). Nun integrieren wir stets von der unteren Grenze $x_0 = 2$ an:

```
Clear[cp,y];
    as[x_]:=Integrate[1,{t,2,x}];
    cp=Integrate[t Exp[-as[t]],{t,2,x}];
    y=(c+cp) Exp[as[x]];
    Print["y(x)=",y]


                              2     2
         -2 + x            -E  - E  x
y(x)=E          (3 + c + ----------)
                              x
                             E
```

Beide Lösungsscharen stimmen überein.

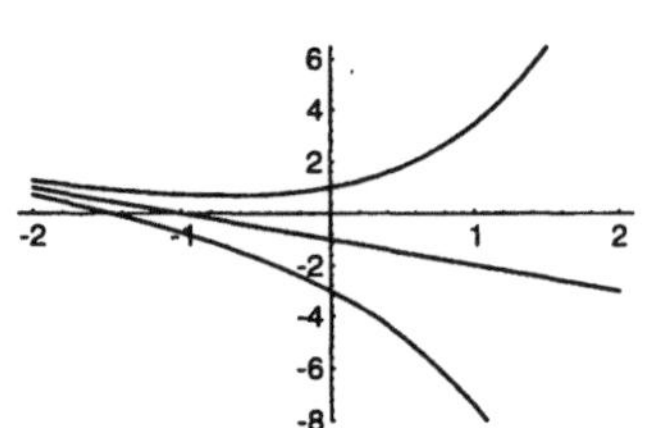

Lösungen von $y' = y + x$

Beispiel 1.17
Wir bestimmen die allgemeine Lösung von:

$$y' - a\,y = \alpha\,\cos(x + \delta)\,, \quad a, \alpha, \delta \in \mathbb{R}\,.$$

Wir integrieren jeweils unbestimmt:

```
yh=Exp[Integrate[-a,x]];
cp=Integrate[alpha Cos[x+delta]/yh,x];
y=Simplify[(c+cp) yh];
Print["y(x)=",y]

y(x)=


             a x
    alpha E      (a Cos[delta + x] + Sin[delta + x])
 c + ---------------------------------------------------
                             2
                         1 + a
 -------------------------------------------------------
                         a x
                        E
```

Also:
$$y(x) = c\,e^{-ax} + \frac{\alpha}{1+a^2}\left(a\,\cos(x+\delta) + \sin(x+\delta)\right).$$

Mit `DSolve`:

```
DSolve[y'[x]+a y[x]==alpha Cos[x+delta],y[x],x]

            C[1]
{{y[x] -> ---- +
           a x
          E

   a alpha Cos[delta + x] + alpha Sin[delta + x]
   ---------------------------------------------}}
                        2
                    1 + a
```

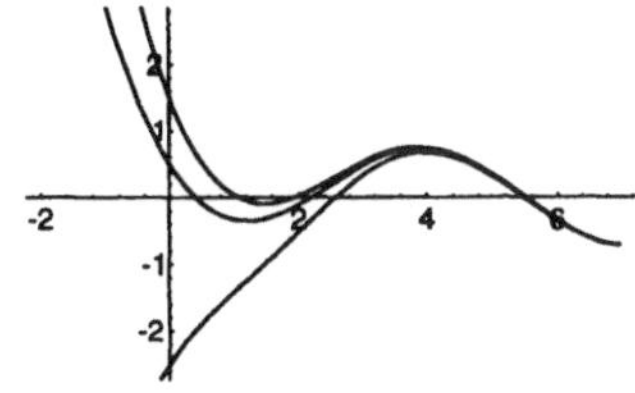

Lösungen von $y' - y = \cos(x+\pi)$

Bemerkung 1.5 Bei der Lösung des Anfangswertproblems

$$y' = a(x)y + b(x)\,,\quad y(x_0) = y_0\,,$$

empfiehlt es sich, von der unteren Grenze x_0 an zu integrieren. Dann bekommt man

$$y(x) = \left(y_0 + \int_{x_0}^{x} b(t)\,e^{-\int_{x_0}^{t} a(s)ds}\,dt\right) e^{\int_{x_0}^{x} a(t)}\,dt\,.$$

Natürlich kann man auch zuerst die allgemeine Lösung bestimmen und dann die Konstante c so wählen, daß die Anfangsbedingung erfüllt wird.

Beispiel 1.18

Wir betrachten nochmals die Differentialgleichung aus Beispiel 1.16 und lösen das Anfangswertproblem:

$$y' = y + x\,,\quad y(x_0) = y_0\,.$$

Durch bestimmte Integration mit der unteren Grenze x_0 erhalten wir:

```
Clear[cp,y];
as[x_]:=Integrate[1,{t,x0,x}];
cp=Integrate[t Exp[-as[t]],{t,x0,x}];
y=(y0+cp) Exp[as[x]];
Print["y(x)=",y]
```

```
                          x0     x0
        x - x0          -E   - E   x
y(x)=E          (1 + ------------- + x0 + y0)
                           x
                          E
```

Wir bestimmen die allgemeine Lösung mit unbestimmter Integration und
passen anschließend die Konstante c der Anfangsbedingung an.

```
Clear[c,cp,yh,y];
yh=Exp[Integrate[1,x]];
cp=Integrate[x/yh,x];
c=y0/yh - cp/.x->x0;
y=(c+cp) yh;
Print["y(x)=",y]
```

```
        x  -1 - x   -1 - x0   y0
y(x)=E    (------ - ------- + ---)
              x        x0      x0
             E        E       E
```

Mit DSolve:

```
DSolve[y'[x]==y[x]+x,y[x],x]
```

```
                       x
{{y[x] -> -1 - x + E  C[1]}}
```

```
DSolve[{y'[x]==y[x]+x,y[x0]==y0},y[x],x]
```

```
                       x - x0
{{y[x] -> -1 - x + E        (1 + x0 + y0)}}
```

Beispiel 1.19

Wir lösen das folgende Anfangswertproblem:

$$y' + \sin(x)\, y = \sin(x), \quad y(0) = 3.$$

Durch bestimmte Integration mit der unteren Grenze 0 erhalten wir:

```
Clear[cp,yint];
as[x_]:=Integrate[-Sin[t],{t,0,x}];
cp=Integrate[Sin[t] Exp[-as[t]],{t,0,x}];
yint=(3+cp) Exp[as[x]];
Print["yint(x)=",yint]
```

```
                                         2
          -1 + Cos[x]        2 Sin[x/2]
yint(x)=E             (2 + E            )
```

Wir vergleichen mit DSolve:

```
s=DSolve[{y'[x]+Sin[x] y[x]==Sin[x],y[0]==3},y[x],x];
ydsolve=y[x]/.s[[1]];
Print["ydsolve(x)=",ydsolve]

                          -1 + Cos[x]
ydsolve(x)=1 + 2 E

Simplify[yint-ydsolve]

0
```

Bemerkung 1.6 Sei $a > 0$ und $b : \mathbb{R} \longrightarrow \mathbb{R}$ eine stetige Funktion mit

$$\lim_{x \to \infty} b(x) = b_\infty .$$

Jede Lösung $y(x)$ der Differentialgleichung

$$y' + a\, y = b(x)$$

besitzt den folgenden Grenzwert:

$$\lim_{x \to \infty} y(x) = \frac{b_\infty}{a} .$$

Die allgemeine Lösung können wir darstellen als

$$y(x) = c\, e^{-ax} + \left(\int_{x_0}^{x} b(t)\, e^{at}\, dt \right) e^{-ax} .$$

Der erste Summand strebt gegen Null bei $x \longrightarrow \infty$. Beim zweiten Summanden wendet man die Regel von de l'Hospital:

$$\lim_{x \to \infty} \left(\int_{x_0}^{x} b(t)\, e^{at}\, dt \right) e^{-ax} = \lim_{x \to \infty} \frac{\int_{x_0}^{x} b(t)\, e^{at}\, dt}{e^{ax}}$$

$$= \lim_{x \to \infty} \frac{b(x)\, e^{ax}}{a\, e^{ax}}$$

$$= \frac{b_\infty}{a} .$$

Beispiel 1.20

Wir betrachten die Differentialgleichung:

$$y' + y = x^3\, e^{-x} + 1$$

und bekommen die allgemeine Lösung:

```
DSolve[y'[x]+y[x]==x^3 Exp[-x]+1,y[x],x]

                x     4
            4 E   + x     C[1]
  {{y[x]  -> --------- + ----}}
                x         x
            4 E           E
```

Also:

$$y(x) = c\,e^{-x} + 1 + \frac{x^4}{4}\,e^{-x}.$$

Alle Lösungen besitzen bei $x \to \infty$ den Grenzwert 1.
　　Nun betrachten wir:

$$y' + y = \frac{1}{1 + x^2}.$$

Hier liefert uns *Mathematica* zuviel Information:

```
as[x_]:=Integrate[-1,{t,0,x}];
cp=Integrate[1/(1+t^2) Exp[-as[t]],{t,0,x}];
y=(c+cp) Exp[as[x]];
Print["y(x)=",y]

              I  -I     2 I
  y(x)=(c - - E    (-(E     ExpIntegralEi[-I]) +
            2

        ExpIntegralEi[I]) +

      I  -I     2 I
    - E    (-(E     ExpIntegralEi[-I + x]) +
      2

                                         x
        ExpIntegralEi[I + x])) / E
```

Aus der allgemeinen Lösung

$$y(x) = c\,e^{-x} + \left(\int_{x_0}^{x} \frac{1}{1 + t^2}\,e^t\,dt\right) e^{-x}.$$

sieht man: Alle Lösungen besitzen bei $x \to \infty$ den Grenzwert 0.

Lösungen von $y' + y = x^3 e^{-x} + 1$
(links) und $y' + y = 1/(1 + x^2)$
(rechts)

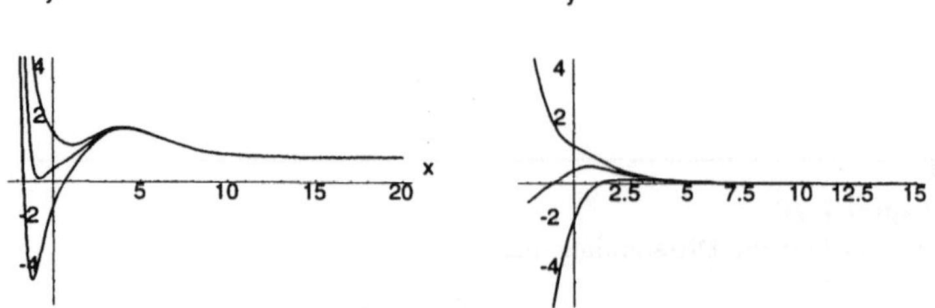

1.4 Separierbare Differentialgleichungen

Wir verallgemeinern die rechte Seite der linearen homogenen Differentialgleichung $y' = a(x)\, y$ und bekommen:

> **Definition 1.6** Eine Differentialgleichung der Gestalt
>
> $$y' = a(x)\, b(y)$$
>
> mit einer auf einem Intervall I erklärten, stetigen Funktion a und einer auf einem Intervall J erklärten, stetig differenzierbaren Funktionen b heißt *separierbar*.

Separierbare Differentialgleichung

Bemerkung 1.7 Die rechte Seite g sei in einer Umgebung des Punktes $(x_0, y_0) \in \mathbb{R}^2$ stetig differenzierbar, und es gelte dort $g(x, y) \neq 0$. Wir wollen ein Kriterium für die Separierbarkeit der Differentialgleichung $y' = g(x, y)$ angeben. Wenn eine Gleichung der Form

$$g(x, y) = a(x)\, b(y)$$

mit in Umgebungen von x_0 bzw. y_0 stetig differenzierbaren Funktionen besteht, so ergibt sich daraus folgende notwendige Bedingung:

$$\frac{\partial}{\partial y}\left(\frac{1}{g}\frac{\partial g}{\partial x}\right) = 0, \quad \text{oder} \quad \frac{\partial}{\partial x}\left(\frac{1}{g}\frac{\partial g}{\partial y}\right) = 0.$$

Beide Bedingungen lassen sich zu

$$\frac{\partial^2}{\partial y \partial x} \ln(|g(x, y)|) = 0$$

zusammenfassen. Diese Bedingung ist auch hinreichend. Man erhält aus ihr nämlich

$$\ln(|g(x, y)|) = \bar{a}(x) + \bar{b}(y).$$

Wir betrachten nun $y' = a(x)\, b(y)$ zusammen mit einer Anfangsbedingung $y(x_0) = y_0$. Nach dem Existenz- und Eindeutigkeitssatz besitzt das Anfangswertproblem genau eine Lösung $y(x)$, deren Existenz in einer Umgebung $U_\rho(x_0)$ gesichert ist. Wir schließen zunächst einen Sonderfall aus: Ist $b(y(x_0)) = 0$, so stellt die konstante Funktion $y(x_0) = y_0$ die Lösung des Anfangswertproblems dar. Die Lösung der anderen Anfangswertprobleme erhält man durch *Separation der Variablen*

Separation der Variablen

> **Satz 1.6** *Sei a eine auf einem Intervall I erklärte, stetige Funktion und b eine auf einem Intervall J erklärte, stetig differenzierbare Funktion. Ferner sei $b(y(x_0)) \neq 0$: Dann ergibt sich die Lösung des Anfangswertproblems:*
>
> $$y' = a(x)\, b(y), \quad y(x_0) = y_0,$$
>
> *als eindeutige Auflösung der Gleichung*
>
> $$\int\limits_{y_0}^{y} \frac{1}{b(s)}\, ds = \int\limits_{x_0}^{x} a(t)\, dt$$
>
> *mit $y(x_0) = y_0$.*

Beweis: Aus Stetigkeitsgründen muß in einer hinreichend kleinen Umgebung $U_\rho(x_0)$ die Ungleichung $b(y(x)) \neq 0$ bestehen, so daß wir schreiben können

$$\frac{1}{b(y(x))} y'(x) = a(x).$$

Diese Gleichung integrieren wir von x_0 bis $x \in U_\rho(x_0)$

$$\int\limits_{x_0}^{x} \frac{y'(t)}{b(y(t))}\, dt = \int\limits_{x_0}^{x} a(t)\, dt$$

und erhalten durch Substitution

$$\int\limits_{y(x_0)}^{y(x)} \frac{1}{b(y)}\, dy = \int\limits_{x_0}^{x} a(t)\, dt.$$

Diese Gleichung besitzt (lokal) eine eindeutige Auflösung $y(x)$ mit $y(x_0) = y_0$. $\qquad\qquad\square$

Bemerkung 1.8 Läßt man bei der Lösung des Anfangswertproblems den Anfangspunkt (x_0, y_0) durch $I \times J$ laufen, so erhält man die allgemeine Lösung. Auch unbestimmte Integration führt auf die allgemeine Lösung von $y' = a(x)\, b(y)$, wenn man die konstanten Lösungen, die durch Nullstellen von b verlaufen, noch hinzunimmt. Jede Kurve $y(x)$, die man als lokale Auflösung aus der Gleichung

$$\int \frac{1}{b(y)}\, dy = \int a(x)\, dx + c$$

erhält, stellt eine Lösung dar. Durch Anpassen der Konstanten an die Anfangsbedingung löst man das Anfangswertproblem.

Die zur expliziten Darstellung der Lösungen erforderlichen Auflösungen nach y sind in vielen Fällen nicht auf analytischem Wege möglich.

Beispiel 1.21

Wir betrachten die folgende Gleichung:

$$y' = x\, y^2$$

mit $x \in I = \mathbb{R}$ und $y \in J = \mathbb{R}$. Suchen wir die Lösung durch einen Punkt $(x_0, 0)$, so lautet diese $y(x) = 0$. Nun sei $y_0 \neq 0$. Durch Integrieren bekommt man:

$$\tilde{a}(x) = \int_{x_0}^{x} t\, dt = \frac{x^2}{2} - \frac{x_0^2}{2} \,,$$

$$\tilde{b}(y) = \int_{y_0}^{y} \frac{1}{s^2}\, ds = -\frac{1}{y} + \frac{1}{y_0} \,.$$

Gleichsetzen und Auflösen nach y ergibt:

$$y(x) = \frac{1}{\frac{x_0^2}{2} + \frac{1}{y_0} - \frac{x^2}{2}} \,.$$

Wir unterscheiden nun folgende Fälle bezüglich der Lage des Anfangspunktes:

$$\frac{x_0^2}{2} + \frac{1}{y_0} \begin{cases} > 0 & , \\ = 0 & , \\ < 0 & . \end{cases}$$

Im ersten Fall haben die Kurven $y(x)$ Pole bei $-x_1 = \sqrt{x_0^2 + 2/y_0}$ und $x_2 = \sqrt{x_0^2 + 2/y_0}$ und liefern drei Lösungen: jeweils eine für $x < x_1$, $x_1 < x < x_2$ und $x > x_2$. Die erste und die dritte verläuft stets unterhalb der x-Achse, die zweite oberhalb der x-Achse. Im zweiten Fall bekommen wir $y(x) = -2/x^2$, also zwei Lösungen eine für $x < 0$ und eine für $x > 0$. Im dritten Fall hat die Kurve $y(x)$ keine Pole. Sie verläuft in dem durch die x-Achse und der Kurve $y(x) = -2/x^2$ begrenzten Gebiet und stellt dort eine Lösung dar.

Gehen wir noch den Weg der unbestimmten Integration. Wir bekommen die Gleichung:

$$-\frac{1}{y} = \frac{x^2}{2} + c$$

mit der Auflösung

$$y(x) = -\frac{1}{\frac{x^2}{2} + c} \,.$$

Offenbar ergibt sich

$$c = -\frac{x_0^2}{2} - \frac{1}{y_0}$$

und der Definitionsbereich der Lösung wie oben.

Mit `DSolve`:

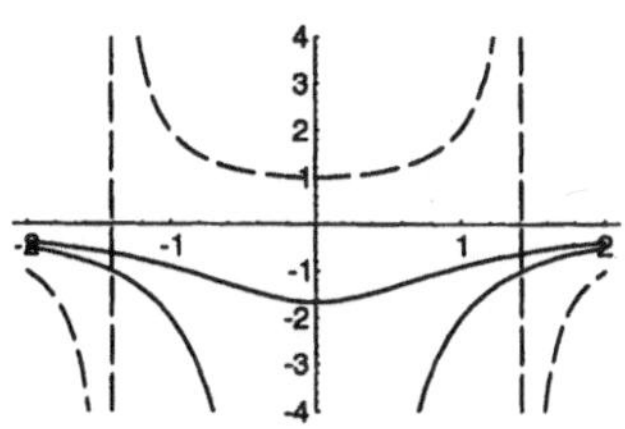

Lösungen von $y' = xy^2$

```
<<Calculus`DSolve`

DSolve[y'[x]==x y[x]^2,y[x],x]

                      2
{{y[x]  ->  ------------}}
              2
            -x  - 2 C[1]

DSolve[{y'[x]==x y[x]^2,y[x0]==y0},y[x],x]

                       2
{{y[x]  ->  ----------------}}
                       2
             2    -2 - x0  y0
            -x  - -----------
                       y0
```

Beispiel 1.22

Wir bestimmen die allgemeine Lösung von:

$$y' = y^2 - a, \quad \alpha \in \mathbb{R}.$$

Wir unterscheiden drei Fälle: $\alpha = 0, \alpha < 0, \alpha > 0$.

1) $\alpha = 0$: Die Gleichung lautet

$$y' = y^2$$

und besitzt $y(x) = 0$ als konstante Lösung. Die anderen Lösungen ergeben sich durch Separation der Variablen zu

$$y(x) = \frac{1}{c - x}.$$

Jede dieser Kurven hat einen Pol bei $x = c$. Beide Kurvenäste stellen Lösungen dar.

Mit `DSolve`:

```
DSolve[y'[x]==y[x]^2,y[x],x]

                    1
{{y[x]  ->  ---------},  {y[x]  ->  0}}
              -x + C[1]
```

2) $\alpha < 0$: Mit $\alpha = -\delta^2$ schreiben wir die Gleichung

$$y' = y^2 + \delta^2, \quad \delta > 0.$$

Sie besitzt keine konstanten Lösungen. Separation der Variablen liefert:

$$\frac{1}{\delta}\arctan\left(\frac{y}{\delta}\right) = x + c.$$

Da der Wertevorrat von arctan durch das Intervall $(-\pi/2, \pi/2)$ gegeben wird, bekommen wir folgende allgemeine Lösung:

$$y(x) = \delta \tan(\delta (x + c)), \quad -\frac{\pi}{2\delta} - c < x < \frac{\pi}{2\delta} - c.$$

Mit `DSolve`:

```
Clear[y]
DSolve[y'[x]==y[x]^2+delta^2,y[x],x]

{{y[x] -> delta Tan[delta (x + C[1])]}}
```

3) $\alpha > 0$: Mit $\alpha = \delta^2$ schreiben wir die Gleichung

$$y' = y^2 - \delta^2, \quad \delta > 0.$$

Wir haben zwei konstante Lösungen: $y(x) = \delta$ und $y(x) = -\delta$. Partialbruchzerlegung ergibt:

$$\frac{1}{y^2 - \delta^2} = \frac{1}{2\delta}\left(\frac{1}{y - \delta} - \frac{1}{y + \delta}\right)$$

und wir bekommen Lösungen aus

$$\frac{1}{2\delta}\ln\left(\frac{|y - \delta|}{|y + \delta|}\right) = x + c,$$

d.h. aus

$$\frac{|y - \delta|}{|y + \delta|} = e^{2\delta(x+c)}.$$

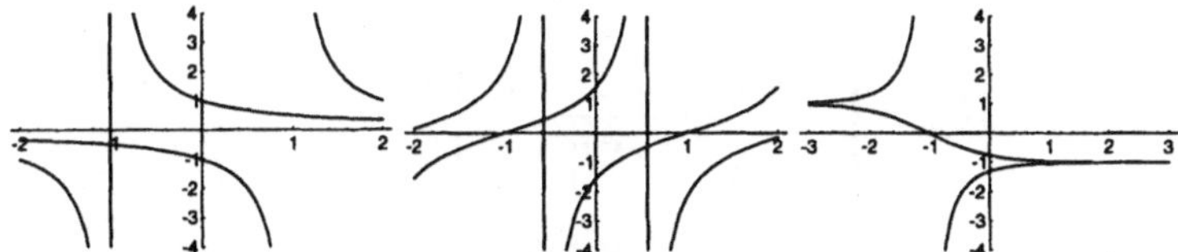

Lösungen von $y' = y^2 - a$ für $a = 0$ (links), $a < 0$ (Mitte), $a > 0$ (rechts)

Bei der Auflösung sind noch einmal drei Fälle zu unterscheiden: Wir suchen die Lösung im Gebiet $y > \delta, -\delta < y < \delta$ und $y < -\delta$.

$y > \delta$

$$\frac{|y - \delta|}{|y + \delta|} = \frac{y - \delta}{y + \delta} = e^{2\delta(x+c)}$$

und

$$y(x) = \frac{\delta(1 + e^{2\delta(x+c)})}{1 - e^{2\delta(x+c)}}, \quad x < -c.$$

$-\delta < y < \delta$:

$$\frac{|y - \delta|}{|y + \delta|} = \frac{\delta - y}{y + \delta} = e^{2\delta(x+c)}$$

und

$$y(x) = \frac{\delta(1 - e^{2\delta(x+c)})}{1 + e^{2\delta(x+c)}}.$$

$y < -\delta$:

$$\frac{|y - \delta|}{|y + \delta|} = \frac{-y + \delta}{-y - \delta} = e^{2\delta(x+c)}$$

und

$$y(x) = \frac{\delta(1 + e^{2\delta(x+c)})}{1 - e^{2\delta(x+c)}}, \quad x > -c.$$

Mit DSolve:

```
<<Calculus`DSolve`
Clear[y]
DSolve[y'[x]==y[x]^2-delta^2,y[x],x]

{{y[x] -> -(delta*Tanh[delta*x - C[1]])}}
```

Hieraus liest man unmittelbar nur die Lösungen ab, die im Gebiet $-\delta < y < \delta$ verlaufen.

Beispiel 1.23

Wir bestimmen die allgemeine Lösung von:

$$y' = x\,\frac{2y^2 - 2y - 4}{2y - 1}\,.$$

Die Differentialgleichung kann in der Halbebene $y > 1/2$ und in der Halbebene $y < 1/2$ betrachtet werden.

In der Halbebene $y > 1/2$ haben wir die konstante Lösung $y(x) = 2$ und in der Halbebene $y < 2$ die konstante Lösung $y(x) = -1$. Separation der Variablen liefert in beiden Halbebenen die Gleichung

$$\frac{1}{2}\ln(|y^2 - y - 2|) = \frac{x^2}{2} + c$$

und somit
$$|y^2 - y - 2| = e^{x^2 + 2c}\,.$$

Nun ist

$$(y^2 - y - 2) = \begin{cases} > 0 & , \quad \text{für} \quad y > 2 \\ < 0 & , \quad \text{für} \quad -1 < y < 2 \\ > 0 & , \quad \text{für} \quad y < -1 \end{cases}$$

Dem entsprechend bekommen wir als allgemeine Lösung:

$$y(x) = \begin{cases} \frac{1}{2} + \sqrt{\frac{9}{4} + e^{x^2 + c}} & , \quad \text{für} \quad y > 2 \\ \frac{1}{2} - \sqrt{\frac{9}{4} + e^{x^2 + c}} & , \quad \text{für} \quad y < -1 \end{cases}$$

und

$$y(x) = \begin{cases} \frac{1}{2} + \sqrt{\frac{9}{4} - e^{x^2 + c}} & , \quad \text{für} \quad \frac{1}{2} < y < 2 \\ \frac{1}{2} - \sqrt{\frac{9}{4} - e^{x^2 + c}} & , \quad \text{für} \quad -1 < y < \frac{1}{2} \end{cases}$$

Die ersten Lösungen sind für alle $x \in \mathbb{R}$ erklärt, während die zweiten Lösungen nur im Intervall

$$-\ln\left(\frac{9}{4}e^{-c}\right) < x < \ln\left(\frac{9}{4}e^{-c}\right)$$

existieren.

Mit `DSolve`:

```
DSolve[y'[x]==x (2 y[x]^2-2 y[x]-4)/(2 y[x]-1),y[x],x]

                                    2
                               x   + 2 C[1]
            1 - Sqrt[1 - 4 (-2 + E         )]
{{y[x] -> ---------------------------------------},
                          2


                                    2
                               x   + 2 C[1]
            1 + Sqrt[1 - 4 (-2 + E         )]
 {y[x] -> ---------------------------------------}}
                          2
```

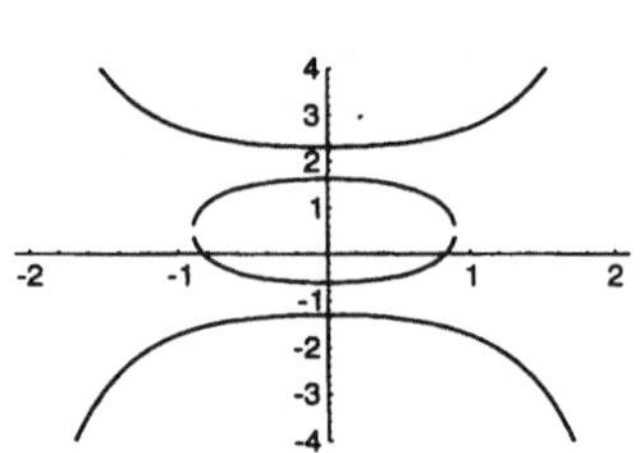

Lösungen von
$y' = x(2y^2 - 2y - 4)/(2y - 1)$

Beispiel 1.24

Wir bestimmen die allgemeine Lösung von:

$$y' = \sin\left(\frac{x+y}{2}\right) - \sin\left(\frac{x-y}{2}\right).$$

Wir formen zuerst um

$$y' = 2\cos\left(\frac{x}{2}\right)\sin\left(\frac{y}{2}\right)$$

und suchen die Lösung, die durch einen beliebigen Anfangspunkt (x_0, y_0) geht. Ist $y_0 = 2k\pi$ mit $k \in \mathbb{Z}$, so bekommen wir die konstante Lösung $y(x) = y_0$ wegen $\sin(k\pi) = 0$. Ist aber $y_0 \neq 2k\pi$, so integrieren wir

$$\frac{1}{2}\int_{y_0}^{y}\frac{1}{\sin\left(\frac{s}{2}\right)}ds = \int_{x_0}^{x}\cos\left(\frac{t}{2}\right)dt$$

und bekommen

$$\log\left(\left|\tan\left(\frac{y}{4}\right)\right|\right) - \log\left(\left|\tan\left(\frac{y_0}{4}\right)\right|\right) = \log\left(\frac{\tan\left(\frac{y}{4}\right)}{\tan\left(\frac{y_0}{4}\right)}\right)$$

$$= 2\sin\left(\frac{x}{2}\right) - 2\sin\left(\frac{x_0}{2}\right).$$

(Keine Lösung durch einen Punkt (x_0, y_0) mit $y_0 \neq 2k\pi$ kann ihr Vorzeichen wechseln). Hieraus ergibt sich

$$y(x) = 4\arctan\left(c\,e^{2\sin\left(\frac{x}{2}\right)}\right)$$

mit

$$c = \tan\left(\frac{y_0}{4}\right)e^{-2\sin\left(\frac{x_0}{2}\right)}.$$

Man muß jetzt noch berücksichtigen, daß man sämtliche Zweige der Arcustangensfunktion benötigt. Mit dem Hauptzweig kann man alle Anfangspunkte (x_0, y_0), $-2\pi < y_0 < 0$ $(c < 0)$ und (x_0, y_0), $0 < y_0 < 2\pi$ $(c > 0)$ erreichen. Andere Anfangspunkte muß man mit anderen Zweigen bearbeiten.

Mit `DSolve`:

```
DSolve[y'[x]==Sin[(x+y[x])/2]-Sin[(x-y[x])/2],y[x],x]
Solve::ifun:
    Warning: Inverse functions are being used by
    Solve, so some solutions may not be found.

                    C[1] + 2 Sin[x/2]
{{y[x] -> 4 ArcTan[E                 ]}}
```

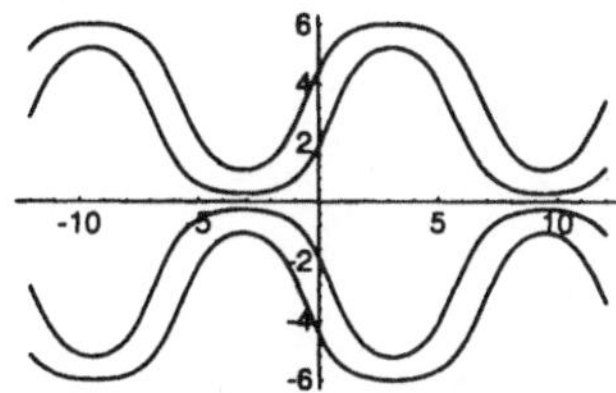

Lösungen von
$$y' = \sin((x+y)/2) - \sin((x-y)/2)$$

2 Einige spezielle Gleichungen erster Ordnung

2.1 Die Ähnlichkeitsdifferentialgleichung

Eine Differentialgleichung der Gestalt:

$$y' = g\left(\frac{y}{x}\right), \quad x \neq 0$$

Ähnlichkeits-differentialgleichung

mit einer in einem Intervall I stetig differenzierbaren Funktion g bezeichnen wir als *Ähnlichkeitsdifferentialgleichung*. Hier liegt es nahe, die Funktion

$$u(x) = \frac{y(x)}{x}$$

einzuführen. Mit

$$y(x) = u(x)\, x$$

erhalten wir für u die separierbare Differentialgleichung

$$u' = \frac{g(u) - u}{x}.$$

Der Sonderfall $g(u) = u$ für alle $u \in I$ kann ausgeschlossen werden. In diesem Fall ergibt sich die allgemeine Lösung

$$u(x) = c \quad \text{bzw.} \quad y(x) = c\,x$$

aus

$$u' = 0 \quad \text{bzw.} \quad y' = \frac{y}{x}.$$

Beispiel 2.1

`DSolve` kann Ähnlichkeitsdifferentialgleichungen formal lösen. Wir zeigen dies anhand der Gleichungen

$$y'(x) = g\left(\frac{y}{x}\right)$$

mit

$$g(z) = z + \frac{f(z)}{f'(z)} \quad \text{und} \quad g(z) = z - \frac{f(z)}{f'(z)}$$

und beobachten den Einfluß des Vorzeichens auf die Lösungen.

```
<<Calculus`DSolve`
g[z_]:=z+f[z]/f'[z];
DSolve[y'[x]==g[y[x]/x],y[x],x]

                (-1)  x
{{y[x] -> x f     [----]}}
                      C[1]


g[z_]:=z-f[z]/f'[z];
DSolve[y'[x]==g[y[x]/x],y[x],x]

                (-1) C[1]
{{y[x] -> x f     [----]}}
                     x
```

Mit der Umkehrfunktion f^{-1} ergibt sich also im ersten Fall:

$$y(x) = x\, f^{-1}\left(\frac{x}{c}\right)$$

und im zweiten

$$y(x) = x\, f^{-1}\left(\frac{c}{x}\right) .$$

Bemerkung 2.1 Die Lösungskurven der Ähnlichkeitsdifferentialgleichung

$$y' = g\left(\frac{y}{x}\right)$$

gehen durch eine *Ähnlichkeitstransformation* auseinander hervor. Das heißt, mit jeder Lösung $y(x)$ stellt auch

$$\bar{y}(x) = \lambda\, y\left(\frac{x}{\lambda}\right) , \quad \lambda \neq 0 ,$$

Ähnlichkeitstransformation

eine Lösung dar. Sei $y(x)$ eine Lösung. Dann gilt:

$$\bar{y}'(x) = y'\left(\frac{x}{\lambda}\right) = g\left(\frac{y\left(\frac{x}{\lambda}\right)}{\frac{x}{\lambda}}\right) = g\left(\frac{\lambda\, y\left(\frac{x}{\lambda}\right)}{x}\right)$$

$$= g\left(\frac{\bar{y}(x)}{x}\right) .$$

Beispiel 2.2

Wir betrachten die Differentialgleichung

$$y' = -e^{-\frac{y}{x}} + \frac{y}{x} , \qquad x > 0 .$$

Mit $u(x) = y(x)/x$ finden wir die Gleichung

$$u' = -\frac{e^{-u}}{x} .$$

Durch Separation der Variablen bekommen wir mit `DSolve`:

```
DSolve[u'[x]==-Exp[-u[x]]/x,u[x],x]

{{u[x] -> Log[- C[1] - Log[x]]}}
```

Damit ergibt sich die allgemeine Lösung der Ähnlichkeitsdifferentialgleichung zu

$$y(x) = x \ln\left(-(c + \ln(x))\right), \qquad 0 < x < e^{-c}.$$

Falls $0 < x \le e^{-(c+1)}$, ist $y(x) \ge 0$ und im Intervall $e^{-(c+1)} < x < e^{-c}$ ist $y(x) < 0$. Bei $x \to e^{-c}$ hat die Lösung eine Polstelle.

Die Ähnlichkeit der Lösungskurven sieht man mit $\lambda > 0$ so:

$$\begin{aligned}
\bar{y}(x) &= \lambda\, y\left(\frac{x}{\lambda}\right) \\
&= \lambda\, \frac{x}{\lambda} \ln\left(-\left(c + \ln\left(\frac{x}{\lambda}\right)\right)\right) \\
&= x \ln\left(-\left(\underbrace{c - \ln(\lambda)}_{\tilde{c}} + \ln(x)\right)\right).
\end{aligned}$$

Durch die Ähnlichkeitstransformation wird die Lösung $y(x)$ in eine Lösung $\bar{y}(x)$ überführt. Wird $y(x)$ durch den Scharparameter c gekennzeichnet, so wird $\bar{y}(x)$ durch den Parameter $\tilde{c} = c - \ln(\lambda)$ festgelegt.

Beispiel 2.3

Wir bestimmen die allgemeine Lösung von

$$y' = \frac{y}{x} - \frac{x}{y}, \qquad x \neq 0, \quad y \neq 0.$$

Hierbei handelt es sich um vier Differentialgleichungen, die jeweils in einem Quadranten der Ebene erklärt sind.

Mit $u = y/x$ finden wir die Gleichung

$$u\, u' = -\frac{1}{x}, \qquad x \neq 0$$

und daraus

$$u(x)^2 = -2 \ln(|x|) + c.$$

Offenbar ergeben sich folgende Lösungskurven

$$u(x) = \begin{cases}
\sqrt{c - 2\ln(x)}, & \text{für} \quad y > 0 \quad \text{und} \quad 0 < x < e^{\frac{c}{2}} \\
\sqrt{c - 2\ln(-x)}, & \text{für} \quad y > 0 \quad \text{und} \quad -e^{\frac{c}{2}} < x < 0 \\
-\sqrt{c - 2\ln(x)}, & \text{für} \quad y < 0 \quad \text{und} \quad 0 < x < e^{\frac{c}{2}} \\
-\sqrt{c - 2\ln(-x)}, & \text{für} \quad y < 0 \quad \text{und} \quad -e^{\frac{c}{2}} < x < 0
\end{cases}$$

Mit `DSolve`:

```
DSolve[y'[x]==y[x]/x-x/y[x],y[x],x]

{{y[x] -> -(x Sqrt[2 C[1] - 2 Log[x]])},

 {y[x] -> x Sqrt[2 C[1] - 2 Log[x]]}}
```

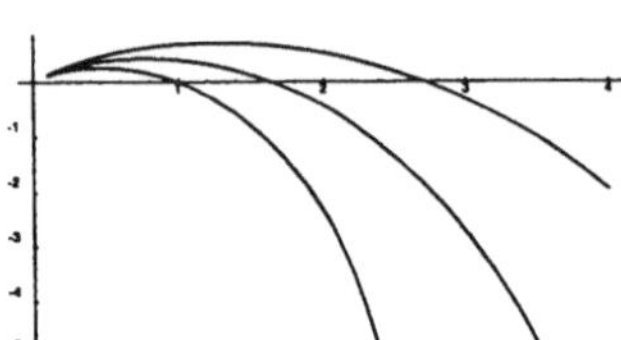

Lösungen von $y' = -e^{-y/x} + y/x$

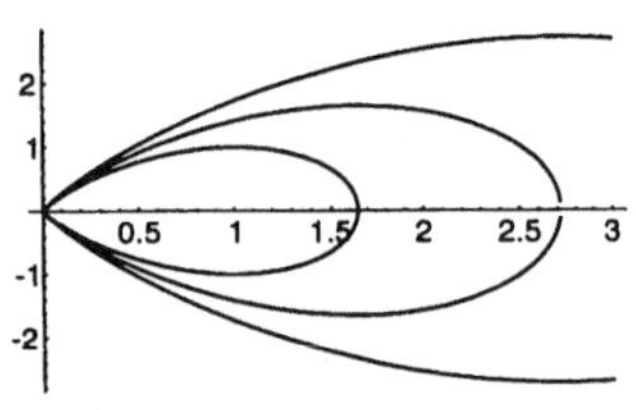

Lösungen von $y' = y/x - x/y$ im ersten und zweiten Quadranten

2.2 Differentialgleichungen vom Typ $y' = g((\alpha x + \beta y + \gamma)/(ax + by + d))$

Ist g eine in einem Intervall stetig differenzierbare Funktion, dann betrachten wir zunächst die Differentialgleichung:

$$y' = g(\alpha x + \beta y + \gamma), \qquad \beta \neq 0,$$

mit Konstanten $\alpha, \beta, \gamma \in \mathbb{R}$. Für die Funktion

$$u(x) = \alpha x + \beta y(x) + \gamma$$

erhalten wir wegen

$$y(x) = \frac{1}{\beta}(u(x) - \alpha x - \gamma)$$

die neue Differentialgleichung

$$u' = \beta g(u) + \alpha,$$

die durch Separation der Variablen gelöst werden kann.

Beispiel 2.4

Wir bestimmen die allgemeine Lösung von:

$$y' = (2x + y)^2.$$

Wir überführen diese Gleichung mit $u(x) = 2x + y(x)$ in

$$u' = u^2 + 2.$$

Die neue Gleichung bearbeiten wir mit DSolve:

```
DSolve[u'[x]==u[x]^2+2,u[x],x]

{{u[x] -> Sqrt[2] Tan[Sqrt[2] (x + C[1])]}}
```

Die allgemeine Lösung der Ausgangsgleichung lautet dann

$$y(x) = \sqrt{2}\,\tan(\sqrt{2}\,(x + c)) - 2x.$$

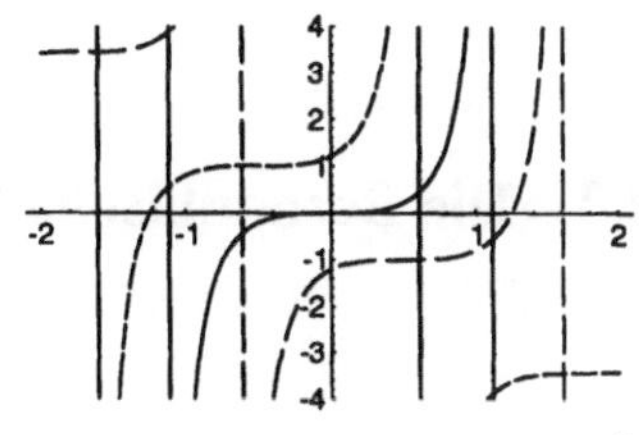

Lösungen von $y' = (2x + y)^2$

Mit Hilfe der beiden vorausgegangenen Typen von Differentialgleichungen können wir nun Gleichungen vom Typ:

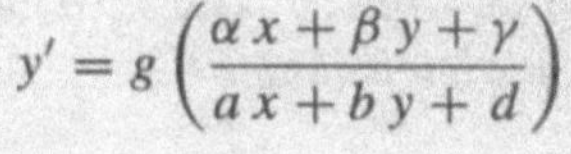

$$y' = g\left(\frac{\alpha x + \beta y + \gamma}{a x + b y + d}\right)$$

mit Konstanten α, β, γ und a, b, d behandeln. Bei diesem Typ müssen wir auch die unabhängige Variable transformieren.

Falls

$$\det \begin{pmatrix} \alpha & \beta \\ a & b \end{pmatrix} = 0$$

kann die Gleichung auf den einfacheren Typ, also auf $y' = \tilde{g}(\alpha x + \beta y + \gamma)$ zurückgeführt werden. Falls

$$\det \begin{pmatrix} \alpha & \beta \\ a & b \end{pmatrix} \neq 0$$

führen wir die neuen Variablen

$$\xi = x - x_0, \quad u = y - y_0$$

ein mit der eindeutigen Lösung (x_0, y_0) des Systems

$$\alpha\, x_0 + \beta\, y_0 + \gamma = 0,$$
$$a\, x_0 + b\, y_0 + d = 0.$$

Für die Funktion

$$u(\xi) = y(\xi + x_0) - y_0$$

ergibt sich dann die Gleichung

$$\frac{du}{d\xi} = g\left(\frac{\alpha\,(\xi + x_0) + \beta\,(u + y_0) + \gamma}{a\,(\xi + x_0) + b\,(u + y_0) + d}\right) = g\left(\frac{\alpha\,\xi + \beta\,u}{a\,\xi + b\,u}\right)$$

bzw.

$$\frac{du}{d\xi} = g\left(\frac{\alpha + \beta\,\frac{u}{\xi}}{a + b\,\frac{u}{\xi}}\right),$$

also eine Ähnlichkeitsdifferentialgleichung.

2.3　Die Bernoullische Differentialgleichung

Eine Differentialgleichung der Gestalt:

Bernoullische Differentialgleichung

$$y' + a(x)\, y = b(x)\, y^\alpha$$

mit in einem Intervall I stetigen Funktionen a und b und $\alpha \in \mathbb{R}$ heißt *Bernoullische Differentialgleichung*.

Die Fälle $\alpha = 0$ und $\alpha = 1$ sind bereits bekannt; sie stellen lineare Differentialgleichungen dar. In den anderen Fällen müssen wir im allgemeinen wegen

$$y^\alpha = e^{\ln(y)\,\alpha}$$

die Differentialgleichung für $y > 0$ betrachten. Wir multiplizieren die Bernoullische Gleichung mit dem Faktor

$$(1 - \alpha)(y(x))^{-\alpha}$$

und erhalten die lineare inhomogene Differentialgleichung

$$u' + (1 - \alpha)a(x)u = (1 - \alpha)b(x)$$

für die Funktion

$$u(x) = (y(x))^{1-\alpha} \,.$$

Die Lösung der Bernoullischen Gleichung bekommen wir dann durch

$$y(x) = (u(x))^{\frac{1}{1-\alpha}} \,.$$

Beispiel 2.5

Wir bestimmen die allgemeine Lösung der Bernoullischen Gleichung

$$y' + 2y = 2x\sqrt{y}, \quad y > 0.$$

Wir setzen $u(x) = \sqrt{y(x)}$ und bekommen die Differentialgleichung

$$u' + u = x$$

für $u(x)$. Diese Gleichung lösen wir mit `DSolve`:

```
DSolve[u'[x]+u[x]==x,u[x],x]

                    C[1]
{{u[x]  -> -1 + x + ----}}
                      x
                     E
```

Nun muß aber $u(x) > 0$ sein, das heißt, wir haben

$$u(x) = c\,e^{-x} + x - 1, \quad c\,e^{-x} + x - 1 > 0$$

als Lösung für u. Betrachten wir die Kurven

$$f_1(x) = e^{-x} \quad \text{und} \quad f_2(x) = 1 - x$$

etwas näher. Offenbar stellt f_2 die Tangente an f_1 im Punkt $(0, 1)$ dar und verläuft ganz unterhalb von f_2.

Falls $c = 1$ ist, bekommen wir also zwei Lösungen

$$y(x) = (f_1(x) - f_2(x))^2, \quad x < 0$$

und

$$y(x) = (f_1(x) - f_2(x))^2, \quad x > 0.$$

Falls $c > 1$ ist, gilt für alle $x \in \mathbb{R}$: $c\, f_1(x) > f_2(x)$, und wir bekommen

$$y(x) = (c\, f_1(x) - f_2(x))^2, \quad x \in \mathbb{R}$$

als Lösung.

Falls $1 > c > 0$ ist, besitzt die Gleichung $c\, f_1(x) - f_2(x) = 0$ genau zwei Nullstellen $x_1 < 0$ und $x_2 > 0$. Für $x < x_1$ und für $x > x_2$ ist dann $c\, f_1(x) - f_2(x) > 0$ und wir bekommen

$$y(x) = (c\, f_1(x) - f_2(x))^2, \quad x < x_1$$

und

$$y(x) = (c\, f_1(x) - f_2(x))^2, \quad x > x_2$$

als Lösungen.

Falls $c = 0$ ist, lautet die Lösung

$$y(x) = (f_2(x))^2, \quad x > 1.$$

Falls $c < 0$ ist, besitzt die Gleichung $c\, f_1(x) - f_2(x) = 0$ genau eine Nullstelle $x_1 > 0$. Für $x > x_1$ ist dann $c\, f_1(x) - f_2(x) > 0$ und wir bekommen

$$y(x) = (c\, f_1(x) - f_2(x))^2, \quad x > x_1$$

als Lösung.

Nun noch die Bernoullische Gleichung mit `DSolve`:

```
<<Calculus'DSolve'
DSolve[y'[x]+2 y[x]==2 x Sqrt[y[x]],y[x],x]

               2 x         2 x         2 x  2        x
{{y[x] -> (E       - 2 E      x + E       x  - 2 E   C[1] +

         x                     2      2 x
    2 E   x C[1] + C[1] ) / E       }}
```

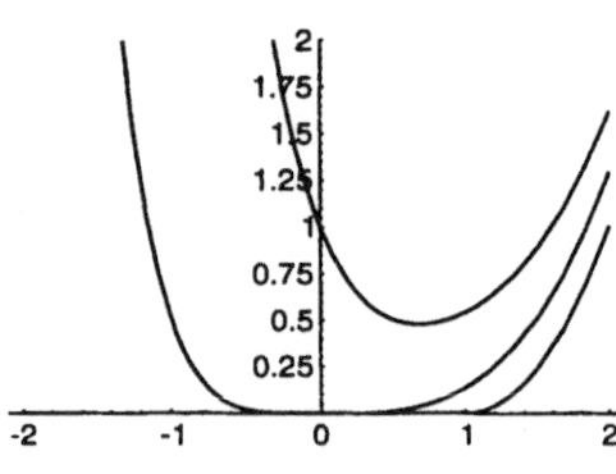

Lösungen von
$y' + 2y = 2xy^{1/2}$, $y > 0$

2.4 Die Riccatische Differentialgleichung

Eine Differentialgleichung der Gestalt:

Riccatische Gleichung

$$y' = a_0(x) + a_1(x)\, y + a_2(x)\, y^2$$

mit stetigen Funktionen a_0, a_1, a_2 heißt *Riccatische Gleichung*.

Die Riccatische Gleichung kann auf eine lineare, inhomogene Gleichung reduziert werden, wenn man eine spezielle Lösung $\bar{y}(x)$ kennt. Man führt dazu die neue Funktion

$$u(x) = \frac{1}{y(x) - \bar{y}(x)}$$

ein und setzt dann

$$y(x) = \frac{1}{u(x)} + \tilde{y}(x)$$

in die Riccatische Gleichung ein. Dies führt auf die folgende Gleichung für u:

$$u' = -(2\,a_2(x)\,\tilde{y}(x) + a_1(x))\,u - a_2(x)\,.$$

Beispiel 2.6

Wir betrachten die Riccatische Gleichung

$$y' = a_1(x)\,y + a_2(x)\,y^2$$

mit der speziellen Lösung $\tilde{y}(x) = 0$. Wir stellen die reduzierte Gleichung mit *Mathematica* (unter Verwendung von Expand) auf: Expand

```
yt[x]=0;
y[x]=1/u[x]+yt[x];
riy=Expand[D[y[x],x]-a1[x] y[x]-a2[x] y[x]^2];
rir=Expand[riy u[x]^2]

-a2[x]  -  a1[x]  u[x]  -  u'[x]
```

Wir bekommen also die reduzierte Gleichung:

$$u' = -a_1(x)\,u - a_2(x)\,.$$

Bemerkung 2.2 Wenn man zwei spezielle Lösungen $\tilde{y}_u(x)$ und $\tilde{y}_v(x)$ kennt, kann man die Riccatische Gleichung sogar auf eine lineare, homogene Gleichung reduzieren. Man führt zunächst beide Transformationen

$$u(x) = \frac{1}{y(x) - \tilde{y}_u(x)} \quad \text{und} \quad v(x) = \frac{1}{y(x) - \tilde{y}_v(x)}$$

aus und erhält die Gleichungen:

$$u' = -(2\,a_2(x)\,\tilde{y}_u(x) + a_1(x))\,u - a_2(x)$$

und

$$v' = -(2\,a_2(x)\,\tilde{y}_v(x) + a_1(x))\,v - a_2(x)\,.$$

Für:

$$\frac{u(x)}{v(x)} = \frac{y(x) - \tilde{y}_v(x)}{y(x) - \tilde{y}_u(x)}$$

ergibt sich

$$\left(\frac{u(x)}{v(x)}\right)' = -2\,a_2(x)\,(\tilde{y}_u(x) - \tilde{y}_v(x))\frac{u(x)}{v(x)}$$

$$- a_2(x)\left(\frac{1}{u(x)} - \frac{1}{v(x)}\right)\frac{u(x)}{v(x)}$$

$$= -a_2(x)\,(\tilde{y}_u(x) - \tilde{y}_v(x))\frac{u(x)}{v(x)}\,,$$

so daß $u(x)/v(x)$ durch Integration bestimmt werden kann:

$$\frac{u(x)}{v(x)} = e^{-\int a_2(x)\,(\tilde{y}_u(x) - \tilde{y}_v(x))\,dx}\,.$$

Die allgemeine Lösung der Riccatischen Gleichung bekommt man dann aus:

$$y(x) = \frac{\tilde{y}_v(x) - \dfrac{u(x)}{v(x)}\tilde{y}_u(x)}{1 - \dfrac{u(x)}{v(x)}}\,.$$

2.5 Exakte Differentialgleichungen

Wir wollen jetzt Differentialgleichungen erster Ordnung auf eine andere Art darstellen. Häufig kann man Differentialgleichungen dadurch lösen, daß man sie als exakte Differentialgleichung auffaßt.

Differentialform
Exakte Differentialgleichung

Definition 2.1 Sei $D \subset \mathbb{R}^2$ ein Gebiet. Seien $A : D \longrightarrow \mathbb{R}$ und $B : D \longrightarrow \mathbb{R}$ stetig differenzierbare Funktionen mit $A^2(x, y) + B^2(x, y) > 0$ für $(x, y) \in D$. Durch die *Differentialform*

$$A(x, y)\,dx + B(x, y)\,dy = 0$$

wird eine *exakte Differentialgleichung* gegeben, wenn eine zweimal stetig differenzierbare Funktion $G : D \longrightarrow \mathbb{R}$ existiert mit

$$\frac{\partial}{\partial x}G(x, y) = A(x, y) \quad \text{und} \quad \frac{\partial}{\partial y}G(x, y) = B(x, y)$$

für alle alle $(x, y) \in D$.

Den Begriff der Lösungen bereiten wir vor mit der

Definition 2.2 Eine ebene Kurve $(x(t), y(t)), t \in I$, heißt *regulär*, wenn für alle t aus dem Parameterintervall I gilt:

$$\left(\frac{d}{dt}x(t)\right)^2 + \left(\frac{d}{dt}y(t)\right)^2 > 0.$$

Reguläre Kurve

Definition 2.3 Eine reguläre Kurve $(x(t), y(t)), t \in I$, heißt Lösung der Differentialform $A(x, y)\, dx + B(x, y)\, dy = 0$, wenn

$$A(x(t), y(t))\,\frac{d}{dt}x(t) + B(x(t), y(t))\,\frac{d}{dt}y(t) = 0$$

für alle $t \in I$.

Eine Kurve stellt genau dann eine Lösung der exakten Differentialgleichung $A(x, y)\, dx + B(x, y)\, dy = 0$ dar, wenn mit einer Stammfunktion G und einer Konstanten c:

$$G(x(t), y(t)) = c$$

gilt. Das heißt, die Stammfunktion G ist konstant längs der Lösungskurve. Dies folgt sofort aus

$$\frac{d}{dt}G(x(t), y(t)) = \left.\frac{\partial G}{\partial x}\right|_{(x(t),y(t))}\frac{d}{dt}x(t) + \left.\frac{\partial G}{\partial y}\right|_{(x(t),y(t))}\frac{d}{dt}y(t)$$
$$= 0\,.$$

Die Frage nach der praktischen Darstellung der Lösungskurven einer Differentialform führt auf zwei Differentialgleichungen. Sei (x_0, y_0) ein Punkt aus D, der

$$G(x_0, y_0) = c$$

mit einer beliebigen Konstanten c erfüllt. Nach dem Satz über implizite Funktionen gibt es (bis auf die Parametrisierung) genau eine Kurve durch den Punkt (x_0, y_0), die

$$G(x(t), y(t)) = c$$

erfüllt. Diese Kurve läßt sich lokal in der Form

$$y \longrightarrow (x(y), y)\,, \quad \text{falls} \quad \frac{\partial}{\partial x}G(x_0, y_0) = A(x_0, y_0) \neq 0$$

oder in der Form

$$x \longrightarrow (x, y(x)), \quad \text{falls} \quad \frac{\partial}{\partial y} G(x_0, y_0) = B(x_0, y_0) \neq 0$$

darstellen. Durch diese Auflösung bekommt man die Differentialgleichungen:

$$\frac{d}{dy} x(y) = -\frac{B(x(y), y)}{A(x(y), y)}$$

oder

$$\frac{d}{dx} y(x) = -\frac{A(x, y(x))}{B(x, y(x))}.$$

Die Frage nach der Existenz und Eindeutigkeit der Lösungen der Differentialgleichungen kann im Falle der Exaktheit auch mit Hilfe der Stammfunktion G positiv beantwortet werden.

Wie sieht man einer Differentialform an, ob sie exakt ist, und wie findet man dann eine Stammfunktion? Eine notwendige Bedingung für die Exaktheit ergibt sich folgendermaßen: Aus

$$\frac{\partial}{\partial x} G(x, y) = A(x, y) \quad \text{und} \quad \frac{\partial}{\partial y} G(x, y) = B(x, y)$$

erhält man

$$\frac{\partial^2}{\partial y \partial x} G(x, y) = \frac{\partial}{\partial y} A(x, y)$$

und

$$\frac{\partial^2}{\partial x \partial y} G(x, y) = \frac{\partial}{\partial x} B(x, y)$$

und mit der Vertauschbarkeit der partiellen Ableitungen:

$$\frac{\partial}{\partial y} A(x, y) = \frac{\partial}{\partial x} B(x, y).$$

Wir können uns im folgenden auf kreisförmige Gebiete

$$D = \{(x, y) \mid (x - x_0)^2 + (y - y_0)^2 < r , \; r > 0\}$$

einschränken. Dann ist die Exaktheitsbedingung hinreichend für die Existenz einer Stammfunktion auf D. Wir bestätigen leicht durch Nachrechnen, daß das *Kurvenintegral* (Wegintegral):

$$G(x, y) = \int\limits_{x_0}^{x} A(\xi, y_0)\, d\xi + \int\limits_{y_0}^{y} B(x, \eta)\, d\eta$$

Kurvenintegral

eine Stammfunktion darstellt. Die durch das obige Wegintegral gegebene Stammfunktion hat die Eigenschaft

$$G(x_0, y_0) = 0\,.$$

Weitere Stammfunktionen können sich von dieser nur durch eine Konstante unterscheiden.

Bemerkung 2.3 Man kann auch auf folgende Art eine Stammfunktion bestimmen. Man löst zunächst eine der beiden Differentialgleichungen

$$\frac{\partial}{\partial x} G(x, y) = A(x, y) \quad \text{bzw.} \quad \frac{\partial}{\partial y} G(x, y) = B(x, y)$$

und setzt dann das Resultat in die andere ein. Dies ergibt im ersten Schritt

$$G(x, y) = \int\limits_{x_0}^{x} A(\xi, y)\, d\xi + a(y)$$

bzw.

$$G(x, y) = \int\limits_{y_0}^{y} B(x, \eta)\, d\eta + b(x)\,.$$

Im zweiten Schritt bestimmt man die Funktionen $a(y)$ bzw. $b(x)$. Einsetzen liefert:

$$\frac{d}{dy} a(y) = B(x, y) - \int\limits_{x_0}^{x} \frac{\partial}{\partial y} A(\xi, y)\, d\xi = \alpha(y)$$

bzw.

$$\frac{d}{dx} b(x) = A(x, y) - \int\limits_{y_0}^{y} \frac{\partial}{\partial x} B(x, \eta)\, d\eta = \beta(x)\,.$$

Hierbei ist noch zu berücksichtigen, daß

$$\frac{\partial}{\partial x} \left(B(x, y) - \int\limits_{x_0}^{x} \frac{\partial}{\partial y} A(\xi, y)\, d\xi \right) = \frac{\partial}{\partial x} B(x, y) - \frac{\partial}{\partial y} A(x, y) = 0$$

bzw.

$$\frac{\partial}{\partial y}\left(A(x,y) - \int\limits_{y_0}^{y} \frac{\partial}{\partial x} B(x,\eta)\,d\eta\right) = \frac{\partial}{\partial y} A(x,y) - \frac{\partial}{\partial x} B(x,y) = 0\,.$$

Wir bekommen damit

$$a(y) = \int\limits_{y_0}^{y} \alpha(\eta)d\eta \quad \text{bzw.} \quad b(x) = \int\limits_{x_0}^{x} \beta(\xi)d\xi$$

und die Stammfunktion

$$G(x,y) = \int\limits_{x_0}^{x} A(\xi,y)d\xi + \int\limits_{y_0}^{y} \alpha(\eta)\,d\eta$$

$$= \int\limits_{y_0}^{y} B(x,\eta)d\eta + \int\limits_{x_0}^{x} \beta(\xi)\,d\xi$$

mit der Eigenschaft $G(x_0, y_0) = 0$.

Wenn eine gegebene Differentialform

$$A(x,y)\,dx + B(x,y)\,dy = 0$$

auf dem einfach zusammenhängenden Gebiet D nicht exakt ist, dann kann man versuchen, durch Multiplikation mit einer Funktion $M(x,y)$ eine exakte Differentialgleichung

$$M(x,y)\,A(x,y)\,dx + M(x,y)\,B(x,y)\,dy = 0$$

herzustellen. M heißt dann *Eulerscher Multiplikator* oder integrierender Faktor. Die Exaktheitsforderung führt auf die folgende Bedingung für M:

Eulerscher Multiplikator

$$\frac{\partial}{\partial y}(M(x,y)\,A(x,y)) = \frac{\partial}{\partial x}(M(x,y)\,B(x,y))$$

und weiter

$$B(x,y)\frac{\partial}{\partial x} M(x,y) - A(x,y)\frac{\partial}{\partial y} M(x,y)$$

$$= M(x,y)\left(\frac{\partial}{\partial y} A(x,y) - \frac{\partial}{\partial x} B(x,y)\right)\,.$$

Diese Bedingung stellt eine partielle Differentialgleichung dar, deren weitere Behandlung nur unter zusätzlichen Annahmen sinnvoll ist. Wir betrachten hier zwei Fälle:

$$1) \qquad \frac{\partial}{\partial y} \left(\frac{\frac{\partial}{\partial y} A(x, y) - \frac{\partial}{\partial x} B(x, y)}{B(x, y)} \right) = 0 \, ,$$

$$2) \qquad \frac{\partial}{\partial x} \left(\frac{\frac{\partial}{\partial y} A(x, y) - \frac{\partial}{\partial x} B(x, y)}{A(x, y)} \right) = 0 \, .$$

Im Fall 1) hängt $M(x, y)$ offenbar nur von x ab und $M(x, y) = M(x)$ bestimmt sich aus der gewöhnlichen Differentialgleichung

$$\frac{d}{dx} M(x) = M(x) \frac{\frac{\partial}{\partial y} A(x, y) - \frac{\partial}{\partial x} B(x, y)}{B(x, y)}$$

und im Fall 2) hängt $M(x, y)$ offenbar nur von y ab und $M(x, y) = M(y)$ bestimmt sich aus

$$\frac{d}{dy} M(y) = -M(y) \frac{\frac{\partial}{\partial y} A(x, y) - \frac{\partial}{\partial x} B(x, y)}{A(x, y)} \, .$$

Beispiel 2.7

Wir bestimmen die allgemeine Lösung der exakten Differentialgleichungen

$$e^{-y} \, dx + \left(1 - x \, e^{-y} \right) dy = 0$$

und

$$2x \, e^{y} \, dx + \left(x^2 \, e^{y} - 1 \right) dy = 0$$

und gehen nach der Methode der Differentialgleichungen aus Bemerkung 2.3 vor.

Zuerst überzeugt man sich von der Exaktheit:

$$\frac{\partial}{\partial y} e^{-y} = \frac{\partial}{\partial x} \left(1 - x \, e^{-y} \right) = -e^{-y} \, ,$$

bzw.

$$\frac{\partial}{\partial y} \left(2x \, e^{y} \right) = \frac{\partial}{\partial x} \left(x^2 \, e^{y} - 1 \right) = 2x \, e^{y} \, .$$

Im Fall der ersten Gleichung liefert die Bedingung $(\partial / \partial x) \, G(x, y) = e^{-y}$:

$$G(x, y) = x \, e^{-y} + a(y) \, .$$

Setzt man dies in die Bedingung $(\partial / \partial y) \, G(x, y) = 1 - x \, e^{-y}$ ein, so bekommt man schließlich die folgende Gleichung für $a(y)$:

$$a'(y) = 1 \, .$$

Daraus ergibt sich insgesamt die folgende Stammfunktion

$$G(x, y) = x \, e^{-y} + y \, .$$

Die allgemeine Lösung hat die Gestalt

$$x(y) = e^{-y}(c - y) \, .$$

(Eine Auflösung nach y ist nicht möglich).

Im Fall der zweiten Gleichung liefert die Bedingung $(\partial/\partial x)\, G(x, y) = 2x\, e^y$:

$$G(x, y) = x^2\, e^y + a(y)\,.$$

Setzt man dies in die Bedingung $(\partial/\partial y)\, G(x, y) = x^2\, e^y - 1$ ein, so bekommt man hier die folgende Gleichung für $a(y)$:

$$a'(y) = -1\,.$$

Daraus ergibt sich hier als Stammfunktion

$$G(x, y) = x^2\, e^y - y\,.$$

Die allgemeine Lösung hat die Gestalt

$$x(y) = \sqrt{e^{-y}(c + y)}\,, \quad c + y > 0\,,$$
$$x(y) = -\sqrt{e^{-y}(c + y)}\,, \quad c + y > 0\,.$$

(Eine Auflösung nach y ist nicht möglich).

Höhenlinien von $xe^{-y} + y$ (links) und von $x^2 e^y - y$ (rechts) aus Beispiel 2.7

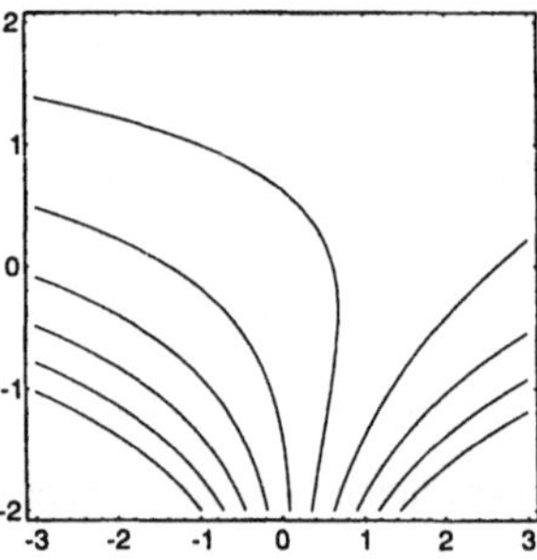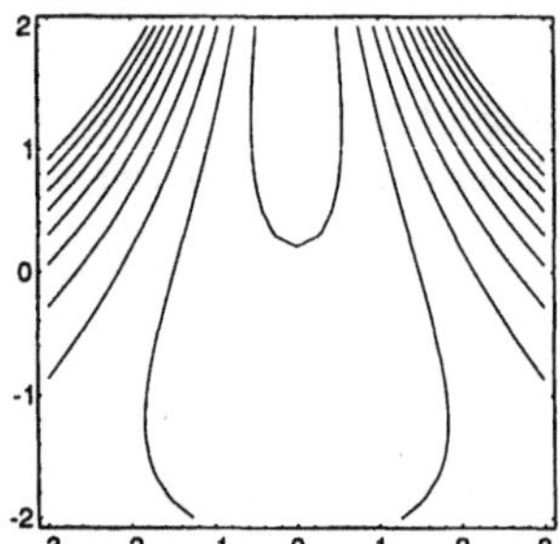

Beispiel 2.8

Wir bestimmen die allgemeine Lösung der Differentialgleichung

$$y' = -\frac{2x - x^2 - y^2}{2y}\,, \quad y \neq 0\,.$$

1.) Durch Umformen bekommen wir für eine beliebige Lösung $y(x)$:

$$\frac{d}{dx}\left((y(x))^2\right) = (y(x))^2 - 2x + x^2\,.$$

Dies führt uns auf die neue Funktion $u(x) = (y(x))^2$, die die Differentialgleichung

$$u' = u - 2x + x^2$$

erfüllt. Jede Lösung $u(x)$ mit $u(x) > 0$ liefert eine Lösung der Ausgangsgleichung $y(x) = \sqrt{u(x)}$ in der oberen Halbebene und eine Lösung $y(x) = -\sqrt{u(x)}$ in der unteren Halbebene.

```
DSolve[u'[x]==u[x]-2 x+x^2,u[x],x]


                 2    x
{{u[x] -> -x  + E  C[1]}}
```

Da $u(x) > 0$ sein muß, kommen nur Kurven mit $c > 0$ in Frage. Diese
Kurven haben stets eine Nullstelle $x_1 < 0$. Auf der positiven x-Achse tritt
einer der drei Fälle ein: es gibt keine, eine oder zwei Nullstellen.

2.) Wir gehen von der Differentialgleichung zu der Differentialform

$$(2x - x^2 - y^2)\,dx + 2y\,dy = 0$$

über. Diese Differentialform ist jedoch nicht exakt, wie die Rechnung

$$\frac{\partial}{\partial y}(2x - x^2 - y^2) = -2y, \quad \frac{\partial}{\partial x}(2y) = 0$$

zeigt. Wir versuchen nun einen von x alleine abhängigen Multiplikator
zu bestimmen. Die nötige Rechenarbeit überlassen wir *Mathematica* und
Simplify:

<code>Simplify</code>

```
A[x_,y_]:=2 x-x^2-y^2
B[x_,y_]:=2 y


Gleichung=D[M[x] A[x,y],y]==D[M[x] B[x,y],x];
Simplify[Gleichung]


-2 y M[x]  ==  2 y M'[x]
```

Hieraus liest man sofort ab, daß ein Multiplikator $M(x)$ existiert, der sich
aus der Gleichung $M' = -M$ ergibt:

$$M(x) = e^{-x}.$$

Nun bestimmen wir eine Stammfunktion für die exakte Differentialform. Wir
verwenden die in Bemerkung 2.3 geschilderte Methode. Die Bedingung

$$\frac{\partial}{\partial y}G(x, y) = e^{-x}\,2y$$

führt auf die Gestalt

$$G(x, y) = e^{-x}\,y^2 + b(x)$$

mit einer noch zu bestimmenden Funktion $b(x)$, die wir durch die Bedingung

$$\frac{\partial}{\partial x}G(x, y) = e^{-x}\,(2x - x^2 - y^2)$$

festlegen. Einsetzen ergibt:

$$b'(x) = e^{-x}\,(2x - x^2),$$

also

$$b(x) = x^2\,e^{-x}$$

und

$$G(x, y) = e^{-x}\,(x^2 + y^2).$$

Die Lösungskurven ergeben sich demnach aus der Gleichung:

$$e^{-x}\,(x^2 + y^2) = c.$$

Schließlich wollen wir noch mit Hilfe eines Wegintegrals eine Stammfunktion finden:

$$G(x, y) = \int_{x_0}^{x} A(\xi, y_0)\,d\xi + \int_{y_0}^{y} B(x, \eta)\,d\eta$$

$$= \int_{x_0}^{x} e^{-\xi}(2\xi - \xi^2 - y_0^2)\,d\xi + \int_{y_0}^{y} e^{-x}2\eta\,d\eta.$$

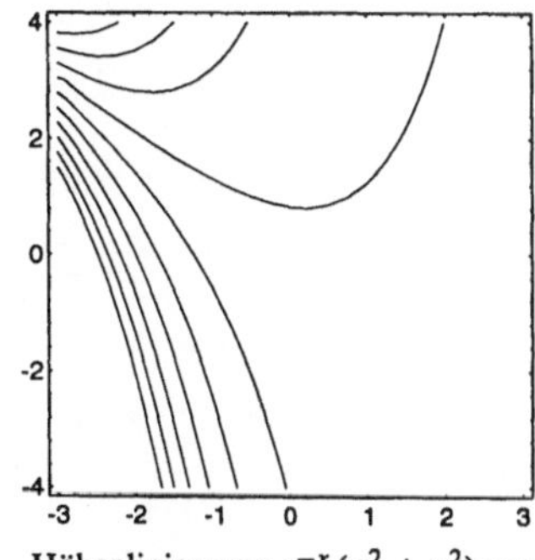

Höhenlinien von $e^{-x}(x^2 + y^2)$ aus
Beispiel 2.8

Wir benützen `Integrate`:

```
Integrate[Exp[-xi] (2 xi-xi^2-y0^2),{xi,x0,x}]+
Integrate[Exp[-x] 2 eta,{eta,y0,y}]//Simplify
```

```
 2      2      2      2
.x     x0     y     y0
-- - --- + -- - ---
 x     x0     x     x0
E      E      E      E
```

Beispiel 2.9

Wir bestimmen die allgemeine Lösung der Differentialform

$$2x\,\sin(y)\,dx + (x^2 - e^{-y})\,dy = 0,\ x > 0,\ 0 < y < \pi\,.$$

Wir gehen zur Differentialgleichung über

$$x'(y) = -\frac{x(y)^2 - e^{-y}}{2x\,(y)\,\sin(y)}$$

und fragen zuerst, welche Lösungen direkt mit `DSolve` ermittelt werden können:

```
<<Calculus`DSolve`
```

```
DSolve[x'[y]==-(x[y]^2-Exp[-y])/(2 x[y] Sin[y]),x[y],y]
```

```
                          y
{{x[y] -> -(Sqrt[Cot[-]]
                          2


                                  y            y
                               Tan[-]       Tan[-]
                                  2            2
         Sqrt[2 C[1] + Integrate[------, y] + ------])},
                                  y            y
                                  E            E


    {x[y] ->


                y
     Sqrt[Cot[-]] Sqrt[2 C[1] +
                2


                      y            y
                   Tan[-]       Tan[-]
                      2            2
         Integrate[------, y] + ------]}}
                   y            y
                   E            E
```

Offenbar kann das Problem auf die Lösung der linearen, inhomogenen Differentialgleichung für $x(y)^2$:

$$\frac{d}{d x}(x(y)^2) = -\frac{1}{\sin(y)}\,x(y)^2 + \frac{e^{-y}}{\sin(y)}$$

zurückgeführt werden. Man kann diese Gleichung aber nicht in geschlossener Form lösen.

Betrachten wir nun noch einmal die Differentialform und suchen nach einem von y alleine abhängigen Multiplikator:

```
Simplify[Expand[D[M[y] 2 x Sin[y],y]==
         D[M[y] (x^2-Exp[-y]),x]]]


2 x (Cos[y] M[y] + Sin[y] M'[y]) == 2 x M[y]


DSolve[Cos[y] M[y]+Sin[y] M'[y]==M[y],M[y],y]


                   y 2
{{M[y] -> C[1] Sec[-] }}
                   2
```

Das heißt, es wurde der von y alleine abhängige Multiplikator

$$M(y) = \sec\left(\frac{y}{2}\right)^2$$

gefunden. Integrieren der exakten Form

$$M(y)\, 2x\, \sin(y)\, dx + M(y)\, (x^2 - e^{-y})\, dy = 0, \; x > 0, \; 0 < y < \pi,$$

ergibt

```
Clear[M]
M[y_]:=Sec[y/2]^2
a[x_,y_]:=M[y] 2 x Sin[y]
b[x_,y_]:=M[y] (x^2-Exp[-y])
as=Integrate[a[xi,y0],{xi,x0,x}]


    2      y0          2      y0
2 x  Tan[--] - 2 x0  Tan[--]
         2                 2


bs=Integrate[b[x,eta],{eta,y0,y}]


                   eta
             Tan[---]
                   2
-2 Integrate[--------, {eta, y0, y}] +
                eta
               E


         y 2       y            y0 2        y0
2 (-1 + E  x ) Tan[-]    2 (-1 + E   x ) Tan[--]
                   2                          2
-------------------------- - --------------------------
           y                            y0
           E                            E
```

Es treten also die gleichen Schwierigkeiten wie auf dem zuerst beschrittenen Lösungsweg auf.

2.6 Differentialgleichungen für Kurvenscharen

Wir haben uns bisher damit beschäftigt, die Lösungsschar einer vor-
gelegten Differentialgleichung zu finden. Wir wenden uns nun dem
umgekehrten Problem zu, nämlich eine Differentialgleichung so zu
bestimmen, daß ihre allgemeine Lösung eine vorgegebene Kurvenschar umfaßt.

Wir beschreiben eine Kurvenschar implizit durch Gleichung:

$$F(x, y, c) = 0.$$

Dabei wird vorausgesetzt, daß die Funktion F nach sämtlichen Variablen stetig partiell differenzierbar ist und eine der beiden folgenden
Bedinungen erfüllt ist:

$$\frac{\partial}{\partial y} F(x, y, c) \neq 0, \quad \frac{\partial}{\partial x} F(x, y, c) \neq 0.$$

Damit ist die Auflösung nach y oder x garantiert, und wir bekommen
eine Kurvenschar $y(x, c)$ mit $F(x, y(x, c), c) = 0$ oder $x(y, c)$ mit
$F(x(y, c), x, c) = 0$. Wir versuchen nun eine Differentialgleichung
erster Ordnung derart zu finden, daß ihre allgemeine Lösung die
Kurvenscharen $y(x, c)$ oder $x(y, c)$ enthält. Die gesuchte Differentialgleichung soll nicht von dem Parameter c abhängen.

Beispiel 2.10

Vorgelegt sei die Kurvenschar $y - x - c\,e^x = 0$ bzw.

$$y(x) = x + c\,e^x.$$

Durch Ableiten bekommen wir eine weitere Gleichung

$$y'(x) = 1 + c\,e^x.$$

Eliminieren wir nun den Parameter c, so bekommen wir $y'(x) = y(x) - x + 1$,
d.h. die Kurven der Schar genügen der Differentialgleichung:

$$y' = y - x + 1.$$

Die allgemeine Lösung dieser Differentialgleichung stellt gerade die gegebene Kurvenschar dar.

Nun betrachten wir die Kurvenschar:

$$y = (x + c)^3.$$

Ableiten ergibt

$$y' = 3\,(x + c)^2,$$

und Eliminieren des Parameters c führt auf die Differentialgleichung:

$$y' = 3\,y^{\frac{2}{3}}.$$

Diese Gleichung besitzt die gegebene Schar $y(x) = (x + c)^3$ als Lösungen, aber zu dieser Schar kommt noch die sogenannte singuläre Lösung $y(x) = 0$ hinzu.

Die singuläre Lösung $y(x) = 0$ ist nicht in der gegebenen Schar enthalten, steht aber in einer engen, geometrischen Beziehung zu ihr. Sie stellt nämlich gerade die Enveloppe der Schar dar.

Wir wollen uns kurz mit der *Enveloppe* einer Kurvenschar befassen. Die Enveloppe stellt eine Kurve dar, die jede Kurve aus der gegebenen Schar berührt. Ist $(x(c), y(c))$ der Berührpunkt der Enveloppe mit der Kurve $y(x, c)$, dann gilt zunächst:

$$F(x(c), y(c), c) = 0$$

und

$$\frac{d}{dc} F(x(c), y(c), c) = 0\,.$$

Da der Gradient $(\partial F/\partial x, \partial F/\partial y)|_{(x(c),y(c),c)}$ senkrecht auf dem Tangentenvektor $(dx/dc, dy/dc)$ steht, ergibt sich

$$\frac{\partial}{\partial c} F(x, y, c)|_{(x(c),y(c),c)} = 0\,,$$

und die Enveloppe kann durch Elimination des Parameters c aus den Gleichungen:

$$F(x, y, c) = 0\,, \qquad \frac{\partial}{\partial c} F(x, y, c) = 0 \qquad \textbf{Enveloppe}$$

bestimmt werden.

Unter der Voraussetzung $\partial F/\partial y \neq 0$ betrachten wir nun den allgemeinen Fall. Wir haben eine Kurvenschar, die den Gleichungen

$$F(x, y(x, c), c) = 0\,,$$

$$\frac{\partial}{\partial x} F(x, y, c)\bigg|_{(x,y(x,c),c)} + \frac{\partial}{\partial y} F(x, y, c)\bigg|_{(x,y(x,c),c)} y'(x, c) = 0$$

genügt. Ist ferner $\partial F/\partial c \neq 0$, (was $\partial y/\partial c \neq 0$ bedeutet), dann können wir den Parameter c aus der ersten der beiden Gleichungen:

$$F(x, y, c) = 0\,, \qquad \frac{\partial}{\partial x} F(x, y, c) + \frac{\partial}{\partial y} F(x, y, c)\, y' = 0$$

eliminieren und in die zweite Gleichung einsetzen. Dies liefert eine Differentialgleichung, deren allgemeine Lösung die Kurvenschar $y(x, c)$ enthält. Analog verfährt man mit den Gleichungen:

$$F(x, y, c) = 0, \quad \frac{\partial}{\partial x} F(x, y, c) \frac{dx}{dy} + \frac{\partial}{\partial y} F(x, y, c) = 0.$$

Ferner zeigt man sofort, daß die Enveloppe stets die hergeleitete Differentialgleichung erfüllt.

Beispiel 2.11

Die Kurvenschar

$$F(x, y, c) = (x - c)^2 + y^2 - c^2 - 1 = 0$$

stellt eine Familie von Kreisen dar, die alle durch die beiden gemeinsamen Punkte $(0, -1)$ und $(0, 1)$ verlaufen. Durch Elimination des Parameters c bekommen wir:

$$c = \frac{x^2 + y^2 - 1}{2x}.$$

Einsetzen in $\qquad 2(x - c) + 2yy' = 0$
ergibt die Differentialgleichung

$$y' = -\frac{x^2 - y^2 + 1}{2xy}.$$

Eliminate   Wir führen den Eliminationsprozess mit `Eliminate` durch:

```
F=(x-c)^2+y^2-c^2-1;
G=D[F,x]+D[F,y] y';
Eliminate[{F==0,G==0},c]


                   2     2
2 x y y' == -1 - x   + y


F=(x-c)^2+y^2-c^2-1;
G=D[F,x] x'+D[F,y];
Eliminate[{F==0,G==0},c]


           2     2
(-1 - x   + y ) x' == 2 x y
```

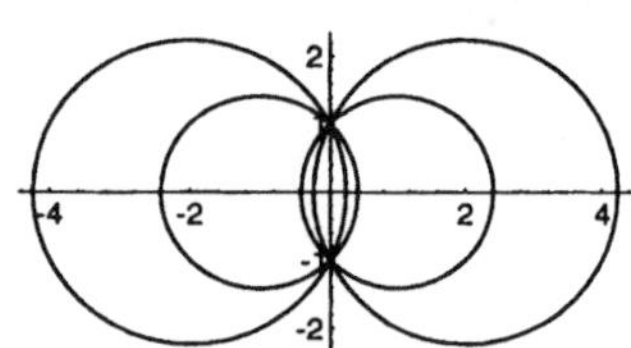

Die Kreisschar
$(x - c)^2 + y^2 - c^2 - 1 = 0$

Die gegebene Kurvenschar besitzt keine Enveloppe, wie man anhand von $\partial F(x, y, c)/\partial c = 2x = 0$ sieht.

Zur Lösung der gefundenen Differentialgleichung führen wir die Funktion $u(x) = (y(x))^2$ ein und bekommen:

$$xu' = u - x^2 - 1.$$

Die Lösung dieser Gleichung mit `DSolve` führt auf die gegebene Kreisschar:

```
DSolve[x u'[x]==u[x]-x^2-1,u[x],x]


               2
{{u[x] -> 1 - x   + x C[1]}}
```

Wenn eine Kurvenschar vorliegt, so fragen wir nun noch nach
einer orthogonalen Schar. Wenn eine Kurve der orthogonalen Schar
eine Kurve der gegebenen Schar schneidet, dann sollen die Tangentenvektoren senkrecht aufeinander stehen. Man bezeichnet eine
solche Kurvenschar auch als *Orthogonaltrajektorien.*

Eine Differentialgleichung für die Schar der Orthogonaltrajektorien ergibt sich durch Eliminieren des Parameters c aus den Gleichungen:

$$F(x, y, c) = 0 \,, \quad \frac{\partial}{\partial x} F(x, y, c) + \frac{\partial}{\partial y} F(x, y, c) \left(-\frac{1}{y'}\right) = 0 \,,$$

bzw.

$$F(x, y, c) = 0 \,, \quad \frac{\partial}{\partial x} F(x, y, c) \left(-\frac{1}{\frac{dx}{dy}}\right) + \frac{\partial}{\partial y} F(x, y, c) = 0 \,.$$

Das bedeutet, daß man für die Orthogonaltrajektorien die Differentialgleichung:

$$-\frac{1}{y'} = g(x, y) \,,$$

Orthogonaltrajektorien

erhält, wenn

$$y' = g(x, y)$$

als Differentialgleichung der gegebenen Schar hergeleitet wurde.

Beispiel 2.12
Wir betrachten erneut die Kreisschar

$$F(x, y, c) = (x - c)^2 + y^2 - c^2 - 1 = 0 \cdot$$

aus Beispiel 2.11 und suchen nach den Orthogonaltrajektorien, die die folgende Differentialgleichung

$$y' = \frac{2 x y}{x^2 - y^2 + 1}$$

erfüllen. Wir lösen diese Gleichung durch Einführen der inversen Funktion
$x(y)$, für die wir die Differentialgleichung

$$\frac{dx}{dy} = \frac{x^2 - y^2 + 1}{2 x y}$$

bekommen. Mit $v(y) = (x(y))^2$ ergibt sich schließlich die Gleichung:

$$y \frac{dv}{dy} = v^2 - y^2 + 1 \,,$$

die mit `DSolve` behandelt wird:

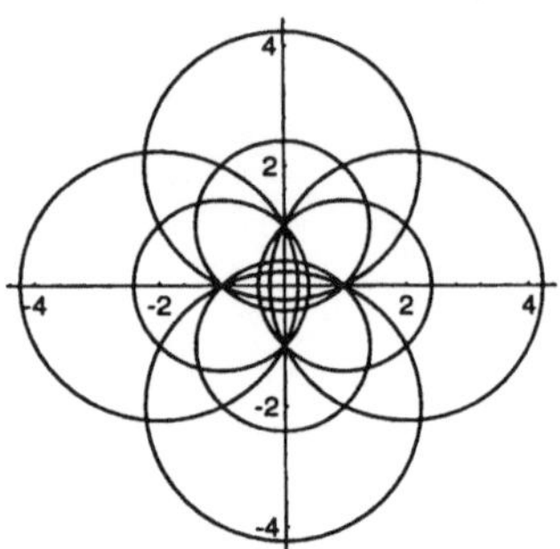

Die Kreisschar
$(x - c)^2 + y^2 - c^2 - 1 = 0$ mit der
orthogonalen Schar
$x^2 + (y - c)^2 - c^2 - 1 = 0$

```
DSolve[y v'[y]==v[y]-y^2+1,v[y],y]


                   2
{{v[y] -> -1 - y  + y C[1]}}
```

Als Orthogonaltrajektorien finden wir also wieder eine Schar von Kreisen:

$$x^2 + \left(y - \frac{c}{2}\right)^2 - \frac{c^2}{4} + 1 = 0 \, .$$

Bemerkung 2.4 Anstatt nach den Orthogonaltrajektorien, die eine gegebene Kurvenschar rechtwinklig schneidet, kann man auch nach einer Schar suchen, die unter einem beliebigen Winkel schneidet. Eine Kurvenschar werde nun durch die Differentialgleichung

$$y' = g(x, y)$$

festgelegt. Wir fragen nach der Differentialgleichung der Kurvenschar, die die gegebene Schar unter dem Winkel β schneidet. Dazu benützen wir das Additionstheorem für den Tangens

$$\tan(\alpha + \beta) = \frac{\tan(\alpha) + \tan(\beta)}{1 - \tan(\alpha)\tan(\beta)} \, .$$

Setzen wir $\tan(\alpha) = g(x, y)$ und $\tan(\alpha \pm \beta) = y'$ für die gesuchten Kurven, dann ergibt sich folgende Differentialgleichung:

$$y' = \frac{g(x, y) \pm \tan(\beta)}{1 \mp \tan(\beta)g(x, y)} \, .$$

3 Differentialgleichungssysteme erster Ordnung

3.1 Systeme erster Ordnung und Gleichungen n-ter Ordnung

Bisher haben wir Einzeldifferentialgleichungen für eine gesuchte Funktion betrachtet. Nun betrachten wir n Gleichungen für n gesuchte Funktionen. Es wird sich zeigen, daß damit auch Einzelgleichungen erfaßt werden, die höhere als die erste Ableitung der gesuchten Funktion enthalten.

Definition 3.1 Sei $D \subseteq \mathbb{R} \times \mathbb{R}^n$ ein Gebiet und $G : D \longrightarrow \mathbb{R}^n$ eine stetige Funktion. Die Gleichung

$$Y' = G(x, Y)$$

wird als *Differentialgleichungssystem erster Ordnung* bezeichnet. Verläuft der Graph einer auf einem Intervall I stetig differenzierbaren Funktion F ganz in D $\{(x, F(x)) \mid x \in I\} \subset D$ und gilt für jedes $x \in I$

$$F'(x) = G(x, F(x)),$$

so heißt F Lösung der Differentialgleichung.

Differentialgleichungssystem erster Ordnung

Wir werden meistens wieder auf die unterschiedliche Bezeichnung des Arguments Y von $G(x, Y)$ und der Lösung $F(x)$ verzichten und schreiben

$$F(x) = Y(x), \quad Y'(x) = G(x, Y(x)).$$

Als erstes wollen wir ein Differentialgleichungssystem und seine Lösungen in *Komponentenschreibweise* angeben. Benützen wir Koordinaten

$$Y = \begin{pmatrix} y_1 \\ \vdots \\ y_n \end{pmatrix}$$

für die Punkte aus $\mathbb{R}^n$ und Komponenten

$$G = \begin{pmatrix} g^1 \\ \vdots \\ g^n \end{pmatrix}$$

für die Funktion G, so lautet das Differentialgleichungssystem $Y' = G(x, Y)$:

Komponentenschreibweise

$$
\begin{aligned}
y_1' &= g^1(x, y_1, \dots, y_n), \\
y_2' &= g^2(x, y_1, \dots, y_n), \\
&\ \ \vdots \\
y_n' &= g^n(x, y_1, \dots, y_n),
\end{aligned}
$$

und eine Lösung

$$
F(x) = \begin{pmatrix} f_1(x) \\ \vdots \\ f_n(x) \end{pmatrix}
$$

liegt vor, wenn

$$
\begin{aligned}
f_1'(x) &= g^1(x, f_1(x), \dots, f_n(x)), \\
f_2'(x) &= g^2(x, f_1(x), \dots, f_n(x)), \\
&\ \ \vdots \\
f_n'(x) &= g^n(x, f_1(x), \dots, f_n(x)),
\end{aligned}
$$

ist.

Die graphische Darstellung der Lösungen eines Differentialgleichungssystems ist naturgemäß komplizierter als die Darstellung der Lösungskurven einer Einzeldifferentialgleichung. Man kann sich die Lösungen eines Systems veranschaulichen, indem man den Graphen jeder Komponente zeichnet.

Integralkurve

Autonomes System

Im Fall $n = 2$ kann man den Graphen einer Lösung als *Integralkurve* $(x, y_1(x), y_2(x))$ im $\mathbb{R}^3$ zeichnen. Ist das System *automom*, dies bedeutet, daß die rechte Seite $G(x, Y)$ nicht explizit von x abhängt, dann veranschaulicht man sich im Fall $n = 2, 3$ die Lösungen $(y_1(x), y_2(x))$ bzw. $(y_1(x), y_2(x), y_3(x))$ als Trajektorien (Bahnkurven) im *Phasenraum* $\mathbb{R}^n$.

Phasenraum

Beispiel 3.1

Systeme mit *Mathematica* bearbeiten:

DSolve

Der Befehl `DSolve` wird auch für Systeme benützt. Wir demonstrieren dies für folgendes 2×2-System:

$$
\begin{aligned}
y_1' &= -2\, y_1 + y_2, \\
y_2' &= -2\, y_2 + \frac{e^{-2x}}{x}, \quad x > 0.
\end{aligned}
$$

```
<<Calculus`DSolve`
gl1=y1'[x]==-2 y1[x]+y2[x];
```

```
gl2=y2'[x]==-2 y2[x]+Exp[-2 x]/x;

DSolve[{gl1,gl2},{y1[x],y2[x]},x]

                x           C[1]     x C[2]     x Log[x]
{{y1[x]  -> -(----)  +   ----   +  ------  +  --------,
              2 x         2 x       2 x         2 x
            E           E         E           E

            C[2]     Log[x]
   y2[x]  -> ----  +  ------}}
            2 x       2 x
          E          E
```

Die Lösungen, die `DSolve` gefunden hat, hätte man sich auf folgende Art
verschaffen können. Wir lösen zuerst die zweite Gleichung des Systems und
setzen ihre allgemeine Lösung in die erste Gleichung ein. Damit wird das
System in zwei lineare, inhomogene Gleichungen erster Ordnung zerlegt.
Wir verfolgen diesen Lösungsweg ebenfalls mit *Mathematica* und gelangen
zum selben Ergebnis

```
l=DSolve[gl2,y2[x],x]

            C[1]     Log[x]
{{y2[x]  -> ----  +  ------}}
            2 x       2 x
          E          E


y2[x]=y2[x]/.l[[1]]/.C[1]->C[2]

C[2]     Log[x]
---- + ------
 2 x      2 x
E         E


gl1n=y1'[x]==-2 y1[x]+y2[x];
DSolve[gl1n,y1[x],x]

            C[1]     -x + x C[2] + x Log[x]
{{y1[x]  -> ----  +  ----------------------}}
            2 x               2 x
          E                  E
```

also:

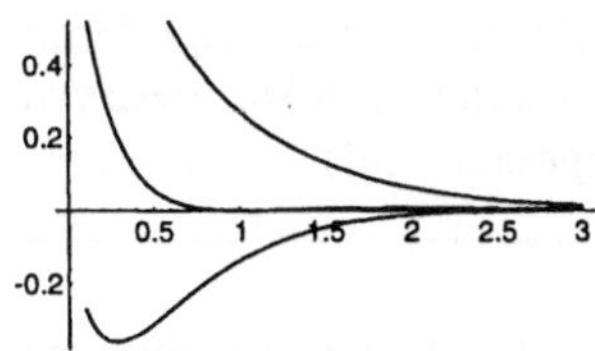

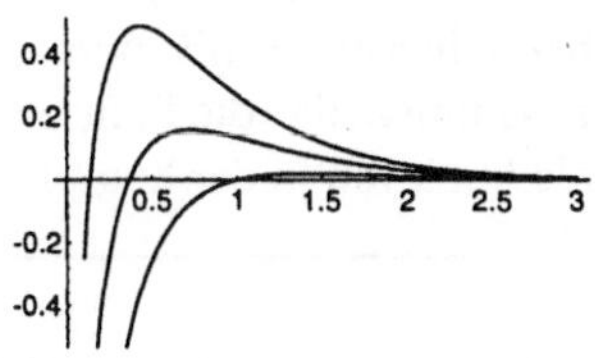

Lösungen von $y_1' = -2y_1 + y_2$,
$y_2' = -2y_2 + e^{-2x}/x$,
komponentenweise Darstellung

$$y_1(x) = (c_1 - x + c_2\, x + x\, \ln(x))\, e^{-2x},$$
$$y_2(x) = (c_1 + \ln(x))\, e^{-2x}.$$

Beispiel 3.2

Das folgende System kann auch wieder auf zwei Differentialgleichungen erster Ordnung zurückgeführt werden. Wir werden daran sehen, daß man die von *Mathematica* gelieferten Resultate oft noch interpretieren muß.

$$y_1' = y_1^2 - \pi \,,$$
$$y_2' = y_1 y_2 \,.$$

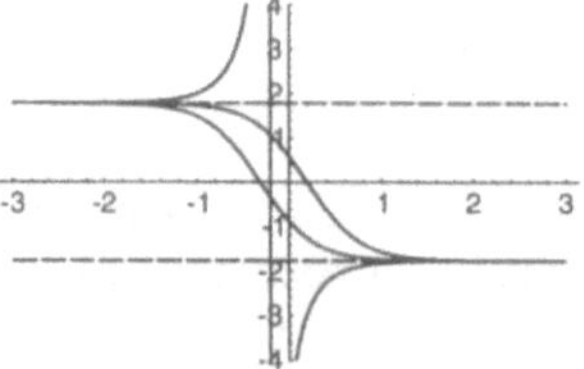
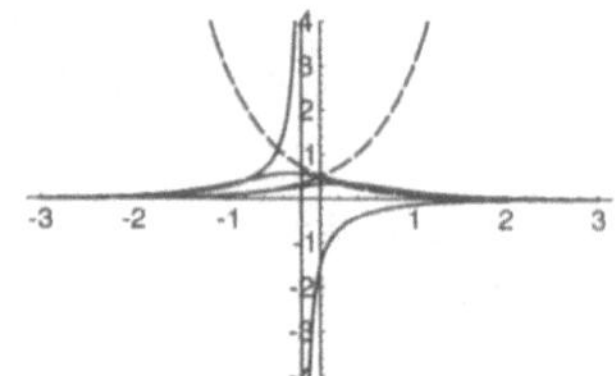

Lösungen von
$y_1' = y_1^2 - \pi \,, y_2' = y_1 y_2,$
komponentenweise Darstellung

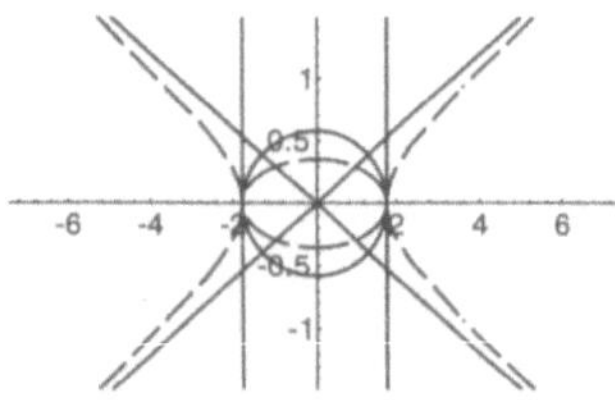

Lösungen von
$y_1' = y_1^2 - \pi \,, y_2' = y_1 y_2,$ in der
Phasenebene

Wir fragen zuerst `DSolve` nach Lösungen:

```
<<Calculus'DSolve'
DSolve[{y1'[x]==y1[x]^2-Pi,
        y2'[x]==y1[x] y2[x]},
       {y1[x],y2[x]},x]

{{y1[x] -> Sqrt[Pi] Tanh[Sqrt[Pi] (-x - C[2])],

  y2[x] -> C[1] Sech[Sqrt[Pi] (-x - C[2])]]}}
```

Das System kann gelöst werden, indem man zunächst durch Separation der Variablen die erste Gleichung löst und dann ihre allgemeine Lösung in die zweite Gleichung einsetzt. Man erhält dadurch die Lösungen

$$y_1(x) = \sqrt{\pi} \,, \quad y_2(x) = c_2 e^{\sqrt{\pi} x} \,,$$
$$y_1(x) = -\sqrt{\pi} \,, \quad y_2(x) = c_2 e^{-\sqrt{\pi} x}$$

und

$$y_1(x) = \sqrt{\pi}\,\frac{1 + c_1 e^{2\sqrt{\pi} x}}{1 - c_1 e^{2\sqrt{\pi} x}} \,, \quad y_2(x) = c_2 \frac{e^{\sqrt{\pi} x}}{1 - c_1 e^{2\sqrt{\pi} x}} \,,$$

(mit beliebigen Konstanten c_1 und c_2). Dem *Mathematica*-Ergebnis können wir unmittelbar keine Lösungen entnehmen, die in den Teilbereichen $y_1 \geq \sqrt{\pi}$ oder $y_1 \leq -\sqrt{\pi}$ verlaufen. (Dies hängt damit zusammen, daß die Funktion tangens hyperbolicus von *Mathematica* als Funktion in der komplexen Ebene aufgefaßt wird).

Wir lassen nun in einer Einzelgleichung auch höhere Ableitungen auftreten:

> **Definition 3.2** Sei $D \subseteq \mathbb{R} \times \mathbb{R}^n$ ein Gebiet und $g : D \longrightarrow \mathbb{R}$ eine stetige Funktion. Die Gleichung
>
> $$y^{(n)} = g(x, y, y', y'', \dots, y^{(n-1)})$$
>
> wird als *Differentialgleichung n-ter Ordnung* bezeichnet.
> Ist f eine auf einem Intervall I n-mal stetig differenzierbare Funktion mit $\{(x, f(x), f'(x), f''(x), \dots, f^{(n-1)}(x)) \mid x \in I\} \subset D$ und
>
> $$f^{(n)}(x) = g(x, f(x), f'(x), f''(x), \dots, f^{(n-1)}(x))$$
>
> für jedes $x \in I$, so heißt f Lösung der Differentialgleichung.

Differentialgleichung n-ter Ordnung

Wir verwenden wieder die Schreibweise:

$$f(x) = y(x),$$
$$y^{(n)}(x) = g(x, y(x), y'(x), y''(x), \dots, y^{(n-1)}(x)).$$

Beispiel 3.3

Gleichungen n-ter Ordnung mit *Mathematica* bearbeiten:
Der Befehl `DSolve` wird auch für Differentialgleichungen n-ter Ordnung verwendet. Wir demonstrieren dies für $n = 2$ anhand der Gleichung:

DSolve

$$y'' = -y' + 2y.$$

```
<<Calculus`DSolve`
DSolve[y''[x]==-y'[x]+2 y[x],y[x],x]

          C[1]     x
{{y[x] -> ---- + E  C[2]}}
           2 x
          E
```

Man überzeugt sich leicht davon, daß mit

$$y(x) = c_1 e^{-2x} + c_2 e^x$$

tatsächlich Lösungen gegeben werden.

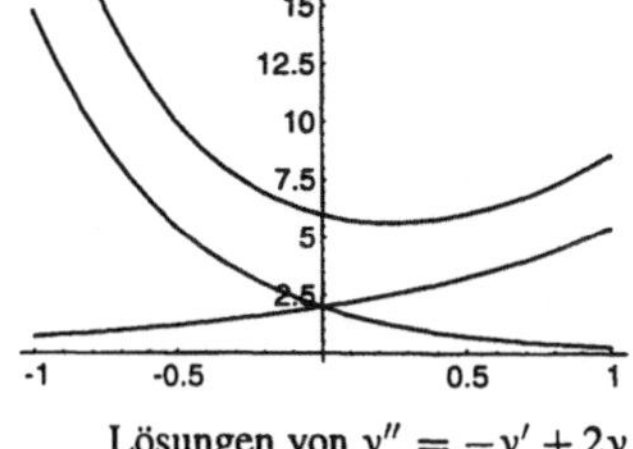

Lösungen von $y'' = -y' + 2y$

Bemerkung 3.1 Die Gleichung n-ter Ordnung

$$y^{(n)} = g(x, y, y', y'', \dots, y^{(n-1)})$$

kann in ein System von Differentialgleichungen erster Ordnung $Y' = G(x, Y)$ umgewandelt werden. Dazu führen wir neue Variablen ein durch:

$$y_1 = y, \ y_2 = y', \dots, y_{n-1} = y^{(n-2)}, \ y_n = y^{(n-1)}$$

und erhalten das System

$$
\begin{aligned}
y_1' &= y_2, \\
y_2' &= y_3, \\
&\ \ \vdots \\
y_{n-1}' &= y_n, \\
y_n' &= g(x, y_1, y_2, \dots, y_n).
\end{aligned}
$$

Jede Lösung $y(x)$ der Gleichung n-ter Ordnung führt zu einer Lösung

$$
Y(x) = \begin{pmatrix} y_1(x) \\ y_2(x) \\ y_3(x) \\ \vdots \\ y_n(x) \end{pmatrix} = \begin{pmatrix} y(x) \\ y'(x) \\ y''(x) \\ \vdots \\ y^{(n-1)}(x) \end{pmatrix}
$$

des Systems. Umgekehrt erhält man stets mit $y(x) = y_1(x)$ eine Lösung der Gleichung n-ter Ordnung.

Beispiel 3.4

Wir betrachten erneut die Gleichung zweiter Ordnung aus Beispiel 3.3:

$$
y'' = -y' + 2y.
$$

Wir transformieren diese Gleichung in das System:

$$
\begin{aligned}
y_1' &= y_2, \\
y_2' &= 2y_1 - y_2,
\end{aligned}
$$

das wir mit `DSolve` lösen:

```
DSolve[{y1'[x]==y2[x],
        y2'[x]==2 y1[x]-y2[x]},
       {y1[x],y2[x]},x]


                              x                          x
                  1         2 E                -1         E
{{y1[x]  -> (------- + ----) C[1] + (------- + --) C[2],
                2 x       3              2 x      3
              3 E                     3 E


                             x                           x
                 -2        2 E                 2          E
  y2[x]  -> (------- + ----) C[1] + (------- + --) C[2]}}
               2 x       3              2 x      3
             3 E                      3 E
```

Man sieht sofort, daß die Umwandlung in ein System auf dieselbe Lösungsmenge der Differentialgleichung zweiter Ordnung führt.

Zum Schluß dieses einführenden Abschnitts definieren wir noch die wichtige Klasse der linearen Differentialgleichungen.

Definition 3.3 Seien $a_{i,j}(x)$ und $b_i(x)$, $i, j = 1, \ldots, n$ auf einem Intervall I erklärte, stetige Funktionen und

$$A(x) = \begin{pmatrix} a_{11}(x) & \cdots & a_{1n}(x) \\ \vdots & \vdots & \vdots \\ a_{n1}(x) & \cdots & a_{nn}(x) \end{pmatrix}, B(x) = \begin{pmatrix} b_1(x) \\ \vdots \\ b_n(x) \end{pmatrix}.$$

Die Gleichung

$$Y' = A(x)\, Y + B(x)$$

wird als *lineares, inhomogenes Differentialgleichungssystem* bezeichnet. Das System

$$Y' = A(x)\, Y$$

wird als zugehöriges homogenes System bezeichnet. Allgemein heißt ein lineares System *homogen*, wenn die Funktion $B(x)$ identisch auf I verschwindet.

Lineares, inhomogenes System

Lineares, homogenes System

Definition 3.4 Eine Differentialgleichung n-ter Ordnung der Gestalt

$$y^{(n)} + a_{n-1}(x)y^{(n-1)} + \cdots + a_1(x)y' + a_0(x)y = r(x)$$

mit auf einem Intervall I erklärten, stetigen Funktionen $a_{n-1}(x), \ldots, a_0(x)$ und $r(x)$ wird als *lineare, inhomogene Gleichung n-ter Ordnung* bezeichnet. Die Differentialgleichung

$$y^{(n)} + a_{n-1}(x)y^{(n-1)} + \cdots + a_1(x)y' + a_0(x)y = 0$$

heißt die zugehörige homogene Gleichung. Allgemein bezeichnen wir eine lineare Differentialgleichung als *homogen*, wenn die Funktion $r(x)$ auf I identisch verschwindet.

Lineare, inhomogene Gleichung n-ter Ordnung

Lineare, homogene Gleichung n-ter Ordnung

Bemerkung 3.2 Wir wollen die lineare Gleichung n-ter Ordnung in ein lineares System erster Ordnung umwandeln und führen gemäß Bemerkung 3.1 neue Variable ein. Dadurch erhalten wir das folgende System:

$$
\begin{aligned}
y_1' &= y_2 \\
y_2' &= y_3 \\
&\;\;\vdots \\
y_{n-1}' &= y_n \\
y_n' &= -a_0(x)y_1 - a_1(x)y_2 - \cdots - a_{n-1}(x)y_n \\
&\quad + r(x)\,.
\end{aligned}
$$

Dieses System können wir auch kürzer in der Matrixform $Y' = A(x)Y + B(x)$ schreiben mit der Systemmatrix

$$
A(x) = \begin{pmatrix}
0 & 1 & \cdots & 0 & 0 \\
0 & 0 & \cdots & 0 & 0 \\
\vdots & \vdots & \vdots & \vdots & \vdots \\
0 & 0 & \cdots & 0 & 1 \\
-a_0(x) & -a_1(x) & \cdots & -a_{n-2}(x) & -a_{n-1}(x)
\end{pmatrix}
$$

und der Inhomogenität

$$
B(x) = \begin{pmatrix}
0 \\
0 \\
0 \\
\vdots \\
0 \\
0 \\
r(x)
\end{pmatrix}\,.
$$

3.2   Reduktion von Differentialgleichungen

Wird ein System von Differentialgleichungen mit n gesuchten Funktionen bzw. eine Differentialgleichung n-ter Ordnung auf ein System mit $n-1$ gesuchten Funktionen bzw. eine Gleichung $n-1$-ter Ordnung zurückgeführt, so spricht man von einer Reduktion.

Ein *autonomes System* mit n gesuchten Funktionen

Autonomes Differentialgleichungssystem

$$
\begin{aligned}
y_1' &= g^1(y_1, \ldots, y_n)\,, \\
y_2' &= g^2(y_1, \ldots, y_n)\,, \\
&\;\;\vdots \\
y_n' &= g^n(y_1, \ldots, y_n)\,,
\end{aligned}
$$

kann stets auf ein nichtautonomes Sytem mit $n - 1$ gesuchten Funktionen reduziert werden.

Ist $\tilde{y}_1(x), \ldots, \tilde{y}_n(x)$ eine Lösung des gegebenen Systems mit $\tilde{y}_k'(x) \neq 0$, dann können wir (lokal) eine neue unabhängige Variable $t = \tilde{y}_k(x)$ einführen. Mit der Umkehrfunktion von $\tilde{y}_k(x)$ erklären wir neue Funktionen $u_j(t) = \tilde{y}_j(\tilde{y}_k^{-1}(t))$, $j = 1, \ldots, n$, $j \neq k$, die das System von Differentialgleichungen:

$$\frac{d\,u_1}{dt} = \frac{g^1(u_1, \ldots, u_{k-1}, t, u_{k-1}, \ldots, u_n)}{g^k(u_1, \ldots, u_{k-1}, t, u_{k-1}, \ldots, u_n)},$$

$$\vdots$$

$$\frac{d\,u_{k-1}}{dt} = \frac{g^{k-1}(u_1, \ldots, u_{k-1}, t, u_{k-1}, \ldots, u_n)}{g^k(u_1, \ldots, u_{k-1}, t, u_{k-1}, \ldots, u_n)},$$

$$\frac{d\,u_{k+1}}{dt} = \frac{g^{k+1}(u_1, \ldots, u_{k-1}, t, u_{k-1}, \ldots, u_n)}{g^k(u_1, \ldots, u_{k-1}, t, u_{k-1}, \ldots, u_n)},$$

$$\vdots$$

$$\frac{d\,u_n}{dt} = \frac{g^n(u_1, \ldots, u_{k-1}, t, u_{k-1}, \ldots, u_n)}{g^k(u_1, \ldots, u_{k-1}, t, u_{k-1}, \ldots, u_n)},$$

erfüllen, welches offenbar eine gesuchte Funktion weniger enthält, dafür aber nichtautonom ist.

Beispiel 3.5

Wir betrachten das einfache autonome System:

$$y_1' = 2\,y_1^2,$$
$$y_2' = y_1\,y_2,$$

das wir auch durch Lösen der ersten Gleichung und Einsetzen in die zweite hätten behandeln können, (vgl. Beispiel 3.1 und 3.2).

Wir lösen das System zunächst mit `DSolve`:

```
DSolve[{y1'[x]==2 y1[x]^2,
        y2'[x]==y1[x] y2[x]},
        {y1[x],y2[x]},x]


                    1                          C[1]
{{y1[x] -> -(----------), y2[x] -> ----------------}}
              2 x - C[2]            Sqrt[2 x - C[2]]
```

Mit $t = y_1(x)$ bekommen wir unter der Voraussetzung $y_1'(x) \neq 0$ die neue Funktion $u_2(t) = y_2(y_1^{-1}(t))$, die die Differentialgleichung

$$\frac{d\,u_2}{dt} = \frac{u_2}{2\,t}$$

erfüllt. Diese Differentialgleichung muß für $t > 0$ und für $t < 0$ betrachtet werden. Die allgemeine Lösung lautet:

$$u_2(t) = c\sqrt{t}\,,\ t > 0\,,\quad \text{und}\quad u_2(t) = c\sqrt{-t}\,,\ t < 0\,,\ c \in \mathbb{R}\,.$$

Damit ergibt sich:

$$y_2(x) = c\sqrt{y_1(x)}\,,\quad y_1(x) > 0\,,$$

und

$$y_2(x) = c\sqrt{-y_1(x)}\,,\quad y_1(x) < 0\,.$$

Wir bestimmen $y_1(x)$ durch Separation der Variablen aus der ersten Gleichung und bekommen:

$$y_1(x) = -\frac{1}{2x + d}\,.$$

Die Konstanten c und d sind beliebig.

Eine lineare, homogene Differentialgleichung n-ter Ordnung

$$\sum_{j=0}^{n} a_j(x)\, y^{(j)} = 0\,,\quad a_n = 1\,,$$

kann mit dem *d'Alembertschen Reduktionsverfahren* auf eine lineare, homogene Differentialgleichung $n-1$-ter Ordnung reduziert werden. Man benötigt dazu eine Lösung $\tilde{y}(x)$ der gegebenen Gleichung.

Reduktionsverfahren von d'Alembert

> Erfüllt $u(x)$ die Gleichung:
>
> $$\sum_{k=1}^{n}\left(\sum_{j=k}^{n}\binom{j}{k} a_j(x)\,\tilde{y}^{\,(j-k)}(x)\right) u^{(k)} = 0\,,$$
>
> die eine Gleichung $n-1$-ter Ordnung für u' darstellt, dann ist
>
> $$y(x) = \tilde{y}(x)\,u(x)$$
>
> eine Lösung der Ausgangsgleichung.

Man bestätigt dies leicht durch Umformen unter Benützung der Lösungseigenschaft von $\tilde{y}(x)$:

$$
\begin{aligned}
&\sum_{k=1}^{n}\left(\sum_{j=k}^{n}\binom{j}{k} a_j(x)\tilde{y}^{\,(j-k)}(x)\right) u^{(k)}(x)\\[2mm]
=\ &\sum_{k=0}^{n}\left(\sum_{j=k}^{n}\binom{j}{k} a_j(x)\tilde{y}^{\,(j-k)}(x)\right) u^{(k)}(x)\\[2mm]
=\ &\sum_{j=0}^{n} a_j(x)\left(\sum_{k=0}^{j}\binom{j}{k}\tilde{y}^{\,(k)}(x)u^{(k-j)}(x)\right)\\[2mm]
=\ &\sum_{j=0}^{n} a_j(x)(\tilde{y}u)^{(j)}(x)\,.
\end{aligned}
$$

Beispiel 3.6

Wir betrachten die Gleichung zweiter Ordnung:

$$y'' + x\,y' + y = 0$$

mit der Lösung

$$\tilde{y}(x) = e^{-\frac{x^2}{2}}\,.$$

Als reduzierte Gleichung bekommen wir:

$$e^{-\frac{x^2}{2}}\,u'' - e^{-\frac{x^2}{2}}\,x\,u' = 0$$

bzw.

$$u'' - x\,u' = 0$$

mit den Lösungen

$$u(x) = c_1 \int\limits_0^x e^{\frac{t^2}{2}}\,dt + c_2\,.$$

Wir führen den Reduktionsprozess zur Probe mit *Mathematica* durch:

```
ys[x_]=Exp[-x^2/2];
lgl[x_,y_]=y''[x]+x y'[x]+y[x];
ans[x_]=ys[x] u[x];

lgl[x,ans]//Simplify

-(x u'[x]) + u''[x]
-------------------
         2
       x /2
      E
```

Nun lösen wir die gegebene Gleichung und die reduzierte Gleichung mit
`DSolve`:

```
<<Calculus`DSolve`
DSolve[lgl[x,y]==0,y[x],x]

                        2              x
                Sqrt[x ] C[2] Erfi[-------]
        C[1]                       Sqrt[2]
{{y[x] -> ----- + -------------------------}}
           2                2
          x /2             x /2
         E                E     x

lglr[x_,u_]=u''[x]-x u'[x];
DSolve[lglr[x,u]==0,u[x],x]

                   Pi              x
{{u[x] -> C[2] + Sqrt[--] C[1] Erfi[-------]}}
                   2             Sqrt[2]
```

Es gibt viele weitere Reduktionsmöglichkeiten. Man könnte zum Beispiel aus einer linearen Differentialgleichung immer die zweithöchste Ableitung entfernen.

Beispiel 3.7

Die Gleichung zweiter Ordnung $y'' + a_1(x)\, y' + a_0(x)\, y = 0$ kann in eine Riccatische Gleichung transformiert werden, indem man die neue Funktion:

$$y(x) = e^{-\int u(x)\,dx}$$

einführt. Durch Ausrechnen der ersten und zweiten Ableitung von $y(x)$ ergibt sich:

$$\begin{aligned}
0 &= y''(x) + a_1(x)\, y'(x) + a_0(x)\, y(x) \\
&= (-u'(x) + u(x)^2)\, e^{-\int u(x)\,dx} + a_1(x) - u(x)\, e^{-\int u(x)\,dx} \\
&\quad + a_0(x)\, e^{-\int u(x)\,dx} \\
&= (-u'(x) + a_0(x) - a_1(x)\, u(x) + u(x)^2)\, e^{-\int u(x)\,dx}\,.
\end{aligned}$$

Das heißt, wir bekommen für u die Riccatische Gleichung:

$$u' = a_0 - a_1\, u + u^2\,.$$

Die Methode von d'Alembert läßt sich übertragen zur *Reduktion eines linearen, homogenen Systems*:

$$Y' = A(x)\, Y\,.$$

Wir benötigen wieder eine Lösung des gegebenen Systems

$$\tilde{Y}(x) = \begin{pmatrix} \tilde{y}_1(x) \\ \vdots \\ \tilde{y}_n(x) \end{pmatrix},$$

die nicht identisch verschwinden möge. Sei also $\tilde{y}_k(x) \neq 0$, dann ist die folgende $n \times n$-Matrix nichtsingulär:

$$T(x) = (\vec{e}_1, \ldots, \vec{e}_{k-1}, \tilde{Y}(x), \vec{e}_{k+1}, \ldots, \vec{e}_n)\,.$$

(Hierbei ist $\vec{e}_j = (0, 0, \ldots, 0, 1, 0, \ldots, 0)^T$ der j-te Einheitsvektor im $\mathbb{R}^n$).

Reduktion eines linearen, homogenen Systems

> Sei $U(x)$ eine Lösung des reduzierten Systems:
>
> $$U' = B(x)\, U = T(x)^{-1}\, (A(x)\, T(x) - T'(x))\, U\,,$$
>
> dann ist
>
> $$Y(x) = T(x)\, U(x)$$
>
> eine Lösung des gegebenen Systems.

Offensichtlich gilt:

$$T(x)\, U'(x) = A(x)\, T(x)\, U(x) - T'(x)\, U(x)$$

und

$$\frac{d}{dx}\,(T(x)\, U(x)) = A(x)\,(T(x)\, U(x)).$$

Alle Elemente in der k-ten Spalte der Matrix

$$B = T(x)^{-1}(A(x)\, T(x) - T'(x))$$

verschwinden. Dies zeigt folgende Überlegung: Offenbar gilt $T(x)\,\vec{e}_k = \tilde{Y}(x)$, woraus $T'(x)\,\vec{e}_k = \tilde{Y}'(x)$ folgt. Also haben wir

$$A(x)\, T(x)\,\vec{e}_k - T'(x)\,\vec{e}_k = A(x)\,\tilde{Y}(x) - \tilde{Y}'(x) = 0$$

bzw. $\vec{0} = B\,\vec{e}_k$. Das reduzierte System kann somit als $(n-1)\times(n-1)$-System betrachtet werden:

$$u'_j = \sum_{\substack{l=0 \\ l \neq k}}^{n} b_{jl}\, u_l\,, \quad j = 1,\ldots,n\,, \quad j \neq k\,.$$

Ist $u_j(x), j = 1,\ldots,n, j \neq k$ bestimmt, dann ergibt sich $u_k(x)$ durch Integration aus:

$$u'_k = \sum_{\substack{l=0 \\ l \neq k}}^{n} b_{jl}\, u_l\,.$$

Beispiel 3.8

Wir betrachten das folgende 3×3-System

$$Y' = A\,Y\,, \quad A = \begin{pmatrix} \frac{1}{x} & 6\,x & 0 \\ -\frac{x}{3} & x & 1 \\ \frac{1}{3} & 2\,x^2 & \frac{1}{x} \end{pmatrix},$$

mit der Lösung

$$\tilde{Y}(x) = \begin{pmatrix} 3x \\ 0 \\ x^2 \end{pmatrix}.$$

Wir bilden die Matrizen

$$T = \begin{pmatrix} 3\,x & 0 & 0 \\ 0 & 1 & 0 \\ x^2 & 0 & 1 \end{pmatrix}$$

und $B = T(x)^{-1}(A(x)\, T(x) - T'(x))$ und stellen das reduzierte System
mit *Mathematica* unter Verwendung von `Transpose`, `Inverse` und
`MatrixForm` auf:

Transpose
Inverse
MatrixForm

```
A[x]={{1/x,6 x,0},{-x/3,x,1},{1/3,2 x^2,1/x}};
YT[x]={3 x,0,x^2};
T[x]=Transpose[{YT[x],{0,1,0},{0,0,1}}];
B[x]=Simplify[Inverse[T[x]].(A[x].T[x]-D[T[x],x])];
%//MatrixForm
```

```
0    2    0

0    x    1

          1
          -
0    0    x
```

Dies ergibt also:

$$U' = B\,U\,, \quad B = \begin{pmatrix} 0 & 2 & 0 \\ 0 & x & 1 \\ 0 & 0 & \frac{1}{x} \end{pmatrix} U\,.$$

Damit bleibt das 2×2-System

$$u_2' = x\,u_2 + u_3\,,$$

$$u_3' = \frac{1}{x}\,u_3\,,$$

zu lösen. Mit `DSolve` bekommt man:

```
sol=DSolve[{u2'[x]==x u2[x]+u3[x],
           u3'[x]==(1/x) u3[x]},{u2[x],u3[x]},x]
```

```
                                 2
                               x /2
{{u3[x] -> x C[2], u2[x] -> E      C[1] - C[2]}}
```

also:

$$\begin{pmatrix} u_2(x) \\ u_3(x) \end{pmatrix} = \begin{pmatrix} c_1\,e^{\frac{x^2}{2}} + c_2 \\ c_2\,x \end{pmatrix}\,.$$

Die Lösung des Ausgangssystems ergibt sich nun durch eine weitere Integration:

$$u_1'(x) = 2\,u_2(x)$$

und anschließende Multiplikation:

$$Y(x) = T(x)\,\begin{pmatrix} u_1(x) \\ u_2(x) \\ u_3(x) \end{pmatrix}\,.$$

3.3   Existenz-und Eindeutigkeitsaussagen für Systeme

Wir wenden uns nun dem Anfangswertproblem für Systeme zu und formulieren analog zur Definition 1.3:

> **Definition 3.5** Gegeben sei ein System von Differentialgleichungen
>
> $$Y' = G(x, Y), \quad G : D \longrightarrow \mathbb{R}^n, \quad D \subseteq \mathbb{R} \times \mathbb{R}^n.$$
>
> Gesucht werde eine Lösung, die durch den Punkt $(x_0, Y_0) \in D$ geht:
>
> $$Y(x_0) = Y_0.$$
>
> Diese Problemstellung heißt wieder *Anfangswertproblem*.

Anfangswertproblem bei Systemen

In Koordinatenschreibweise lautet die *Anfangsbedingung*:

$$
\begin{aligned}
y_1(x_0) &= y_{01}, \\
y_2(x_0) &= y_{02}, \\
&\vdots \\
y_n(x_0) &= y_{0n}.
\end{aligned}
$$

Anfangsbedingung

Beispiel 3.9

Anfangswertprobleme für Systeme mit *Mathematica* bearbeiten:
Wie bei Einzeldifferentialgleichungen kann man mit DSolve auch Anfangswertprobleme lösen. Wir demonstrieren dies wieder für ein 2×2-System:

DSolve

$$
\begin{aligned}
y_1' &= 3\,y_1 - x, \\
y_2' &= y_1 - y_2, \\
\end{aligned}
$$

$$y_1(0) = 2, \quad y_2(0) = 1.$$

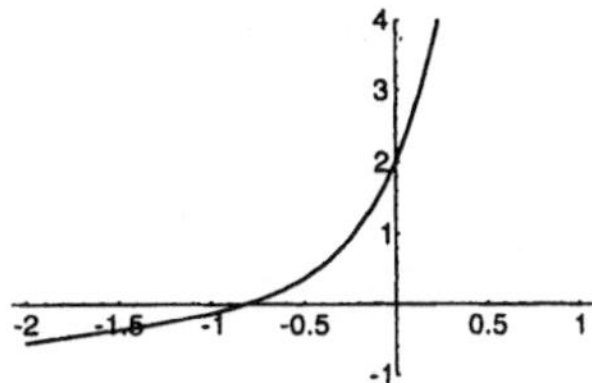

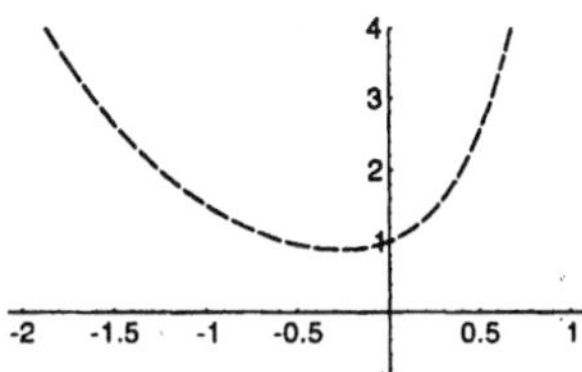

Lösung von $y_1' = 3y_1 - x$, $y_2' = y_1 - y_2$, $y_1(0) = 2$, $y_2(0) = 1$, komponentenweise Darstellung

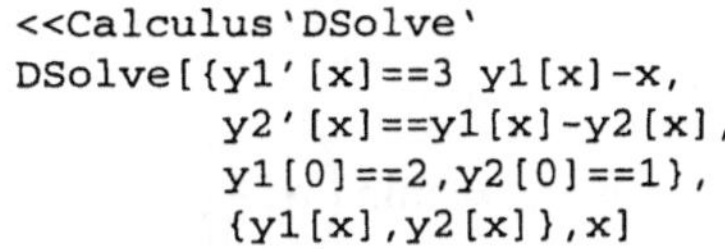

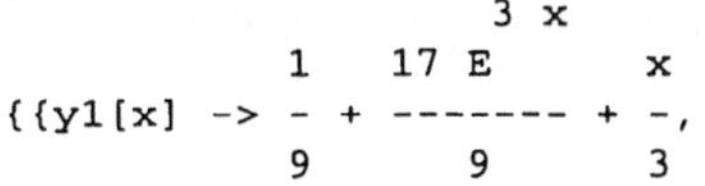

```
<<Calculus`DSolve`
DSolve[{y1'[x]==3 y1[x]-x,
       y2'[x]==y1[x]-y2[x],
       y1[0]==2,y2[0]==1},
      {y1[x],y2[x]},x]

                  3 x
          1   17 E       x
{{y1[x] -> - + ------- + -,
          9      9       3
```

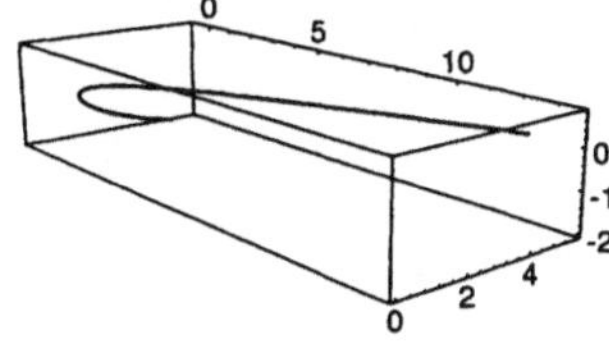

Lösung von $y_1' = 3y_1 - x$, $y_2' = y_1 - y_2$, $y_1(0) = 2$, $y_2(0) = 1$, als Integralkurve im $\mathbb{R}^3$

```
                                   3 x
                2        3      17 E         x
    y2[x]  ->  -(-)  +  ----  +  -------  +  -}}
                9        x         36         3
                              4 E
```

Betrachten wir nun das Anfangswertproblem

$$Y' = G(x, Y), \quad Y(x_0) = Y_0,$$

mit Komponentenfunktionen $g^1, g^2, \ldots, g^n$ von G, die auf einem Rechteck $D \subseteq \mathbb{R} \times \mathbb{R}^n$

$$D = \{(x, Y) \mid |x - x_0| \leq \alpha, \; \|Y - Y_0\| \leq \beta, \; \alpha, \beta \in \mathbb{R}\}$$

stetig und nach $y_1, y_2, \ldots, y_n$ stetig partiell differenzierbar sind. Hierbei benützen wir die *Maximumsnorm*:

Maximumsnorm

$$\|Y - Z\| = \max_{l=1,\ldots n} |y_l - z_l|$$

als Abstand zweier Punkte Y, Z im $\mathbb{R}^n$.

Aus Stetigkeitsgründen gibt es wiederum Schranken M und L für die Funktionen $g_l(x, Y)$ und ihre partiellen Ableitungen $\partial g_l(x, Y)/\partial y_j$:

$$M = \max_{l=1,\ldots,n} \; \max_{(x,Y)\in D} |g_l(x, Y|,$$

$$L = \max_{l,j=1,\ldots,n} \; \max_{(x,Y)\in D} \left| \frac{\partial}{\partial y_j} g_l(x, Y) \right|.$$

Wir gehen nun wie bei der Einzeldifferentialgleichung vom Anfangswertproblem zu einem äquivalenten *Integralgleichungssystem*:

Integralgleichungssystem

$$Y(x) = Y_0 + \int_{x_0}^{x} G(t, Y(t))\, dt$$

über, und lösen es auf dem Intervall

$$U_\rho(x_0) = \{x \mid |x - x_0| \leq \rho\} \quad \text{mit} \quad \rho = \min\left(\alpha, \frac{\beta}{M}\right)$$

rekursiv durch *Picard-Iteration* (sukzessive Approximation):

$$Y_k(x) = Y_0 + \int_{x_0}^{x} G(t, Y_{k-1}(t))\, dt\,, \quad Y_0(x) = Y_0\,.$$

Picard-Iteration

In Komponentenschreibweise haben wir folgende Iterationsformel:

$$y_{k1}(x) = y_{01} + \int_{x_0}^{x} g^1(t, y_{k-1,1}(t), \dots, y_{k-1,n}(t))\, dt\,,$$

$$y_{k2}(x) = y_{02} + \int_{x_0}^{x} g^2(t, y_{k-1,1}(t), \dots, y_{k-1,n}(t))\, dt\,,$$

$$\vdots$$

$$y_{kn}(x) = y_{0n} + \int_{x_0}^{x} g^n(t, y_{k-1,1}(t), \dots, y_{k-1,n}(t))\, dt\,.$$

Wie beim Anfangswertproblem für Einzeldifferentialgleichungen gilt:

Satz 3.1 *(Existenz-und Eindeutigkeitssatz für Systeme)*
Das Anfangswertproblem

$$Y' = G(x, Y)\,, \quad Y(x_0) = Y_0\,,$$

besitzt unter den obigen Voraussetzungen auf dem Intervall $U_\rho(x_0)$ *genau eine Lösung. Sie ergibt sich als gleichmäßiger Grenzwert der durch Picard-Iteration erklärten Funktionenfolge* $Y_k(x)$.

Existenz-und Eindeutigkeitssatz für Systeme

Beweis: Der Beweis verläuft analog zum eindimensionalen Fall, (Satz 1.1). Man hat nur die Norm anstelle des Betrags zu verwenden und mit der oben angegebenen Lipschitzkonstanten L zu operieren, um zu zeigen, daß die Folge $Y_k(x)$ der Picard-Iterierten gleichmäßig gegen eine Lösung des Integralgleichungssystems konvergiert und daß dieses System höchstens eine Lösung besitzt. $\square$

Beispiel 3.10
Wir betrachten das Anfangswertproblem

$$y_1' = 5\,y_1 - y_2\,,$$
$$y_2' = 3\,y_2\,,$$

$$y_1(0) = 1, \quad y_2(0) = 1,$$

und berechnen die ersten vier Picard-Iterierten:

```
x0=0; y10=1; y20=1;
g1[x_,y1_,y2_]:=5 y1 - y2;
g2[x_,y1_,y2_]:=3 y2;
yi1[0,x_]:=y10;
yi2[0,x_]:=y20;
Do[yi1[k_,x_]:=
    y10+Integrate[g1[t,yi1[k-1,t],yi2[k-1,t]],{t,x0,x}];
    yi2[k_,x_]:=
    y20+Integrate[g2[t,yi1[k-1,t],yi2[k-1,t]],{t,x0,x}];
    Print["y1(",k,",",x,")=",yi1[k,x]];
    Print["y2(",k,",",x,")=",yi2[k,x]],{k,1,4}]
```

```
y1(1,x)=1 + 4 x
```

```
y2(1,x)=1 + 3 x
```

$$y1(2,x)=1 + 4\ x + \frac{17\ x^2}{2}$$

$$y2(2,x)=1 + 3\ x + \frac{9\ x^2}{2}$$

$$y1(3,x)=1 + 4\ x + \frac{17\ x^2}{2} + \frac{38\ x^3}{3}$$

$$y2(3,x)=1 + 3\ x + \frac{9\ x^2}{2} + \frac{9\ x^3}{2}$$

$$y1(4,x)=1 + 4\ x + \frac{17\ x^2}{2} + \frac{38\ x^3}{3} + \frac{353\ x^4}{24}$$

$$y2(4,x)=1 + 3\ x + \frac{9\ x^2}{2} + \frac{9\ x^3}{2} + \frac{27\ x^4}{8}$$

Picard-Iterierte für
$y_1' = 5y_1 - y_2$, $y_2' = 3y_2$, $y_1(0) = 1$, $y_2(0) = 1$ mit exakter Lösung, komponentenweise Darstellung

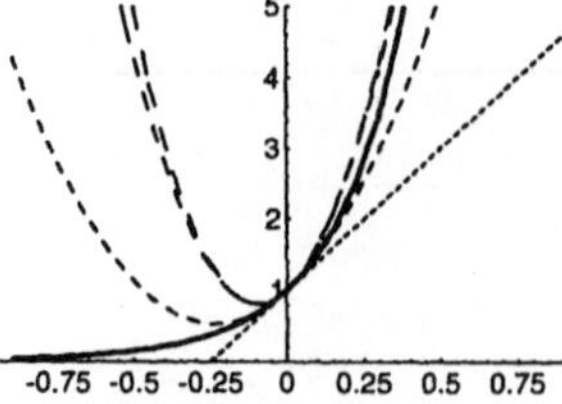

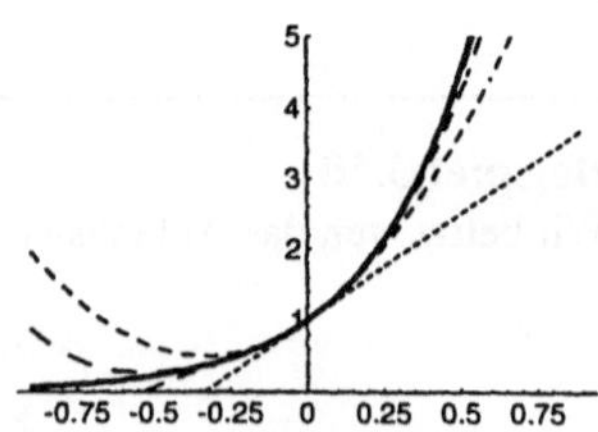

Die exakte Lösung lautet:

$$y_1(x) = \frac{1}{2}\,e^{3x} + \frac{1}{2}\,e^{5x}\,, \qquad y_2(x) = e^{3x}\,.$$

Nun berechnen wir noch die ersten drei Picard-Iterierten für das Anfangswertproblem:

$$y_1' = 2\,x\,y_1\,y_2\,,$$
$$y_2' = y_1 + y_2\,,$$
$$y_1(0) = 1\,, \qquad y_2(0) = 1\,.$$

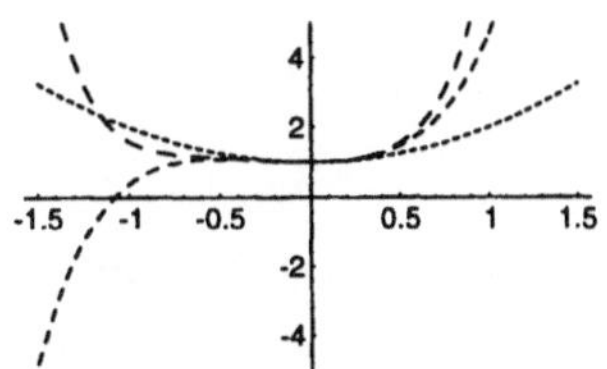 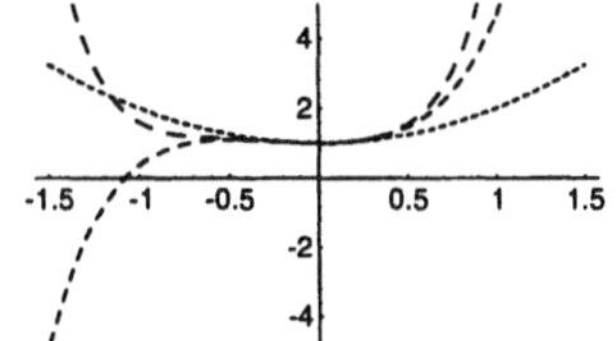

Picard-Iterierte für $y_1' = 2xy_1y_2$, $y_2' = y_1 + y_2$, $y_1(0) = 1$, $y_2(0) = 1$, komponentenweise Darstellung

```
x0=0; y10=1; y20=1;
g1[x_,y1_,y2_]:=2 x y1 y2;
g2[x_,y1_,y2_]:=y1 + y2;
yi1[0,x_]:=y10;
yi2[0,x_]:=y20;
Do[yi1[k_,x_]:=
    y10+Integrate[g1[t,yi1[k-1,t],yi2[k-1,t]],{t,x0,x}];
    yi2[k_,x_]:=
    y20+Integrate[g2[t,yi1[k-1,t],yi2[k-1,t]],{t,x0,x}];
    Print["y1(",k,",x)=",yi1[k,x]];
    Print["y2(",k,",x)=",yi2[k,x]],{k,1,3}]
```

```
                 2
y1(1,x)=1 + x


y2(1,x)=1 + 2 x


                   3     4        5
           2   4 x     x      4 x
y1(2,x)=1 + x  + ---- + -- + ----
                   3     2      5


                     3
             2     x
y2(2,x)=1 + 2 x + x  + --
                       3


                 3          5        6         7
         2   4 x      4  22 x    25 x    104 x
y1(3,x)=1 + x  + ---- + x  + ----- + ----- + ------ +
                 3            15      18      105

           8        9       10
      229 x    29 x     4 x
      ------ + ----- + -----
       360      135      75
```

```
                                    3       4     5       6
                      2      2 x     5 x     x     2 x
y2(3,x)=1 + 2 x + x    + ----  + ----  + --  + ----
                                    3      12    10      15
```

Durch Umwandlung in ein System wird man auf das folgende Anfangswertproblem bei Differentialgleichungen n-ter Ordnung geführt:

Anfangswertproblem bei Gleichungen n-ter Ordnung

> **Definition 3.6** Gegeben sei eine Differentialgleichung n-ter Ordnung
>
> $$y^{(n)} = g(x, y, y', y'', \ldots, y^{(n-1)}),$$
>
> $$g : D \longrightarrow \mathbb{R}, \quad D \subseteq \mathbb{R} \times \mathbb{R}^n.$$
>
> Gesucht werde eine Lösung, die durch den Punkt $(x_0, y_0, y_0', y_0'', \ldots, y_0^{(n-1)}) \in D$ geht:
>
> $$y(x_0) = y_0, \, y'(x_0) = y_0', \ldots, y^{(n-1)}(x_0) = y_0^{(n-1)}.$$
>
> Diese Problemstellung heißt *Anfangswertproblem*.

Analog zu Satz 3.1 gilt:

Existenz-und Eindeutigkeitssatz für Gleichungen n-ter Ordnung

> **Satz 3.2** (Existenz-und Eindeutigkeitssatz für Gleichungen n-ter Ordnung)
>
> *Die Funktion g besitze in dem Gebiet D stetige partielle Ableitungen nach den Variablen $y, y', y'', \ldots, y^{(n-1)}$. Sei $(x_0, y_0, y_0', y_0'', \ldots, y_0^{(n-1)})$ ein Punkt aus D. Dann gibt es eine Umgebung $U_\rho(x_0)$, so daß das Anfangswertproblem*
>
> $$y^{(n)} = g(x, y, y', y'', \ldots, y^{(n-1)}),$$
>
> $$y(x_0) = y_0, \, y'(x_0) = y_0', \ldots, y^{(n-1)}(x_0) = y_0^{(n-1)},$$
>
> *genau eine auf $U_\rho(x_0)$ erklärte Lösung besitzt.*

Beweis: Wir gehen mit Bemerkung 3.1 auf ein System zurück und verwenden Satz 3.1. □

Beispiel 3.11

Anfangswertprobleme für Gleichungen n-ter Ordnung mit *Mathematica* bearbeiten:

Das Anfangswertproblem für Gleichungen n-ter Ordnung läßt sich wieder
mit DSolve bearbeiten. Wir zeigen dies für $n = 2$ anhand der Gleichung: DSolve

$$y'' = -y' + x, \quad y(0) = 1, \quad y'(0) = y_0'.$$

```
<<Calculus`DSolve`
DSolve[{y''[x]==-y'[x]+x,y[0]==1,y'[0]==ys0},y[x],x]


                     2
                    x           1 + ys0
   {{y[x] -> 2 - x + -- + ys0 - -------}}
                     2             x
                                  E
```

Also:

$$y(x) = -(1 + y_0')\, e^{-x} + y_0' + 2 - x + \frac{x^2}{2}.$$

Durch einen Punkt in der Ebene gehen beliebig viele Lösungen, die sich
allerdings durch ihre Ableitungen unterscheiden.

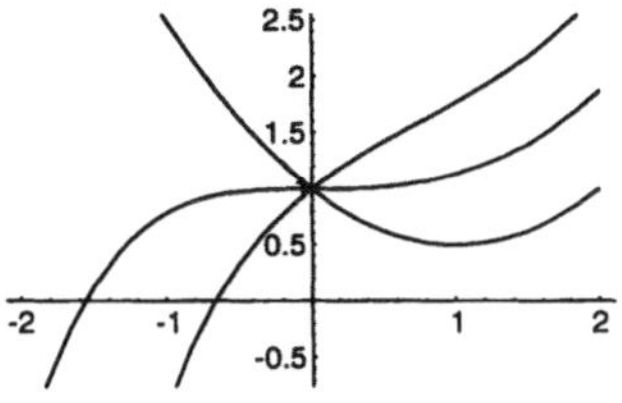

Lösungen von $y'' = -y' + x$, $y(0) = 1$, $y'(0) = y_0'$

Eine Besonderheit linearer Systeme (Definition 3.3) ist, daß ihre
Lösungen auf dem ganzen zugrunde liegenden Intervall I existieren.
Die Stetigkeit von A und B bewirkt, daß die Voraussetzungen des
Existenz- und Eindeutigkeitssatzes 3.1 auf dem Streifen $I \times \mathbb{R}^n$ er-
füllt sind.

Satz 3.3 *Seien*

$$A(x) = \begin{pmatrix} a_{11}(x) & \cdots & a_{1n}(x) \\ \vdots & \vdots & \vdots \\ a_{n1}(x) & \cdots & a_{nn}(x) \end{pmatrix}, \quad B(x) = \begin{pmatrix} b_1(x) \\ \vdots \\ b_n(x) \end{pmatrix}$$

auf einem Intervall I stetige Funktionen.
Sei I_0 ein kompaktes Teilintervall von I, $x_0 \in I_0$ und $Y_0 \in \mathbb{R}^n$.
Dann existiert die Lösung $Y(x)$ des Anfangswertproblems

$$Y' = A(x)Y + B(x), \quad Y(x_0) = Y_0,$$

in ganz I_0.

Beweis: Aus Stetigkeitsgründen gibt es obere Schranken L und K:

$$|a_{jk}(x)| \le L, \quad |b_j(x)| \le K, \quad x \in I_0, \quad j, k = 1, \ldots, n.$$

Ohne weitere Einschränkung des Intervalls I_0 kann gezeigt werden,
daß die Folge der Picard-Iterierten:

$$Y_k(x) = Y_0 + \int_{x_0}^{x} (A(t)\, Y_{k-1}(t) + B(t))\, dt, \quad Y_0(x) = Y_0,$$

gleichmäßig auf I_0 konvergiert.

In Komponentenschreibweise haben wir folgende Iterationsformel:

$$y_{kl}(x) = y_{0l} + \int_{x_0}^{x} \left(\sum_{j=1}^{n} a_{lj}(t)\, y_{k-1,j}(t) + b_l(t) \right) dt \, .$$

Hieraus ergibt sich:

$$\|Y_1(x) - Y_0(x)\| \le K\,(n\,L + 1)|x - x_0|$$

und

$$\|Y_2(x) - Y_1(x)\| \le K\,(n\,L + 1)\,n\,L\,\frac{|x - x_0|^2}{2} \, .$$

Mit vollständiger Induktion folgt:

$$\|Y_k(x) - Y_{k-1}(x)\| \le K\,(n\,L + 1)\,(n\,L)\,(n\,L)^k\,\frac{|x - x_0|^k}{k!} \, .$$

Mit dem Cauchy-Kriterium ergibt sich die gleichmäßige Konvergenz der Funktionenfolge:

$$Y_k(x) = Y_0 + \sum_{m=1}^{k} (Y_m(x) - Y_{m-1}(x)) \, .$$

Der Nachweis dafür, daß die Grenzfunktion eine Lösung darstellt und daß diese eindeutig ist, verläuft wie im eindimensionalen Fall.

$\square$

3.4 Lineare Systeme erster Ordnung

Die folgende Beobachtung ist einfach, aber grundlegend für die Lösung linearer Systeme.

Satz 3.4 *Die Lösungen des homogenen Systems*

$$Y' = A(x)\,Y$$

mit einer auf dem Intervall I stetigen Matrix A bilden einen Vektorraum.

Beweis: Seien $Y_1(x)$ und $Y_2(x)$ Lösungen. Wir zeigen, daß dann auch

$$c_1 Y_1(x) + c_2 Y_2(x)$$

eine Lösung ist:

$$(c_1 Y_1'(x) + c_2 Y_2'(x)) = c_1 A(x) Y_1(x) + c_2 A(x) Y_2(x)$$
$$= A(x)(c_1 Y_1(x) + c_2 Y_2(x)) . \qquad \square$$

Die Lösungen des homogenen Systems bilden also einen Unterraum des Vektorraums $C^1(I)$ der mit Werten im $\mathbb{R}^n$ versehenen, auf einem Intervall I stetig differenzierbaren Funktionen.

Wenn m Funktionen $F_1, \ldots, F_m$ aus $C^1(I)$ linear unabhängig sind, so bedeutet dies, daß jede Linearkombination

$$c_1 F_1 + \cdots + c_m F_m = O$$

der Nullfunktion $O \in C^1(I)$ die triviale Kombination sein muß, d.h. $c_1 = c_2 = \cdots = c_n = 0$. Wenn eine Linearkombination der Funktionen $F_1, \ldots, F_m$ die Nullfunktion $O \in C^1(I)$ darstellt, so bedeutet dies, daß

$$c_1 F_1(x) + \cdots + c_m F_m(x) = 0 \quad \in \mathbb{R}^n, \quad \text{für alle} \quad x \in I$$

gilt.

Sind die Funktionen aus $C^1(I)$ linear unabhängig, so können an einer festen Stelle $x_0 \in I$ die Spaltenvektoren $F_1(x_0), \ldots, F_m(x_0)$ durchaus linear abhängig sein. Sie können sogar an jeder Stelle $x_0 \in I$ linear abhängig sein, wie das Beispiel:

$$F_1, F_2 : (0, \infty) \longrightarrow \mathbb{R}^2 ,$$

$$F_1 = \begin{pmatrix} x \\ x \end{pmatrix}, \quad F_2 = \begin{pmatrix} 1 \\ 1 \end{pmatrix} ,$$

zeigt. Im Unterraum der Lösungen des homogenen Systems liegen die Dinge jedoch anders.

> **Satz 3.5** *Die Lösungen $Y_1(x), \ldots, Y_m(x)$ des homogenen Systems*
>
> $$Y' = A(x) Y$$
>
> *sind genau dann linear abhängig bzw. unabhängig, wenn diese Lösungen an einer einzigen festen Stelle x_0 aus dem zugrunde liegenden Intervall I abhängige bzw. unabhängige Spaltenvektoren $Y_1(x_0), \ldots, Y_m(x_0)$ liefern.*

Beweis: Nehmen wir an, wir haben m Lösungen

$$Y_1(x), \ldots, Y_m(x) ,$$

und die Spaltenvektoren $Y_1(x_0), \ldots, Y_m(x_0)$ sind linear abhängig, d.h. es gibt einen Spaltenvektor $(c_1, \ldots, c_n)^T$ mit

$$c_1 Y_1(x_0) + \cdots + c_m Y_m(x_0) = 0 \quad \in \mathbb{R}^n .$$

Die Linearkombination von Lösungen

$$c_1 Y_1(x) + \cdots + c_m Y_m(x)$$

stellt dann ebenfalls eine Lösung dar, die aufgrund des Existenz-und Eindeutigkeitssatzes 3.1 und der Anfangsbedingung $c_1 Y_1(x_0) + \cdots + c_m Y_m(x_0) = 0$ mit der Nullösung zusammenfällt. $\square$

Mit Satz 3.5 können wir nun zeigen:

> **Satz 3.6** *Der Lösungsraum des homogenen Systems*
>
> $$Y' = A(x) Y$$
>
> *hat die Dimension n.*

Beweis: Wir betrachten die Lösung des homogenen Systems, die die Anfangsbedingung

$$Y_{e_l}(x_0) = \vec{e}_l = (0, \ldots, 0, \underbrace{1}_{l\text{-te Stelle}}, 0, \ldots, 0)^T$$

erfüllt. Geht man alle diese n Einheitsvektoren durch, so erhält man n Lösungen, die an der Stelle x_0 die offenbar linear unabhängige Menge $\vec{e}_1 \ldots, \vec{e}_n$ von Vektoren liefern. Also stellen $Y_{e_1}(x), \ldots, Y_{e_n}(x)$ eine Menge von n linear unabhängigen Lösungen dar.

Andererseits kann man jede beliebige Lösung Y des homogenen Systems als Linearkombination aus $Y_{e_l}(x), l = 1, \ldots, n$, erhalten durch

$$Y(x) = y_1(x_0) Y_{e_1}(x) + \ldots + y_n(x_0) Y_{e_n}(x).$$

Hierbei sind $y_1(x), \ldots, y_n(x)$ die Komponenten von $Y(x)$. Damit stellen die Lösungsvektoren $Y_{e_l}(x), l = 1, \ldots, n$, eine Basis des Lösungsraumes dar. $\square$ Wir führen folgende Bezeichnung für eine Basis des Lösungsraumes ein:

Fundamentalsystem

> **Definition 3.7** n linear unabhängige Lösungen $Y_l(x), l = 1, \ldots, n$, des homogenen Systems
>
> $$Y' = A(x) Y$$
>
> bilden ein *Fundamentalsystem*.

Wir ordnen nun n beliebige Lösungen des homogenen Systems

$$Y_l(x) = \begin{pmatrix} y_{l1}(x) \\ \vdots \\ y_{ln}(x) \end{pmatrix}, \quad l = 1, \ldots n$$

in Form einer $n \times n$-Matrix

$$(Y_1(x), \dots, Y_n(x)) = \begin{pmatrix} y_{11}(x) & \cdots & y_{n1}(x) \\ \vdots & \vdots & \vdots \\ y_{1n}(x) & \cdots & y_{nn}(x) \end{pmatrix}$$

an. Wir können damit schreiben

$$Y(x) = (Y_{e_1}(x), \dots, Y_{e_n}(x)) \begin{pmatrix} y_1(x_0) \\ \vdots \\ y_n(x_0) \end{pmatrix}.$$

Definition 3.8 Seien $Y_l(x)$, $l = 1, \dots, n$, beliebige Lösungen des homogenen Systems $Y' = A(x)Y$. Die Matrix

$$W(x) = (Y_1(x), \dots, Y_n(x))$$

heißt *Wronskische Matrix* und ihre Determinante $\det(W(x))$ *Wronskische Determinante*.

Wronskische Matrix
Wronskische Determinante

Die lineare Unabhängigkeit von n Lösungen $Y_l(x)$, $l = 1, \dots, n$, des homogenen Systems läßt sich nun leicht nachprüfen.

Satz 3.7 *n Lösungen $Y_l(x)$, $l = 1, \dots, n$, sind genau dann linear unabhängig, wenn an irgend einer Stelle $x_0 \in I$ gilt:*

$$\det(W(x_0)) \neq 0.$$

Beweis: Der Beweis ergibt sich wieder unmittelbar aus dem Satz 3.5.
   $\square$ Die Aussage des Satzes 3.7 wird noch durch die folgende Eigenschaft der Wronskischen Determinante bestätigt:

Satz 3.8 *Seien $Y_l(x)$, $l = 1, \dots, n$, beliebige Lösungen des homogenen Systems $Y' = A(x)Y$. Dann genügt ihre Wronskische Determinante*

$$\det(W(x)) = \det(Y_1(x), \dots, Y_n(x))$$

der Differentialgleichung

$$\det(W(x))' = \left(\sum_{j=1}^{n} a_{jj}(x)\right) \det(W(x)).$$

Beweis: Aus

$$\det(W(x)) = \det((W(x))^T) = \det \begin{pmatrix} y_{11}(x) & \cdots & y_{1n}(x) \\ \vdots & \vdots & \vdots \\ y_{n1}(x) & \cdots & y_{nn}(x) \end{pmatrix}$$

ergibt sich durch Differenzieren:

$$\det(W(x))' = \sum_{l=1}^{n} \det \begin{pmatrix} y_{11}(x) & \cdots & y_{1l}'(x) & \cdots & y_{1n}(x) \\ \vdots & \vdots & \vdots & & \vdots \\ y_{n1}(x) & \cdots & y_{nl}'(x) & \cdots & y_{nn}(x) \end{pmatrix}$$

$$= \sum_{l=1}^{n} \det \begin{pmatrix} y_{11}(x) & \cdots & \sum_{j=1}^{n} a_{lj}\, y_{1j}(x) & \cdots & y_{1n}(x) \\ \vdots & \vdots & \vdots & & \vdots \\ y_{n1}(x) & \cdots & \sum_{j=1}^{n} a_{lj}\, y_{nj}(x) & \cdots & y_{nn}(x) \end{pmatrix}$$

$$= \left(\sum_{j=1}^{n} a_{jj}(x) \right) \det(W(x)). \qquad \square$$

Aus dieser Eigenschaft der Wronskischen Determinante ergibt sich
nochmals, da sie entweder identisch oder an keiner Stelle des zugrunde liegenden Intervalls verschwindet.

Nun betrachten wir das inhomogene System.

> **Satz 3.9** *Durch $Y_l(x)$, $l = 1, \ldots, n$, werde ein Fundamentalsy-*
> *stem des homogenen Systems $Y' = A(x)Y$ gegeben, und $Y_p(x)$*
> *sei eine partikulre Lsung des inhomogenen Systems*
>
> $$Y' = A(x)Y + B(x).$$
>
> *Dann besitzt jede beliebige Lsung $Y(x)$ des inhomogenen Sy-*
> *stems eine Darstellung*
>
> $$Y(x) = c_1\, Y_1(x) + \cdots + c_n\, Y_n(x) + Y_p(x)$$
>
> *mit Konstanten $c_1, \ldots, c_n$.*

Beweis: Der Beweis erfolgt analog zur inhomogenen, linearen Einzeldifferentialgleichung (Satz 2.4). $\qquad \square$

Zur Herstellung einer partikulren Lsung gehen wir folgendermaen
vor. Wir nehmen ein Fundamentalsystem des homogenen Systems
$Y_l(x)$, $l = 1, \ldots, n$, und bilden damit

$$W(x) = (Y_1(x), \ldots, Y_n(x)).$$

Dann multiplizieren wir die Matrix $W(x)$ mit einer Funktion

$$C_p(x) = \begin{pmatrix} c_{p1}(x) \\ \vdots \\ c_{pn}(x) \end{pmatrix}$$

und erhalten den Ansatz (*Variation der Konstanten*):

$$Y_p(x) = W(x)\, C_p(x)\,.$$

Variation der Konstanten

Beim Einsetzen dieses Ansatzes in das inhomogene System ist zu berücksichtigen, daß man eine vektorwertige Funktion einer Variablen differenziert, indem man jede Komponente differenziert. Bei einer zu einer Matrix angeordneten Funktion gilt entsprechendes für die einzelnen Matrixelemente. Also:

$$W'(x)\, C_p(x) + W(x)\, C_p'(x) = A(x)\, W(x)\, C_p(x) + B(x)\,.$$

Daraus ergibt sich die folgende Bedingung für $C_p(x)$:

$$C_p'(x) = (W(x))^{-1}\, B(x)\,,$$

wobei von der Tatsache Gebrauch gemacht wurde, daß die Wronskische Matrix nirgends singulär ist. Nun genügt uns wiederum eine Stammfunktion. Wir wählen:

$$C_p(x) = \int\limits_{x_0}^{x} (W(t))^{-1}\, B(t)\, dt\,.$$

(Eine vektorwertige Funktion einer Variablen wird integriert, indem man jede Komponente integriert).

Beispiel 3.12

Gegeben sei das inhomogene System

$$\begin{aligned}
y_1' &= y_2 + 3\,,\\
y_2' &= y_3 + \cos(x)\,,\\
y_3' &= -4\,y_2 + 4\,y_3 + x\,\sin(x)\,.
\end{aligned}$$

Durch Nachrechnen überzeugt man sich davon, daß die Vektoren

$$Y_1(x) = \begin{pmatrix} e^{2x} \\ 2e^{2x} \\ 4e^{2x} \end{pmatrix}\,,\quad
Y_2(x) = \begin{pmatrix} xe^{2x} \\ (1+2x)e^{2x} \\ (4+4x)e^{2x} \end{pmatrix}\,,\quad
Y_3(x) = \begin{pmatrix} 1 \\ 0 \\ 0 \end{pmatrix}\,,$$

ein Fundamentalsystem des homogenen Systems darstellen. Wir geben ihre Wronskische Matrix ein und bestimmen den Vektor $C_p'(x)$ aus $W(x)C_p'(x) = B(x)$ mit `LinearSolve`. Der Vektor $C_p(x)$ wird dann von `Integrate` geliefert:

`LinearSolve`
`Integrate`

```
wm={{Exp[2 x],x Exp[2 x],1},
    {2 Exp[2 x],(1+2x) Exp[2 x],0},
```

```
         {4 Exp[2 x],(4+4x) Exp[2 x],0}};
b={3,Cos[x],x Sin[x]};
cps=LinearSolve[wm,b];
cp=Simplify[Integrate[cps,x]]


                                  2
{{(-196 Cos[x] - 95 x Cos[x] + 50 x  Cos[x] + 203 Sin[x]
                    2                2 x
    + 210 x Sin[x] + 100 x  Sin[x]) / (500 E   ),

  16 Cos[x] - 5 x Cos[x] - 13 Sin[x] - 10 x Sin[x]
  ------------------------------------------------,
                      2 x
              50 E


  12 x - x Cos[x] - 3 Sin[x]
  --------------------------}
              4
```

Schließlich bekommen wir eine partikuläre Lösung mit:

```
wm.cp//Simplify

  375x - 49 Cos[x] - 15x Cos[x] - 43Sin[x] + 20x Sin[x]
{------------------------------------------------------,
                          125


  -58 Cos[x] + 20 x Cos[x] + 69 Sin[x] + 15 x Sin[x]
  --------------------------------------------------,

                          125

  -36 Cos[x] + 15 x Cos[x] + 73 Sin[x] - 20 x Sin[x]
  --------------------------------------------------}
                          125
```

3.5   Lineare Differentialgleichungen n-ter Ordnung

Wir betrachten zunächst die homogene Gleichung n-ter Ordnung.
Gemäß Bemerkung 3.2 gehen wir zu einem homogenen System über.

> **Satz 3.10** *Der Lösungsraum der Gleichung n-ter Ordnung:*
>
> $$y^{(n)} + a_{n-1}(x)y^{(n-1)} + \cdots + a_1(x)y' + a_0(x)y = 0$$
>
> *wird von n linear unabhängigen Lösungen aufgespannt.*

Beweis: Seien $y_1(x), \ldots, y_n(x)$ linear unabhängige Lösungen. Wir
erweitern sie zu Lösungen des entsprechenden Systems $Y' = AY$:

$$\begin{pmatrix} y_1(x) \\ y_1'(x) \\ \vdots \\ y_1^{(n-1)}(x) \end{pmatrix}, \quad \cdots, \quad \begin{pmatrix} y_n(x) \\ y_n'(x) \\ \vdots \\ y_n^{(n-1)}(x) \end{pmatrix}.$$

Dabei ist

$$A(x) = \begin{pmatrix} 0 & 1 & \cdots & 0 & 0 \\ 0 & 0 & \cdots & 0 & 0 \\ \vdots & \vdots & \vdots & \vdots & \vdots \\ 0 & 0 & \cdots & 0 & 1 \\ -a_0(x) & -a_1(x) & \cdots & -a_{n-2}(x) & -a_{n-1}(x) \end{pmatrix}.$$

Mit den Funktionen $y_1(x), \ldots, y_n(x)$ sind auch die entsprechenden vektorwertigen Funktionen linear unabhängig. Dies bedeutet, daß die entsprechende *Wronskische Determinante*:

$$\begin{vmatrix} y_1(x) & y_2(x) & \cdots & y_n(x) \\ y_1'(x) & y_2'(x) & \cdots & y_n'(x) \\ \vdots & \vdots & \cdots & \vdots \\ y_1^{(n-1)}(x) & y_2^{(n-1)}(x) & \cdots & y_n^{(n-1)}(x) \end{vmatrix}$$

Wronskische Determinante

nicht verschwindet. Damit bilden die obigen Lösungsvektoren ein Fundamentalsystem des homogenen Systems $Y' = AY$ und jede weitere Lösung des homogenen Systems kann durch eine Linearkombination

$$Y(x) = c_1 \begin{pmatrix} y_1(x) \\ y_1'(x) \\ \vdots \\ y_1^{(n-1)}(x) \end{pmatrix} + \cdots + c_n \begin{pmatrix} y_n(x) \\ y_n'(x) \\ \vdots \\ y_n^{(n-1)}(x) \end{pmatrix}$$

hergestellt werden. Jede Lösung der Differentialgleichung n-ter Ordnung wird nun durch eine Linearkombination

$$y(x) = c_1\, y_1(x) + \cdots + c_n\, y_n(x)$$

dargestellt. $\qquad\qquad\qquad\qquad\qquad\qquad\qquad\qquad\qquad\qquad\quad \square$

Bemerkung 3.3 Gleichzeitig haben wir bewiesen, daß n Lösungen genau dann den Lösungsraum der homogenen Differentialgleichung n-ter Ordnung aufspannen, wenn ihre Wronskische Determinante nicht verschwindet. Wir sprechen dann wiederum von einem *Fundamentalsystem.*

Fundamentalsystem

Wir betrachten nun die inhomogene Gleichung n-ter Ordnung, die wir völlig analog zum homogenen Fall in ein System erster Ordnung umwandeln.

> **Satz 3.11** *Bilden die Lösungen* $y_1(x), \ldots , y_n(x)$ *ein Fundamentalsystem der zugehörigen homogenen Gleichung und ist* $y_p(x)$ *irgend eine partikuläre Lösung der inhomogenen Gleichung*
>
> $$y^{(n)} + a_{n-1}(x)y^{(n-1)} + \cdots + a_1(x)y' + a_0(x)y = r(x) \, ,$$
>
> *so läßt sich jede beliebige Lösung* $y(x)$ *der inhomogenen Gleichung in der Form*
>
> $$y(x) = c_1\, y_1(x) + \cdots + c_n\, y_n(x) + y_p(x)$$
>
> *mit Konstanten* $c_1, \ldots , c_n$ *darstellen.*

Beweis: Der Beweis erfolgt wieder durch Umwandlung in das System $Y' = AY + B(X)$ mit der Inhomogenität

$$B(x) = \begin{pmatrix} 0 \\ 0 \\ 0 \\ \vdots \\ 0 \\ 0 \\ r(x) \end{pmatrix}$$

gemäß Bemerkung 3.2. Dann argumentiert man analog zu Satz 2.4.

$$\square$$

Ist ein Fundamentalsystem bekannt, so erhalten wir eine partikuläre Lösung durch *Variation der Konstanten* mit dem Ansatz:

Variation der Konstanten

$$Y_p(x) = W(x)\, C_p(x), \quad C_p(x) = \int_{x_0}^{x} (W(t))^{-1}\, B(t)\, dt$$

mit

$$W(x) = \begin{pmatrix} y_1(x) & y_2(x) & \cdots & y_n(x) \\[1ex] y_1'(x) & y_2'(x) & \cdots & y_n'(x) \\[1ex] y_1''(x) & y_2''(x) & \cdots & y_n''(x) \\[1ex] \vdots & \vdots & \cdots & \vdots \\[1ex] y_1^{(n-1)}(x) & y_2^{(n-1)}(x) & \cdots & y_n^{(n-1)}(x) \end{pmatrix}$$

und

$$Y_p(x) = \begin{pmatrix} y_p(x) \\ y_p'(x) \\ y_p''(x) \\ \vdots \\ y_p^{(n-2)}(x) \\ y_p^{(n-1)}(x) \end{pmatrix}.$$

Bemerkung 3.4 Betrachten wir den Fall $n = 2$, so zeigt sich, daß man mit dem Ansatz

$$y_p(x) = c_{p1}(x)\, y_1(x) + c_{p2}(x)\, y_2(x)\,,$$
$$y_p'(x) = c_{p1}(x)\, y_1'(x) + c_{p2}(x)\, y_2'(x)\,,$$

in die inhomogene Differentialgleichung hineingeht und das Gleichungssystem

$$c_{p1}'(x)\, y_1(x) + c_{p2}'(x)\, y_2(x) = 0$$
$$c_{p1}'(x)\, y_1'(x) + c_{p2}'(x)\, y_2'(x) = r(x)$$

erhält. Im Fall $n = 3$ zeigt sich, daß man mit dem Ansatz

$$y_p(x) = c_{p1}(x)\, y_1(x) + c_{p2}(x)\, y_2(x) + c_{p3}(x)\, y_3(x)$$
$$y_p'(x) = c_{p1}(x)\, y_1'(x) + c_{p2}(x)\, y_2'(x) + c_{p3}(x)\, y_3'(x)$$
$$y_p''(x) = c_{p1}(x)\, y_1''(x) + c_{p2}(x)\, y_2''(x) + c_{p3}(x)\, y_3''(x)$$

in die inhomogene Differentialgleichung hineingeht und das Gleichungssystem

$$c_{p1}'(x)\, y_1(x) + c_{p2}'(x)\, y_2(x) + c_{p3}'(x)\, y_3(x) = 0$$
$$c_{p1}'(x)\, y_1'(x) + c_{p2}'(x)\, y_2'(x) + c_{p3}'(x)\, y_3'(x) = 0$$
$$c_{p1}'(x)\, y_1''(x) + c_{p2}'(x)\, y_2''(x) + c_{p3}'(x)\, y_3''(x) = r(x)$$

erhält.

3.6 Randwertprobleme

Für lineare Systeme wollen wir nun außer dem Anfangswertproblem, bei dem Vorgaben in einem Anfangspunkt x_0 aus dem zugrunde liegenden Intervall gemacht werden, noch eine andere Fragestellung kennenlernen. Hierbei wird verlangt, daß die Lösung gewisse Forderungen in den Randpunkten erfüllt.

Randbedingung

Randwertproblem

> **Definition 3.9** Seien
>
> $$A(x) = (a_{j,k}(x))_{j,k=1,\dots,n} \, , \, (B(x))^T = (b_1(x),\dots,b_n(x))$$
>
> im Intervall $[a, b]$ stetige Funktionen, $\rho \in \mathbb{R}^n$ sei ein Spaltenvektor, R_a und R_b seien $n \times n$-Matrizen mit Elementen aus $\mathbb{R}$. Ferner besitze die $n \times 2n$-Matrix (R_a, R_b) maximalen Rang. Gesucht werde eine Lösung von
>
> $$Y' = A(x)\, Y + B(x)\, ,$$
>
> welche die *Randbedingung*:
>
> $$R(Y) = R_a\, Y(a) + R_b\, Y(b) = \rho$$
>
> erfüllt. Diese Problemstellung heißt *Randwertproblem*.

Wir betrachten zunächst *inhomogene Randbedingungen* für ein homogenes System:

Inhomogene Randbedingungen

$$Y' = A(x)\, Y$$
$$R(Y) = R_a\, Y(a) + R_b\, Y(b) = \rho$$

Durch $Y_1(x),\dots,Y_n(x)$ werde ein Fundamentalsystem gegeben. Dann nimmt jede Lösung des homogenen Systems, also auch eine Lösung des Randwertproblems, die Gestalt $Y(x) = W(x)\, C$ an mit der Wronskischen Matrix $W(x) = (Y_1(x),\dots,Y_n(x))$.

Einsetzen von $W(x)\, C$ in die Randbedingung ergibt folgende Bedingung für den konstanten Vektor C:

$$R_W\, C = (R_a\, W(a) + R_b\, W(b))\, C = \rho$$

mit

$$R_W = R(W(x))\, .$$

Ist $det(R_W) \neq 0$, dann gibt es genau eine Lösung. Ist $det(R_W) = 0$ und der Rang der Matrix R_W gleich dem Rang der um den Vektor ρ erweiterten Matrix: $Rg(R_W) = Rg(R_W, \rho)$, dann haben wir einen linearen Teilraum der Dimension $n - Rg(R_W)$ als Lösungsraum. Falls $det(R_W) = 0$ und $Rg(R_W) \neq Rg(R_W, \rho)$ gibt es keine Lösung. Die Wahl des Fundamentalsystems hat keinen Einfluß auf die Lösbarkeit des Systems $R_W C = \rho$, da Fundamentalsysteme durch Multiplikation mit konstanten, nichtsingulären Matrizen ineinander übergehen.

Nun betrachten wir inhomogene Systeme mit *homogenen Randbedingungen*:

$$Y' = A(x)\,Y + B(x)$$
$$R(Y) = R_a\,Y(a) + R_b\,Y(b) = 0.$$

Homogene Randbedingungen

Jede Lösung des inhomogenen Systems kann in der Form

$$Y(x) = W(x)\left(C + \int_a^x (W(t))^{-1}\,B(t)\,dt\right)$$

dargestellt werden mit der Wronskischen Matrix $W(x)$, die aus einem Fundamentalsystem des zugehörigen homogenen Systems gebildet wird. Die vorgegebene Randbedingung führt auf das folgende inhomogene Gleichungssystem für den konstanten Vektor C:

$$R_W\,C + R_b\,W(b)\int_a^b (W(t))^{-1}\,B(t)\,dt = 0$$

Wenn $det(R_W) \neq 0$ ist, was vorausgesetzt werden soll, dann gibt es genau einen Lösungsvektor:

$$C = -(R_W)^{-1}\,R_b\,W(b)\int_a^b (W(t))^{-1}\,B(t)\,dt\,.$$

Damit nimmt die eindeutige Lösung des homogenen Randwertproblems für die inhomogene Gleichung die Gestalt

$$Y(x) = W(x)\int_a^x (W(t))^{-1}\,B(t)\,dt$$

$$- W(x)\,(R_W)^{-1}\,R_b\,W(b)\int_a^b (W(t))^{-1}\,B(t)\,dt$$

an.

Offenbar können wir diese Lösung mit Hilfe eines einzigen Integraloperators in der Form

$$Y(x) = \int_a^b G(x,t)\,B(t)\,dt$$

ausdrücken, wenn wir die durch:

Greensche Funktion

$$G(x,t) = \begin{cases} W(x)\left(E - (R_W)^{-1}\,R_b\,W(b)\right)(W(t))^{-1}, \\ \hspace{4cm} a \leq t \leq x, \\ W(x)\left(-(R_W)^{-1}\,R_b\,W(b)\right)(W(t))^{-1}, \\ \hspace{4cm} x < t \leq b, \end{cases}$$

erklärte *Greensche Funktion* verwenden.

Schließlich betrachten wir inhomogene Systeme mit *inhomogenen Randbedingungen*:

Inhomogene Randbedingungen

$$Y' = A(x)\,Y + B(x)$$
$$R(Y) = R_a\,Y(a) + R_b\,Y(b) = \rho,$$

wobei wieder $det\,(R_W) \neq 0$ vorausgesetzt werde. In diesem Fall lautet die eindeutige Lösung des Randwertproblems:

$$Y(x) = W(x) \int_a^x (W(t))^{-1}\,B(t)\,dt$$

$$- W(x)\,(R_W)^{-1}\,R_b\,W(b) \int_a^b (W(t))^{-1}\,B(t)\,dt$$

$$- W(x)\,(R_W)^{-1}\,\rho,$$

oder wenn wir die Greensche Funktion für das zugehörige homogene Randwertproblem benutzen:

$$Y(x) = \int_a^b G(x,t)\,B(t)\,dt - W(x)\,R_W^{-1}\,\rho.$$

Wenn wir annehmen, daß wir die Greensche Funktion für das homogene Randwertproblem bereits kennen, können wir einen anderen Zugang zur Lösung des inhomogenen Randwertproblems wählen: Sei $Y(x) = U(x) + Y_B(x)$ und Y_B erfülle die Bedingung: $R(Y_B(x)) = \rho$. Dann bekommen wir für die neue Funktion $U(x)$ das homogene Randwertproblem:

$$U' = A(x)\,U + (B(x) - Y_B'(x) + A(x)\,Y_B(x)),$$
$$R(U) = R_a\,U(a) + R_b\,U(b) = 0.$$

Die Greensche Funktion wird eindeutig durch die Vorgaben $A(x)$, R_a, und R_b festgelegt, so daß das homogene Randwertproblem für U dieselbe Greensche Funktion wie das homogene Randwertproblem für Y besitzt. Damit ergibt sich folgende eindeutige Lösung des neuen Randwertproblems:

$$U(x) = \int_a^b G(x, t)\,(B(t) - Y_B'(t) + A(t)\,Y_B(t))\,dt\,.$$

Bemerkung 3.5 Die Greensche Funktion des homogenen Randwertproblems $Y' = A(x)Y + B(x)$, $R(Y) = R_a\,Y(a) + R_b\,Y(b) = 0$ besitzt folgende beiden Eigenschaften, die man unmittelbar ihrer Definition entnimmt:

1) Die Greensche Funktion ist auf einem Rechteck

$$a \le x \le b\,, \quad a \le t \le b$$

erklärt und ist unstetig auf der Gerade $x = t$:

$$\lim_{x \to t^+} G(x, t) - \lim_{x \to t^-} G(x, t) = E\,.$$

2) Die Greensche Funktion erfüllt das homogene System:

$$\frac{\partial}{\partial x}\,G(x, t) = A(x)\,G(x, t)\,, \quad x \ne t\,,$$

und die Randbedingung:

$$R(G(x, t)) = R_a\,G(a, t) + R_b\,G(b, t) = 0\,, \quad a < t < b\,.$$

Die Randbedingung folgt aus

$$G(a, t) = W(a)\left(-(R_W)^{-1}\,R_b\,W(b)\right)(W(t))^{-1}$$

und

$$G(b, t) = W(b)\left(E - (R_W)^{-1}\,R_b\,W(b)\right)(W(t))^{-1}$$

für $a < t < b$ sowie $R_a\,W(a) + R_b\,W(b) = R_W$.

Man kann sich leicht davon überzeugen, daß die Greensche Funktion eindeutig durch die Eigenschaften 1) und 2) festgelegt wird.

Schließlich übertragen wir das homogene Randwertproblem für inhomogene Systeme noch auf Differentialgleichungen n-ter Ordnung. Wählen wir

$$A(x) = \begin{pmatrix} 0 & 1 & \cdots & 0 & 0 \\ 0 & 0 & \cdots & 0 & 0 \\ \vdots & \vdots & \vdots & \vdots & \vdots \\ 0 & 0 & \cdots & 0 & 1 \\ -a_0(x) & -a_1(x) & \cdots & -a_{n-2}(x) & -a_{n-1}(x) \end{pmatrix}$$

und

$$B(x) = \begin{pmatrix} 0 \\ 0 \\ 0 \\ \vdots \\ 0 \\ 0 \\ r(x) \end{pmatrix},$$

dann bekommen wir ein *homogenes Randwertproblem* für die inhomogene Gleichung n-ter Ordnung:

Homogene Randbedingungen

$$y^{(n)} + a_{n-1}(x)y^{(n-1)} + \cdots + a_1(x)y' + a_0(x)y = r(x),$$

$$R(Y) = R_a\, Y(a) + R_b\, Y(b) = 0,$$

wobei

$$Y(x) = \begin{pmatrix} y(x) \\ y'(x) \\ \vdots \\ y^{(n-1)}(x) \end{pmatrix}.$$

Sei $G(x, t) = \{g_{j,k}(x, t)\}_{j,k=1,\ldots,n}$ die Greensche Funktion des homogenen Randwertproblems für das System $Y' = AY + B(x)$. Wegen der speziellen Gestalt von $B(x)$ genügt uns die letzte Spalte der Greenschen Funktion, um die Formel $Y(x) = \int_a^b G(x, t)B(t)dt$ auszuwerten. Sei weiter $g_{1,n}(x, t) = g(x, t)$, dann gilt nach der Eigenschaft 2) aus Bemerkung 3.5:

$$g_{j,n}(x, t) = \frac{\partial^{j-1}}{\partial x^{j-1}} g(x, t), \quad j = 1, \ldots, n,$$

und wir bekommen die Lösung $y(x)$ des Randwerproblems für die Gleichung n-ter Ordnung:

$$y(x) = \int\limits_a^b g(x, t)\, r(t)\, dt.$$

Bemerkung 3.6 Mit Bemerkung 3.5 ergeben sich folgende Eigenschaften, die die Greensche Funktion $g(x, t)$ des Randwerproblems für die Gleichung n-ter Ordnung festlegen:

1) $g(x, t)$ ist auf einem Rechteck

$$a \leq x \leq b, \quad a \leq t \leq b$$

erklärt. Auf jedem der beiden Dreiecke $a \leq t \leq x \leq b$, $a < x < t \leq b$ ist g n-mal stetig differenzierbar und auf der Geraden $x = t$ gilt:

$$\lim_{x \to t^+} \frac{\partial^{n-1}}{\partial x^{n-1}} g(x, t) - \lim_{x \to t^-} \frac{\partial^{n-1}}{\partial x^{n-1}} g(x, t) = 1 \,.$$

2) Die Greensche Funktion erfüllt die homogenene Gleichung:

$$g^{(n)} + a_{n-1}(x)\, g^{(n-1)} + \cdots + a_1(x)\, g' + a_0(x)\, g = 0 \,,$$

und die Randbedingung

$$R(G(x, t)) = R_a \begin{pmatrix} g(x, t) \\ \frac{\partial}{\partial x} g(x, t) \\ \vdots \\ \frac{\partial^{n-1}}{\partial x^{n-1}} g(x, t) \end{pmatrix}_{x=a} + R_b \begin{pmatrix} g(x, t) \\ \frac{\partial}{\partial x} g(x, t) \\ \vdots \\ \frac{\partial^{n-1}}{\partial x^{n-1}} g(x, t) \end{pmatrix}_{x=b} = 0 \,,$$

$$a < t < b \,.$$

Beispiel 3.13

Wir betrachten die Gleichung vierter Ordnung:

$$y^{(4)} + \lambda^2\, y'' = r(x)$$

mit den Randbedingungen:

$$y(0) = 0\,, \quad y'(0) = 0\,, \quad y''(l) = 0\,, \quad \lambda^2 y'(l) + y'''(l) = 0$$

mit $\lambda > 0$ und $l > 0$.

Zuerst bringen wir das Problem in die durch Definition 3.9 festgelegte Form des homogenen Randwertproblems für inhomogene Systeme. Dazu brauchen wir nur zu setzen:

$$Y = \begin{pmatrix} y_1 \\ y_2 \\ y_3 \\ y_4 \end{pmatrix}, \quad A(x) = \begin{pmatrix} 0 & 1 & 0 & 0 \\ 0 & 0 & 1 & 0 \\ 0 & 0 & 0 & 1 \\ 0 & 0 & -\lambda^2 & 0 \end{pmatrix}, \quad B(x) = \begin{pmatrix} 0 \\ 0 \\ 0 \\ r(x) \end{pmatrix},$$

und

$$R_0 = \begin{pmatrix} 1 & 0 & 0 & 0 \\ 0 & 1 & 0 & 0 \\ 0 & 0 & 0 & 0 \\ 0 & 0 & 0 & 0 \end{pmatrix}, \quad R_l = \begin{pmatrix} 0 & 0 & 0 & 0 \\ 0 & 0 & 0 & 0 \\ 0 & 0 & 1 & 0 \\ 0 & \lambda^2 & 0 & 1 \end{pmatrix} \,.$$

Die zur Ausgangsgleichung gehörige homogene Gleichung 4-ter Ordnung besitzt folgendes Fundamentalsystem:

$$y_1(x) = 1\,, \quad y_2(x) = x\,, \quad y_3(x) = \cos(\lambda x)\,, \quad y_4(x) = \sin(\lambda x)\,,$$

womit wir sofort eine Wronskische Matrix für das entsprechende homogene System bekommen:

```
fs={1,x,Cos[lambda x],Sin[lambda x]};
W[x]={fs,D[fs,x],D[fs,{x,2}],D[fs,{x,3}]};
```

Det   Wir berechnen $R_W = R_0 W(0) + R_l W(l)$ und $\det(R_W)$ mit Det:

```
R0={{1,0,0,0},{0,1,0,0},{0,0,0,0},{0,0,0,0}};
R1={{0,0,0,0},{0,0,0,0},{0,0,1,0},{0,lambda^2,0,1}};

RW1=R0.W[x]/.x->0;RW2=R1.W[x]/.x->l;
RW=RW1+RW2

{{1, 0, 1, 0}, {0, 1, 0, lambda},

                    2
 {0, 0, -(lambda  Cos[l lambda]),

          2                                    2
 -(lambda  Sin[l lambda])}}, {0, lambda , 0, 0}}
```

```
Det[RW]

     5
lambda  Cos[l lambda]
```

Das homogene Randwertproblem für die homogene Gleichung $r(x) = 0$ hat
eine nichttriviale Lösung, wenn $\det(R_W) = 0$, d.h., wenn $\lambda = (1/2l)(2n +
1)\pi$ mit $n \geq 0$ wegen $\lambda > 0$. Nehmen wir $\lambda = (1/2l)3\pi$, dann ergeben
Nullspace   sich mit dem Befehl Nullspace zur Lösung eines homogenen linearen
Gleichungssystems:

```
lambda=3 Pi/(2 l);
NullSpace[RW]

{{-1, 0, 1, 0}}
```

folgende Lösungen

$$y(x) = c\,y_1(x) - c\,y_3(x) = c\,(1 - \cos(\lambda x))\,, \quad c \in \mathbb{R}$$

des homogenen Randwertproblems für die homogene Gleichung.

    Nun betrachten wir die inhomogene Gleichung mit $\det(R_W) \neq 0$. Wir
wählen $\lambda = \pi/l$ und $r(x) = x$.

```
lambda=Pi/l; r[x_]:=x

Det[RW]

      5
    Pi
- (---)
     5
    l
```

```
h=Simplify[Inverse[W[x]].{0,0,0,r[x]}];
ht=h/.x->t;
H=Integrate[ht,{t,0,x}];
Y1=Simplify[W[x].H];
```

```
Y2H=Simplify[Inverse[RW].R1.W[x].H/.x->l];
Y=Simplify[Y1-W[x].Y2H];
y=Y[[1]]
```

```
    2      3           2            2   3      3  3
(1   (6 1   Pi  -  6 1   Pi  x  -  3 1   Pi  x  +  Pi   x   -


       3          Pi  x
  6 1   Pi  Cos[----]  +
                  1


       3        Pi  x        3   2      Pi  x              5
  6 1   Sin[----]  +  3 1   Pi   Sin[----])))  /  (6 Pi )
             1                        1
```

Wir machen noch die Probe und zeigen, daß

$$y(x) = \frac{l^2}{6\pi^5}\left(6l^3\pi - (6l^2\pi + 3l^2\pi^3)x + \pi^3 x^3\right.$$
$$\left. - 6l^3\pi\cos\left(\frac{\pi}{l}x\right) + (6l^3 + 3l^3\pi^2)\sin\left(\frac{\pi}{l}x\right)\right)$$

tatsächlich das Randwertproblem:

$$y^{(4)} + \frac{\pi^2}{l^2}y'' = x$$

mit den Randbedingungen:

$$y(0) = 0, \quad y'(0) = 0, \quad y''(l) = 0, \quad \frac{\pi^2}{l^2}y'(l) + y'''(l) = 0$$

löst.

```
Simplify[D[y,{x,4}]+lambda^2 D[y,{x,2}]-x]
```

0

```
Simplify[y/.x->0]
```

0

```
Simplify[D[y,x]/.x->0]
```

0

```
Simplify[D[y,{x,2}]/.x->l]
```

0

```
Simplify[lambda^2 D[y,x]+D[y,{x,3}]]/.x->l
```

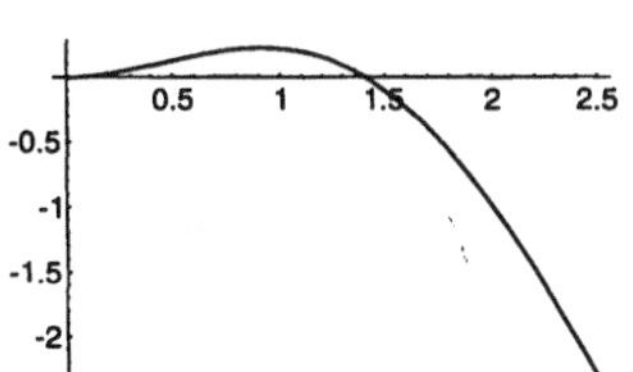

Die Lösung des Randwertproblems
$$y^{(4)} + y'' = x,$$
$$y(0) = 0,\ y'(0) = 0,\ y''(l) =$$
$$0,\ y'(l) + y'''(l) = 0,\ l = 2.5$$

4 Lineare Differentialgleichungen mit konstanten Koeffizienten

4.1 Lineare homogene Gleichungen n-ter Ordnung

Wenn eine lineare homogene Differentialgleichung n-ter Ordnung:

Lineare Differentialgleichung mit konstanten Koeffizienten

$$y^{(n)} + a_{n-1}\, y^{(n-1)} + \cdots + a_1 y' + a_0 y = 0,$$

konstante Koeffizienten hat, dann ist es möglich, auf algebraischem Wege ein Fundamentalsystem zu bestimmen. Wir führen zuerst den *linearen Differentialoperator*:

Linearer Differentialoperator

$$L = \frac{d^n}{dx^n} + a_{n-1}\frac{d^{n-1}}{dx^{n-1}} + \cdots + a_1\frac{d}{dx} + a_0$$

ein. Offensichtlich ist eine Funktion $y(x)$ genau dann Lösung der Differentialgleichung, wenn

$$L(y(x)) = 0\,.$$

Wir sind wie stets an reellen Lösungen interessiert, lassen aber nun aus technischen Gründen vorübergehend auch komplexwertige Lösungen $y(x)$ zu. (Die Variable x verbleibt jedoch in $\mathbb{R}$). Da die Koeffizienten $a_j,\ j = 0, \ldots, n-1$, reell sind, gilt

$$L(y(x)) = \Re(L(y(x))) + \Im(L(y(x)))\,i$$
$$= L(\Re(y(x))) + L(\Im(y(x)))\,i\,,$$

so daß mit einer (komplexwertigen) Lösung der Differentialgleichung stets ihr Realteil und ihr Imaginärteil Lösungen bilden.

Charakteristisches Polynom

> **Definition 4.1** Das Polynom
>
> $$P(\lambda) = \lambda^n + a_{n-1}\lambda^{n-1} + \cdots + a_1\lambda + a_0$$
>
> heißt *charakteristisches Polynom* der linearen, homogenen Differentialgleichung
>
> $$y^{(n)} + a_{n-1}\, y^{(n-1)} + \cdots + a_1 y' + a_0 y = 0$$
>
> n-ter Ordnung mit konstanten Koeffizienten.

Da die Koeffizienten von $P(\lambda)$ reell sind, ist mit jeder komplexen Nullstelle λ auch die konjugiert komplexe Zahl $\bar\lambda$ Nullstelle von $P(\lambda)$.

Der Operator L hat nun folgende einfache Wirkung auf Funktionen der Gestalt $e^{\lambda x}$, $\lambda \in \mathbb{C}$:

$$L\left(e^{\lambda x}\right) = P(\lambda)\, e^{\lambda x}\,.$$

Daraus ergibt sich sofort:

$$L\left(e^{\lambda x}\right) = 0 \quad \Longleftrightarrow \quad P(\lambda) = 0\,.$$

Beispiel 4.1

Wir betrachten die Differentialgleichung

$$y^{(4)} + y' + 3\,y = 0\,.$$

Wir stellen den entsprechenden Differentialoperator

$$L = \frac{d^4}{dx^4} + \frac{d}{dx} + 3$$

auf und wenden ihn auf $e^{\lambda x}$ an. Hierbei benützen wir `Factor` zum Ausklammern von $e^{\lambda x}$:

```
ldo[x_,y_]=y''''[x]+y'[x]+3 y[x];

y[x_]=Exp[lambda x];
Factor[ldo[x,y]]

 lambda x                   4
E          (3 + lambda + lambda )
```

Dies ergibt:
$$L\left(e^{\lambda x}\right) = (\lambda^4 + \lambda + 3)\,e^{\lambda x} = P(\lambda)\,e^{\lambda x}\,.$$

Wir wenden uns nun der Aufgabe zu, ein Fundamentalsystem aufzustellen. Sei

$$y^{(n)} + a_{n-1}y^{(n-1)} + \cdots + a_1 y' + a_0 y = 0$$

eine lineare, homogene Gleichung mit konstanten Koeffizienten.

> **Satz 4.1** *Eine reelle m-fache Nullstelle λ des charakteristischen Polynoms liefert m reelle Lösungen*
>
> $$y_1(x) = e^{\lambda x}\,, \; y_2(x) = x\,e^{\lambda x}\,,\ldots, y_m(x) = x^{m-1}\,e^{\lambda x}\,.$$
>
> *Eine komplexe m-fache Nullstelle $\lambda = p + qi$ des charakteristischen Polynoms liefert $2m$ reelle Lösungen*
>
> $$y_1(x) = e^{px}\cos(qx)\,, \; y_2(x) = x\,e^{px}\cos(qx)\,,\ldots,$$
>
> $$y_m(x) = x^{m-1}\,e^{px}\cos(qx)\,,$$
>
> *und*
>
> $$y_{m+1}(x) = e^{px}\sin(qx)\,, \; y_{m+2}(x) = x\,e^{px}\sin(qx)\,,\ldots,$$
>
> $$y_{2m}(x) = x^{m-1}\,e^{px}\sin(qx)\,.$$
>
> *Geht man alle Nullstellen des charakteristischen Polynoms durch und übergeht dabei die konjugiert komplexe Nullstelle $\bar{\lambda}$, falls λ eine komplexe Nullstelle ist, so ergeben alle diese Lösungen zusammen ein Fundamentalsystem.*

Beweis: Sei $\lambda \in \mathbb{C}$ eine m-fache Nullstelle. Wir zeigen

$$L\left(x^j e^{\lambda x}\right) = 0\,, \quad j = 0,\ldots, m-1\,.$$

Bevor man den Operator L auf $x^j e^{\lambda x}$ anwendet, überlegt man sich,

daß
$$x^j e^{\lambda x} = \frac{\partial^j}{\partial \lambda^j}\left(e^{\lambda x}\right)$$

und
$$\frac{\partial^k}{\partial x^k}\frac{\partial^l}{\partial \lambda^l}\left(e^{\lambda x}\right) = \lambda^k x^l e^{\lambda x} = x^l \lambda^k e^{\lambda x} = \frac{\partial^l}{\partial \lambda^l}\frac{\partial^k}{\partial x^k}\left(e^{\lambda x}\right)$$

gilt. Damit erhalten wir

$$L\left(x^j e^{\lambda x}\right) = L\left(\frac{\partial^j}{\partial \lambda^j}\left(e^{\lambda x}\right)\right) = \frac{\partial^j}{\partial \lambda^j}\left(L\left(e^{\lambda x}\right)\right) = \frac{\partial^j}{\partial \lambda^j}\left(P(\lambda)e^{\lambda x}\right)$$

$$= \sum_{\nu=0}^{j}\binom{j}{\nu}\frac{\partial^\nu}{\partial \lambda^\nu}\left(P(\lambda)\right)x^{j-\nu}e^{\lambda x}\,.$$

Ist eine komplexe Zahl $\tilde{\lambda}$ m-fache Nullstelle des Polynoms $P(\lambda)$, so verschwinden auch die ersten $m-1$ Ableitungen an der Stelle $\tilde{\lambda}$, d.h.

$$\frac{\partial^\nu P}{\partial \lambda^\nu}(\tilde{\lambda}) = 0\,, \quad \nu = 0,\ldots, m-1\,.$$

Somit liefert eine m-fache Nullstelle λ die m behaupteten Lösungen, wobei wir im Fall $\Im(\lambda) \neq 0$ noch jeweils zu Realteil und Imaginärteil übergehen.

Man kann sich nun leicht davon überzeugen, daß sämtliche auf diese Weise erzeugten Lösungen linear unabhängig sind. Geht man also alle Nullstellen des charakteristischen Polynoms durch, so erhält man ein Fundamentalsystem. (Hierbei braucht die konjugiert komplexe Nullstelle $\bar{\lambda}$ einer Nullstelle $\lambda \in \mathbb{C}$ nicht mehr betrachtet zu werden). $\qquad\square$

Beispiel 4.2

Wir betrachten die Differentialgleichung

$$y^{(4)} + a_3\, y''' + a_2\, y'' + a_1\, y' + a_0\, y = 0\,.$$

und wenden den Differentialoperator

$$L = \frac{d^4}{dx^4} + a_3\, \frac{d^3}{dx^3} + a_2\, \frac{d^2}{dx^2} + a_1\, \frac{d}{dx} + a_0$$

auf $x^3\, e^{\lambda x}$ an. Damit soll die im Beweis von Satz 4.1 verwendete Gleichung

$$L(x^j\, e^{\lambda x}) = \sum_{\nu=0}^{j} \binom{j}{\nu} \frac{\partial^\nu}{\partial \lambda^\nu}\, (P(\lambda))\, x^{j-\nu} e^{\lambda x} \quad \text{bestätigt werden.}$$

```
ldo[x_,y_]=
   y''''[x]+a3 y'''[x]+a2 y''[x]+a1 y'[x]+a0 y[x];
   y[x_]=x^3 Exp[lambda x];
Factor[ldo[x,y]]


   lambda x
E           (6 a3 + 24 lambda + 6 a2 x +


                          2                2
   18 a3 lambda x + 36 lambda  x + 3 a1 x  +


              2              2 2
   6 a2 lambda x  + 9 a3 lambda  x  +


            3 2         3               3
   12 lambda  x  + a0 x  + a1 lambda x  +


            2 3            3 3         4 3
   a2 lambda  x  + a3 lambda  x  + lambda  x )
```

Mit `Collect` ordnen wir den zweiten Faktor als Polynom in x an:　　　　`Collect`

```
Collect[%/Exp[lambda x],x]


6 a3 + 24 lambda + (6 a2 + 18 a3 lambda +


          2
   36 lambda ) x + (3 a1 + 6 a2 lambda +


            2           3 2
   9 a3 lambda  + 12 lambda ) x  +


                 2           3         4 3
   (a0 + a1 lambda + a2 lambda  + a3 lambda  + lambda ) x
```

Bemerkung 4.1 Die Fälle $n = 1$ und $n = 2$ stellen sich besonders übersichtlich dar.

Im Fall $n = 1$ lautet die Differentialgleichung:

$$y' + a_0 y = 0$$

und ihr charakteristisches Polynom:

$$P(\lambda) = \lambda + a_0 \,.$$

Es besitzt die Nullstelle $-a_0$ und somit das Fundamentalsystem:

$$y_1 = e^{-a_0 x} \,.$$

Im Fall $n = 2$ lautet die Differentialgleichung:

$$y'' + a_1 y' + a_0 y = 0$$

und ihr charakteristisches Polynom:

$$P(\lambda) = \lambda^2 + a_1 \lambda + a_0 \,.$$

Seine Nullstellen seien mit λ_1 und λ_2 bezeichnet. Wir unterscheiden drei Fälle und bekommen jeweils folgendes Fundamentalsystem:

a) $\lambda_1, \lambda_2 \in \mathbb{R}$:
$$y_1 = e^{\lambda_1 x}, \quad y_2 = e^{\lambda_2 x} \,.$$

b) $\lambda_1 = \lambda_2 \in \mathbb{R}$:
$$y_1 = e^{\lambda_1 x}, \quad y_2 = x\, e^{\lambda_1 x} \,.$$

c) $\lambda_1, \lambda_2 \in \mathbb{C}, \lambda_1 = p + iq, \lambda_2 = p - iq$:
$$y_1 = e^{px} \cos(q x), \quad y_2 = e^{px} \sin(q x) \,.$$

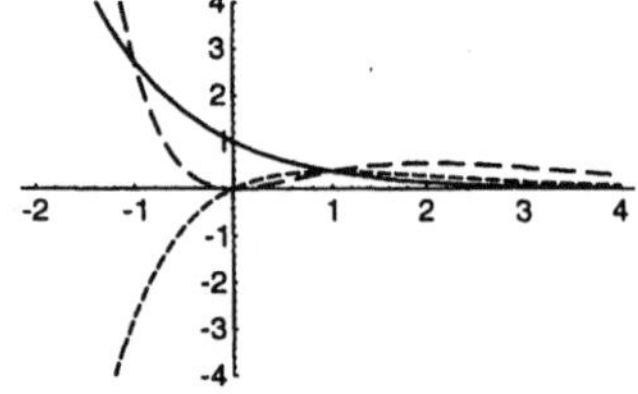

Ein Fundamentalsystem von
$y''' + 3y'' + 3y' + y = 0$

Beispiel 4.3

Wir bestimmen ein Fundamentalsystem von:

$$y''' + 3 y'' + 3 y' + y = 0$$

Solve　und lösen die charakteristische Gleichung mit `Solve`:

```
Solve[lambda^3+3 lambda^2+3 lambda +1==0]

{{lambda -> -1}, {lambda -> -1}, {lambda -> -1}}
```

Dies ergibt das Fundamentalsystem:

$$y_1(x) = e^{-x}, \quad y_2(x) = x\,e^{-x}, \quad y_3(x) = x^2\,e^{-x}.$$

Nun betrachten wir:

$$y^{(4)} + y = 0.$$

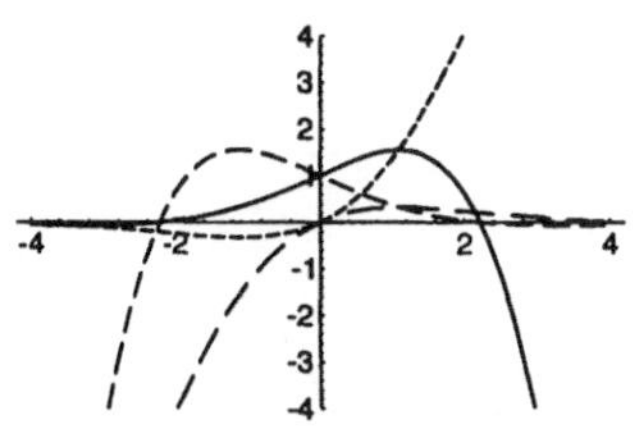

Ein Fundamentalsystem von
$$y^{(4)} + y = 0$$

```
Solve[lambda^4+1==0]

                1/4                      1/4
{{lambda -> -(-1)   }, {lambda -> (-1)      },

               3/4                       3/4
 {lambda -> -(-1)   }, {lambda -> (-1)      }}

ComplexExpand[(-1)^(1/4)]

 1 + I
-------
Sqrt[2]
```

(ComplexExpand überführt einen Ausdruck in cartesische Darstellung, `ComplexExpand`
unter der Annahme, daß alle darin auftretenden Variablen reell sind).

Wir haben also folgende Nullstellen:

$$\frac{1+i}{\sqrt{2}}, \quad \frac{1-i}{\sqrt{2}}, \quad -\frac{1+i}{\sqrt{2}}, \quad -\frac{1-i}{\sqrt{2}}$$

und das Fundamentalsystem:

$$y_1(x) = e^{\frac{1}{\sqrt{2}}x}\cos\left(\frac{1}{\sqrt{2}}x\right), \quad y_2(x) = e^{\frac{1}{\sqrt{2}}x}\sin\left(\frac{1}{\sqrt{2}}x\right),$$

$$y_3(x) = e^{-\frac{1}{\sqrt{2}}x}\cos\left(\frac{1}{\sqrt{2}}x\right), \quad y_4(x) = -e^{-\frac{1}{\sqrt{2}}x}\sin\left(\frac{1}{\sqrt{2}}x\right),$$

Schließlich bestimmen wir noch ein Fundamentalsystem von:

$$y^{(4)} - 4y''' + 5y'' - 4y' + y = 0.$$

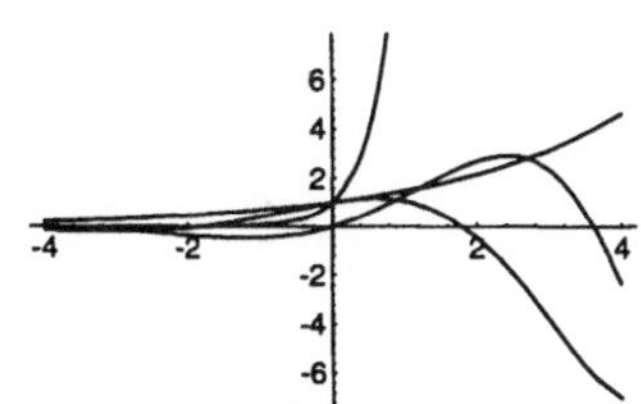

Ein Fundamentalsystem von
$$y^{(4)} - 4y''' + 5y'' - 4y' + y = 0$$

```
Solve[lambda^4-4 lambda^3 +5 lambda^2-4 lambda+1==0]

                 1 - I Sqrt[3]
{{lambda -> -------------},
                   2

                 1 + I Sqrt[3]
  {lambda -> -------------},
                   2

               3 - Sqrt[5]
  {lambda -> -----------},
                 2

               3 + Sqrt[5]
  {lambda -> -----------}}
                 2
```

Also bekommen wir folgendes Fundamentalsystem

$$y_1(x) = e^{\frac{x}{2}} \cos\left(\frac{\sqrt{3}\,x}{2}\right), \quad y_2(x) = e^{\frac{x}{2}} \sin\left(\frac{\sqrt{3}\,x}{2}\right),$$

$$y_3(x) = e^{\frac{3+\sqrt{5}}{2}\,x}, \quad y_4(x) = e^{\frac{3-\sqrt{5}}{2}\,x}.$$

Betrachten wir nun das Anfangswertproblem:

$$y^{(n)} + a_{n-1}\,y^{(n-1)} + \cdots + a_1 y' + a_0 y = 0,$$

$$y(x_0) = y_0,\, y'(x_0) = y_0',\, \ldots,\, y^{(n-1)}(x_0) = y_0^{(n-1)}.$$

Wenn ein Fundamentalsystem $y_1(x), \ldots, y_n(x)$ gefunden ist, dann ergibt sich die Lösung des Anfangswertproblems als Linearkombination

$$y(x) = c_1\,y_1(x) + \ldots + c_n\,y_n(x).$$

Die Koeffizienten $c_1, \ldots, c_n$ müssen gemäß der Umwandlung der Gleichung n-ter Ordnung (Bemerkung 3.2) in ein System aus dem linearen Gleichungssystem

$$\begin{pmatrix} y_1(x_0) & y_2(x_0) & \cdots & y_n(x_0) \\[1ex] y_1'(x_0) & y_2'(x_0) & \cdots & y_n'(x_0) \\[1ex] y_1''(x_0) & y_2''(x_0) & \cdots & y_n''(x_0) \\[1ex] \vdots & \vdots & \cdots & \vdots \\[1ex] y_1^{(n-1)}(x_0) & y_2^{(n-1)}(x_0) & \cdots & y_n^{(n-1)}(x_0) \end{pmatrix} \begin{pmatrix} c_1 \\[1ex] c_2 \\[1ex] c_3 \\[1ex] \vdots \\[1ex] c_n \end{pmatrix} = \begin{pmatrix} y_0 \\[1ex] y_0' \\[1ex] y_0'' \\[1ex] \vdots \\[1ex] y_0^{(n-1)} \end{pmatrix}$$

bestimmt werden. (Diese Vorgehensweise ist nicht auf konstante Koeffizienten beschränkt und ist bei allen linearen homogenen Gleichungen möglich).

Beispiel 4.4

Gegeben sei das folgende Anfangswertproblem:

$$y''' + 3\,y'' + 3\,y' + 2\,y = 0,$$

$$y(0) = 3,\, y'(0) = 0,\, y''(0) = 2.$$

Wir bestimmen zuerst ein Fundamentalsystem:

```
Solve[lambda^3+3 lambda^2+3 lambda+
    2==0]
```

```
                              -1 - I Sqrt[3]
{{lambda -> -2}, {lambda -> --------------},
                                    2


              -1 + I Sqrt[3]
 {lambda -> --------------}}
                   2
```

Dies ergibt folgendes Fundamentalsystem:

$$y_1(x) = e^{-2x},$$

$$y_2(x) = e^{-\frac{1}{2}x} \cos\left(\frac{\sqrt{3}}{2}x\right),$$

$$y_3(x) = e^{-\frac{1}{2}x} \sin\left(\frac{\sqrt{3}}{2}x\right).$$

Nun muß die Wronskische Matrix aufgestellt und an der Stelle $x_0 = 0$ ausgewertet werden. Mit `LinearSolve` wird dann das erforderliche lineare Gleichungssystem gelöst:

`LinearSolve`

```
fs={Exp[-2 x],
    Exp[-(1/2) x] Cos[(Sqrt[3]/2) x],
    Exp[-(1/2) x] Sin[(Sqrt[3]/2) x]};

wm={fs,D[fs,x],D[fs,{x,2}]}/.x->0;

b={3,0,2};
LinearSolve[wm,b]

  5   4      8
{-,  -,  -------}
  3   3   Sqrt[3]
```

Damit ergibt sich die Lösung des Anfangswertproblems:

$$y(x) = \frac{5}{3}e^{-2x} + \frac{4}{3}e^{-\frac{1}{2}x}\cos\left(\frac{\sqrt{3}}{2}x\right) + \frac{8}{\sqrt{3}}e^{-\frac{1}{2}x}\sin\left(\frac{\sqrt{3}}{2}x\right).$$

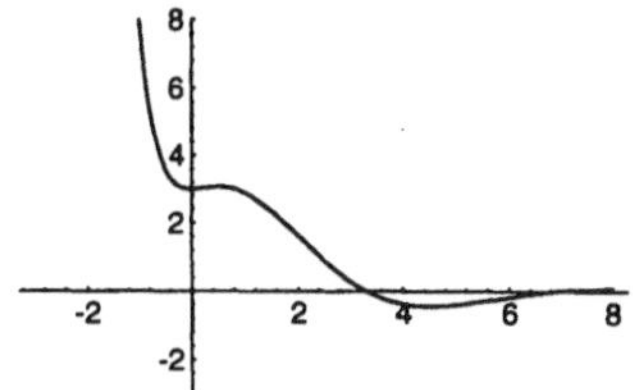

Lösung von
$y''' + 3y'' + 3y' + 2y = 0$, $y(0) = 3$, $y'(0) = 0$, $y''(0) = 2$

Man kann bei dieser Rechnung natürlich auch über komplexe Lösungen gehen, was häufig auch für *Mathematica* bequemer ist. Man stellt ein komplexes Fundamentalsystem auf, bildet damit die Wronskische Matrix und löst wieder das lineare Gleichungssystem. Man erhält dann eine komplexe Lösung $y(x) = c_1 y_1(x) + c_2 y_2(x) + c_3 y_3(x)$, deren Realteil das (reelle) Anfangswertproblem löst.

```
lambda1=-2; lambda2=-1/2+I 3^(1/2)/2;
lambda3=-1/2-I 3^(1/2)/2;
y[1,x]=Exp[lambda1 x]; y[2,x]=Exp[lambda2 x];
y[3,x]=Exp[lambda3 x];
fs={y[1,x],y[2,x],y[3,x]};
wm={fs,D[fs,x],D[fs,{x,2}]}/.x->0;
b={3,0,2};
c=LinearSolve[wm,b];
cl=c[[1]] y[1,x]+c[[2]] y[2,x]+c[[3]] y[3,x];
```

```
r1=Simplify[ComplexExpand[Re[c1]]]

          (3 x)/2        Sqrt[3] x
(5 + 4 E             Cos[---------] +
                            2

              (3 x)/2        Sqrt[3] x            2 x
    8 Sqrt[3] E          Sin[---------]) / (3 E     )
                                2
```

Re
Im
  (Mit den Befehlen Re und Im kann man den Realteil bzw. den Imaginärteil einer komplexen Zahl bestimmen).

Häufig möchte man ein Fundamentalsystem einer Gleichung n-ter Ordnung finden, dessen Wronskische Matrix an einer bestimmten Stelle x_0 die Einheitsmatrix darstellt. Das kann man ausgehend von irgend einem Fundamentalsystem durch eine Matrixinversion oder durch Lösen von n Anfangswertproblemen bekommen. Es gibt aber noch einen etwas einfacheren Weg:

Satz 4.2 *Sei $y(x)$ diejenige Lösung von*

$$y^{(n)} + a_{n-1} y^{(n-1)} + \cdots + a_1 y' + a_0 y = 0\,,$$

die die Anfangsbedingungen

$$y(0) = y'(0) = \cdots = y^{(n-2)}(0) = 0\,, \quad y^{(n-1)}(0) = 1$$

erfüllt, und sei

$$C = \begin{pmatrix}
a_1 & a_2 & a_3 & a_4 & \cdots & a_{n-1} & 1 \\
a_2 & a_3 & a_4 & a_5 & \cdots & 1 & 0 \\
\vdots & \vdots & \vdots & \vdots & \cdots & \vdots & \vdots \\
a_{n-2} & a_{n-1} & 1 & 0 & \cdots & \vdots & \vdots \\
a_{n-1} & 1 & 0 & 0 & \cdots & 0 & 0 \\
1 & 0 & 0 & 0 & \cdots & 0 & 0
\end{pmatrix}\,.$$

Dann stellt

$$(y_1(x), \ldots, y_n(x)) = (y(x), \ldots, y^{(n-1)}(x))\, C$$

ein Fundamentalsystem mit der Eigenschaft

$$y_j^{(k)}(0) = \delta_{k,j-1}\,,$$

$k = 0, \ldots, n-1, j = 1, \ldots, n$ *dar.*

Beweis: Man überzeugt sich leicht davon, daß durch die Funktionen

$$z_0(x) = y(x)\,, z_1(x) = y'(x)\,, \cdots\,, z_{n-1} = y^{(n-1)}(x)$$

ein Fundamentalsystem gebildet wird. Da die Koeffizienten konstant sind, bilden die Funktionen $z_j(x)$ offenbar Lösungen. Aus

$$y^{(n)}(x) = -\sum_{j=1}^{n} a_{n-j}\, y^{(n-j)}(x)$$

können wir die Ableitungen von $y(x)$ entnehmen, die wir für die Wronskische Matrix benötigen:

$$y^{(n+k)}(0) = -\sum_{j=1}^{k+1} a_{n-j}\, y^{(n-j+k)}(0)\,, \quad k = 0, 1\,, \ldots\,, n-2\,.$$

Die Wronskische Matrix von $z_0(x)\,, \ldots\,, z_{n-1}(x)$ hat dann an der Stelle $x = 0$ die Gestalt:

$$W_z(0) =$$

$$\begin{pmatrix}
0 & 0 & 0 & 0 & \cdots & 0 & 1 \\
0 & 0 & 0 & 0 & \cdots & 1 & y^{(n)}(0) \\
\vdots & \vdots & \vdots & \vdots & \cdots & \vdots & \vdots \\
0 & 0 & 1 & y^{(n)}(0) & \cdots & y^{(2n-5)}(0) & y^{(2n-4)}(0) \\
0 & 1 & y^{(n)}(0) & y^{(n+1)}(0) & \cdots & y^{(2n-4)}(0) & y^{(2n-3)}(0) \\
1 & y^{(n)}(0) & y^{(n+1)}(0) & y^{(n+2)}(0) & \cdots & y^{(2n-3)}(0) & y^{(2n-2)}(0)
\end{pmatrix}$$

und ist nicht singulär. Damit liegt ein Fundamentalsystem vor.

Man kann sogar sofort sehen, daß die Beziehung

$$W_z(0)\, C = E_{n\times n}$$

gilt. Multiplizieren wir $W_z(x)\, C$, so bekommen wir ein Fundamentalsystem von

$$Y' = A\,Y\,, \quad A = \begin{pmatrix}
0 & 1 & \cdots & 0 & 0 \\
0 & 0 & \cdots & 0 & 0 \\
\vdots & \vdots & \vdots & \vdots & \vdots \\
0 & 0 & \cdots & 0 & 1 \\
-a_0 & -a_1 & \cdots & -a_{n-2} & -a_{n-1}
\end{pmatrix}$$

mit $W_z(0)\, C = E$. Da wir die Gleichung n-ter Ordnung betrachten, sind wir nur an der ersten Zeile der Matrix $W_z(x)\, C$ interessiert, und dies liefert die Behauptung. $\qquad\square$

Beispiel 4.5

Wir betrachten erneut die Gleichung aus Beispiel 4.4

$$y''' + 3\,y'' + 3\,y' + 2\,y = 0$$

und bestimmen ein Fundamentalsystem, dessen Wronskische Matrix in $x_0 = 0$ die Einheitsmatrix darstellt. Wir gehen von dem in Beispiel 4.4 gefundenen Fundamentalsystem aus und lösen zuerst das Anfangswertproblem:

$$y(0) = 0, \quad y'(0) = 0, \quad y''(0) = 1.$$

```
fs={Exp[-2 x],
    Exp[-(1/2) x] Cos[(Sqrt[3]/2) x],
    Exp[-(1/2) x] Sin[(Sqrt[3]/2) x]};
wm={fs,D[fs,x],D[fs,{x,2}]}/.x->0;
b={0,0,1};
cb=LinearSolve[wm,b]
```

```
    1    1      1
{-,  -(-),  -------}
    3    3    Sqrt[3]
```

```
y=cb[[1]] fs[[1]]+cb[[2]] fs[[2]]+cb[[3]] fs[[3]]
```

```
                 Sqrt[3] x           Sqrt[3] x
            Cos[---------]      Sin[---------]
    1            2                   2
 ------- - --------------- + ---------------
    2 x           x/2                 x/2
 3 E          3 E              Sqrt[3] E
```

Damit haben wir die folgende Lösung des Anfangswertproblems:

$$y(x) = \frac{1}{3}\,e^{-2x} - \frac{1}{3}\,e^{-\frac{1}{2}x}\cos\left(\frac{\sqrt{3}}{2}\,x\right) + \frac{1}{\sqrt{3}}\,e^{-\frac{1}{2}x}\sin\left(\frac{\sqrt{3}}{2}\,x\right).$$

Schließlich ergibt sich das gesuchte Fundamentalsystem:

```
cm={{3,3,1},{3,1,0},{1,0,0}};
Simplify[{y,D[y,x],D[y,{x,2}]}.cm]
```

```
                 Sqrt[3] x             Sqrt[3] x
          2 Cos[---------]      2 Sin[---------]
    1              2                    2
{------- + ----------------- + -----------------,
    2 x           x/2                  x/2
 3 E          3 E               Sqrt[3] E

                 Sqrt[3] x                  Sqrt[3] x
            Cos[---------]      Sqrt[3] Sin[---------]
    1            2                           2
 ------- - --------------- + ----------------------,
    2 x           x/2                  x/2
 3 E          3 E                      E

                 Sqrt[3] x            Sqrt[3] x
            Cos[---------]      Sin[--------]
    1            2                   2
 ------- - --------------- + ---------------}
    2 x           x/2                 x/2
 3 E          3 E              Sqrt[3] E
```

Also:

$$y_1(x) = \frac{1}{3}\,e^{-2x} + \frac{2}{3}\,e^{-\frac{1}{2}x}\cos\left(\frac{\sqrt{3}}{2}\,x\right) + \frac{2}{\sqrt{3}}\,e^{-\frac{1}{2}x}\sin\left(\frac{\sqrt{3}}{2}\,x\right)\,,$$

$$y_2(x) = \frac{1}{3}\,e^{-2x} - \frac{1}{3}\,e^{-\frac{1}{2}x}\cos\left(\frac{\sqrt{3}}{2}\,x\right) + \sqrt{3}\,e^{-\frac{1}{2}x}\sin\left(\frac{\sqrt{3}}{2}\,x\right)\,,$$

$$y_3(x) = \frac{1}{3}\,e^{-2x} - \frac{1}{3}\,e^{-\frac{1}{2}x}\cos\left(\frac{\sqrt{3}}{2}\,x\right) + \frac{1}{\sqrt{3}}\,e^{-\frac{1}{2}x}\sin\left(\frac{\sqrt{3}}{2}\,x\right)\,.$$

4.2 Lineare inhomogene Gleichungen n-ter Ordnung

Haben wir ein Fundamentalsystem der homogenen Gleichung gefunden, dann können wir eine partikuläre Lösung der inhomogenen Gleichung

$$y^{(n)} + a_{n-1}y^{(n-1)} + \ldots + a_1 y' + a_0 y = r(x)$$

durch Variation der Konstanten (Bemerkung 3.4) finden. In vielen Fällen ist diese Methode jedoch zu umständlich.

Beispiel 4.6

Wir bestimmen die allgemeine Lösung von

$$y'' + 4y' + 4y = \frac{e^{-2x}}{x^2}\,, \quad x > 0\,.$$

Wir bestimmen zuerst ein Fundamentalsystem der homogenen Gleichung:

```
Solve[lambda^2+4lambda+4==0,lambda]
```

```
{{lambda -> -2}, {lambda -> -2}}
```

Wir haben also eine doppelte Nullstelle bei $\lambda = -2$ und folgendes Fundamentalsystem:

$$y_1(x) = e^{-2x}\,, \quad y_2(x) = x\,e^{-2x}\,.$$

Als nächstes muß nun eine partikuläre Lösung der inhomogenen Gleichung gefunden werden:

$$y_p(x) = c_{p,1}(x)\,y_1(x) + c_{p,2}(x)\,y_2(x)\,.$$

Dabei ergeben sich die Funktionen $c_{p,1}(x)\,, c_{p,2}(x)$ aus

$$\begin{pmatrix} y_1(x) & y_2(x) \\ y_1'(x) & y_2'(x) \end{pmatrix} \begin{pmatrix} c_{p,1}'(x) \\ c_{p,2}'(x) \end{pmatrix} = \begin{pmatrix} 0 \\ \frac{e^{-2x}}{x^2} \end{pmatrix}\,.$$

```
y1[x]=Exp[-2 x];
y2[x]=x Exp[-2 x];
wm={{y1[x],y2[x]},D[{y1[x],y2[x]},x]}//Simplify;
MatrixForm[wm]
```

```
                          x
                       ----
       -2 x            2 x
     E               E


       -2            1 - 2 x
     ----           -------
      2 x            2 x
     E              E
```

```
r={0,Exp[-2 x]/x^2};
LinearSolve[wm,r]
```

```
       1      -2
    {-(-),   x   }
       x
```

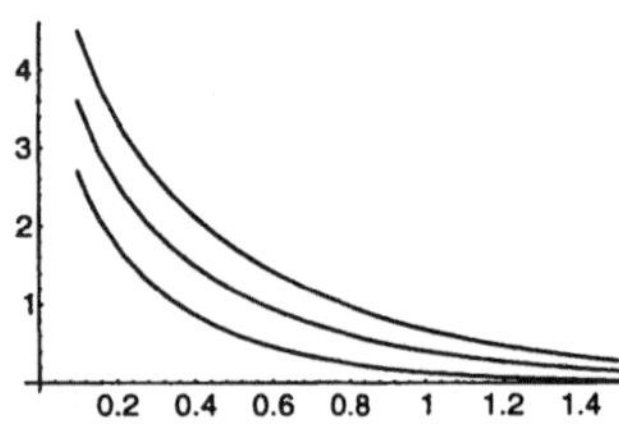

Lösungen von
$$y'' + 4y' + 4y = e^{-2x}/x^2, \quad x > 0$$

Hieraus können wir

$$c_{p,1}(x) = -\ln(x) \quad \text{und} \quad c_{p,2}(x) = -\frac{1}{x}$$

entnehmen. Die allgemeine Lösung lautet:

$$y(x) = (c_1 + c_2\,x)\,e^{-2x} - (\ln(x) + 1)\,e^{-2x}\,.$$

Mit `DSolve`:

```
<<Calculus`DSolve`
DSolve[y''[x]+4 y'[x]+4y[x]==Exp[-2 x]/x^2,y[x],x]
```

```
          C[1]     x C[2]     Log[x]
{{y[x]  -> ---- + ------ - ------}}
          2 x     2 x       2 x
         E        E         E
```

Beispiel 4.7

Wir bestimmen die allgemeine Lösung von

$$y'' + y = \frac{1}{\cos(x)}, \quad -\frac{\pi}{2} < x < \frac{\pi}{2}\,.$$

Ein Fundamentalsystem des homogenen Systems lautet:

$$y_1(x) = \cos(x)\,, \quad y_2(x) = \sin(x)\,.$$

Eine partikuläre Lösung

$$y_p(x) = c_{p,1}(x)y_1(x) + c_{p,2}(x)y_2(x)$$

ergibt sich mit Funktionen $c_{p,1}(x)\,, c_{p,2}(x)$ aus

$$\begin{pmatrix} y_1(x) & y_2(x) \\ y_1'(x) & y_2'(x) \end{pmatrix} \begin{pmatrix} c_{p,1}'(x) \\ c_{p,2}'(x) \end{pmatrix} = \begin{pmatrix} 0 \\ \cos(x) \end{pmatrix}\,.$$

```
y1[x]=Cos[x];
y2[x]=Sin[x];
wm={{y1[x],y2[x]},D[{y1[x],y2[x]},x]};

r={0,1/Cos[x]};
LinearSolve[wm,r]

        Tan[x]                         1
{-(----------------),    ----------------}
        2       2              2       2
     Cos[x]  + Sin[x]      Cos[x]  + Sin[x]
```

Mit $\int(-\tan(x))\,dx = \ln(\cos(x))$ ergibt sich die allgemeine Lösung:

$$y(x) = c_1\,\cos(x) + c_2\,\sin(x) + \ln(\cos(x))\,\cos(x) + x\,\sin(x)\,.$$

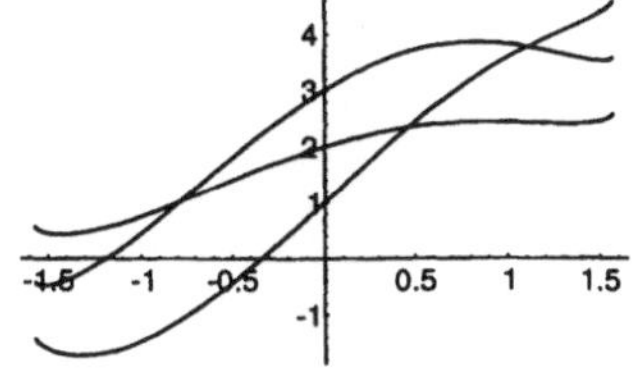

Lösungen von $y'' + y = 1/\cos(x), -\pi/2 < x < \pi/2$

Mit `DSolve`:

```
<<Calculus`DSolve`
DSolve[y''[x]+y[x]==1/Cos[x],y[x],x]

{{y[x] -> C[2] Cos[x] - I x (Cos[x] + I Sin[x]) -

   C[1] Sin[x] + (Log[1 + Cos[2 x] + I Sin[2 x]]

     (Cos[x] + I Sin[x])

     (1 + Cos[2 x] - I Sin[2 x])) / 2}}
```

Beispiel 4.8

Wir können die Aufgabe, eine partikuläre Lösung zu bestimmen, auch zerlegen, in die Lösung linearer, inhomogener Gleichungen erster Ordnung. Betrachten wir erneut die Gleichung:

$$y'' + 4y' + 4y = \frac{e^{-2x}}{x^2}\,, \quad x > 0\,.$$

Wir schreiben:

$$y''(x) + 4\,y'(x) + 4\,y(x) = \left(\frac{d}{dx} + 2\right)\left(\frac{d}{dx} + 2\right)(y(x)) = \frac{e^{-2x}}{x^2}$$

und bekommen folgendes System mit einer Hilfsfunktion $u(x)$:

$$\left(\frac{d}{dx} + 2\right) y(x) = u(x)$$

$$\left(\frac{d}{dx} + 2\right) u(x) = \frac{e^{-2x}}{x^2}\,.$$

Wir benötigen nur eine partikuläre Lösung des obigen Systems und wählen

$$u(x) = e^{-2x} \int e^{2x}\frac{e^{-2x}}{x^2}\,dx\,, \quad y(x) = e^{-2x} \int e^{2x}u(x)\,dx\,.$$

```
u[x]=Exp[-2 x] Integrate[1/x^2,x]
y=Exp[-2 x] Integrate[Exp[2 x] u[x],x]

   Log[x]
-(------)
    2 x
   E


Simplify[D[y,{x,2}]+4 D[y,x]+4 y-Exp[-2 x]/x^2]

0
```

Wir haben also die partikuläre Lösung

$$y_p(x) = -\ln(x)\, e^{-2x}$$

bekommen.

Wir wollen nun das *Grundlösungsverfahren* zur Bestimmung einer partikulären Lösung betrachten:

Grundlösungsverfahren

> **Satz 4.3** *Sei $y(x)$ diejenige Lösung der homogenen Gleichung:*
>
> $$y^{(n)} + a_{n-1}y^{(n-1)} + \ldots + a_1 y' + a_0 y = 0,$$
>
> *die die Anfangsbedingungen*
>
> $$y(0) = y'(0) = , \cdots, = y^{(n-2)}(0) = 0,\ y^{(n-1)}(0) = 1$$
>
> *erfüllt. Dann wird durch*
>
> $$y_p(x) = \int_0^x y(x-t)\, r(t)\, dt$$
>
> *eine partikuläre Lösung der inhomogenen Gleichung*
>
> $$y^{(n)} + a_{n-1}y^{(n-1)} + \ldots + a_1 y' + a_0 y = r(x)$$
>
> *gegeben.*

Beweis: Durch Differenzieren bekommen wir:

$$y_p'(x) = \int_0^x y'(x-t)r(t)\, dt$$

$$y_p''(x) = \int_0^x y''(x-t)r(t)\, dt$$

$$\vdots$$

$$y_p^{(n-2)}(x) = \int\limits_0^x y^{(n-2)}(x-t)r(t)\,dt$$

$$y_p^{(n-1)}(x) = \int\limits_0^x y^{(n-1)}(x-t)r(t)\,dt$$

$$y_p^{(n)}(x) = \int\limits_0^x y^{(n)}(x-t)r(t)\,dt + r(x)\,.$$

Da $y(x)$ eine Lösung der homogenen Gleichung war, ist die Behauptung bewiesen. $\qquad\square$

Beispiel 4.9

Wir betrachten erneut die Gleichung:

$$y'' + y = \frac{1}{\cos(x)}\,, \qquad -\frac{\pi}{2} < x < \frac{\pi}{2}\,.$$

Die Lösung mit $y(0) = 0$ und $y'(0) = 1$ lautet

$$y(x) = \sin(x)\,.$$

Mit dem Grundlösungsverfahren ergibt sich nun gemäß:

```
Integrate[Sin[x-t]/Cos[t],{t,0,x}]
```

```
Cos[x] Log[Cos[x]] + x Sin[x]
```

die folgende partikuläre Lösung:

$$y_p(x) = \cos(x)\,\ln(\cos(x)) + x\,\sin(x)\,.$$

Bei speziellen rechten Seiten erweist sich die *Ansatzmethode* als besonders wirksam.

Satz 4.4 *Gegeben sei die Differentialgleichung*

$$y^{(n)} + a_{n-1}y^{(n-1)} + \cdots + a_1 y' + a_0 y = r(x)\,e^{\omega x}$$

mit reellen Konstanten a_j, einem Polynom $r(x)$ mit reellen Koeffizienten vom Grad m und einer komplexen Konstanten ω. Mit dem Ansatz

$$y_p(x) = x^k\,R(x)\,e^{\omega x}$$

Ansatzmethode

kann man stets eine komplexwertige, partikuläre Lösung herstellen. Dabei ist $R(x)$ ein Polynom mit komplexen Koeffizienten vom Grad m und k die Vielfachheit von ω als Nullstelle des charakteristischen Polynoms der homogenen Gleichung. (Wir setzen $k = 0$, falls ω nicht Nullstelle des charakteristischen Polynoms ist).

Beweis: Wir berechnen mit der Leibnizschen Regel und einer beliebigen, genügend oft differenzierbaren Funktion Q:

$$\sum_{j=0}^{n} a_j \frac{d^j}{dx^j} \left(Q(x)e^{\omega x} \right)$$

$$= \sum_{j=0}^{n} a_j \sum_{l=0}^{j} \binom{j}{l} Q^{(j-l)}(x)\omega^l e^{\omega x}$$

$$= \left(\sum_{l=0}^{n} \sum_{j=l}^{n} \binom{l}{l-j} a_l \omega^j \, Q^{(j-l)}(x) \right) e^{\omega x}$$

$$= \left(\sum_{l=0}^{n} \left(\sum_{j=l}^{n} \binom{j}{j-l} a_l \omega^{j-l} \right) Q^{(l)}(x) \right) e^{\omega x}$$

$$= \left(\sum_{l=0}^{n} \frac{1}{l!} \frac{d^l}{d\omega^l} \left(P(\omega) \right) Q^{(l)}(x) \right) e^{\omega x}.$$

Ist ω nun eine k-fache Nullstelle des charakteristischen Polynoms, so bekommt man als Bedingung dafür, daß $Q(x)e^{\omega x}$ eine Lösung darstellt:

$$\sum_{l=k}^{n} \frac{1}{l!} \frac{d^l}{d\omega^l} \left(P(\omega) \right) Q^{(l)}(x) = r(x).$$

Die niedrigste Ableitung des Polynoms Q, die in der Summe auftritt, also $(d^k/d\omega^k)$, muß nun vom Grad m sein. Dann kann durch Koeffizientenvergleich das Polynom Q festgelegt werden. Daraus ergibt sich die Gestalt: $Q(x) = x^k R(x)$. $\square$

Bemerkung 4.2 Durch Überlagerung partikulärer Lösungen können auch rechte Seiten der Gestalt

$$\sum_{j=1}^{s} r_j(x)e^{\omega_j x}$$

mit der Ansatzmethode behandelt werden. Durch Aufspalten der komplexwertigen Lösung in Realteil und Imaginärteil werden reelle rechte Seiten der Form

$$\Re \left(\sum_{j=1}^{s} r_j(x)e^{\omega_j x} \right) \quad \text{bzw.} \quad \Im \left(\sum_{j=1}^{s} r_j(x)e^{\omega_j x} \right)$$

behandelt.

Beispiel 4.10
Wir wollen eine partikuläre Lösung von

$$y'' + a_1\, y' + a_0\, y = r_0\, \cos(\omega x)\,, \quad a_0, a_1, r_0, \omega \in \mathbb{R}$$

mit der Ansatzmethode bestimmen.

Wir schreiben die Differentialgleichung als

$$\Re(y)'' + a_1\, \Re(y)' + a_0\, \Re(y) = r_0\, \Re\left(e^{\omega i x}\right)$$

und machen für die komplexe Differentialgleichung

$$y'' + a_1\, y' + a_0\, y = r_0\, e^{\omega i x}$$

den Ansatz:

$$y_p(x) = \begin{cases} \alpha\, e^{\omega x i} & , \quad \text{falls} \quad P(\omega i) \neq 0 \\ \alpha\, x\, e^{\omega x i} & , \quad \text{falls} \quad P(\omega i) = 0 \end{cases}$$

wobei

$$P(\lambda) = \lambda^2 + a_1 \lambda + a_0$$

das charakteristische Polynom darstellt. Im zweiten Fall haben wir jedoch

$$P(\lambda) = \lambda^2 + \omega^2\,.$$

Einsetzen ergibt im ersten Fall:

$$\left((\omega i)^2 + a_1\, (\omega i) + a_0\right) \alpha e^{\omega x i} = r_0\, e^{\omega i x}\,,$$

bzw:

$$\alpha = \frac{r_0}{P(\omega i)}$$

```
P[lambda_]:=lambda^2+a1 lambda+a0;
alpha=r0/P[omega I];
ComplexExpand[Re[alpha Exp[omega I x]]]


              2
r0 (a0 - omega ) Cos[omega x]
------------------------------------- +
  2      2            2 2
a1  omega  + (a0 - omega )


   a1 r0 omega Sin[omega x]
-------------------------------------
  2      2            2 2
a1  omega  + (a0 - omega )
```

Also bekommen wir die partikuläre Lösung

$$y_p(x) = \frac{r_0(a_0 - \omega^2)}{(a_1\omega)^2 + (a_0 - \omega^2)^2}\, \cos(\omega x) + \frac{a_1 r_0 \omega}{(a_1\omega)^2 + (a_0 - \omega^2)^2}\, \sin(\omega x)\,.$$

Im zweiten Fall ergibt sich durch Einsetzen:

$$(x\, P(\omega i) + P'(\omega i))\alpha\, e^{\omega i x} = r_0\, e^{\omega i x}\,,$$

also

$$\alpha = \frac{r_0}{2\,\omega\, i}\,.$$

```
P[lambda_]:=lambda^2+omega^2;
Ps=D[P[lambda],lambda]/.lambda->omega I;
alpha=r0/Ps;
ComplexExpand[Re[alpha x Exp[omega I x]]]

r0 x Sin[omega x]
-----------------
    2 omega
```

Partikuläre Lösungen von
$y'' + a_1 y' + a_0 y = r_0 \cos(\omega x)$,
$P(\omega i) \neq 0$ (links), $P(\omega i) = 0$
(rechts)

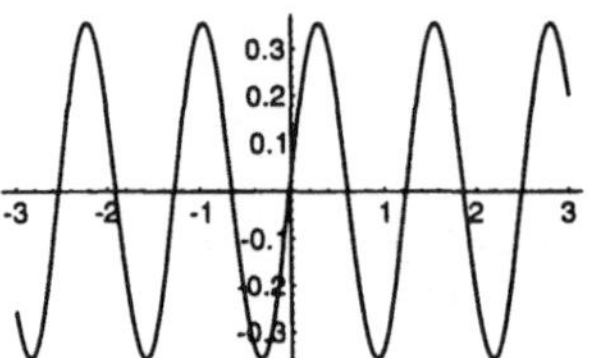 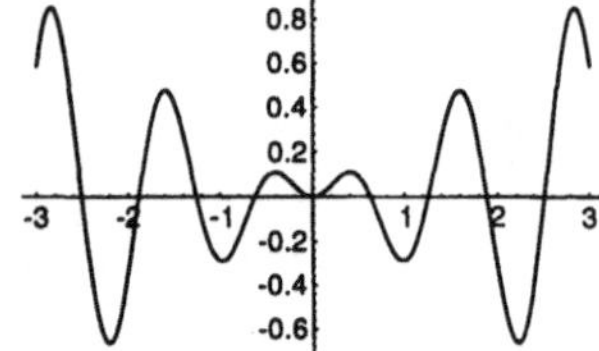

Damit ergibt sich die partikuläre Lösung

$$y_p(x) = x \, \frac{r_0}{2\,\omega} \, \sin(\omega\, x)\,.$$

Man schreibt die partikuläre Lösung im ersten Fall häufig in der
Form einer gegenüber der Anregung phasenverschobenen Cosinus-
Schwingung:

$$y_p(x) = c_p \, \cos(\omega\, x - \delta)\,,$$

wobei sich unter Verwendung des Additionstheorems

$$\cos(\omega\, x - \delta) = \cos(\omega\, x)\, \cos(\delta) + \sin(\omega\, x)\, \sin(\delta)$$

ergibt

$$c_p = \sqrt{\frac{(r_0(a_0 - \omega^2))^2 + (a_1 r_0 \omega)^2}{((a_1 \omega)^2 + (a_0 - \omega^2)^2)^2}}$$

und

$$\delta = \arg(r_0\,(a_0 - \omega^2) + i\,a_1\,r_0\,\omega)\,.$$

Beispiel 4.11

Mit der Ansatzmethode bestimmen wir eine partikuläre Lösung von

$$y^{(4)} + 2y = x^3 \, \sin(x) + 2\,.$$

Und zwar berechnen wir eine Lösung $y_{p,1}(x)$ der inhomogenen Gleichung

$$y^{(4)} + 2y = x^3 \, e^{i\,x}\,,$$

nehmen ihren Imaginärteil und addieren dazu die auf der Hand liegende
Lösung $y_{p,2}(x) = 1$ der Gleichung

$$y^{(4)} + 2y = 2\,.$$

Das Einsetzen des Ansatzes

$$y_{p,1}(x) = (a\,x^3 + b\,x^2 + c\,x + d)\,e^{i\,x}$$

und den im Anschluß durchzuführenden Koeffizientenvergleich überlassen
CoefficientList   wir *Mathematica* mit `CoefficientList`:

```
yp1[x_]=(a x^3+b x^2+c x+d) Exp[I x];
ldo[x_,y_]=y''''[x]+2 y[x];
bed=Expand[(ldo[x,yp1]-x^3 Exp[I x])/Exp[I x]]
```

```
24 I a - 12 b - 4 I c + 3 d - 36 a x - 8 I b x +

            2        2     3         3
  3 c x - 12 I a x  + 3 b x  - x  + 3 a x
```

```
pc=Solve[CoefficientList[bed,x]=={0,0,0,0}]
```

```
        88 I        4        4 I       1
{{d -> ----, c -> -, b -> ---, a -> -}}
        27         9        3         3
```

```
c1=a/.pc[[1]];c2=b/.pc[[1]];
c3=c/.pc[[1]];c4=d/.pc[[1]];
```

```
ComplexExpand[Im[(c1 x^3+c2 x^2+c3 x+ c4) Exp[I x]]]
```

```
         2                       3
 88    4 x             4 x      x
(-- + ----) Cos[x] + (--- + --) Sin[x]
 27    3               9      3
```

```
Simplify[D[%,{x,4}]+2 %-x^3 Sin[x]]
```

```
0
```

Damit haben wir

$$\Im(y_{p,1}(x)) = \left(\frac{4}{3}x^2 + \frac{88}{27}\right)\cos(x) + \left(\frac{1}{3}x^3 + \frac{4}{9}x\right)\sin(x).$$

Es ist noch interessant zu sehen, wie vergleichsweise umständlich in diesem Fall die Variation der Konstanten verliefe. Wir bestimmen zunächst ein Fundamentalsystem der homogenen Gleichung:

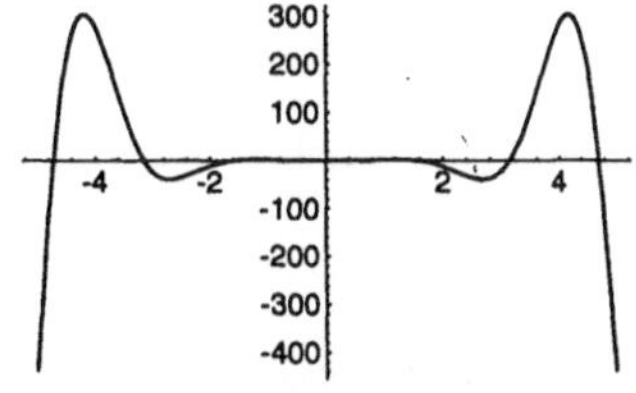

Eine partikuläre Lösung von
$y^{(4)} + 2y = x^3 \sin(x) + 2$

```
Solve[lambda^4+2==0,lambda]
```

```
                 1/4  1/4
{{lambda -> -((-1)    2    )},

              1/4  1/4
  {lambda -> (-1)    2    },

                3/4  1/4
  {lambda -> -((-1)    2    )},

              3/4  1/4
  {lambda -> (-1)    2    }}
```

Dies ergibt vier Lösungen der charakteristischen Gleichung:

$$\lambda_1 = \frac{1}{\sqrt[4]{2}}(1+i), \quad \lambda_2 = \frac{1}{\sqrt[4]{2}}(-1+i),$$

$$\lambda_3 = \bar{\lambda}_1, \quad \lambda_4 = \bar{\lambda}_2,$$

mit denen wir das folgende Fundamentalsystem bekommen:

$$y_1(x) = e^{\frac{1}{\sqrt[4]{2}}x}\cos\left(\frac{1}{\sqrt[4]{2}x}\right), \quad y_2(x) = e^{\frac{1}{\sqrt[4]{2}}x}\sin\left(\frac{1}{\sqrt[4]{2}x}\right),$$

$$y_3(x) = e^{-\frac{1}{\sqrt[4]{2}}x}\cos\left(\frac{1}{\sqrt[4]{2}x}\right), \quad y_4(x) = e^{-\frac{1}{\sqrt[4]{2}}x}\sin\left(\frac{1}{\sqrt[4]{2}x}\right).$$

Variation der Konstanten erfordert nun folgende Rechnungen:

```
y1[x]=Exp[2^(-1/4) x] Cos[2^(-1/4) x];
y2[x]=Exp[2^(-1/4) x] Sin[2^(-1/4) x];
y3[x]=Exp[-2^(-1/4) x] Cos[2^(-1/4) x];
y4[x]=Exp[-2^(-1/4) x] Sin[2^(-1/4) x];
fs={y1[x],y2[x],y3[x],y4[x]};
Wm={fs,D[fs,x],D[fs,{x,2}],D[fs,{x,3}]};
cps=Simplify[LinearSolve[Wm,{0,0,0,x^3 Sin[x]+2}]]
```

```
                3                     x             x
    -((2 + x  Sin[x]) (Cos[----] + Sin[----]))
                            1/4           1/4
                           2             2
   {------------------------------------------------,
                            1/4
                  1/4  x/2
                 4 2      E


            3                     x             x
    (2 + x  Sin[x]) (Cos[----] - Sin[----])
                          1/4           1/4
                         2             2
    ----------------------------------------------,
                          1/4
                1/4  x/2
               4 2      E


        1/4
      x/2           3                     x             x
     E        (2 + x  Sin[x]) (Cos[----] - Sin[----])
                                    1/4           1/4
                                   2             2
     ------------------------------------------------------,
                                    1/4
                          4 2


        1/4
      x/2           3                     x             x
     E        (2 + x  Sin[x]) (Cos[----] + Sin[----])
                                    1/4           1/4
                                   2             2
     ------------------------------------------------------}
                                    1/4
                          4 2
```

Diese Ausdrücke müßten noch integriert und ihre Integrale mit den entsprechenden Fundamentallösungen mulipliziert und aufsummiert werden.

4.3 Lineare homogene Systeme

Wir betrachten nun das System

$$Y' = A\,Y\,, \quad A = \begin{pmatrix} a_{11} & \cdots & a_{1n} \\ \vdots & \vdots & \vdots \\ a_{n1} & \cdots & a_{nn} \end{pmatrix}$$

mit der konstanten Systemmatrix A. Es liegt nahe, eine Lösung in Analogie zum eindimensionalen Fall zu suchen. Dort lautete das Differentialgleichungssystem

$$y' = ay$$

und wurde durch

$$y(x) = c\,e^{a\,x}$$

mit einer beliebigen Konstanten c gelöst.

Wir erinnern uns zunächst an die Definition der Exponentialfunktion

$$e^x = \sum_{k=0}^{\infty} \frac{x^k}{k!}\,.$$

Daß man die Lösung der Differentialgleichung durch

$$e^{a\,x} = \sum_{k=0}^{\infty} \frac{a^k\,x^k}{k!}$$

erhält, beruht auf der Ableitungseigenschaft

$$\frac{d}{dx}e^{a\,x} = \sum_{k=0}^{\infty} \frac{a^{k+1}\,x^k}{k!} = a\,e^{a\,x}\,.$$

Satz 4.5 *Die* Matrix-Exponentialfunktion

$$M_A(x) = e^{A\,x} = \left(\sum_{k=0}^{\infty} \frac{A^k\,x^k}{k!} \right)$$

stellt eine Lösung der Matrix-Differentialgleichung

$$M' = A\,M$$

mit

$$M_A(0) = (\delta_{k,j})_{k,j=1,\ldots,n}$$

dar.

Matrix-Exponentialfunktion

Beweis: Man kann sich durch Grenzwertbetrachtungen im $\mathbb{R}^{n\times n}$ davon überzeugen, daß die folgende Exponentialreihe

$$e^X = \sum_{k=0}^{\infty} \frac{X^k}{k!}$$

für eine beliebige konstante $n \times n$-Matrix gegen eine $n \times n$-Matrix konvergiert. Mit der *Matrixnorm*:

Matrixnorm

$$\|X\| = \max_{1 \le j \le n} \sum_{k=1}^{n} |x_{jk}|$$

gilt:

$$\|X_1 X_2\| \le \|X_1\| \, \|X_2\|$$

und damit

$$\left\| \sum_{k=n}^{n+m} \frac{X^k}{k!} \right\| \le \sum_{k=n}^{n+m} \frac{\|X\|^k}{k!} \, .$$

Ferner besitzt die Exponentialreihe die Eigenschaft

$$e^{X_1 + X_2} = e^{X_1} e^{X_2} = e^{X_2} e^{X_1} \, ,$$

falls die Matrizen X_1 und X_2 kommutieren

$$X_1 X_2 = X_2 X_1 \, .$$

Auf der Reihenentwicklung beruht auch die Ableitungsregel

$$\frac{d}{dx} e^{Ax} = \frac{d}{dx} \left(\sum_{k=0}^{\infty} \frac{A^k x^k}{k!} \right) = A \, e^{Ax} \, ,$$

wobei A eine konstante $n \times n$-Matrix ist, und die Variable x die reellen Zahlen durchläuft. Man überlegt sich:

$$\frac{e^{A(x+h)} - e^{Ax}}{h} = \frac{e^{Ah} - E}{h} \, e^{Ax}$$

und

$$\frac{e^{Ah} - E}{h} = A \sum_{k=1}^{\infty} \frac{A^k h^k}{k!} \, .$$

Mit der Matrix-Exponentialfunktion $M_A(x) = e^{Ax}$ haben wir also eine Lösung der Matrix-Differentialgleichung $M' = A\,M$. Offenbar gilt $M_A(0) = (\delta_{k,j})_{k,j=1,\dots,n}$. $\qquad\qquad \square$

Da $M_A(x)$ die Matrix-Differentialgleichung löst, bekommt man mit jeder ihrer Spalten

$$Y_j(x) = \begin{pmatrix} m_{A,1j}(x) \\ \vdots \\ m_{A,nj}(x) \end{pmatrix} \, , \quad j = 1, \dots n,$$

eine Lösung des Systems $Y' = AY$. Wegen

$$M_A(0) = (\delta_{k,j})_{k,j=1,\dots,n}$$

bilden die soeben definierten Spaltenvektoren ein Fundamentalsystem. Die allgemeine Lösung $Y(x)$ des homogenen Systems $Y' = AY$ ergibt sich dann wie folgt:

$$Y(x) = c_1\, Y_1(x) + \cdots + c_n\, Y_n(x) = e^{Ax} \begin{pmatrix} c_1 \\ \vdots \\ c_n \end{pmatrix}.$$

Beispiel 4.12

Wir bestimmen ein Fundamentalsystem von:

$$Y' = AY, \quad A = \begin{pmatrix} \lambda & 1 & 0 \\ 0 & \lambda & 1 \\ 0 & 0 & \lambda \end{pmatrix}, \quad \lambda \in \mathbb{R}.$$

Mathematica kann Exponentialreihen von Matrizen mit `MatrixExp` direkt berechnen:

`MatrixExp`

```
A={{la,1,0},{0,la,1},{0,0,la}};
MatrixExp[A x]//MatrixForm
       la x    2
  E        x
 la x     la x          ----------
E        E        x          2

          la x      la x
0        E        E

                   la x
0        0        E
```

Dieses Ergebnis vollziehen wir nach und schreiben:

$$e^{Ax} = e^{\lambda E x}\, e^{\tilde{A} x}, \quad \tilde{A} = \begin{pmatrix} 0 & 1 & 0 \\ 0 & 0 & 1 \\ 0 & 0 & 0 \end{pmatrix}.$$

Die Potenzen von $\tilde{A}$ berechnen wir mit `MatrixPower`:

`MatrixPower`

```
AS={{0,1,0},{0,0,1},{0,0,0}};
MatrixPower[AS,2]

{{0, 0, 1}, {0, 0, 0}, {0, 0, 0}}

MatrixPower[AS,3]

{{0, 0, 0}, {0, 0, 0}, {0, 0, 0}}
```

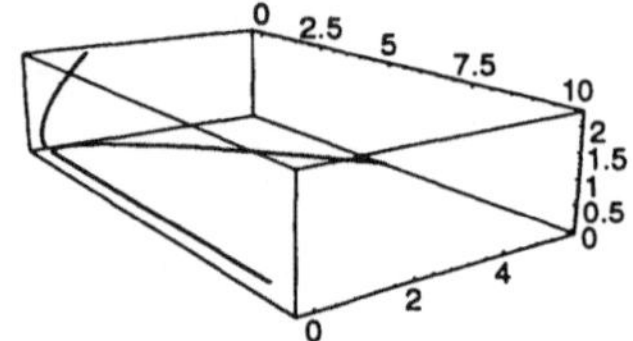

Ein Fundamentalsystem von
$y_1' = 2y_1 + y_2$, $y_2' = 2y_2 + y_3$,
$y_3' = 2y_3$, Darstellung im
Phasenraum

Also:

$$e^{Ax} = \begin{pmatrix} e^{\lambda x} & xe^{\lambda x} & \frac{x^2}{2}e^{\lambda x} \\ 0 & e^{\lambda x} & xe^{\lambda x} \\ 0 & 0 & e^{\lambda x} \end{pmatrix}.$$

Dies liefert das Fundamentalsystem:

$$Y_1(x) = \begin{pmatrix} e^{\lambda x} \\ 0 \\ 0 \end{pmatrix}, \quad Y_2(x) = \begin{pmatrix} xe^{\lambda x} \\ e^{\lambda x} \\ 0 \end{pmatrix}, \quad Y_3(x) = \begin{pmatrix} \frac{x^2}{2}e^{\lambda x} \\ xe^{\lambda x} \\ e^{\lambda x} \end{pmatrix}.$$

Es bleibt noch das Problem, die in der Reihe

$$e^{Ax} = \sum_{k=0}^{\infty} \frac{A^k x^k}{k!}$$

auftretenden Potenzen der Matrix A zu berechnen. Dies kann man sich erleichtern, wenn man den *Satz von Cayley-Hamilton* heranzieht, der folgendes besagt:

Jede $n \times n$ Matrix

$$A = \begin{pmatrix} a_{11} & \cdots & a_{1n} \\ \vdots & \vdots & \vdots \\ a_{n1} & \cdots & a_{nn} \end{pmatrix}$$

Satz von Cayley-Hamilton

Charakteristisches Polynom

wird von ihrem *charakteristischen Polynom*

$$\chi_A(\lambda) = \det(A - \lambda E)$$

mit der $n \times n$-Einheitsmatrix E annulliert. Das heißt, das Ausführen der Matrizenoperation $\chi_A(A)$ liefert die $n \times n$ Nullmatrix.

Das charakteristische Polynom ordnet man für gewöhnlich nach fallenden Potenzen von λ und erhält

$$\chi_A(\lambda) = \sum_{j=1}^{n} \alpha_j \lambda^j$$
$$= (-1)^n \lambda^n + (-1)^{n-1} \mathrm{spur}(A)\lambda^{n-1} + \cdots + \det(A)$$
$$= 0.$$

Nach dem Satz von Cayley-Hamilton genügt es nun, die ersten $n-1$ Potenzen von A durch Matrizenmultiplikation zu berechnen. Man erhält dann die n-te Potenz gemäß

$$(-1)^n A^n = -(-1)^{n-1} \mathrm{spur}(A)A^{n-1} - \cdots - \det(A)$$

und die weiteren Potenzen A^{n+m} gemäß

$$(-1)^n A^{n+m} = -(-1)^{n-1} \mathrm{spur}(A)A^{n-1+m} - \cdots - \det(A)A^m.$$

Bemerkung 4.3 Die Definition 4.1 des charakteristischen Polynoms
für die lineare homogene Differentialgleichungen n-ter Ordnung

$$y^{(n)} + a_{n-1}\, y^{(n-1)} + \cdots + a_1\, y' + a_0\, y = 0$$

ist in der Definition des charakteristischen Polynoms für Systeme
enthalten.

Das charakteristische Polynom bei der Gleichung n-ter Ordnung
wurde wie folgt erklärt:

$$P(\lambda) = \lambda^n + a_{n-1}\, \lambda^{n-1} + \cdots + a_1\, \lambda + a_0\,.$$

Wir wandeln die Gleichung n-ter Ordnung in ein System

$$Y' = A\, Y$$

mit der Systemmatrix

$$A = \begin{pmatrix} 0 & 1 & 0 & \cdots & 0 & 0 & 0 \\ 0 & 0 & 1 & \cdots & 0 & 0 & 0 \\ \vdots & \vdots & \vdots & \vdots & \vdots & \vdots & \vdots \\ 0 & 0 & 0 & \cdots & 0 & 0 & 1 \\ -a_0 & -a_1 & -a_2 & \cdots & -a_{n-3} & -a_{n-2} & -a_{n-1} \end{pmatrix}$$

um. Man zeigt nun durch Entwickeln der Determinante von A nach
der ersten Spalte und vollständige Induktion

$$\det(A - \lambda E) = (-1)^n\, P(\lambda)\,.$$

Als nächstes zeigen wir, daß jede Komponente einer Lösung eines
Systems ein und dieselbe Gleichung n-ter Ordnung erfüllt:

Satz 4.6 *Sei*

$$Y(x) = \begin{pmatrix} y_1(x) \\ \vdots \\ y_n(x) \end{pmatrix}$$

eine Lösung des Systems:

$$Y' = A\, Y\,, \quad A = \begin{pmatrix} a_{11} & \cdots & a_{1n} \\ \vdots & \vdots & \vdots \\ a_{n1} & \cdots & a_{nn} \end{pmatrix}.$$

Dann erfüllt jede Komponente $y_j(x)$, $j = 1,\ldots,n$ *die Gleichung n-ter Ordnung:*

$$\chi_A \left(\frac{d}{dx} \right)(y) = 0\,.$$

Beweis: Wir schreiben $\chi_A(A) = \sum_{j=1}^{n} \alpha_j A^j = 0$ und multiplizieren auf beiden Seiten mit e^{Ax}. Berücksichtigt man dabei:

$$\frac{d^j}{d\,x^j}(e^{Ax}) = A^j\, e^{Ax}\,,$$

so ergibt sich:

$$\chi_A\left(\frac{d}{dx}\right)(e^{Ax}) = 0\,.$$

Multipliziert man dies mit einem konstanten Vektor C, dann sieht man, daß jede Komponente eines Lösungsvektors $Y(x)$ die Gleichung $\chi_A(d/dx)(y) = 0$ erfüllt. $\square$

Eliminationsmethode   Die *Eliminationsmethode* ist ein elementares auf Gleichungen n-ter Ordnung zurückgehendes Verfahren zur Bestimmung eines Fundamentalsystems eines Systems. Wir schildern die Eliminationsmethode für ein 3×3-System:

$$Y' = AY\,, \quad A = \begin{pmatrix} a_{11} & a_{12} & a_{13} \\ a_{21} & a_{22} & a_{23} \\ a_{31} & a_{32} & a_{33} \end{pmatrix}\,,$$

welches ausgeschrieben lautet:

$$\begin{aligned}
y_1' &= a_{11}\, y_1 + a_{12}\, y_2 + a_{13}\, y_3\,, \\
y_2' &= a_{21}\, y_1 + a_{22}\, y_2 + a_{23}\, y_3\,, \\
y_3' &= a_{31}\, y_1 + a_{32}\, y_2 + a_{33}\, y_3\,.
\end{aligned}$$

Die erste Gleichung

$$y_1'(x) = \sum_{k=1}^{3} a_{1k}\, y_k(x)$$

liefert

$$y_1''(x) = \sum_{k=1}^{3} a_{1k}\, y_k'(x) = \sum_{k=1}^{3} a_{1k}\left(\sum_{j=1}^{3} a_{kj}\, y_j(x)\right)$$

$$= \sum_{k=1}^{3}\left(\sum_{j=1}^{3} a_{1k}\, a_{kj}\right) y_j(x)\,,$$

so daß wir mit

$$b_{1j} = \sum_{k=1}^{3} a_{1k}\, a_{kj}$$

schreiben können:

$$y_1''(x) = \sum_{j=1}^{3} b_{1j}\, y_j(x)\,.$$

Betrachten wir nun die erste Gleichung des Systems zusammen mit der soeben gewonnenen Gleichung für $y_1''(x)$ in der Form:

$$a_{12}\, y_2(x) + a_{13}\, y_3(x) = y_1' - a_{11}\, y_1(x)\,,$$
$$b_{12}\, y_2(x) + b_{13}\, y_3(x) = y_1''(x) - b_{11}\, y_1(x)\,.$$

Dann können unter der Voraussetzung

$$d = \begin{vmatrix} a_{12} & a_{13} \\ b_{12} & b_{13} \end{vmatrix} \neq 0$$

die Funktionen $y_2(x)$ und $y_3(x)$ eliminiert werden:

$$y_2(x) = \frac{1}{d}\left(-a_{13}\, y_1''(x) + b_{13}\, y_1'(x) + (a_{13}\, b_{11} - a_{11}\, b_{13})\, y_1(x)\right)\,,$$

$$y_3(x) = \frac{1}{d}\left(a_{12}\, y_1''(x) - b_{12}\, y_1'(x) + (a_{11}\, b_{12} - a_{12}\, b_{11})\, y_1(x)\right)\,.$$

Setzt man $y_2(x)$ und $y_3(x)$ in die zweite oder dritte Gleichung des Systems ein oder benützt Satz 4.6, so erhält man folgende Differentialgleichung dritter Ordnung für y_1

$$\chi_A\left(\frac{d}{dx}\right)(y) = \det\left(A - E\,\frac{d}{dx}\right)(y) = 0\,.$$

Beispiel 4.13

Mit der Eliminationsmethode bestimmen wir ein Fundamentalsystem von:

$$Y' = AY\,,\quad A = \begin{pmatrix} \frac{7}{2} & -3 & \frac{5}{2} \\ \frac{13}{4} & -\frac{9}{2} & \frac{15}{4} \\ 5 & -10 & 7 \end{pmatrix}\,.$$

Wir berechnen zuerst die Koeffizienten $b_{1,j}$ mit Sum und stellen fest, ob das System nach $y_1(x)$ aufgelöst werden kann: Sum

```
A={{7/2,-3,5/2},{13/4,-9/2,15/4},{5,-10,7}};
b[1,1]=Sum[A[[1,k]] A[[k,1]],{k,1,3}];
b[1,2]=Sum[A[[1,k]] A[[k,2]],{k,1,3}];
b[1,3]=Sum[A[[1,k]] A[[k,3]],{k,1,3}];

d=Det[{{A[[1,2]],A[[1,3]]},{b[1,2],b[1,3]}}]
```

10

Da die Auflösung möglich ist, betrachten wir die Gleichung dritten Grades für $y_1(x)$:

$$\chi_A\left(\frac{d}{dx}\right)(y_1(x)) = 0\,.$$

Wir bestimmen das charakteristische Polynom und seine Nullstellen unter Verwendung von IdentityMatrix: IdentityMatrix

```
Solve[Det[A- lambda IdentityMatrix[3]]==0]

{{lambda -> 2}, {lambda -> 2}, {lambda -> 2}}
```

Als Ergebnis bekommen wir also die dreifache Nullstelle

$$\lambda = 2\,,$$

und damit

$$y_1(x) = (c_1 + c_2 x + c_3\,x^2)\,e^{2x}\,.$$

Nun wird $y_2(x)$ und $y_3(x)$ durch die Eliminationsprozedur bestimmt:

```
y1[x]=(c1+c2 x+c3 x^2) Exp[2 x];
r1[x]=D[y1[x],x]-A[[1,1]] y1[x];
r2[x]=D[y1[x],{x,2}]-b[1,1] y1[x];

Solve[{A[[1,2]] y2+A[[1,3]] y3==r1[x],
           b[1,2] y2+b[1,3] y3==r2[x]},
                        {y2,y3}];
Simplify[%]
```

```
          2 x                                              2
         E    (c1 + c2 - c3 + c2 x + 2 c3 x + c3 x )
{{y2 ->  -------------------------------------------------,
                             2

          2 x
         E    (5 c2 - 3 c3 + 10 c3 x)
    y3 ->  ------------------------------}}
                        5
```

Insgesamt erhält man:

$$y_1(x) = \left(c_1 + x\,c_2 + x^2\,c_3\right) e^{2x}\,,$$

$$y_2(x) = \left(\frac{1}{2}c_1 + \left(\frac{1}{2} + \frac{1}{2}x\right)c_2 + \left(-\frac{1}{2} + x + \frac{1}{2}x^2\right)c_3\right) e^{2x}\,,$$

$$y_3(x) = \left(c_2 + \left(-\frac{3}{5} + 2x\right)c_3\right) e^{2x}\,.$$

Ordnen der Koeffizienten von c_1, c_2, c_3 nach Potenzen von x ergibt die Fundamentallösungen

$$Y_1(x) = \begin{pmatrix} 1 \\ \frac{1}{2} \\ 0 \end{pmatrix} e^{2x}\,,$$

$$Y_2(x) = \left(\begin{pmatrix} 0 \\ \frac{1}{2} \\ 1 \end{pmatrix} + \begin{pmatrix} 1 \\ \frac{1}{2} \\ 0 \end{pmatrix} x\right) e^{2x}\,,$$

$$Y_3(x) = \left(\begin{pmatrix} 0 \\ -\frac{1}{2} \\ -\frac{3}{5} \end{pmatrix} + \begin{pmatrix} 0 \\ 1 \\ 2 \end{pmatrix} x + \begin{pmatrix} 1 \\ \frac{1}{2} \\ 0 \end{pmatrix} x^2\right) e^{2x}\,.$$

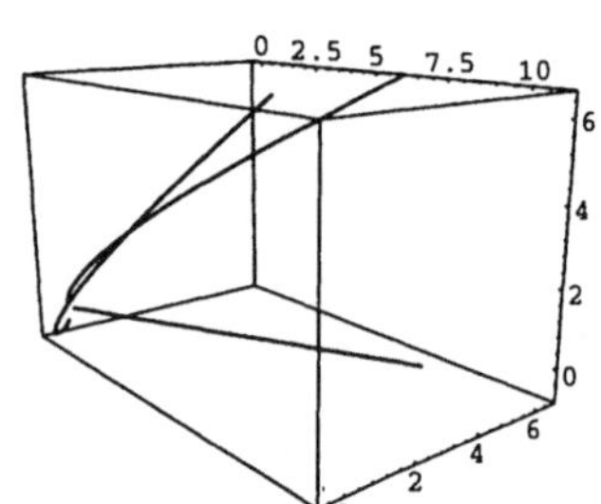

Ein Fundamentalsystem von
$y_1' = (7/2)y_1 - 3y_2 + (5/2)y_3$,
$y_2' = (13/4)y_1 - (9/2)y_2 + (15/4)y_3$,
$y_3' = 5y_1 - 10y_2 + 7y_3$,
Darstellung im Phasenraum

Oft ist es effizienter, die Berechnung der Matrix-Exponentialfunktion auf die Lösung einer Differentialgleichung n-ter Ordnung und die Bildung der ersten $n-1$ Matrixpotenzen zurückzuführen:

> **Satz 4.7** *Sei A eine $n \times n$-Matrix mit Koeffizienten aus $\mathbb{R}$. Sei $\tilde{y}_j(x), j = 1, \dots, n$ diejenige Lösung der Differentialgleichung*
>
> $$\chi_A\left(\frac{d}{dx}\right)(y) = \det\left(A - E\,\frac{d}{dx}\right)(y) = 0\,,$$
>
> *welche die Anfangsbedingungen $\tilde{y}_j^{(k)}(0) = \delta_{k,j-1}, k = 0, \dots, n-1, j = 1, \dots, n$ erfüllt.*
> *Dann nimmt die Matrixexponentialfunktion folgende Gestalt an:*
>
> $$e^{Ax} = \sum_{j=1}^{n} A^{j-1}\,\tilde{y}_j(x)\,.$$

Beweis: Sei $Y(x)$ ein beliebiger Lösungsvektor des Systems:

$$Y' = A\,Y\,.$$

Da jede Komponente $y_j(x)$ nach Satz 4.6 die Gleichung

$$\chi_A\left(\frac{d}{dx}\right)(y) = 0$$

löst, haben wir eine Basisdarstellung der Komponenten mit dem Fundamentalsystem $\tilde{y}_j(x), j = 1, \dots, n$:

$$Y(x) = \begin{pmatrix} \sum_{j=1}^{n} y_1^{(j-1)}(0)\,\tilde{y}_j(x) \\ \vdots \\ \sum_{j=1}^{n} y_n^{(j-1)}(0)\,\tilde{y}_j(x) \end{pmatrix}\,.$$

In Vektorschreibweise ausgedrückt:

$$Y(x) = \sum_{j=1}^{n} Y^{(j-1)}(0)\,\tilde{y}_j(x)\,.$$

Andererseits gilt:

$$Y(x) = e^{Ax}\,Y(0)$$

und
$$Y^{(j)}(x) = A^j\,e^{Ax}\,Y(0)\,,$$

also:
$$Y^{(j)}(0) = A^j\,Y(0)\,.$$

Dies ergibt schließlich:

$$e^{Ax} Y(0) = \left(\sum_{j=1}^{n} A^{j-1} \, \tilde{y}_j(x) \right) Y(0) \, . \qquad \square$$

Beispiel 4.14

Wir bestimmen ein Fundamentalsystem von

$$Y' = A\,Y \, , \quad A = \begin{pmatrix} 0 & 1 \\ -1 & 0 \end{pmatrix} \, .$$

Wir berechnen e^{Ax}. Mit dem Satz von Cayley-Hamilton gilt:

$$A^2 + E = 0 \, .$$

Also:

$$e^{Ax} = E + A\,x + A^2 \frac{x^2}{2!} + A^3 \frac{x^3}{3!} + \cdots$$

$$= E \left(1 - \frac{x^2}{2!} + \frac{x^4}{4!} - \frac{x^6}{6!} + \cdots \right) + A \left(x - \frac{x^3}{3!} + \frac{x^5}{5!} - \cdots \right)$$

$$= E \cos(x) + A \sin(x) \, .$$

Dies ergibt:

$$e^{Ax} = \begin{pmatrix} \cos(x) & \sin(x) \\ -\sin(x) & \cos(x) \end{pmatrix}$$

und das Fundamentalsystem:

$$Y_1(x) = \begin{pmatrix} \cos(x) \\ -\sin(x) \end{pmatrix} \, , \quad Y_2(x) = \begin{pmatrix} \sin(x) \\ \cos(x) \end{pmatrix} \, .$$

Außerdem erkennt man leicht, daß $y_1(x) = \cos(x)$ und $y_2(x) = \sin(x)$ ein Fundamentalsystem von:

$$y'' + y = 0$$

darstellt mit $y_1(0) = 1$, $y_1'(0) = 0$ und $y_2(0) = 0$, $y_2'(0) = 1$. Mit *Mathematica*:

```
A={{0,1},{-1,0}};
MatrixExp[A x]


    -I x     I x
   E        E       I  -I x    I  I x
{{----- + ----, - E      - - E    },
   2        2      2            2


                         -I x     I x
   -I  -I x   I  I x   E        E
{-- E      + - E  , ----- + ----}}
   2         2        2        2


ComplexExpand[%]

{{Cos[x], Sin[x]}, {-Sin[x], Cos[x]}}
```

Bemerkung 4.4 Das inhomogene System

$$Y' = AY + B(x)$$

mit der konstanten $n \times n$-Systemmatrix A besitzt eine partikuläre
Lösung der Gestalt

$$Y_p(x) = \int\limits_0^x e^{A(x-t)} B(t)\, dt \, .$$

Führen wir nämlich mit dem Fundamentalsystem e^{Ax} die Variation
der Konstanten durch, so bekommen wir

$$Y_p(x) = e^{Ax} C_p(x)$$

und die Bedingung

$$C_p'(x) = e^{-Ax} B(x)$$

für den Vektor $C_p(x)$. Daraus ergibt sich

$$Y_p(x) = e^{Ax} \int\limits_0^x e^{-At} B(t)\, dt \, .$$

Dies schreibt man noch um und erhält die Behauptung.

Beispiel 4.15
Wir betrachten das inhomogene System:

$$Y' = A\,Y + B(x)\,, \quad A = \begin{pmatrix} 0 & 1 \\ -1 & 0 \end{pmatrix}\,, \quad B(x) = \begin{pmatrix} \cos(x) \\ x \end{pmatrix}\,.$$

Mit *Mathematica* lassen wir die Matrix-Exponentialfunktion e^{Ax} berechnen
und die Formel

$$Y_p(x) = e^{Ax} \int\limits_0^x e^{-At} B(t)\, dt$$

auswerten:

```
A={{0,1},{-1,0}}; B[x_]:={{Cos[x]},{x}};
F[x_]:=MatrixExp[A x]
F[x]/.x->x-t

      -I (-t + x)      I (-t + x)
    E               E
{{------------- + -----------,
        2               2

    I  -I (-t + x)    I  I (-t + x)
  - E             - - E            },
  2                2
```

```
      -I   -I (-t + x)    I  I (-t + x)
   {-- E             + - E            ,
    2                   2


     -I (-t + x)     I (-t + x)
    E               E
   ------------ + -----------}}
        2              2
```

```
ComplexExpand[%]
```

```
{{Cos[t - x], -Sin[t - x]}, {Sin[t - x], Cos[t - x]}}
```

```
Simplify[Integrate[%.B[t],{t,0,x}]]
```

```
       x Cos[x]   Sin[x]                    x Sin[x]
   {{x + -------- - ------}, {1 - Cos[x] - --------}}
          2          2                        2
```

Also ergibt sich

$$Y_p(x) = \begin{pmatrix} x + \frac{x}{2}\cos(x) - \frac{1}{2}\sin(x) \\ 1 - \cos(x) - \frac{x}{2}\sin(x) \end{pmatrix} .$$

4.4   Hauptvektoren und Fundamentalsysteme

Eine k-fache Nullstelle des charakteristischen Polynoms:

Eigenwert

$$\chi_A(\lambda) = \det(A - \lambda E)$$

heißt *Eigenwert* der Matrix A mit der Vielfachheit k. Ein Vektor $U^{(l)} \in \mathbb{C}^n$ heißt *Hauptvektor der Stufe l*, $(l \geq 1)$ zum Eigenwert λ, wenn gilt:

Hauptvektor

$$(A - \lambda E)^l U^{(l)} = \vec{0}, \; (A - \lambda E)^{l-1} U^{(l)} \neq \vec{0}.$$

Hauptvektoren der Stufe 1 heißen *Eigenvektoren*. Ein Eigenvektor $U^{(1)} \in \mathbb{C}^n$ zum Eigenwert λ ist also ein Vektor der

Eigenvektor

$$(A - \lambda E)U^{(1)} = \vec{0}, \; U^{(1)} \neq \vec{0}$$

erfüllt.

Es empfiehlt sich nun, die Definition der Exponentialreihen auf Matrizen mit komplexen Elementen auszudehnen, was ohne Probleme möglich ist, und zunächst komplexwertige Lösungen (mit reellem Argument) des Systems $Y' = AY$ zu suchen.

Satz 4.8 *Sei $U^{(l)}$ Hauptvektor der Stufe l, $(l \geq 1)$ zum Eigenwert λ der Matrix A. Dann gilt:*

$$e^{Ax}U^{(l)} = e^{\lambda x}\left(U^{(l)} + x(A - \lambda E)U^{(l)} + \frac{x^2}{2!}(A - \lambda E)^2 U^{(l)} \right.$$

$$\left. + \dots + \frac{x^{l-1}}{(l-1)!}(A - \lambda E)^{l-1}U^{(l)} \right).$$

Beweis: Wir schreiben

$$e^{Ax}U^{(l)} = e^{\lambda Ex + (A - \lambda E)x}U^{(l)} = e^{\lambda Ex}e^{(A - \lambda E)x}U^{(l)}.$$

Nach Definition der Matrix-Exponentialfunktion gilt für einen beliebigen Vektor U

$$e^{\lambda Ex}U = \sum_{k=0}^{\infty} \frac{(\lambda Ex)^k}{k!}U = e^{\lambda x}U$$

und für einen Hauptvektor $U^{(l)}$ der Stufe l ist

$$e^{(A - \lambda E)x}U^{(l)} = \sum_{k=0}^{\infty} \frac{(A - \lambda E)^k x^k}{k!}U^{(l)} = U^{(l)} + x(A - \lambda E)U^{(l)}$$

$$+ \frac{x^2}{2!}(A - \lambda E)^2 U^{(l)} + \dots + \frac{x^{l-1}}{(l-1)!}(A - \lambda E)^{l-1}U^{(l)}.$$

$$\square$$

Für einen Eigenvektor $U^{(1)}$ bedeutet dies

$$e^{Ax}U^{(1)} = e^{\lambda x}U^{(1)}.$$

Seien $U_j^{(l_j)}$, $(j = 1, \dots, m)$, linear unabhängige Hauptvektoren der Stufe l_j zu (nicht notwendigerweise verschiedenen) Eigenwerten λ_j dann sind die m Lösungen des Systems $Y' = AY$:

$$e^{Ax}U_j^{(l_j)} = e^{\lambda_j x}\left(U_j^{(l_j)} + x(A - \lambda_j E)U_j^{(l_j)} \right.$$

$$\left. + \frac{x^2}{2!}(A - \lambda_j E)^2 U_j^{(l_j)} + \dots + \frac{x^{l_j-1}}{(l_j-1)!}(A - \lambda_j E)^{l_j-1}U_j^{(l_j)} \right).$$

linear unabhängig. Dies sieht man sofort ein, wenn man $x = 0$ setzt.

Um ein (komplexwertiges) Fundamentalsystem herzustellen, bräuchte man also eine aus Hauptvektoren der Matrix A bestehende Basis des Vektorraumes $\mathbb{C}^n$. Eine solche Basis gibt es, wie die folgenden beiden Ergebnisse aus der linearen Algebra zeigen.

1.) Sei λ ein k-facher Eigenwert der Matrix A. Dann besitzt das lineare Gleichungssystem

$$(A - \lambda E)^k U = 0$$

k linear unabhängige Lösungen U_j, $j = 1, \ldots, k$ aus $\mathbb{C}^n$. Das heißt, zu einem k-fachen Eigenwert gibt es k linear unabhängige Hauptvektoren aus $\mathbb{C}^n$.

2.) Die Eigenwerte λ_j, $(j = 1, \ldots, m)$, der Matrix A seien paarweise verschieden. Sei U_j ein Hauptvektor zum Eigenwert λ_j. Dann sind die m Hauptvektoren U_j linear unabhängig.

Satz 4.9 *Sei*

$$Y' = A Y,$$

ein lineares System mit konstanter $n \times n$-Systemmatrix A. Sei λ ein k-facher Eigenwert der Matrix A und U_j, $j = 1, \ldots k$ k linear unabhängige Lösungen aus $\mathbb{C}^n$ des linearen Gleichungssystems $(A - \lambda E)^k U = 0$. Ist $U_j \in \mathbb{R}^n$, so bilden wir die reelle Lösung:

$$e^{A x} U_j$$

Ist $U_j \in \mathbb{C}^n$, so bilden wir die reellen Lösungen:

$$\Re \left(e^{A x} U_j \right), \quad \Im \left(e^{A x} U_j \right).$$

Geht man auf diese Weise alle Eigenwerte durch und übergeht den konjugiert komplexen Eigenwert $\bar{\lambda}$, falls λ ein komplexer Eigenwert ist, dann erhält man ein Fundamentalsystem.

Beweis: Wir erhalten ein komplexwertiges Fundamentalsystem, indem wir alle Eigenwerte durchgehen, eine Lösungsbasis der zugehörigen Systeme $(A - \lambda E)^k U = 0$ bestimmen und zu jedem Basisvektor U den entsprechenden Beitrag $e^{A x} U$ zum Fundamentalsystem bilden.

Ein reelles Fundamentalsystem erhält man dann aufgrund folgender Überlegungen: Wenn wir einen komplexen Eigenwert λ haben und einen Hauptvektor U, so ist zunächst, weil A eine reelle Matrix ist, auch $\bar{\lambda}$ ein Eigenwert und $\bar{U}$ ein zugehöriger Hauptvektor, denn

$$\overline{(A - \lambda)^k U} = (A - \bar{\lambda})^k \bar{U} = \vec{0}.$$

Außerdem gilt

$$e^{A x} \bar{U} = \overline{e^{A x} U}.$$

Wir können also, wenn wir eine Basis von $(A - \lambda E)^k U = 0$ mit dem Eigenwert λ bestimmt haben, die konjugiert komplexen Vektoren als Lösungsbasis von $(A - \bar{\lambda} E)^k U = 0$ wählen. Reelle Fundamentallösungen ergeben sich dann durch die Kombinationen:

$$\frac{1}{2}\left(e^{Ax}U_j + e^{Ax}\bar{U}_j\right) = \Re\left(e^{Ax}U_j\right),$$

$$\frac{1}{2i}\left(e^{Ax}U_j - e^{Ax}\bar{U}_j\right) = \Im\left(e^{Ax}U_j\right). \qquad \Box$$

Beispiel 4.16

Wir bestimmen ein Fundamentalsystem von:

$$Y' = AY, \quad A = \begin{pmatrix} \frac{7}{2} & -3 & \frac{5}{2} \\ \frac{13}{4} & -\frac{9}{2} & \frac{15}{4} \\ 5 & -10 & 7 \end{pmatrix}.$$

Wir stellen zuerst das charakteristische Polynom auf und berechnen seine Nullstellen:

```
A={{7/2, -3, 5/2}, {13/4, -9/2, 15/4}, {5, -10, 7}};
Solve[Det[A- lambda IdentityMatrix[3]]==0]

{{lambda -> 2}, {lambda -> 2}, {lambda -> 2}}
```

Also haben wir einen dreifachen Eigenwert:

$$\lambda_1 = 2.$$

Nun berechnen wir die Potenzen $A1^2$ und $A1^3$ der Matrix $A1 = A - 2E$:

```
A1=A-2 IdentityMatrix[3];

A2=MatrixPower[A1,2]

                5       5
{{5, -10, 5}, {-, -5, -}, {0, 0, 0}}
                2       2

A3=MatrixPower[A1,3]

{{0, 0, 0}, {0, 0, 0}, {0, 0, 0}}
```

Da $A3 = (A - 2E)^3$ die Nullmatrix ergibt, stellen die Vektoren

$$U_1 = (1, 0, 0), \quad U_2 = (0, 1, 0), \quad U_3 = (0, 0, 1)$$

eine Basis des Lösungsraumes

$$(A - 2E)^3 U = 0$$

dar.

Wir multiplizieren jeden Basisvektor mit den berechneten Matrixpotenzen $A - 2E$, $(A - 2E)^2$ durch und deuten dies mit einem zweiten Index an:

```
U11=A1.{1,0,0}

 3   13
{-,  --,  5}
 2   4

U12=A2.{1,0,0}

      5
{5,  -,  0}
      2

U21=A1.{0,1,0}

        13
{-3,  -(--),  -10}
         2

U22=A2.{0,1,0}

{-10,  -5,  0}

U31=A1.{0,0,1}

 5   15
{-,  --,  5}
 2   4

U32=A2.{0,0,1}

      5
{5,  -,  0}
      2
```

Dies ergibt die Fundamentallösungen:

$$Y_1(x) = \left(U_1 + U_{11}x + U_{12}\frac{x^2}{2} \right) e^{2x}$$

$$= \left(\begin{pmatrix} 1 \\ 0 \\ 0 \end{pmatrix} + \begin{pmatrix} \frac{3}{2} \\ \frac{13}{4} \\ 5 \end{pmatrix} x + \begin{pmatrix} 5 \\ \frac{5}{2} \\ 0 \end{pmatrix} \frac{x^2}{2} \right) e^{2x},$$

$$Y_2(x) = \left(U_2 + U_{21}x + U_{22}\frac{x^2}{2} \right) e^{2x}$$

$$= \left(\begin{pmatrix} 0 \\ 1 \\ 0 \end{pmatrix} + \begin{pmatrix} -3 \\ -\frac{13}{2} \\ -10 \end{pmatrix} x + \begin{pmatrix} -10 \\ -5 \\ 0 \end{pmatrix} \frac{x^2}{2} \right) e^{2x},$$

$$Y_3(x) = \left(U_3 + U_{31}x + U_{32}\frac{x^2}{2} \right) e^{2x}$$

$$= \left(\begin{pmatrix} 0 \\ 0 \\ 1 \end{pmatrix} + \begin{pmatrix} \frac{5}{2} \\ \frac{15}{4} \\ 5 \end{pmatrix} x + \begin{pmatrix} 5 \\ \frac{5}{2} \\ 0 \end{pmatrix} \frac{x^2}{2} \right) e^{2x}.$$

Beispiel 4.17

Wir bestimmen mit verschiedenen Methoden ein Fundamentalsystem von:

$$Y' = A\,Y, \quad A = \begin{pmatrix} 4 & -1 \\ 4 & -3 \end{pmatrix}.$$

Wir gehen zunächst den Weg über Eigen-bzw. Hauptvektoren und benützen
`Nullspace`:

Nullspace

```
A={{4,-1},{4,-3}};
charpol=Det[A-lambda IdentityMatrix[2]]

-8 - lambda + lambda^2

Solve[charpol==0,lambda]

              1 - Sqrt[33]                    1 + Sqrt[33]
{{lambda -> ------------}, {lambda -> ------------}}
                  2                              2

NullSpace[A-(1-Sqrt[33])/2 IdentityMatrix[2]]

    7 - Sqrt[33]
{{------------, 1}}
        8

NullSpace[A-(1+Sqrt[33])/2 IdentityMatrix[2]]

    7 + Sqrt[33]
{{------------, 1}}
        8
```

Damit haben wir zwei verschiedene Eigenwerte:

$$\lambda_1 = \frac{1-\sqrt{33}}{2}, \quad \lambda_2 = \frac{1+\sqrt{33}}{2}$$

und zugehörige Eigenvektoren:

$$\begin{pmatrix} \frac{7-\sqrt{33}}{8} \\ 1 \end{pmatrix}, \quad \begin{pmatrix} \frac{7+\sqrt{33}}{8} \\ 1 \end{pmatrix}.$$

Dies ergibt folgendes Fundamentalsystem:

$$Y_1(x) = \begin{pmatrix} \frac{7-\sqrt{33}}{8} \\ 1 \end{pmatrix} e^{\frac{1-\sqrt{33}}{2}x}, \quad Y_2(x) = \begin{pmatrix} \frac{7+\sqrt{33}}{8} \\ 1 \end{pmatrix} e^{\frac{1+\sqrt{33}}{2}x}.$$

Als nächstes wollen wir mit der Eliminationsmethode ein Fundamentalsystem finden. Wir drücken zuerst $y_2(x)$ durch $y_1(x)$ aus:

$$y_2(x) = -y_1'(x) + 4\,y_1(x).$$

Für $y_1(x)$ bekommen wir die Differentialgleichung zweiter Ordnung:

$$\chi_A\left(\frac{d}{dx}\right)(y) = y_1'' - y_1' - 8\,y_1 = 0.$$

Ihre allgemeine Lösung lautet:

$$y_1(x) = c_1\, e^{\frac{1-\sqrt{33}}{2}\,x} + c_2\, e^{\frac{1+\sqrt{33}}{2}\,x}\,.$$

Damit ergibt sich:

$$y_2(x) = c_1\,\frac{7+\sqrt{33}}{2}\,e^{\frac{1-\sqrt{33}}{2}\,x} + c_2\,\frac{7-\sqrt{33}}{2}\,e^{\frac{1+\sqrt{33}}{2}\,x}$$

und durch Anordnung der Komponenten zu einem Vektor bekommt man
das folgende Fundamentalsystem des Systems:

$$Y_1(x) = \begin{pmatrix} 1 \\ \frac{7+\sqrt{33}}{2} \end{pmatrix} e^{\frac{1-\sqrt{33}}{2}\,x}\,, \quad Y_2(x) = \begin{pmatrix} 1 \\ \frac{7-\sqrt{33}}{2} \end{pmatrix} e^{\frac{1+\sqrt{33}}{2}\,x}\,.$$

Schließlich wollen wir die Matrixexponentialfunktion benützen, um ein Fundamentalsystem herzustellen. Zuerst mit *Mathematica*:

```
Simplify[MatrixExp[A x]]

      ((1 - Sqrt[33]) x)/2
{{(E


                            Sqrt[33] x
      (-7 + Sqrt[33] + 7 E              +


                  Sqrt[33] x
      Sqrt[33] E             )) / (2 Sqrt[33]),

   ((1 - Sqrt[33]) x)/2     ((1 + Sqrt[33]) x)/2
 E                      - E
 -------------------------------------------------},
                 Sqrt[33]

   ((1 - Sqrt[33]) x)/2              Sqrt[33] x
 4 E                       (-1 + E             )
{------------------------------------------------,
                 Sqrt[33]

   ((1 - Sqrt[33]) x)/2
 (E


                            Sqrt[33] x
      (7 + Sqrt[33] - 7 E              +


                  Sqrt[33] x
      Sqrt[33] E             )) / (2 Sqrt[33])}}
```

Nun berechnen wir dasjenige Fundamentalsystem von

$$y_1'' - y_1' - 8\,y_1 = 0\,,$$

das $y_1(0) = 1$, $y_1'(0) = 0$ und $y_2(0) = 1$, $y_2'(0) = 0$ erfüllt:

```
y1[x]=Exp[(1-Sqrt[33]) x/2];
y2[x]=Exp[(1+Sqrt[33]) x/2];
fs={y1[x],y2[x]};
wm={fs,D[fs,x]}/.x->0;
ab1={1,0};
ab2={0,1};
```

```
LinearSolve[wm,ab1]

     -1 + Sqrt[33]    -1 + Sqrt[33]
{1 - -------------, -------------}
      2 Sqrt[33]      2 Sqrt[33]

LinearSolve[wm,ab2]

       1            1
{-(--------), --------}
   Sqrt[33]    Sqrt[33]
```

Das gesuchte Fundamentalsystem lautet damit:

$$y_1(x) = \frac{1+\sqrt{33}}{2\sqrt{33}}\, e^{\frac{1-\sqrt{33}}{2}x} + \frac{-1+\sqrt{33}}{2\sqrt{33}}\, e^{\frac{1+\sqrt{33}}{2}x}\,,$$

$$y_2(x) = -\frac{1}{\sqrt{33}}\, e^{\frac{1-\sqrt{33}}{2}x} + \frac{1}{\sqrt{33}}\, e^{\frac{1+\sqrt{33}}{2}x}\,,$$

und die Matrixexponentialfunktion hat somit die Gestalt:

$$e^{Ax} = E\, y_1(x) + A\, y_2(x)\,.$$

Beispiel 4.18

Wir bestimmen wieder mit verschiedenen Methoden ein Fundamentalsystem von:

$$Y' = A\,Y\,, \quad A = \begin{pmatrix} 0 & 1 & 0 \\ 1 & 0 & 3 \\ 0 & 3 & 0 \end{pmatrix}$$

und gehen zuerst den Weg über Eigen-bzw. Hauptvektoren:

```
A={{0,1,0},{1,0,3},{0,3,0}};
charpol=Det[A-lambda IdentityMatrix[3]]

                     3
10 lambda - lambda

Solve[charpol==0,lambda]

{{lambda -> 0}, {lambda -> -Sqrt[10]},

 {lambda -> Sqrt[10]}}

NullSpace[A]

{{-3, 0, 1}}

NullSpace[A+Sqrt[10] IdentityMatrix[3]]

    1   -Sqrt[10]
{{-, ----------, 1}}
    3       3

NullSpace[A-Sqrt[10] IdentityMatrix[3]]
```

```
    1  Sqrt[10]
{{-, --------, 1}}
    3     3
```

Damit haben wir drei Eigenwerte:

$$\lambda_1 = 0, \quad \lambda_2 = -\sqrt{10}, \quad \lambda_3 = \sqrt{10}$$

und zugehörige Eigenvektoren:

$$\begin{pmatrix} -3 \\ 0 \\ 1 \end{pmatrix}, \quad \begin{pmatrix} \frac{1}{3} \\ -\frac{\sqrt{10}}{3} \\ 1 \end{pmatrix}, \quad \begin{pmatrix} \frac{1}{3} \\ \frac{\sqrt{10}}{3} \\ 1 \end{pmatrix}, \quad \cdot$$

Dies ergibt folgendes Fundamentalsystem:

$$Y_1(x) = \begin{pmatrix} -3 \\ 0 \\ 1 \end{pmatrix}, \; Y_2(x) = e^{-\sqrt{10}x} \begin{pmatrix} \frac{1}{3} \\ -\frac{\sqrt{10}}{3} \\ 1 \end{pmatrix}, \; Y_3(x) = e^{\sqrt{10}x} \begin{pmatrix} \frac{1}{3} \\ \frac{\sqrt{10}}{3} \\ 1 \end{pmatrix} \cdot$$

Wir können auch auf direktem Weg mit der Matrix-Exponentialfunktion ein Fundamentalsystem bestimmen:

```
MatrixExp[A x]

                          Sqrt[10] x
     9          1        E
{{-- + --------------- + -----------,
  10        Sqrt[10] x       20
         20 E


                               Sqrt[10] x
            -1                E
 --------------------- + -----------,
              Sqrt[10] x   2 Sqrt[10]
 2 Sqrt[10] E


      3          3        3 E
                               Sqrt[10] x
 -(--) + --------------- + --------------},
   10        Sqrt[10] x         20
         20 E


                               Sqrt[10] x
            -1                E
 {--------------------- + -----------,
              Sqrt[10] x   2 Sqrt[10]
 2 Sqrt[10] E


                          Sqrt[10] x
         1               E
 ------------- + -----------,
    Sqrt[10] x        2
 2 E
```

```
                                          Sqrt[10] x
                 -3                     3 E
     ------------------------  +  -------------}, 
                  Sqrt[10] x      2 Sqrt[10]
    2 Sqrt[10] E


                                          Sqrt[10] x
       3                3             3 E
    {-(--)  +  ---------------  +  -------------, 
       10               Sqrt[10] x       20
              20 E


                                          Sqrt[10] x
                 -3                     3 E
     ------------------------  +  -------------, 
                  Sqrt[10] x      2 Sqrt[10]
    2 Sqrt[10] E


                                          Sqrt[10] x
       1                9             9 E
       --  +  ---------------  +  -------------}}
       10               Sqrt[10] x       20
              20 E
```

Dieses Ergebnis wollen wir noch etwas analysieren. Nach dem Satz von
Cayley-Hamilton gilt:

$$A^3 - 10\,A = 0$$

und damit

$$e^{Ax} = E + A\left(x + 10\frac{x^3}{3!} + 100\frac{x^5}{5!} + \cdots\right)$$
$$+ A^2\left(\frac{x^2}{2!} + 10\frac{x^4}{4!} + 100\frac{x^6}{6!} + \cdots\right),$$

bzw.

$$e^{Ax} = E + A\frac{1}{\sqrt{10}}\left(\sqrt{10}x + \frac{(\sqrt{10}x)^3}{3!} + \frac{(\sqrt{10}x)^5}{5!} + \cdots\right)$$
$$+ A^2\frac{1}{10}\left(\frac{(\sqrt{10}x)^2}{2!} + \frac{(\sqrt{10}x)^4}{4!} + \frac{(\sqrt{10}x)^6}{6!} + \cdots\right).$$

Schließlich:

$$e^{Ax} = E + A\frac{1}{\sqrt{10}}\left(\frac{1}{2}\left(e^{\sqrt{10}x} - e^{-\sqrt{10}x}\right)\right)$$
$$+ A^2\frac{1}{10}\left(-1 + \frac{1}{2}\left(e^{\sqrt{10}x} + e^{-\sqrt{10}x}\right)\right)$$
$$= E + A\frac{1}{\sqrt{10}}\sinh(\sqrt{10}x) + A^2\frac{1}{10}(-1 + \cosh(\sqrt{10}x)).$$

Wir berechnen schließlich noch A^2:

```
MatrixPower[A,2]
```

```
{{1, 0, 3}, {0, 10, 0}, {3, 0, 9}}
```

und bemerken, daß die Funktionen

$$y_1(x) = 1 \,,\; y_2(x) = \frac{1}{\sqrt{10}}\sinh(\sqrt{10}\,x)\,,\; y_3(x) = \frac{1}{10}\left(-1 + \cosh(\sqrt{10}\,x)\right),$$

ein Fundamentalsystem von

$$y''' - 10\,y = 0$$

mit $y_j^{(k-1)}(0) = \delta_{j,k}$ darstellen.

Da wir drei verschiedene Eigenwerte vorliegen haben, gibt es noch eine andere Alternative, um die Matrix-Exponentialfunktion zu berechnen. Wir gehen von der Darstellung

$$e^{Ax} = \alpha_0(x)\,E + \alpha_1(x)\,A + \alpha_2(x)\,A^2$$

aus. Einsetzen eines zu λ_j gehörigen Eigenvektors U_j ergibt das lineare Gleichungssystem:

$$\alpha_0(x) + \alpha_1(x)\lambda_j + \alpha_2(x)\lambda_j^2 = e^{\lambda_j x}\,,\; j = 1, 2, 3\,,$$

mit $\lambda_1 = 0, \lambda_2 = -\sqrt{10}, \lambda_2 = \sqrt{10}$, das wir mit *Mathematica* lösen:

```
LinearSolve[{{1,0,0},{1,-Sqrt[10],10},{1,Sqrt[10],10}},
  {1,Exp[-Sqrt[10] x],Exp[Sqrt[10] x]}]//Simplify


            2 Sqrt[10] x                  Sqrt[10] x 2
      -1 + E                      (-1 + E            )
{1, ----------------------,  -------------------}
                Sqrt[10] x              Sqrt[10] x
      2 Sqrt[10] E                 20 E
```

Beispiel 4.19

Wir schreiben die Gleichung

$$y''' + y'' + 2\,y' + 2\,y = 0$$

als System

$$Y' = A\,Y$$

und bestimmen anschließend die allgemeine Lösung dieses Systems. Weiter bestimmen wir durch Variation der Konstanten eine partikuläre Lösung des inhomogenen Systems

$$Y' = A\,Y + \begin{pmatrix} x \\ 1 \\ x \end{pmatrix}.$$

Mit den Variablen $y_1 = y\,,\; y_2 = y'\,,\; y_3 = y''$ und

$$Y = \begin{pmatrix} y_1 \\ y_2 \\ y_3 \end{pmatrix}$$

wird die Differentialgleichung in ein System umgewandelt:

$$Y' = \begin{pmatrix} 0 & 1 & 0 \\ 0 & 0 & 1 \\ -2 & -2 & -1 \end{pmatrix} Y\,.$$

Wir bestimmen zunächst die Eigenwerte:

```
A={{0,1,0},{0,0,1},{-2,-2,-1}};
Solve[Det[A-lambda IdentityMatrix[3]]==0]

{{lambda -> -1}, {lambda -> -I Sqrt[2]},

 {lambda -> I Sqrt[2]}}
```

Wir bekommen also drei verschiedene Eigenwerte: $\lambda_1 = -1, \lambda_2 = -\sqrt{2}i$,
$\lambda_3 = \sqrt{2}i$. Wir berechnen weiter Eigenvektoren von λ_1 und λ_2:

```
NullSpace[A+IdentityMatrix[3]]

{{1, -1, 1}}

NullSpace[A+I Sqrt[2] IdentityMatrix[3]]

      1        I
{{-(-),  -------, 1}}
      2     Sqrt[2]
```

Dies ergibt den reellen Beitrag

$$Y_1(x) = \begin{pmatrix} 1 \\ -1 \\ 1 \end{pmatrix} e^{-x}$$

und den komplexwertigen Beitrag zum Fundamentalsystem

$$Y(x) = \begin{pmatrix} -\frac{1}{2} \\ \frac{i}{\sqrt{2}} \\ 1 \end{pmatrix} e^{-\sqrt{2}ix} \, ,$$

der zwei reellwertige Beiträge

```
Yc=Exp[-I Sqrt[2] x] {-1/2,I/Sqrt[2],1};
ComplexExpand[Re[Yc]]

  -Cos[Sqrt[2] x]   Sin[Sqrt[2] x]
{----------------, ---------------, Cos[Sqrt[2] x]}
        2               Sqrt[2]

ComplexExpand[Im[Yc]]

  Sin[Sqrt[2] x]   Cos[Sqrt[2] x]
{---------------, ---------------, -Sin[Sqrt[2] x]}
        2              Sqrt[2]
```

ergibt:

$$Y_2(x) = \begin{pmatrix} -\frac{1}{2}\cos\left(\sqrt{2}x\right) \\ \frac{1}{\sqrt{2}}\sin\left(\sqrt{2}x\right) \\ \cos\left(\sqrt{2}x\right) \end{pmatrix}$$

und

$$Y_3(x) = \begin{pmatrix} \frac{1}{2} \sin\left(\sqrt{2}x\right) \\[2mm] \frac{1}{\sqrt{2}} \cos\left(\sqrt{2}x\right) \\[2mm] -\sin\left(\sqrt{2}x\right) \end{pmatrix}.$$

Mit *Mathematica* führen wir die Variation der Konstanten durch:

```
W[x]=Transpose[{{Exp[-x],-Exp[-x],Exp[-x]},
      {-Cos[Sqrt[2] x]/2,Sin[Sqrt[2] x]/Sqrt[2],
                     Cos[Sqrt[2] x]},
      { Sin[Sqrt[2] x]/2,Cos[Sqrt[2] x]/Sqrt[2],
       -Sin[Sqrt[2] x]}}];

Cps=LinearSolve[W[x],{x,1,x}];
Cps=Expand[Simplify[Cps]];
Cps/.Sqrt[2]->a;
Cp=Integrate[%,x]/.a->Sqrt[2];
Yp=Simplify[W[x].Cp]


 -1 + 3 x   3
{--------, - - x, -2}
    2      2
```

Wir machen noch die Probe:

```
Simplify[{{0,1,0},{0,0,1},{-2,-2,-1}}
 .Yp+{x,1,x}-D[Yp,x]]

{0, 0, 0}
```

Damit ist

$$Y_p(x) = \begin{pmatrix} \frac{3x-1}{2} \\[2mm] \frac{3}{2} - x \\[2mm] -2 \end{pmatrix}$$

eine Lösung des inhomogenen Problems.

Bemerkung 4.5 Wir können auch versuchen, das System

$$Y' = A\,Y$$

mit der konstanten reellen $n \times n$-Matrix A durch die Einführung von neuen gesuchten Funktionen $Z(x)$

$$Y(x) = B\,Z(x)$$

zu lösen. Dabei ist B eine reguläre $n \times n$-Matrix mit Elementen aus $\mathbb{C}$. Für $Z(x)$ ergibt sich dann das System:

$$B\,Z'(x) = A\,B\,Z(x),$$

d.h.

$$Z' = \tilde{A}\,Z = (B^{-1}\,A\,B)\,Z\,.$$

Im günstigsten Fall besitzt die Matrix $\tilde{A}$ Diagonalgestalt. Auf jeden Fall können wir die *Jordansche Normalform* erreichen.

Zu jeder $n \times n$-Matrix A gibt es eine reguläre Matrix B, so daß die Matrix:

$$\tilde{A} = B^{-1}\,A\,B$$

die folgende Blockdiagonalform:

$$\tilde{A} = \begin{pmatrix} J_1 & 0 & 0 & \ldots & 0 \\ 0 & J_2 & 0 & \ldots & 0 \\ \vdots & \vdots & \vdots & \ldots & \vdots \\ 0 & 0 & 0 & \ldots & J_m \end{pmatrix}$$

Jordansche Normalform

besitzt. Jeder Jordankasten J_k hat die Gestalt

$$J = \begin{pmatrix} \lambda & 1 & 0 & \ldots & 0 \\ 0 & \lambda & 1 & \ldots & 0 \\ \vdots & \vdots & \vdots & \ldots & \vdots \\ 0 & 0 & 0 & \ldots & \lambda \end{pmatrix}\,.$$

Bis auf die Reihenfolge der Jordankästen ist die Jordansche Normalform eindeutig. Bei der Aufstellung der Jordanschen Normalform benötigt man sogenannte Hauptvektorketten.

Beispiel 4.20

Wir bestimmen ein Fundamentalsystem von:

$$Y' = A\,Y\,, \quad A = \begin{pmatrix} 1 & -1 & 2 \\ 1 & 1 & -1 \\ 2 & 3 & 1 \end{pmatrix}\,,$$

indem wir zur Jordanschen Normalform übergehen. Man erhält die Übergangsmatrix B und die Jordansche Normalform $\tilde{A}$, wenn man den Befehl JordanDecomposition eingibt:

JordanDecomposition

```
A={{1,-1,2},{1,1,-1},{2,3,1}};
J=JordanDecomposition[A];

B=ComplexExpand[J[[1]]]

        11      4 I                11      4 I
{{1, -(--) + --- Sqrt[3], -(--) - --- Sqrt[3]},
        13     13                 13     13


       3    7 I              3    7 I
 {0,  -- - --- Sqrt[3],  -- + --- Sqrt[3]}, {1, 1, 1}}
       13   13              13   13
```

```
As=J[[2]]
```

```
{{3, 0, 0}, {0, -I Sqrt[3], 0}, {0, 0, I Sqrt[3]}}
```

Wir bekommen also mit

$$Y(x) = B\,Z(x) = \begin{pmatrix} 1 & -\frac{11}{13} + \frac{4i}{13}\sqrt{3} & -\frac{11}{13} - \frac{4i}{13}\sqrt{3} \\ 0 & \frac{3}{13} - \frac{7i}{13}\sqrt{3} & \frac{3}{13} + \frac{7i}{13}\sqrt{3} \\ 1 & 1 & 1 \end{pmatrix} Z(x)$$

das neue System

$$Z' = \tilde{A}\,Z = \begin{pmatrix} 3 & 0 & 0 \\ 0 & -\sqrt{3}\,i & 0 \\ 0 & 0 & \sqrt{3}\,i \end{pmatrix} Z\,.$$

Die Jordansche Normalform von A nimmt also Diagonalgestalt an, und man bekommt das folgende (komplexwertige) Fundamentalsystem des neuen Systems:

$$Z_1(x) = \begin{pmatrix} e^{3x} \\ 0 \\ 0 \end{pmatrix},\ Z_2(x) = \begin{pmatrix} 0 \\ e^{-\sqrt{3}\,i\,x} \\ 0 \end{pmatrix},\ Z_3(x) = \begin{pmatrix} 0 \\ 0 \\ e^{\sqrt{3}\,i\,x} \end{pmatrix}.$$

Durch Multiplikation mit B ergibt sich ein reellwertiges Fundamentalsystem des Ausgangssystems:

```
Z1[x]={Exp[3 x],0,0};
Z2[x]={0,Exp[-I Sqrt[3] x],0};
Z3[x]={0,0,Exp[I Sqrt[3] x]};

Y1[x]=ComplexExpand[Re[B.Z1[x]]]

   3 x        3 x
{E    , 0, E    }

Y2[x]=ComplexExpand[Re[B.Z2[x]]]

  -11 Cos[Sqrt[3] x]     4 Sqrt[3] Sin[Sqrt[3] x]
{------------------- + -------------------------,
          13                      13

   3 Cos[Sqrt[3] x]     7 Sqrt[3] Sin[Sqrt[3] x]
  ---------------- - -------------------------,
         13                      13

  Cos[Sqrt[3] x]}

Y3[x]=ComplexExpand[Im[B.Z2[x]]]

   4 Sqrt[3] Cos[Sqrt[3] x]     11 Sin[Sqrt[3] x]
{------------------------- + -----------------,
            13                      13

  -7 Sqrt[3] Cos[Sqrt[3] x]     3 Sin[Sqrt[3] x]
  ------------------------- - -----------------,
            13                      13

  -Sin[Sqrt[3] x]}
```

bzw.:

$$Y_1(x) = \begin{pmatrix} e^{3x} \\ 0 \\ e^{3x} \end{pmatrix},$$

$$Y_2(x) = \begin{pmatrix} -\frac{11}{13}\cos(\sqrt{3}\,x) + \frac{4\sqrt{3}}{13}\sin(\sqrt{3}\,x) \\ \frac{3}{13}\cos(\sqrt{3}\,x) - \frac{7\sqrt{3}}{13}\sin(\sqrt{3}\,x) \\ \cos(\sqrt{3}\,x) \end{pmatrix},$$

$$Y_3(x) = \begin{pmatrix} \frac{4\sqrt{3}}{13}\cos(\sqrt{3}\,x) + \frac{11}{13}\sin(\sqrt{3}\,x) \\ -\frac{7\sqrt{3}}{13}\cos(\sqrt{3}\,x) - \frac{3}{13}\sin(\sqrt{3}\,x) \\ -\sin(\sqrt{3}\,x) \end{pmatrix}.$$

5 Lösungen durch Potenzreihenentwicklung

5.1 Gleichungen erster Ordnung

Wenn die rechte Seite einer Differentialgleichung erster Ordnung

$$y' = g(x, y)$$

in eine *Doppelpotenzreihe* um den Punkt (x_0, y_0) entwickelt werden kann:

Doppelpotenzreihe

$$g(x, y) = \sum_{j,k=0}^{\infty} a_{jk}(x - x_0)^j (y - y_0)^k ,$$

dann versuchen wir die Lösung des Anfangswertproblems $y(x_0) = x_0$ ebenfalls (lokal) in eine Potenzreihe

$$y(x) = \sum_{j=0}^{\infty} c_j (x - x_0)^j$$

zu entwickeln. Wir werden dabei von der Tatsache Gebrauch machen, daß die Abschätzung:

$$|a_{\nu_1,\ldots,\nu_m}| \, \rho_1^{\nu_1} \cdots \rho_m^{\nu_m} \le M , \quad M \in \mathbb{R}$$

für alle $\nu_j \ge 0$, $j = 1, \ldots, m$, die absolute und gleichmäßige Konvergenz der *m-fachen Potenzreihe*:

Mehrfache Potenzreihe

$$\sum_{\nu_1,\ldots,\nu_m=0}^{\infty} a_{\nu_1,\ldots,\nu_m} (x_1 - x_{0,1})^{\nu_1} \cdots (x_m - x_{0,m})^{\nu_m}$$

für $|x_j - x_{0,j}| \le \tilde{\rho}_j \le \rho_j$ nach sich zieht.

Satz 5.1 *Sei*

$$|a_{jk}|\, r^{j+k} \leq M$$

für alle $j, k \geq 0$ *und*

$$y' = \sum_{j,k=0}^{\infty} a_{jk}\, (x - x_0)^j\, (y - y_0)^k$$

eine Differentialgleichung erster Ordnung.
Die Lösung des Anfangswertproblems $y(x_0) = y_0$ *kann in einer*
hinreichend kleinen Umgebung von x_0 *in eine Potenzreihe*

$$y(x) = \sum_{j=0}^{\infty} c_j\, (x - x_0)^j$$

entwickelt werden.

Beweis: Ist $y'(x) = g(x, y(x))$, dann ergibt sich für die Funktion
$\eta(\xi) = y(\xi + x_0)$ das Anfangswertproblem:

$$\frac{d\eta}{d\xi}(\xi) = g(\xi + x_0, \eta(\xi) + y_0)\,, \eta(0) = 0\,.$$

Deshalb kann man ohne Einschränkung den Nullpunkt als Anfangspunkt wählen und zu

$$y' = \sum_{j,k=0}^{\infty} a_{jk}\, x^j\, y^k\,, \quad y(0) = 0$$

übergehen. Die Reihe auf der rechten Seite konvergiert dann für $|x| \leq$
$r_0 < r\,, |y| \leq r_1 < r$. Zur Lösung dieses Anfangswertproblems
machen wir zunächst formal den Ansatz $y(x) = \sum_{j=1}^{\infty} c_j\, x^j$ und
setzen in die Differentialgleichung ein. (Die Anfangsbedingung ist
bereits berücksichtigt).

Die erste Schwierigkeit besteht darin, die Potenzen der Potenzreihe $y(x)$ zu berechnen. In Analogie zum Cauchy-Produkt von $y(x)$
mit sich selbst gilt:

$$\left(\sum_{j=1}^{\infty} c_j\, x^j \right)^k = \sum_{l=k}^{\infty} d_l^{\,(k)}\, x^l\,, k \geq 1\,,$$

wobei

$$d_l^{\,(k)} = \sum_{\substack{l_1 \geq 1, \dots, l_k \geq 1 \\ l_1 + \cdots + l_k = k}} c_{l_1} \cdots c_{l_k}$$

ist. Nun können wir in die rechte Seite einsetzen:

$$\sum_{j,k=0}^{\infty} a_{jk}\, x^j \left(\sum_{l=k}^{\infty} d_l^{\,(k)}\, x^l \right) = \sum_{l=0}^{\infty} \left(a_{l0} + \sum_{\substack{j\geq 0, k\geq 1 \\ j+k\leq l}} a_{jk} d_{l-j}^{\,(k)} \right) x^l\,.$$

Setzen wir die Potenzreihe auch noch in die linke Seite der Differentialgleichung ein, so bekommen wir durch Koeffizientenvergleich die Rekursionsformel:

$$(l+1)c_{l+1} = a_{l0} + \sum_{\substack{j\geq 0, k\geq 1 \\ j+k\leq l}} a_{jk}\, d_{l-j}^{\,(k)}\,, \quad l \geq 1\,, \quad c_1 = a_{0,0}\,.$$

Wir schreiben die ersten beiden Bedingungen aus:

$$2c_2 = a_{01} c_1 + a_{10}\,,$$

$$3c_3 = a_{02} c_1^2 + a_{11} c_1 + a_{20} + a_{01} c_2\,,$$

woraus sich die Entwicklungskoeffizienten c_2 und c_3 ergeben:

$$c_2 = \frac{1}{2}(a_{10} + a_{00}\, a_{01})\,,$$

$$c_3 = \frac{1}{3}\left(a_{20} + a_{11}\, a_{00} + a_{02}\, a_{00}^2 + \frac{1}{2}a_{01}\, a_{10} + \frac{1}{2}a_{00}\, a_{01}^2\right)\,.$$

Zum Nachweis der Konvergenz betrachten wir das Anfangswertproblem:

$$z' = \sum_{j,k=0}^{\infty} M \left(\frac{x}{r}\right)^j \left(\frac{z}{r}\right)^k = \sum_{j,k=0}^{\infty} \tilde{a}_{jk}\, x^j z^k$$

$$= \frac{M}{(1 - \frac{x}{r})(1 - \frac{z}{r})}\,, \quad z(0) = 0\,,$$

$|x| \leq r_0 < r\,, |y| \leq r_1 < r$, welches offenbar die Lösung

$$z(x) = r\left(1 - \sqrt{1 + 2M \ln\left(1 - \frac{x}{r}\right)}\right)$$

besitzt. Die Lösung $z(x)$ kann in einer hinreichend kleinen Umgebung von $x_0 = 0$ in eine Potenzreihe

$$z(x) = \sum_{j=0}^{\infty} \tilde{c}_j\, x^j$$

entwickelt werden. Dies ergibt sich aus der Konvergenz von $\ln(1-x)$ und $\sqrt{1+x}$ jeweils für $|x| \leq \rho < 1$.

Da die Koeffizienten $\tilde{c}_j$ durch dieselbe Rekursionsformel wie die Koeffizienten c_j, nämlich:

$$(l+1)\tilde{c}_{l+1} = \tilde{a}_{l0} + \sum_{\substack{j\geq 0, k\geq 1 \\ j+k\leq l}} \tilde{a}_{jk}\, d_{l-j}{}^{(k)}, \quad l\geq 1, \quad \tilde{c}_1 = \tilde{a}_{00},$$

festgelegt werden, und da nach Voraussetzung $|a_{jk}| \leq \tilde{a}_{jk} = M/r^{j+k}$ gilt, schließen wir $|c_j| \leq \tilde{c}_j$. Damit konvergiert die Reihe $y(x) = \sum_{j=0}^{\infty} c_j\, x^j$ nach dem Majorantenkriterium. $\qquad\square$

Beispiel 5.1

Sei ein Anfangswertproblem

$$y' = g(x, y), \quad y(x_0) = x_0,$$

gegeben mit einer um den Punkt (x_0, y_0) in eine Doppelpotenzreihe entwickelbaren rechten Seite g.

Man kann die Potenzreihenentwicklung der Lösung dann auch durch sukzessives Differenzieren bestimmen:

$$y^{(j)}(x_0) = \left(\frac{\partial}{\partial x} + g(x, y)\frac{\partial}{\partial y}\right)^{j-1} g(x, y)\Bigg|_{(x,y)=(x_0,y_0)},$$

mit $y^{(0)}(x_0) = y_0$. Wir werten diese Rekursionsformel mit *Mathematica* (mit `Dot` und `Map`) aus und bestimmen die Entwicklungskoeffizienten c_2 und c_3:

```
X:=Function[$f,Dot[{1,g[x,y]},Map[D[$f,#]&,{x,y}]]];

c[0]=y0; fh[0,x,y]=g[x,y];

Do[fh[k+1,x,y]=X[fh[k,x,y]];
   c[k+1]=fh[k,x,y]/(k+1)!/.x->x0/.y->y0,{k,0,3}];

c[0]
y0

c[1]
g[x0, y0]

c[2]

          (0,1)                (1,0)
g[x0, y0] g      [x0, y0] + g        [x0, y0]
-------------------------------------------
                     2
c[3]

  (0,1)               (1,0)
(g      [x0, y0] g        [x0, y0] +

            (1,1)
  g[x0, y0] g      [x0, y0] +
```

$$
\begin{aligned}
&\texttt{g[x0, y0] (g}^{\texttt{(0,1)}}\texttt{ [x0, y0]}^{\texttt{2}}\texttt{ +}\\[1em]
&\quad\texttt{g[x0, y0] g}^{\texttt{(0,2)}}\texttt{ [x0, y0] + g}^{\texttt{(1,1)}}\texttt{ [x0, y0]) +}\\[1em]
&\quad\texttt{g}^{\texttt{(2,0)}}\texttt{ [x0, y0]) / 6}
\end{aligned}
$$

Ein Vergleich zeigt die Übereinstimmung mit den Entwicklungskoeffizienten aus dem Beweis von Satz 5.1.

Bemerkung 5.1 Wenn die Koeffizientenfunkion $a(x)$ und die rechte Seite $r(x)$ der linearen Differentialgleichung

$$
y' + a(x)\,y = r(x)
$$

in einem Intervall $|x - x_0| < \rho$ in absolut konvergente Potenzreihen um x_0 entwickelt werden können, dann sind die Voraussetzungen von Satz 5.1 erfüllt, und die Lösung des Anfangswertproblems

$$
y(x_0) = y_0
$$

kann in $|x - x_0| < \rho$ ebenfalls in eine absolut konvergente Potenzreihe

$$
y(x) = \sum_{j=0}^{\infty} c_j\,(x - x_0)^j
$$

entwickelt werden. Für die Koeffizienten c_j kann in diesem Fall eine einfache Rekursionsformel hergeleitet werden.

Die Reihenentwicklungen von $a(x)$ und $r(x)$ mögen folgende Gestalt annehmen:

$$
a(x) = \sum_{j=0}^{\infty} a_j(x - x_0)^j, \quad r(x) = \sum_{j=0}^{\infty} r_j(x - x_0)^j \,.
$$

Für die erste Ableitung von $y(x)$ erhält man

$$
y'(x) = \sum_{j=0}^{\infty} c_{j+1}(j + 1)(x - x_0)^j \,.
$$

Setzt man die Potenzreihe in die Differentialgleichung ein und bildet das Cauchy-Produkt, so ergibt sich:

$$
\sum_{j=0}^{\infty}(j + 1)\,c_{j+1}(x - x_0)^j + \sum_{j=0}^{\infty}\left(\sum_{k=0}^{j} a_k\,c_{j-k}\right)(x - x_0)^j
$$

$$= \sum_{j=0}^{\infty} r_j (x - x_0)^j$$

und daraus bekommt man die Rekursionsformel:

$$c_{j+1} = -\frac{1}{j+1} \left(\sum_{k=0}^{j} a_{j-k} c_k - r_j \right), \quad j \geq 0,$$

mit dem Startwert $c_0 = y_0$ zur Berechnung der c_j. Wir geben die ersten drei Koeffizienten explizit an

$$c_0 = y_0, \quad c_1 = -a_0 y_0 - r_0,$$

$$c_2 = -\frac{1}{2}(a_0^2 y_0 + a_1 y_0 - a_0 r_0 - r_1).$$

Zum Nachweis der Konvergenz in $|x - x_0| < \rho$ gehen wir zu

$$y' = -a(x) y + r(x), \quad y(0) = 0,$$

über und nehmen das Vergleichsproblem

$$z' = \frac{M}{1 - \frac{x}{\rho}} z + r(x), \quad z(0) = 0$$

mit der in $|x - x_0| < \rho$ in eine Potenzreihe entwickelbaren Lösung

$$z(x) = \frac{1}{(1 - \frac{x}{\rho})^{M\rho}} \int_0^x \left(1 - \frac{t}{\rho}\right)^{M\rho} r(t)\, dt.$$

Beispiel 5.2

Wir bestimmen die ersten fünf Glieder der Potenzreihenentwicklung der Lösung des Anfangswertproblems

$$y' = e^{x^2} y, \quad y(0) = 1.$$

Wir verwenden die Befehle `Series` zur Herstellung der Potenzreihenentwicklung bis zu einer bestimmten Ordnung und `LogicalExpand` zur Durchführung des Koeffizientenvergleichs. Zuerst gehen wir die Lösung Schritt für Schritt mit *Mathematica* durch: Nach der Eingabe der Gleichung und der Anfangsbedingung

```
Gleichung=y'[x]==Exp[x^2] y[x];
y[0]=1;
```

wird die Reihenentwicklung in die Gleichung eingesetzt und der Koeffizientenvergleich durchgeführt:

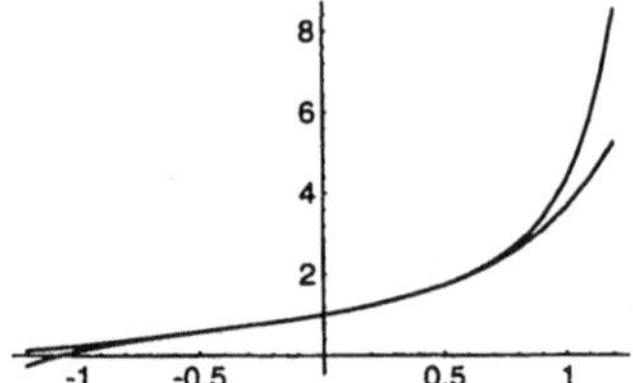

Potenzreihenentwicklung aus
Beispiel 5.2 der Lösung von
$y' = e^{x^2} y$, $y(0) = 1$ mit exakter
Lösung

```
s=Series[y[x],{x,0,5}];
s1=Simplify[Gleichung/.y[x]->s];
s2=LogicalExpand[s1]
```

```
-1 + y'[0] == 0 && -y'[0] + y''[0] == 0 &&

                 (3)
      y''[0]    y   [0]
  -1 - ------ + ------- == 0 &&
        2          2


           (3)       (4)
          y   [0]   y   [0]
  -y'[0] - ------- + ------- == 0 &&
             6         6


                 (4)         (5)
     1    y''[0]  y   [0]   y   [0]
  -(-) - ------ - ------- + ------- == 0 &&
     2      2       24        24


           (3)        (5)        (6)
  -y'[0]   y   [0]    y   [0]    y   [0]
  ------ - ------- - ------- + ------- == 0
    2         6        120        120
```

```
s3=Solve[s2]
```

```
    (6)            (4)             (5)
{{y    [0] -> 153, y    [0] -> 9, y    [0] -> 33,

                 (3)
    y''[0] -> 1, y    [0] -> 3, y'[0] -> 1}}
```

```
s4=s/.s3[[1]]
```

```
         2    3      4       5
         x    x    3 x    11 x             6
1 + x + -- + -- + ---- + ----- + O[x]
         2    2     8      40
```

Module   Nun fassen wir die einzelnen Schritte noch zu einem Module zusammmen:

```
Potenzr[Gleichung_,x0_,ord_]:=
Module[{s,s1,s2,s3,s4},
  s=Series[y[x],{x,x0,ord}];
   s1=Simplify[Gleichung/.y[x]->s];
    s2=LogicalExpand[s1];
     s3=Solve[s2];
      s4=s/.s3[[1]];
       Print[s4]]

Gleichung=y'[x]==Exp[x^2] y[x]; y[0]=1;
Potenzr[Gleichung,0,5]
```

```
       2     3      4        5
       x     x    3 x     11 x
1 + x + -- + -- + ---- + ----- + O[x]
       2     2      8       40
                                           6
```

Beispiel 5.3

Wir bestimmen die ersten fünf Entwicklungskoeffizienten der Potenzreihenentwicklung der Lösung des Anfangswertproblems

$$y' = x\,y^2, \quad y(0) = 1$$

und vergleichen mit der exakten Lösung und ihrer Reihenentwicklung.

```
Gleichung=y'[x]==x y[x]^2;

y[0]=1;
Potenzr[Gleichung_,0,5]

      2    4
      x    x        6
1 + --- + --- + O[x]
      2    4

Clear[y];
l=DSolve[{Gleichung,y[0]==1},y[x],x]

           1
{{y[x]  ->  ------}}
              2
             x
          1 - --
              2

Series[y[x]/.l[[1]],{x,0,5}]

      2    4
      x    x        6
1 + --- + --- + O[x]
      2    4
```

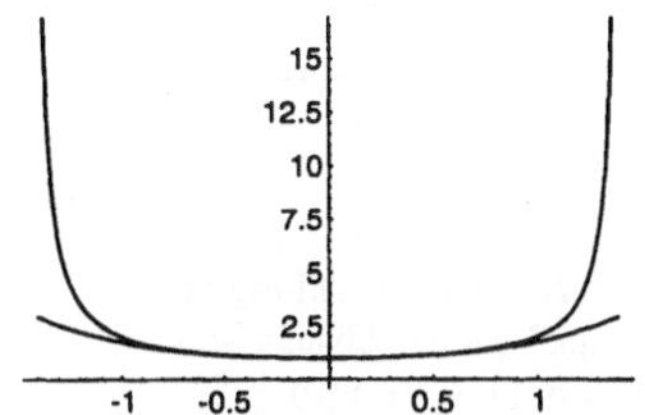

Potenzreihenentwicklung aus
Beispiel 5.3 der Lösung von
$y' = xy^2,\ y(0) = 1$ mit exakter
Lösung

Die exakte Lösung lautet:

$$y(x) = \frac{1}{1 - \frac{x^2}{2}} = \sum_{j=0}^{\infty} \frac{x^{2j}}{2^j}, \quad |x| < \sqrt{2},$$

und besitzt offenbar dieselbe Reihenentwicklung.

Beispiel 5.4

Wir bestimmen die ersten fünf Terme der Potenzreihenentwicklung der
Lösung des Anfangswertproblems der nichtlinearen Gleichung:

$$y' = \sin(x + y), \quad y(0) = 0.$$

```
Gleichung=y'[x]==Sin[x+y[x]];
```

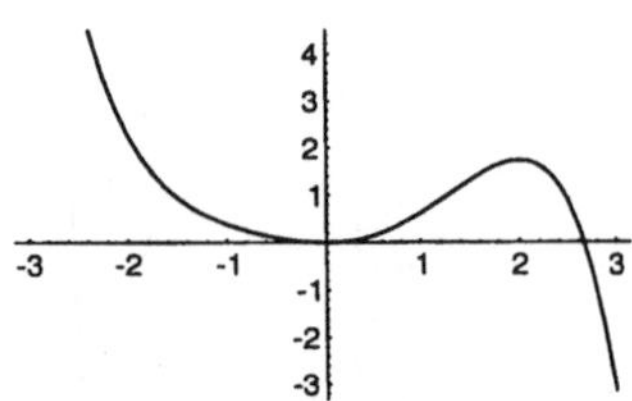

Potenzreihenentwicklung aus
Beispiel 5.4 der Lösung von
$y' = \sin(x + y)$, $y(0) = 0$

```
y[0]=0;
Potenzr[Gleichung,0,5]

  2    3    5
  x    x    x          6
  -- + -- - -- + O[x]
  2    6    20
```

Wir können mit *Mathematica* natürlich auch das allgemeine Problem $y(x_0) = y_0$ behandeln:

```
Clear[y];
y[x0]=y0;
Potenzr[Gleichung,x0,5]

Solve::svars:
   Warning: Equations may not give solutions for all
   "solve" variables.

y0 + y'[x0] (x - x0) +


                                              2
   Cos[x0 + y0] (1 + y'[x0]) (x - x0)
   ----------------------------------- +
                  2


              2                          2
   ((Cos[x0 + y0]  - y'[x0] + Cos[x0 + y0]  y'[x0] -


           2        3          3
      2 y'[x0]  - y'[x0] ) (x - x0) ) / 6 +


                                  2
   (Cos[x0 + y0] (-1 + Cos[x0 + y0]  - 7 y'[x0] +


                 2             2          3
      Cos[x0 + y0]  y'[x0] - 11 y'[x0]  - 5 y'[x0] )


           4                     2              4
   (x - x0) ) / 24 + ((-7 Cos[x0 + y0]  + Cos[x0 + y0]


                2
   + y'[x0] - 32 Cos[x0 + y0] y'[x0] + Cos[x0 +


       4        2          2          2        2
   y0] y'[x0] + 8 y'[x0]  - 43 Cos[x0 + y0]  y'[x0]


            3              2        3          4
   + 18 y'[x0]  - 18 Cos[x0 + y0]  y'[x0]  + 16 y'[x0]


            5          5              6
   + 5 y'[x0] ) (x - x0) ) / 120 + O[x - x0]
```

5.2   Systeme und Gleichungen höherer Ordnung

Die Aussage von Satz 5.1 läßt sich unmittelbar auf Systeme verallgemeinern.

Satz 5.2 *Sei*

$$|a_{l,jk_1,\ldots,k_n}|\, r^{j+k_1+\cdots+k_n} \leq M$$

für alle $j, k_\nu \geq 0, l = 1, \ldots, n$ *und*

$$y_l' = \sum_{j,k_1,\ldots,k_n=0}^{\infty} a_{l,jk_1,\ldots,k_n}(x - x_0)^j$$

$$(y_1 - y_{01})^{k_1} \cdots (y_n - y_{0n})^{k_n},$$

$$l = 1, \ldots, n$$

ein System von Differentialgleichungen.
Die Lösung des Anfangswertproblems $y_l(x_0) = y_{0l}, l = 1, \ldots, n$ *kann in einer hinreichend kleinen Umgebung von* x_0 *in
eine Potenzreihe*

$$y_l(x) = \sum_{j=0}^{\infty} c_{l,j}\,(x - x_0)^j, \quad l = 1, \ldots, n,$$

entwickelt werden.

Beweis: Man kann völlig analog zum Fall der Einzeldifferentialgleichung vorgehen. Es genügt wieder, die Anfangsbedingungen
$y_l(0) = 0$ zu wählen. Als Vergleichsproblem nimmt man das Anfangswertproblem:

$$z_l' = \sum_{j,k_1,\ldots,k_n=0}^{\infty} M \left(\frac{x}{r}\right)^j \left(\frac{z_1}{r}\right)^{k_1} \cdots \left(\frac{z_n}{r}\right)^{k_n}$$

$$= \sum_{j,k_1,\ldots,k_n=0}^{\infty} \tilde{a}_{l,jk}\, x^j\, z_1^{k_1} \cdots z_n^{k_n}$$

$$= \frac{M}{(1 - \frac{x}{r})(1 - \frac{z_1}{r}) \cdots (1 - \frac{z_n}{r})}, \quad z_l(0) = 0.$$

Bei der Lösung des Anfangswertproblems sieht man, daß alle Komponenten $z_l(x)$ gleich sind und bekommt:

$$z_l(x) = r \left(1 - \sqrt[n+1]{1 + (n + 1) M \ln \left(1 - \frac{x}{r}\right)}\right),$$

$l = 1, \ldots, n$. Diese Lösung kann nun wieder in einer hinreichend
kleinen Umgebung von $x_0 = 0$ in eine Potenzreihe

$$z_l(x) = \sum_{j=0}^{\infty} \tilde{c}_{l,j}\, x^j$$

entwickelt werden und liefert eine Majorante für die gesuchte Potenzreihenentwicklung von $y_l(x)$. $\qquad\qquad\qquad\qquad\qquad\qquad\qquad\square$

Bemerkung 5.2 Bei linearen Systemen

$$Y' = A(x)\,Y + B(x)$$

ist die Entwickelbarkeit der rechten Seite in eine Mehrfachpotenzreihe gesichert, wenn die Systemmatrix $A(x)$ und die Inhomogenität $B(x)$ entwickelbar sind. Sind $A(x)$ und $B(x)$ in $|x - x_0| < \rho$ in Potenzreihen um x_0 entwickelbar, so kann auch die Lösung in $|x - x_0| < \rho$ in eine Potenzreihe um x_0 entwickelt werden. Dies weist man mit ähnlichen Überlegungen wie in Bemerkung 5.1 nach.

Ferner garantiert Satz 5.2, daß sich die Lösungen der Gleichung n-ter Ordnung

$$y^{(n)} = g(x, y, y', y'', \dots, y^{(n-1)})$$

in Potenzreihen entwickeln lassen, wenn die rechte Seite g in eine $n + 1$-fache Potenzreihe entwickelt werden kann.

Beispiel 5.5
Wir berechnen die ersten fünf Glieder der Potenzreihenentwicklung der Lösung des Anfangswertproblems:

$$y_1' = y_1 - y_2^2, \quad y_2' = y_1^2 + y_2, \quad y_1(0) = 0,\, y_2(0) = 1.$$

Wir ändern den Modul zur Behandlung der Einzeldifferentialgleichung leicht für Systeme ab:

```
Potenzrs[Gleichung1_,Gleichung2_,x0_,ord_]:=
Module[{s,t,s1,t1,s2,t2,s3,s4,t4},
 s=Series[y1[x],{x,x0,ord}];
 t=Series[y2[x],{x,x0,ord}];
  s1=Simplify[Gleichung1/.y1[x]->s/.y2[x]->t];
  t1=Simplify[Gleichung2/.y1[x]->s/.y2[x]->t];
   s2=LogicalExpand[s1];
   t2=LogicalExpand[t1];
    s3=Solve[{s2,t2}];
     s4=s/.s3[[1]];
     t4=t/.s3[[1]];
      Print["y1[x]=",s4];
      Print["y2[x]=",t4]]
```

und bekommen:

```
Gleichung1=y1'[x]==y1[x]-y2[x]^2;
Gleichung2=y2'[x]==y1[x]^2+y2[x];
y1[0]=0; y2[0]=1;
Potenzrs[Gleichung1,Gleichung2,0,5]
```

```
              2        3         4          5
           3 x      7 x      19 x       91 x            6
y1[x]=-x - ---- - ---- - ----- - ----- + O[x]
            2        6        24         120
               2      3        4          5
              x      x      7 x      131 x             6
y2[x]=1 + x + -- + -- + ---- + ------ + O[x]
               2      2        8         120
```

Bemerkung 5.3 Bei einer linearen Gleichung ergibt sich wieder
eine einfache Rekursionsformel zur Berechnung der Entwicklungskoeffizienten.

Wir betrachten das Anfangswertproblem für eine lineare, inhomogene Differentialgleichung zweiter Ordnung:

$$y'' + a_1(x)\, y' + a_0(x)\, y = r(x)\, , \, y(x_0) = y_0\, , \, y'(x_0) = y_1\, .$$

Wir setzen voraus, daß die Koeffizienten $a_0(x)$, $a_1(x)$ und die rechte
Seite $r(x)$ in einem Intervall $|x - x_0| < \rho$ in absolut konvergente
Potenzreihen

$$a_1(x) = \sum_{j=0}^{\infty} a_{1j}(x - x_0)^j\, , \quad a_0(x) = \sum_{j=0}^{\infty} a_{0j}(x - x_0)^j$$

und

$$r(x) = \sum_{j=0}^{\infty} r_j (x - x_0)^j$$

entwickelt werden können.

Für die Lösung $y(x)$ machen wir den Ansatz

$$y(x) = \sum_{j=0}^{\infty} c_j\, (x - x_0)^j\, .$$

Für die erste und zweite Ableitung erhält man

$$y'(x) = \sum_{j=0}^{\infty} c_{j+1}\, (j + 1)\, (x - x_0)^j$$

und

$$y''(x) = \sum_{j=0}^{\infty} c_{j+2}\, (j + 2)\, (j + 1)\, (x - x_0)^j\, .$$

Setzt man die Potenzreihe wieder in die Differentialgleichung ein
und bildet anschließend die Cauchy-Produkte, so ergibt sich:

$$\sum_{j=0}^{\infty}(j+2)(j+1)c_{j+2}(x-x_0)^j + \sum_{j=0}^{\infty}\left(\sum_{k=0}^{j}(k+1)a_{1,j-k}c_{k+1}\right)(x-x_0)^j$$

$$+ \sum_{j=0}^{\infty} \left(\sum_{k=0}^{j} a_{0,j-k} c_k \right) (x - x_0)^j = \sum_{j=0}^{\infty} r_j (x - x_0)^j \, .$$

Damit erhalten wir eine Rekursionsformel für die Entwicklungskoeffizienten c_j mit den Startwerten $c_0 = y_0$ und $c_1 = y_1$:

$$c_{j+2} = - \frac{\sum_{k=0}^{j} \left((k+1) a_{1,j-k} c_{k+1} + a_{0,j-k} c_k \right) - r_j}{(j+2)(j+1)} \, , \quad j \geq 0 \, .$$

Wir geben die ersten drei Koeffizienten noch explizit an

$$c_0 = y_0 \, , \, c_1 = y_1 \, , \, c_2 = - \frac{1}{2} (a_{0,0} \, y_0 + a_{1,0} \, y_1 - r_0) \, .$$

Beispiel 5.6

Wir betrachten das bekannte Anfangswertproblem:

$$y'' - \alpha \, y = 0 \, , \quad y(0) = y_0 \, , \quad y'(0) = y_1 \, ,$$

mit einer beliebigen Konstanten α. Mit dem Ansatz

$$y(x) = \sum_{j=0}^{\infty} c_j \, x^j$$

sind offenbar bereits die Anfangsbedingungen erfüllt und gemäß Bemerkung 5.3 ergibt sich die Rekursionsformel

$$c_{j+2} = \frac{\alpha}{(j+2)(j+1)} \, c_j \, , \quad j \geq 0$$

mit den Startwerten $c_0 = y_0$ und $c_1 = y_1$. Aus der Rekursionsformel leitet man sofort

$$c_j = \begin{cases} y_0 \, \dfrac{\alpha^k}{(2k)!} & , \quad \text{falls} \quad j = 2k \\[2ex] y_1 \, \dfrac{\alpha^k}{(2k+1)!} & , \quad \text{falls} \quad j = 2k+1 \end{cases}$$

her, und das Wurzel-(oder das Quotienten)kriterium liefern die absolute Konvergenz der Reihe $y(x) = \sum_{j=0}^{\infty} c_j \, x^j$ für alle $x \in \mathbb{R}$.

Wir wollen die Lösung noch in die uns vertrautere Form bringen. Falls $\alpha = 0$ erhält man

$$y_j = 0 \quad \text{für} \quad j \geq 2$$

und damit die Lösung

$$y(x) = y_0 + y_1 \, x \, .$$

Falls $\alpha > 0$, schreiben wir die Koeffizienten c_j als

$$c_j = \begin{cases} y_0 \, \dfrac{\left(\sqrt{\alpha} \right)^{2k}}{(2k)!} & , \quad \text{falls} \quad j = 2k \\[2ex] \dfrac{y_1}{\sqrt{\alpha}} \, \dfrac{\left(\sqrt{\alpha} \right)^{2k+1}}{(2k+1)!} & , \quad \text{falls} \quad j = 2k+1 \end{cases}$$

und falls $\alpha < 0$ als

$$c_j = \begin{cases} y_0 \, (-1)^k \, \dfrac{\left(\sqrt{-\alpha}\right)^{2k}}{(2k)!} & , \quad \text{falls} \quad j = 2k \\[2ex] \dfrac{y_1}{\sqrt{-\alpha}} \, (-1)^k \, \dfrac{\left(\sqrt{-\alpha}\right)^{2k+1}}{(2k+1)!} & , \quad \text{falls} \quad j = 2k+1 \end{cases}$$

Damit nimmt die Lösung im Fall $\alpha > 0$ die Gestalt an

$$y(x) = \sum_{j=0}^{\infty} c_j \, x^j$$

$$= y_0 \sum_{k=0}^{\infty} \frac{\left(\sqrt{\alpha}\right)^{2k}}{(2k)!} x^{2k} + \frac{y_1}{\sqrt{\alpha}} \sum_{k=0}^{\infty} \frac{\left(\sqrt{\alpha}\right)^{2k+1}}{(2k+1)!} x^{2k+1}$$

$$= \left(\frac{y_0}{2} + \frac{y_1}{2\sqrt{\alpha}}\right) e^{\sqrt{\alpha}\,x} + \left(\frac{y_0}{2} - \frac{y_1}{2\sqrt{\alpha}}\right) e^{-\sqrt{\alpha}\,x}$$

und im Fall $\alpha < 0$:

$$y(x) = \sum_{j=0}^{\infty} c_j \, x^j = y_0 \sum_{k=0}^{\infty} (-1)^k \frac{\left(\sqrt{-\alpha}\right)^{2k}}{(2k)!} x^{2k}$$

$$+ \frac{y_1}{\sqrt{-\alpha}} \sum_{k=0}^{\infty} (-1)^k \frac{\left(\sqrt{-\alpha}\right)^{2k+1}}{(2k+1)!} x^{2k+1}$$

$$= y_0 \cos\left(\sqrt{-\alpha}\,x\right) + \frac{y_1}{\sqrt{-\alpha}} \sin\left(\sqrt{-\alpha}\,x\right) .$$

Beispiel 5.7

Wir bestimmen die ersten fünf Glieder der Potenzreihenentwicklung der Lösung des Anfangswertproblems

$$y'' = \sin(x)\,y + e^x, \quad y(0) = 1, y'(0) = 0.$$

Wir können den Modul `Potenzr` unverändert übernehmen und bekommen:

```
Clear[Gleichung]
Gleichung=y''[x]==Sin[x] y[x]+Exp[x];
y[0]=1;y'[0]=0;
Potenzr[Gleichung,0,6]
```

```
      2     3     4     5     6
     x     x     x     x     x            7
1 + -- + -- + -- + -- + -- + O[x]
     2     3     24    40    80
```

Beispiel 5.8

Wir bestimmen die ersten fünf Glieder einer Potenzreihenentwicklung der Lösung des Anfangswertproblems für die Riccati-Gleichung

$$y' = y^2 + x^2, \quad y(0) = 1.$$

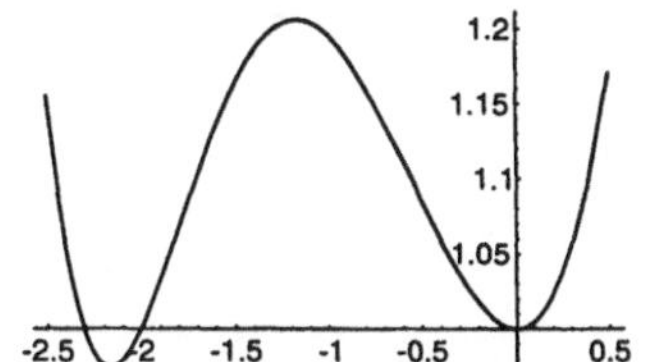

Potenzreihenentwicklung aus Beispiel 5.7 der Lösung von $y'' = \sin(y) + e^x$, $y(0) = 1$, $y'(0) = 0$

```
Gleichung=y'[x]==y[x]^2+x^2;
y[0]=1;
Potenzr[Gleichung,0,5]
```

$$1 + x + x^2 + \frac{4x^3}{3} + \frac{7x^4}{6} + \frac{6x^5}{5} + O[x]^6$$

Durch

$$y(x) = -\frac{u'(x)}{u(x)}$$

wird eine neue Variable eingeführt, für die die Gleichung

$$u'' = -x^2 u$$

gilt. Wir entwickeln die Lösung dieser Differentialgleichung mit den Anfangsbedingungen $u(0) = 1$, $u'(0) = -1$ in eine Potenzreihe:

```
NGleichung=y''[x]==-x^2 y[x];
y[0]=1;y'[0]=-1;
Potenzr[NGleichung,0,6]
```

$$1 - x - \frac{x^4}{12} + \frac{x^5}{20} + O[x]^7$$

Wir vergleichen die Ergebnisse, indem wir von der Lösung $u(x)$ der neuen
Gleichung zu einer Lösung der Ausgangsgleichung $y(x)$ übergehen

```
-D[%,x]/%
```

$$1 + x + x^2 + \frac{4x^3}{3} + \frac{7x^4}{6} + \frac{6x^5}{5} + O[x]^6$$

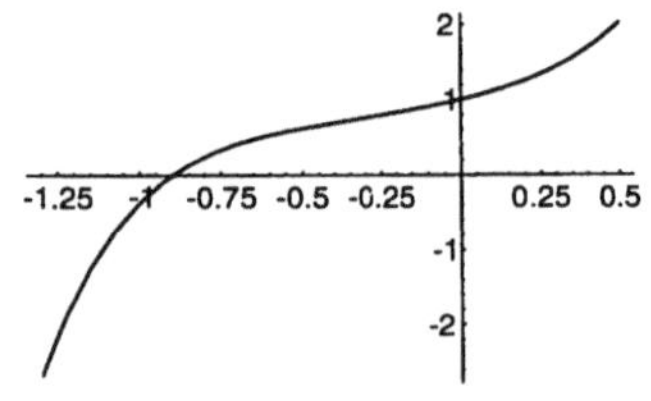

Potenzreihenentwicklung aus
Beispiel 5.8 der Lösung von
$y' = y^2 + x^2$, $y(0) = 1$

Beispiel 5.9

Wir betrachten das Anfangswertproblem

$$y'' + a_1 y' + a_0(x)y = 0, \quad y(0) = y_0, y'(0) = y_0',$$

mit einer Konstanten a_1. Durch Einführen der neuen Variablen

$$u(x) = e^{\frac{a_1}{2} x} y(x)$$

bringen wir die Gleichung auf die einfachere Form

$$u'' + \left(a_0(x) - \frac{a_1^2}{4}\right)u = 0, \quad u(0) = y_0, u'(0) = \frac{a_1}{2}y_0 + y_0',$$

und berechnen dann eine Potenzreihenentwicklung.

Wir entwickeln die Lösung der Ausgangsgleichung in eine Potenzreihe
bei $a_1 = 1$ und $a_0 = 1 + x^2$ und $y(0) = 1$, $y'(0) = 0$:

```
Gleichung=y''[x]+ y'[x]+(1+x^2) y[x]==0;
y[0]=1;y'[0]=0;
py=Potenzr[Gleichung,0,5]
```

```
      2     3     4     5
      x     x     x     x            6
1 -  --  +  --  -  --  +  ---  + O[x]
      2     6    12    120
```

Wir entwickeln die Lösung der neuen Gleichung in eine Potenzreihe:

```
Clear[y];
NGleichung=y''[x]+((3/4)+x^2) y[x]==0;
y[0]=1;y'[0]=1/2;
pu=Potenzr[NGleichung,0,5]
```

```
            2      3        4        5
      x    3 x     x     23 x     29 x           6
1 +  - - ---- - -- - ----- - ----- + O[x]
      2    8     16     384     1280
```

Wir vergleichen, indem wir $y(x) = e^{-\frac{a_1}{2}x}\, u(x)$ benutzen:

```
Simplify[Exp[-1/2 x]*%]
```

```
      2     3     4     5
      x     x     x     x            6
1 -  --  +  --  -  --  +  ---  + O[x]
      2     6    12    120
```

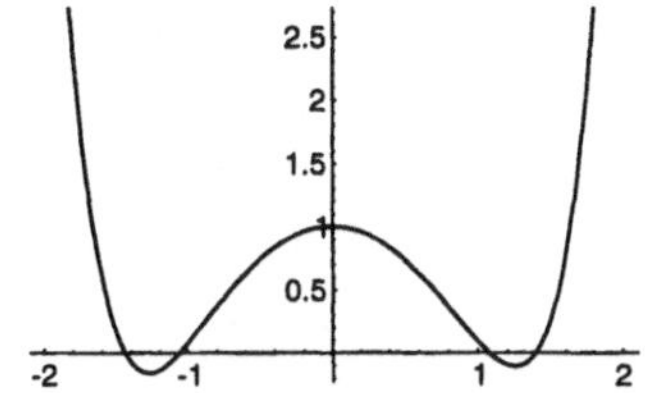

Potenzreihenentwicklung aus
Beispiel 5.9 der Lösung von
$y'' + y' + (1 + x^2)y = 0$,
$y(0) = 1,\ y'(0) = 0$

Teil II

Numerik

6 Polynome und Nullstellenbestimmung

6.1 Das Horner-Schema

Wir werden im folgenden Polynome mit reellen Koeffizienten betrachten. Die meisten Überlegungen lassen sich jedoch unmittelbar auf den komplexen Fall übertragen. Das Horner-Schema er-
laubt eine bequeme Berechnung der Funktionswerte eines Polynoms $p_n(x)$ und seiner Ableitungen an einer Stelle $x_0 \in \mathbb{R}$. Natürlich kann man $p_n(x)$ an einer bestimmten Stelle x_0 termweise
mit $n + (n - 1) + \ldots + 1 = n(n + 1)/2$ Multiplikationen und n
Additionen ausrechnen. Man kommt jedoch mit wesentlich weniger
Operationen aus, wenn man nach dem folgenden Schema vorgeht:

Satz 6.1 *Sei*

$$p_n(x) = a_n^{(0)} x^n + a_{n-1}^{(0)} x^{n-1} + \ldots + a_1^{(0)} x + a_0^{(0)}$$

ein Polynom n-ten Grades. Durch Auswerten des Horner-
Schemas *an der Stelle* x_0

$$a_n^{(1)} = a_n^{(0)},$$
$$a_k^{(1)} = a_{k+1}^{(1)} x_0 + a_k^{(0)}, \quad k = n - 1, n - 2, \ldots, 0,$$

erhalten wir den Funktionswert $p_n(x_0) = a_0^{(1)}$.

Horner-Schema

Beweis: Wir schreiben den Ausdruck $p_n(x_0)$ in der Form

$$p_n(x_0) = \left(\ldots \left(\left(a_n^{(0)} x_0 + a_{n-1}^{(0)} \right) x_0 + a_{n-2}^{(0)} \right) x_0 + \ldots \right) x_0 + a_0^{(0)}$$

und hieraus ergibt sich sofort die Behauptung. $\qquad\square$

Unter Verwendung des Horner-Schemas läßt sich der Wert von
$p_n(x_0)$ nun rekursiv durch n Multiplikationen und n Additionen berechnen. Das im Satz 6.1 beschriebene Schema heißt auch *einfaches
Horner-Schema*. Es läßt sich gut auf einem Rechner umsetzen und
kann folgendermaßen graphisch dargestellt werden:

Einfaches Horner-Schema

$$
\begin{array}{c|ccccc c}
p_n & a_n^{(0)} & a_{n-1}^{(0)} & a_{n-2}^{(0)} & \cdots & a_1^{(0)} & a_0^{(0)} \\
x = x_0 & 0 & a_n^{(1)} x_0 & a_{n-1}^{(1)} x_0 & \cdots & a_2^{(1)} x_0 & a_1^{(1)} x_0 \\
\hline
 & a_n^{(1)} & a_{n-1}^{(1)} & a_{n-2}^{(1)} & \cdots & a_1^{(1)} & a_0^{(1)} = p_n(x_0)
\end{array}
$$

Beispiel 6.1

Gegeben sei das Polynom

$$p_3(x) = 4x^3 + 3x^2 + 7x - 12.$$

Wir wollen den Wert $p_3(2)$ mit Hilfe des Horner-Schemas berechnen und überlassen *Mathematica* die Rechenarbeit. Es empfiehlt sich hierbei, die Koeffizienten in der Reihenfolge

$$a_0^{(\alpha)}, \ldots, a_n^{(\alpha)}$$

`Length`

`Print`

anzuordnen und die Befehle `Length` und `Print` zu benutzen:

```
a0={-12,7,3,4}; x0=2;
a1 = a0; n = Length[a0]; n1 = n - 1;
Do[k=n-j; a1[[k]]=a1[[k+1]] x0+a0[[k]],{j,n1}];
Print[a1];
Print["P",n1,"(",x0,") = ",a1[[1]] ];


{46, 29, 11, 4}
P3(2) = 46
```

Wir bekommen also: $p_3(2) = 46$ und in schematischer Rechnung:

$$
\begin{array}{c|cccc}
p_3 & 4 & 3 & 7 & -12 \\
x = 2 & 0 & 8 & 22 & 58 \\
\hline
 & 4 & 11 & 29 & 46 = p_3(2)
\end{array}
$$

Wenn wir $p_n(x)$ durch $(x - x_0)$, $x_0 \in \mathbb{R}$, mit Rest dividieren, so ergibt sich

$$\frac{p_n(x)}{x - x_0} = p_{n-1}(x) + \frac{R_n}{x - x_0}, \quad x \neq x_0,$$

mit einem Polynom $(n - 1)$-ten Grades und einem Rest $R_n \in \mathbb{R}$. Hieraus folgt:

$$p_n(x) = (x - x_0) p_{n-1}(x) + R_n$$

und $R_n = p_n(x_0)$, wenn man $x = x_0$ setzt. Insgesamt kann man schreiben:

$$p_n(x) = (x - x_0) p_{n-1}(x) + p_n(x_0).$$

Die Koeffizienten $a_k^{(1)}$, die das Horner-Schema neben dem Funktionswert $p_n(x_0)$ liefert, stellen sich gerade als Koeffizienten des Polynoms $p_{n-1}(x)$ heraus.

> **Satz 6.2** *Sei*
>
> $$p_n(x) = a_n^{(0)} x^n + a_{n-1}^{(0)} x^{n-1} + \ldots + a_1^{(0)} x + a_0^{(0)}$$
>
> *ein Polynom n-ten Grades und $p_{n-1}(x)$ wie oben. Dann gilt:*
>
> $$p_{n-1}(x) = a_n^{(1)} x^{n-1} + a_{n-1}^{(1)} x^{n-2} + \ldots + a_2^{(1)} x + a_1^{(1)},$$
>
> *wobei die Koeffizienten von $p_{n-1}(x)$ mit den im Horner-Schema an der Stelle x_0 auftretenden Koeffizienten $a_n^{(1)}, \ldots, a_1^{(1)}$ übereinstimmen.*

Beweis: Der Beweis besteht in folgender Rechnung:

$$
\begin{aligned}
(x - x_0) p_{n-1}(x) + p_n(x_0) &= (a_n^{(1)} x^{n-1} + a_{n-1}^{(1)} x^{n-2} + \ldots \\
&\quad + a_2^{(1)} x + a_1^{(1)})(x - x_0) + a_0^{(1)} \\
&= a_n^{(1)} x^n + (a_{n-1}^{(1)} - a_n^{(1)} x_0) x^{n-1} + \ldots \\
&\quad + (a_k^{(1)} - a_{k+1}^{(1)} x_0) x^k + \ldots \\
&\quad + (a_1^{(1)} - a_2^{(1)} x_0) x + (a_0^{(1)} - a_1^{(1)} x_0) \\
&= p_n(x). \qquad\qquad \Box
\end{aligned}
$$

Beispiel 6.2

Gegeben sei das Polynom

$$p_3(x) = x^3 + \frac{1}{2} x^2 - \frac{3}{2} x + \frac{1}{2}$$

und die Nullstelle $x_1 = \frac{1}{2}$. Gesucht sind die anderen beiden Nullstellen von p_3. Wir verwenden das Horner-Schema, um die Nullstelle $x_1 = \frac{1}{2}$ abzudividieren. Das Horner-Schema liefert ja gerade die Koeffizienten des Polynoms $p_2(x)$ in der Darstellung

$$p_3(x) = p_2(x)\,(x - \frac{1}{2}) + p_3(\frac{1}{2}) = p_2(x)\,(x - \frac{1}{2}).$$

```
a={1/2,-3/2,1/2,1}; x1=1/2;
n = Length[a]; n1 = n - 1;
Do[ k=n-j; a[[k]]=a[[k+1]] x1+a[[k]],{j,n1}];
Print[a]
```

```
{0, 1, 1, -1}
```

Wir bekommen also $p_3(x) = (x - 1/2) p_2(x)$ mit $p_2(x) = x^2 + x - 1$, und die anderen beiden Nullstellen

$$x_{2,3} = \frac{1}{2}(-1 \pm \sqrt{5})$$

ergeben sich aus $p_2(x) = 0$.

Mit den Sätzen 6.1 und 6.2 bekommen wir auch die Möglichkeit, die k-ten Ableitungen $p_n^{(k)}$ des Polynoms p_n für $k = 1, \ldots, n$ an der Stelle x_0 zu berechnen. Für die erste Ableitung $p_n'(x)$ haben wir

$$p_n'(x) = p_{n-1}(x) + (x - x_0)\, p_{n-1}'(x)$$

und für $x = x_0$ ergibt sich:

$$p_n'(x_0) = p_{n-1}(x_0)\,.$$

Wir erhalten somit $p_n'(x_0)$, indem wir $p_{n-1}(x_0)$ berechnen. Dazu können wir das Horner-Schema auf das Polynom $p_{n-1}(x)$ anwenden.

Durch mehrfache Anwendung des einfachen Horner-Schemas bekommen wir Polynome $p_{n-1}, p_{n-2}, \ldots, p_0$:

$$p_n(x) = (x - x_0)p_{n-1}(x) + p_n(x_0)\,,$$
$$p_{n-1}(x) = (x - x_0)p_{n-2}(x) + p_{n-1}(x_0)\,,$$
$$\vdots$$
$$p_1(x) = (x - x_0)p_0(x) + p_1(x_0)\,,$$

die eine bequeme Berechnung der höheren Ableitungen von $p_n(x)$ an der Stelle x_0 gestatten.

Satz 6.3 *Sei*

$$p_n(x) = a_n^{(0)}x^n + a_{n-1}^{(0)}x^{n-1} + \ldots + a_1^{(0)}x + a_0^{(0)}$$

ein Polynom n-ten Grades und $p_{n-k}(x)$ wie oben. Dann gilt:

$$p_{n-k}(x_0) = \frac{1}{k!}\, p_n^{(k)}(x_0), \quad k = 1, \ldots, n\,.$$

Beweis: Mit $c_k = p_{n-k}(x_0)$ ergibt sich durch sukzessives Einsetzen von $p_{n-k}(x)$ in $p_{n-k+1}(x)$ die folgende Darstellung für $p_n(x)$:

$$\begin{aligned}
p_n(x) &= (x - x_0)\, p_{n-1}(x) + c_0 \\
&= (x - x_0)((x - x_0)\, p_{n-2}(x) + c_1) + c_0 \\
&= (x - x_0)^2\, p_{n-2}(x) + (x - x_0)c_1 + c_0 \\
&\;\;\vdots \\
&= (x - x_0)^n c_n + (x - x_0)^{n-1}c_{n-1} \\
&\quad + \ldots + (x - x_0)c_1 + c_0\,.
\end{aligned}$$

Die Taylorentwicklung von p_n um x_0 lautet

$$p_n(x) = \sum_{k=0}^{n} (x - x_0)^k \frac{1}{k!} p_n^{(k)}(x_0) = \sum_{k=0}^{n} (x - x_0)^k c_k \,,$$

so daß wir durch Koeffizientenvergleich die Behauptung erhalten. $\square$

Das Horner-Schema, das alle Koeffizienten der Taylorentwicklung von $p_n(x)$ um $x = x_0$ bestimmt, heißt *vollständiges Horner-Schema* und läßt sich wieder graphisch darstellen:

p_n	$a_n^{(0)}$	$a_{n-1}^{(0)}$	$\ldots$	$a_1^{(0)}$	$a_0^{(0)}$
$x = x_0$	0	$a_n^{(1)}x_0$	$\ldots$	$a_2^{(1)}x_0$	$a_1^{(1)}x_0$
p_{n-1}	$a_n^{(1)}$	$a_{n-1}^{(1)}$	$\ldots$	$a_1^{(1)}$	$a_0^{(1)} = p_n(x_0)$
$x = x_0$	0	$a_n^{(2)}x_0$	$\ldots$	$a_2^{(2)}x_0$	
p_{n-2}	$a_n^{(2)}$	$a_{n-1}^{(2)}$	$\ldots$	$a_1^{(2)} = p_{n-1}(x_0)$	
$\vdots$	$\vdots$	$\vdots$	$\ldots$		
p_1	$a_n^{(n-1)}$	$a_{n-1}^{(n-1)}$	$\ldots$		
$x = x_0$	0	$a_n^{(n)}x_0$			
p_0	$a_n^{(n)}$	$a_{n-1}^{(n)} = p_1(x_0)$			
$x = x_0$	0				

Vollständiges Horner-Schema

Beispiel 6.3

Nehmen wir wieder das Polynom $p_3(x)$ aus Beispiel 6.1. Wir wollen jetzt auch die Werte der Ableitungen $p_3'(2)$, $p_3''(2)$ und $p_3'''(2)$ mit Hilfe des vollständigen Horner-Schemas berechnen:

```
a={-12,7,3,4}; x0=2;
n=Length[a]-1;
Do[jr = n-k+1;
 Do[m=n-j+1; a[[m]]=a[[m+1]] x0+a[[m]],{j,jr}];
k3 = k-1; ak = a[[k]] k3!;
Print[k3,"-te Ableitung = ", ak],{k,n + 1}];
```

Als Ergebnis erhalten wir:

```
0-te Ableitung = 46
1-te Ableitung = 67
2-te Ableitung = 54
3-te Ableitung = 24
```

Die Taylorentwicklung von $p_3(x)$ um $x_0 = 2$ lautet somit:

$$p_3(x) = 4x^3 + 3x^2 + 7x - 12$$
$$= 46 + 67(x - 2) + 27(x - 2)^2 + 4(x - 2)^3 \,.$$

In schematischer Rechnung ergibt sich:

$$
\begin{array}{r|rrrr}
p_3   & 4 & 3 & 7 & -12 \\
x_0 = 2 & 0 & 8 & 22 & 58 \\
\hline
         & 4 & 11 & 29 & \left|\,46 = p_3(2)\right. \\
x_0 = 2 & 0 & 8 & 38 & \\
\hline
         & 4 & 19 & \left|\,67 = p_3'(2)\right. & \\
x_0 = 2 & 0 & 8 & & \\
\hline
         & 4 & \left|\,27 = \tfrac{1}{2!}\,p_3''(2)\right. & & \\
x_0 = 2 & 0 & & & \\
\hline
         & \left|\,4 = \tfrac{1}{3!}\,p_3'''(2)\right. & & &
\end{array}
$$

6.2 Das Newtonsche Verfahren für einfache Nullstellen

Eine reellwertige Funktion $f(x)$ sei zweimal stetig differenzierbar im abgeschlossenen Intervall $I = [a, b]$ und besitze in (a, b) eine einfache Nullstelle ξ, d.h. $f(\xi) = 0$ und $f'(\xi) \neq 0$. Aus der Taylorformel

$$
f(x) = f(x^{(0)}) + f'(x^{(0)} + \theta_x(x - x^{(0)}))(x - x^{(0)})
$$

mit $0 < \theta_x < 1$ entnehmen wir für kleine Differenzbeträge $|x - x_0|$ die Näherung:

$$
f(x) \approx f(x^{(0)}) + f'(x^{(0)})(x - x^{(0)}) \, .
$$

Nehmen wir an, daß x die Lösung der Gleichung $f(x) = 0$ ist. Dann erhalten wir:

$$
x \approx x^{(0)} - \frac{f(x^{(0)})}{f'(x^{(0)})} \, .
$$

Dies führt uns auf die Iterationsvorschrift:

<table><tr><td>Newtonsches Verfahren</td><td>

$$
x^{(\nu+1)} = x^{(\nu)} - \frac{f(x^{(\nu)})}{f'(x^{(\nu)})}, \quad \nu = 0, 1, 2, \dots ,
$$

</td></tr></table>

die man als *Newtonsches Verfahren* bezeichnet. Die Folge $x^{(\nu)}$ bezeichnen wir als *Newtonsche Iterationsfolge* und $x^{(0)}$ als *Startwert* der Newtonschen Iterationsfolge. Faßt man $x^{(0)}$ als eine Näherung der gesuchten Nullstelle auf, so ist in vielen Fällen $x^{(1)}$ eine bessere Näherung.

Das Newtonsche Verfahren besitzt eine einfache geometrische Interpretation. Nehmen wir den Punkt

$$
(x^{(0)}, f(x^{(0)})) \, .
$$

Die Gleichung der Tangente an den Graphen von f in diesem Punkt lautet

$$y = f'(x^{(0)})(x - x^{(0)}) + f(x^{(0)}) \,.$$

Mit $x^{(1)}$ bezeichnen wir den Schnittpunkt der Tangente mit der x-Achse. Um $x^{(1)}$ zu bestimmen, setzen wir $x = x^{(1)}$, $y = 0$ in der obigen Tangentengleichung und erhalten durch Auflösung nach $x^{(1)}$:

$$x^{(1)} = x^{(0)} - \frac{f(x^{(0)})}{f'(x^{(0)})}\,.$$

Verwenden wir nun $x^{(1)}$ als Ausgangswert, so bekommen wir eine entsprechende Formel für $x^{(2)}$, und die weitere Fortsetzung des Prozesses ergibt die Newtonsche Iterationsvorschrift.

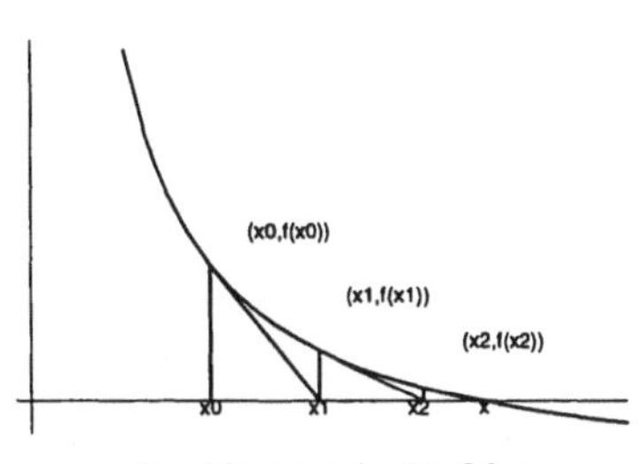

Das Newtonsche Verfahren

Satz 6.4 *Sei $f : [a, b] \longrightarrow \mathbb{R}$ zweimal stetig differenzierbar und besitze in (a, b) eine einfache Nullstelle ξ. Dann gibt es ein Intervall*

$$U_r(\xi) = \{x \mid |x - \xi| \leq r,\ r > 0\} \subseteq [a, b]\,,$$

so daß die Newtonsche Iterationsfolge für jeden Starwert $x^{(0)} \in U_r(\xi)$ gegen die Nullstelle ξ konvergiert.

Beweis: Wir führen zunächst die *Schrittfunktion*:

$$\varphi(x) = x - \frac{f(x)}{f'(x)}$$

Schrittfunktion des Newtonschen Verfahrens

ein, mit der das Newtonsche Verfahren die Gestalt $x^{(\nu+1)} = \varphi(x^{(\nu)})$ annimmt. Offenbar stellt jede Nullstelle ξ von f einen sogenannten *Fixpunkt*:

$$\varphi(\xi) = \xi$$

Fixpunkt

von φ dar und umgekehrt. Zur Konvergenzuntersuchung zeigen wir zunächst, daß die Schrittfunktion in einem geeignet gewählten Intervall

$$U_r(\xi) = \{x \mid |x - \xi| \leq r,\ r > 0\} \subseteq [a, b]$$

der Kontraktionsbedingung

$$|\varphi'(x)| \leq L < 1$$

genügt. Aus der Definition von $\varphi(x)$ folgt

$$\varphi'(x) = f(x)f''(x)/f'^2(x)\,,$$

d.h. mit $f(\xi) = 0$, $f'(\xi) \neq 0$ gilt

$$\varphi'(\xi) = 0 \, .$$

Da φ' in einer hinreichend kleinen Umgebung von ξ stetig ist, muß es nun zu jeder Konstanten L mit $0 < L < 1$ ein $r = r(L)$, also ein Intervall $U_r(\xi)$ geben, so daß für alle $x \in U_r(\xi)$ gilt

$$|\varphi'(x)| = \left| \frac{f(x)f''(x)}{f'^2(x)} \right| \leq L < 1 \, .$$

Wegen $\varphi(\xi) = \xi$ gilt für alle $x \in U_r(\xi)$:

$$|\varphi(x) - \xi| = |\varphi(x) - \varphi(\varphi(\xi))| \leq L|x - \xi| < |x - \xi| \leq r \, .$$

Hieraus folgt, daß für jedes $x \in U_r(\xi)$ der Funktionswert $\varphi(x)$ wieder in $U_r(\xi)$ enthalten ist. Die Funktion $\varphi(x)$ genügt also den Bedingungen des Kontraktionsprinzips, und es existiert im Intervall $U_r(\xi)$ nur ein Fixpunkt, nämlich ξ, der sich als Grenzwert der Iterationsfolge ergibt. $\qquad\square$

Kann man bei einem Iterationsverfahren die Anzahl der erforderlichen Rechenoperationen nicht im voraus bestimmen, so läßt sich die *Konvergenzordnung* als ein Kriterium für die Beurteilung der Qualität des Verfahrens heranziehen.

Konvergenzordnung

Definition 6.1 Die Iterationsfolge $\{x^{(\nu)}\}$ konvergiert von mindestens p-ter Ordnung gegen ξ, wenn eine Konstante $0 \leq M < \infty$ existiert, so daß mit $p \in \mathbb{R}$, $p \geq 1$, gilt

$$\lim_{\nu \to \infty} \frac{|x^{(\nu+1)} - \xi|}{|x^{(\nu)} - \xi|^p} = M \, .$$

Das Iterationsverfahren $x^{(\nu+1)} = \varphi(x^{(\nu)})$ heißt dann ein Verfahren von mindestens p-ter Ordnung. Das Verfahren besitzt genau die Ordnung p, wenn $M \neq 0$ ist.

Durch diese Definition wird ausgedrückt, daß der Fehler der $(\nu + 1)$-ten Näherung ungefähr gleich der mit dem Faktor M multiplizierten p-ten Potenz des Fehlers der ν-ten Näherung ist. Die Konvergenzgeschwindigkeit wächst also mit der Konvergenzordnung. Für $p = 1$ spricht man von linearer Konvergenz, für $p = 2$ von quadratischer Konvergenz und allgemein für $p > 1$ von superlinearer Konvergenz.

Allgemein zeigen wir nun für Iterationsverfahren:

> **Satz 6.5** *Die Schrittfunktion φ eines Verfahrens $x^{(\nu+1)} = \varphi(x^{(\nu)})$ sei in $I = [a, b]$ $(p + 1)$-mal stetig differenzierbar. Mit $\lim_{\nu\to\infty} x^{(\nu)} = \xi$ gelte*
>
> $$\varphi(\xi) = \xi\,,$$
> $$\varphi'(\xi) = \varphi''(\xi) = \ldots = \varphi^{(p-1)}(\xi) = 0\,,$$
> $$\varphi^{(p)}(\xi) \neq 0\,.$$
>
> *Dann ist $x^{(\nu+1)} = \varphi(x^{(\nu)})$ ein Iterationsverfahren der Ordnung p mit*
>
> $$M = \frac{1}{p!}\,|\varphi^{(p)}(\xi)| \leq \frac{1}{p!}\,\max_{x\in I} |\varphi^{(p)}(x)|\,.$$

Beweis: Wir bilden die Taylorentwicklung der Schrittfunktion φ an der Stelle ξ

$$\varphi(x^{(\nu)}) = \varphi(\xi) + (x^{(\nu)} - \xi)\,\varphi'(\xi) + \frac{1}{2}\,(x^{(\nu)} - \xi)^2\,\varphi''(\xi)$$
$$+ \ldots + \frac{1}{p!}\,(x^{(\nu)} - \xi)^p\,\varphi^{(p)}(\xi) + O((x^{(\nu)} - \xi)^{p+1})$$

und erhalten mit $x^{(\nu+1)} = \varphi(x^{(\nu)})$ und $\xi = \varphi(\xi)$

$$x^{(\nu+1)} - \xi = \varphi(x^{(\nu)}) - \varphi(\xi) + (x^{(\nu)} - \xi)\,\varphi'(\xi) + \frac{1}{2}(x^{(\nu)} - \xi)^2\varphi''(\xi)$$
$$+ \ldots + \frac{1}{p!}\,(x^{(\nu)} - \xi)^p\,\varphi^{(p)}(\xi) + O((x^{(\nu)} - \xi)^{p+1})\,.$$

Aufgrund der Voraussetzung nimmt nun die Differenz $x^{(\nu+1)} - \xi$ die Gestalt:

$$x^{(\nu+1)} - \xi = \frac{(x^{(\nu)} - \xi)^p}{p!}\varphi^{(p)}(\xi) + O((x^{(\nu)} - \xi)^{p+1})$$

an, und wir bekommen

$$\frac{x^{(\nu+1)} - \xi}{(x^{(\nu)} - \xi)^p} = \frac{1}{p!}\varphi^{(p)}(\xi) + O((x^{(\nu)} - \xi)^{p+1})\,.$$

Durch Grenzübergang folgt schließlich

$$\lim_{\nu\to\infty}\left|\frac{x^{(\nu+1)} - \xi}{(x^{(\nu)} - \xi)^p}\right| = \frac{1}{p!}\,|\varphi^{(p)}(\xi)| = M\,. \qquad \square$$

Ist $\varphi^{(p)}(\xi) = 0$, so konvergiert das Verfahren von mindestens p-ter Ordnung.

Können wir sicherstellen, daß die Schrittfunktion φ dreimal stetig differenzierbar ist, dann konvergiert das in Satz 6.4 betrachtete Newtonsche Verfahren wegen $\varphi'(\xi) = 0$ und $\varphi''(\xi) = f''(\xi)/f'(\xi) \neq 0$ quadratisch. Damit bekommen wir als Zusammenfassung:

Satz 6.6 *Die Funktion f sei in $I = [a, b]$ dreimal stetig differenzierbar und besitze in (a, b) eine einfache Nullstelle ξ ($f(\xi) = 0$, $f'(\xi) \neq 0$).*
Dann gibt es ein Intervall

$$U_r(\xi) = \{x \mid 0 \leq |x - \xi| \leq r\} \subset [a, b]$$

derart, daß die Iterationsfolge

$$x^{(\nu+1)} = \varphi(x^{(\nu)}) = x^{(\nu)} - \frac{f(x^{(\nu)})}{f'(x^{(\nu)})}, \quad \nu = 0, 1, 2, \ldots.$$

des Newtonschen Verfahrens für jeden Startwert $x^{(0)} \in U_r(\xi)$ von mindestens zweiter Ordnung gegen ξ konvergiert.

Der folgende Satz gibt eine Fehlerabschätzung für das Newtonsche Verfahren.

Satz 6.7 *Unter den Voraussetzungen des Satzes 6.6 gilt für das Newtonsche Verfahren mit Startwerten $x^{(0)} \in U_r(\xi)$ die Fehlerabschätzung*

$$|x^{(\nu+m)} - \xi| \leq \frac{1}{M_1}(M_1|x^{(\nu)} - \xi|)^{2^m}, \quad \nu, m = 0, 1, 2, \ldots,$$

Dabei ist M_1 eine Konstante mit

$$\frac{1}{2}\frac{\max_{x \in I}|f''(x)|}{\min_{x \in I}|f'(x)|} \leq M_1.$$

Beweis: Nach der Taylorschen Formel gilt

$$0 = f(\xi) = f(x^{(\nu)}) + (\xi - x^{(\nu)})f'(x^{(\nu)}) + \frac{1}{2}(\xi - x^{(\nu)})^2 f''(\tilde{x}^{(\nu)})$$

wobei $\tilde{x}^{(\nu)}$ zwischen $x^{(\nu)}$ und ξ liegt. Dividieren wir beide Seiten dieser Gleichung durch $f'(x^{(\nu)})$:

$$\xi - x^{(\nu)} + \frac{f(x^{(\nu)})}{f'(x^{(\nu)})} = -\frac{1}{2}\frac{f''(\tilde{x}^{(\nu)})}{f'(x^{(\nu)})}(\xi - x^{(\nu)})^2$$

und berücksichtigen die Newtonsche Iterationsformel, so ergibt sich:

$$\xi - x^{(\nu+1)} = -\frac{1}{2}\frac{f''(\tilde{x}^{(\nu)})}{f'(x^{(\nu)})}(\xi - x^{(\nu)})^2.$$

Hieraus folgt beim Übergang zu den Beträgen

$$|\xi - x^{(\nu+1)}| \leq \frac{1}{2}\frac{\max_{x \in I}|f''(x)|}{\min_{x \in I}|f'(x)|}|\xi - x^{(\nu)}|^2$$

$$\leq M_1|x^{(\nu)} - \xi|^2$$

$$= \frac{1}{M_1}\left(M_1|x^{(\nu)} - \xi|\right)^2.$$

Damit haben wir die Behauptung des Satzes für $m = 1$ nachgewiesen. Wir nehmen an, die Behauptung sei für irgend ein m richtig, und beweisen sie unter Verwendung dieser Annahme für $m + 1$ (vollständige Induktion):

$$|x^{(\nu+1+m)} - \xi| \leq \frac{1}{M_1}\left(M_1|x^{(\nu+1)} - \xi|\right)^{2^m}$$

$$\leq \frac{1}{M_1}\left(M_1\frac{1}{M_1}(M_1|x^{(\nu)} - \xi|)^2\right)^{2^m}$$

$$= \frac{1}{M_1}\left(M_1|x^{(\nu)} - \xi|\right)^{2^{m+1}}. \qquad \square$$

Beispiel 6.4

Wir betrachten die Gleichung

$$x^2 - 40 = 0$$

und bestimmen eine Nullstelle mit Hilfe des Newtonschen Verfahrens. Dabei verwenden wir den Startwert $x_0 = 20$ und benutzen die Abfrage:

$$|x^{(\nu)} - x^{(\nu-1)}| \leq 10^{-14}$$

als Abbruchkriterium. Als Verfahrensfunktion bekommen wir:

$$\varphi(x) = \frac{x^2 + 40}{2x}.$$

Das *Mathematica*-Programm:

```
f[x_]:=x^2 - 40;
phi[x_]:=x - f[x]/f'[x];
x0=20; eps = 10^-14;
FrageStop=eps+1;
xn={x0};n=2;
Print["n    x(n)      |x(n)-x(n-1)|"];
While[FrageStop > eps, x2= N[phi[xn[[n-1]] ] ];
FrageStop=N[Abs[x2-xn[[n-1]] ] ]; AppendTo[xn,x2];
Print[n," ", x2," ", FrageStop]; n++];
```

erzeugt unter Benutzung von `While`, `N` und `AppendTo` die folgende Tabelle:

`While`

`N`

`AppendTo`

```
n    x(n)      |x(n)-x(n-1)|
2   11.   9.
3    7.31818   3.68182
4    6.39201   0.926172
5    6.32491   0.0670989
6    6.32456   0.000355915
                              -8
7    6.32456   1.00146 10
                              -16
8    6.32456   8.88178 10
```

Vergleichen wir mit dem von *Mathematica* mit 20 gesicherten Stellen gelieferten Wert

```
N[Sqrt[40],20]
```

```
6.3245553203367586640
```

so stellen wir fest, daß wir bereits mit 7 Iterationen einen guten Näherungswert für die Nullstelle $\xi = \sqrt{40}$ bekommen.

Wir überzeugen uns noch davon, daß das Newtonsche Verfahren mit dem Starwert $x_0 = -20$ gegen die Lösung $\xi = -\sqrt{40}$ der Gleichung konvergiert:

```
f[x_]:=x^2 - 40;
phi[x_]:=x - f[x]/f'[x];
x0=-20; eps = 10^-14;
FrageStop=eps+1;
xn={x0};n=2;
Print["n    x(n)      |x(n)-x(n-1)|"];
While[FrageStop > eps, x2= N[phi[xn[[n-1]] ] ];
FrageStop=N[Abs[x2-xn[[n-1]] ] ]; AppendTo[xn,x2];
Print[n," ", x2," ", FrageStop]; n++];
```

```
n    x(n)      |x(n)-x(n-1)|
2   -11.   9.
3   -7.31818   3.68182
4   -6.39201   0.926172
5   -6.32491   0.0670989
6   -6.32456   0.000355915
                              -8
7   -6.32456   1.00146 10
                              -16
8   -6.32456   8.88178 10
```

FindRoot Schließlich betrachten wir die von `FindRoot` mit dem Startwert $x_0 = -20$ gelieferte Lösung:

```
FindRoot[x^2-40,{x,-20}]
```

```
{x -> -6.324555320336759}
```

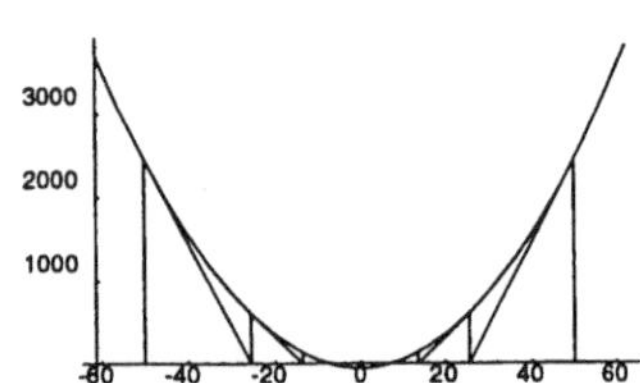

Das Newtonsche Verfahren zur Bestimmung der Nullstellen von $x^2 - 40 = 0$ mit Startwerten $x^{(0)} = 40$ und $x^{(0)} = -40$

6.3 Das Newtonsche Verfahren für mehrfache Nullstellen

Die Funktion f sei $(j + 1)$-mal stetig differenzierbar in $I = [a, b]$ und besitze in (a, b) eine Nullstelle ξ der Vielfachheit j, d.h. es sei

$$f(\xi) = f'(\xi) = \ldots = f^{(j-1)}(\xi) = 0 \quad \text{und} \quad f^{(j)}(\xi) \neq 0.$$

Neben der bekannten Schrittfunktion

$$\varphi_1(x) = x - \frac{f(x)}{f'(x)}$$

betrachten wir nun noch die zweite Schrittfunktion:

$$\varphi_2(x) = x - j\,\frac{f(x)}{f'(x)}.$$

Schrittfunktion des Newtonschen Verfahrens für mehrfache Nullstellen

und beweisen den

Satz 6.8 *Die Funktion f sei $(j+1)$-mal stetig differenzierbar in $I = [a, b]$ und besitze in (a, b) eine Nullstelle ξ der Vielfachheit $j \geq 2$. Dann konvergiert das Iterationsverfahren*

$$x^{(\nu+1)} = \varphi_2(x^{(\nu)})$$

in einem r-Intervall

$$U_r(\xi) = \{x \mid |x - \xi| \leq r,\ r > 0\} \subseteq [a, b]$$

um ξ von mindestens zweiter Ordnung, während für φ_1 gilt:

$$\varphi_1'(\xi) = \begin{cases} 0 & \text{für } j = 1 \\ \neq 0 & \text{für } j \geq 2 \end{cases}.$$

Beweis: Mit der Regel von de l'Hospital ergibt sich sofort: $\varphi_\alpha(\xi) = \xi$, $\alpha = 1, 2$. Nun berechnen wir:

$$\varphi_\alpha'(\xi) = \lim_{h \to 0} \frac{\varphi_\alpha(\xi + h) - \varphi_\alpha(\xi)}{h}.$$

Mit den Taylorentwicklungen:

$$\begin{aligned} f(\xi + h) &= f(\xi) + h f'(\xi) + \frac{h^2}{2} f''(\xi) \\ &\quad + \ldots + \frac{h^j}{j!} f^{(j)}(\xi) + O(h^{j+1}) \\ &= \frac{h^j}{j!} f^{(j)}(\xi) + O(h^{j+1}), \end{aligned}$$

$$f'(\xi + h) = f'(\xi) + h f''(\xi) + \frac{h^2}{2} f'''(\xi)$$

$$+ \dots + \frac{h^{j-1}}{(j-1)!} f^{(j)}(\xi) + O(h^j)$$

$$= \frac{h^{j-1}}{(j-1)!} f^{(j)}(\xi) + O(h^j)$$

erhalten wir für die Schrittfunktion $\varphi_1(x)$ an der Stelle $x = \xi + h$ die Darstellung:

$$\varphi_1(\xi + h) = \xi + h - \frac{f(\xi + h)}{f'(\xi + h)}$$

$$= \xi + h - \left(\frac{h}{j} + O(h^2) \right)$$

$$= \xi + h \left(1 - \frac{1}{j} \right) + O(h^2)$$

und für φ_1' wegen $\varphi_1(\xi) = \xi$

$$\varphi_1'(\xi) = \lim_{h \to 0} \frac{\varphi_1(\xi + h) - \varphi_1(\xi)}{h}$$

$$= \lim_{h \to 0} \frac{1}{h} \left(\xi + h(1 - \frac{1}{j}) + O(h^2) - \xi \right)$$

$$= \lim_{h \to 0} \left(1 - \frac{1}{j} + O(h) \right) = 1 - \frac{1}{j}$$

$$= \begin{cases} 0 & \text{für } j = 1 \\ \neq 0 & \text{für } j \geq 2, \end{cases}$$

d.h. für $j \geq 2$ geht die quadratische Konvergenz des Newtonschen Verfahrens für einfache Nullstellen verloren. Für die Schrittfunktion $\varphi_2(x)$ erhalten wir dagegen an der Stelle $x = \xi + h$ die Darstellung:

$$\varphi_2(\xi + h) = \xi + h - j \left(\frac{h}{j} + O(h^2) \right) = \xi + O(h^2)$$

und damit für φ_2'

$$\varphi_2'(\xi) = \lim_{h \to 0} \frac{\varphi_2(\xi + h) - \varphi_2(\xi)}{h} = \lim_{h \to 0} \frac{1}{h} (\xi + O(h^2) - \xi)$$

$$= \lim_{h \to 0} O(h) = 0.$$

Für $x \neq \xi$ gilt $\varphi_2'(x) = 1 - j + j f(x) f''(x)/f'(x)^2$, und ähnlich wie oben zeigt man $\lim_{h \to 0} \varphi_2'(\xi + h) = 0$, so daß φ' stetig ist. Wegen der Stetigkeit von φ_2' existiert ein Intervall $U_r(\xi)$, für das die Bedingungen des Satzes 6.4 erfüllt sind und wegen $\varphi_2'(\xi) = 0$ konvergiert das Verfahren nach Satz 6.5 mit $\varphi_2(x)$ mindestens quadratisch. (Den Nachweis der weiteren Voraussetzungen von Satz 6.5 müßten wir noch in analoger Weise erbringen). $\qquad \square$

Die Anwendung des Satzes 6.8 setzt die Kenntnis der Vielfachheit j der Nullstelle voraus, die allerdings im allgemeinen nicht bekannt ist.

Beispiel 6.5
Gegeben sei die Funktion

$$f(x) = 1 - \sin(x).$$

Wegen $f(\pi/2) = f'(\pi/2) = 0$ besitzt f bei $\xi = \frac{\pi}{2}$ eine doppelte Nullstelle. Wir bestimmen ξ mit Hilfe des Newtonschen Verfahrens für einfache Nullstellen. Die Rechnung wird abgebrochen, wenn die Bedingung

$$|x^{(\nu)} - x^{(\nu-1)}| < \varepsilon$$

mit $\varepsilon = 10^{-14}$ erfüllt ist. Das Newtonsche Verfahren für einfache Nullstellen lautet wie folgt:

$$x^{(\nu+1)} = x^{(\nu)} - \frac{f(x^{(\nu)})}{f'(x^{(\nu)})} = x^{(\nu)} + \frac{1 + \sin\left(x^{(\nu)}\right)}{\cos\left(x^{(\nu)}\right)}.$$

Das *Mathematica*-Programm (mit `MapThread`, `List`, `ListPlot` und `Table`):

```
f[x_]:=1-Sin[x];
phi[x_]:=x-f[x]/f'[x];
x0=N[2.0, 20]; eps=10^-14; FrageStop=eps+1;
xn={x0};n=2;
Print["n    x(n)      |x(n)-x(n-1)|"];
While[FrageStop > eps, x2= N[phi[xn[[n-1]] ],20 ];
FrageStop=N[Abs[x2-xn[[n-1]] ],20]; AppendTo[xn,x2];
Print[n," ", x2," ", FrageStop]; n++];
xex= N[Pi/2, 20]; Print["xexakt = ", xex];
y0= N[Pi/2]; m = n-1;
gr1 = Plot[y0, {x, 1, m},
AxesLabel -> {"n"," "},
PlotStyle -> {Dashing[{0.04}]},
DisplayFunction ->Identity];
ls1= Table[j,{j,m}]; lc= MapThread[List,{ls1,xn}];
gr2 = ListPlot[lc, PlotStyle -> {PointSize[0.013]},
          DisplayFunction -> Identity];
Show[gr1,gr2,PlotRange -> All,
          DisplayFunction -> $DisplayFunction];
```

erzeugt mit dem Startwert $x^{(0)} = 2.0$ die folgenden numerischen Ergebnisse:

```
n        x(n)                |x(n)-x(n-1)|
2   1.782041901539138   0.217958098460862
3   1.676024571401436   0.1060173301377016
4   1.623361845670113   0.05266272573132303
5   1.597073032661458   0.02628813000865493
6   1.583933923711274   0.01313910895018422
7   1.577365030772182   0.006568892939092575
8   1.574080666974083   0.0032843637980986
9   1.572438495408329   0.001642171565754191
10  1.571617410917093   0.00082108449123619
```

```
11   1.571206868832908   0.000410542084184673
12   1.571001597811039   0.000205271021868958
13   1.570898962302728   0.0001026355083109109
14   1.570847644548994   0.00005131775373445891
15   1.570821985672251   0.00002565887674288447
16   1.570809156232955   0.00001282943929603597
                                           -6
17   1.570802741510834   6.41472212037364 10
                                           -6
18   1.570799534148228   3.207362605728292 10
                                           -6
19   1.570797930473261   1.603674967709523 10
                                           -7
20   1.570797128653934   8.01819327156395 10
                                           -7
21   1.570796727684969   4.009689646977677 10
                                           -7
22   1.57079652718076    2.005042092356746 10
                                           -7
23   1.570796426899051   1.002817087147889 10
                                           -8
24   1.570796376990996   4.990805457794068 10
                                           -8
25   1.57079635266151    2.432948642550059 10
                                           -8
26   1.570796339785186   1.287632445112763 10
                                           -9
27   1.570796331238624   8.54656145854449 10
28   1.570796331238624   0.
xexakt = 1.570796326794896661923
```

Vergleichen wir die obige exakte Lösung `xexakt` mit dem Näherungswert $x^{(28)}$, so gilt für den absoluten Fehler

$$|x^{(28)} - \xi| = \left|x^{(28)} - \frac{\pi}{2}\right| \le 0.45 \cdot 10^{-8}.$$

Obwohl $|x^{(28)} - x^{(27)}| = 0$ ist, erhalten wir einen Näherungswert $x^{(28)}$, der nur auf 7 Dezimalen genau ist. Der Grund dafür ist in der Unbestimmtheit (0/0) des Ausdrucks f/f' bei $x^{(\nu)} \to \xi$ zu suchen. Wird der Zähler (in der mitgeführten Stellenzahl) früher Null als der Nenner, so bleibt die Iteration bei dem betreffenden Index stehen, und dieser Fall liegt hier vor. In anderen Fällen entfernen sich die iterierten Werte wieder von der Lösung.

Beispiel 6.6

Wir betrachten erneut

$$f(x) = 1 - \sin(x)$$

und benutzen nun das Newtonsche Verfahren für doppelte Nullstellen:

$$x^{(\nu+1)} = x^{(\nu)} - 2\frac{f(x^{(\nu)})}{f'(x^{(\nu)})} = x^{(\nu)} + 2\frac{1 - \sin\left(x^{(\nu)}\right)}{\cos\left(x^{(\nu)}\right)}.$$

Für die Implementierung dieses Verfahrens mit *Mathematica* brauchen wir nur die Zeile

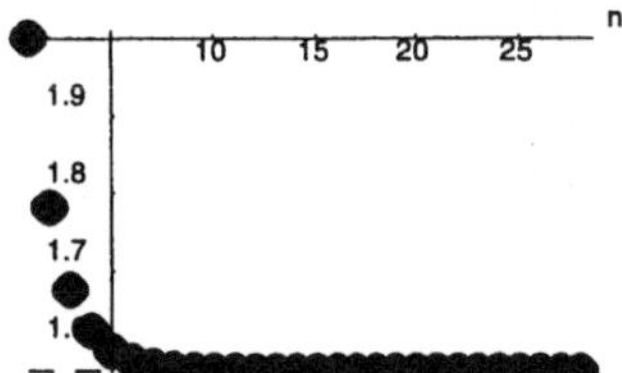

Mit dem Newtonschen Verfahren für einfache Nullstellen gewonnene Näherungslösungen $x^{(\nu)}$ von $f(x) = 1 - \sin x = 0$ und die exakte Lösung $\xi = \pi/2$

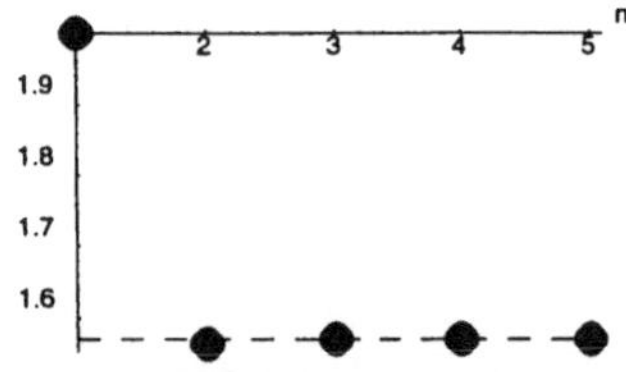

Mit dem Newtonschen Verfahren für doppelte Nullstellen gewonnene Näherungslösungen $x^{(\nu)}$ von $f(x) = 1 - \sin x = 0$ und die exakte Lösung $\xi = \pi/2$

```
phi[x_]:=x - f[x]/f'[x];
```

im obigen Programm durch die Zeile

```
phi[x_]:=x - 2 f[x]/f'[x];
```

zu ersetzen und bekommen die folgenden numerischen Ergebnisse:

```
n           x(n)              |x(n)-x(n-1)|
2   1.564083803078276   0.435916196921724
3   1.570796351999407   0.006712548921130824
                                              -8
4   1.570796325570255   2.642915131190193 10
5   1.570796325570255   0.
xexakt = 1.570796326679489661923
```

Hier ist die Abfrage $|x^{(\nu)} - x^{(\nu-1)}| \leq 10^{-14}$ bereits nach vier Iterationsschritten erfüllt, da das Verfahren quadratisch konvergiert. Aber auch hier gilt für den absoluten Fehler des Näherungswertes $x^{(5)}$: $|x^{(5)} - \frac{\pi}{2}| \leq 0.123 \cdot 10^{-8}$. Die Ursache dafür ist dieselbe wie im vorigen Beispiel.

6.4 Regula falsi

Die Funktion f besitze im Intervall I eine einfache Nullstelle ξ. Zur näherungsweisen Bestimmung von ξ mit dem Newtonschen Verfahren ist die Berechnung der Ableitung f' erforderlich, was in praktischen Fällen mit großen Schwierigkeiten verbunden sein kann. Die Regula falsi ist ein Iterationsverfahren, das ohne die Ableitung auskommt und zwei Startwerte $x^{(0)}, x^{(1)}$ erfordert.

Wir gelangen durch die folgende Überlegung zur Iterationsvorschrift für die Regula falsi. Es seien $x^{(0)}, x^{(1)} \in I$. Durch die Punkte $(x^{(0)}, f(x^{(0)}))$ und $(x^{(1)}, f(x^{(1)}))$ legen wir die Verbindungsgerade, die wir mit der x-Achse zum Schnitt bringen. Für die Abszisse $x^{(2)}$ des Schnittpunktes finden wir

$$x^{(2)} = x^{(1)} - \frac{x^{(1)} - x^{(0)}}{f(x^{(1)}) - f(x^{(0)})} f(x^{(1)}).$$

Setzen wir das Verfahren fort, so ergibt sich die Iterationsvorschrift der *Regula falsi*:

$$x^{(\nu+1)} = x^{(\nu)} - \frac{x^{(\nu)} - x^{(\nu-1)}}{f(x^{(\nu)}) - f(x^{(\nu-1)})} f(x^{(\nu)})$$
$$= \varphi(x^{(\nu)}, x^{(\nu-1)}).$$

Regula falsi

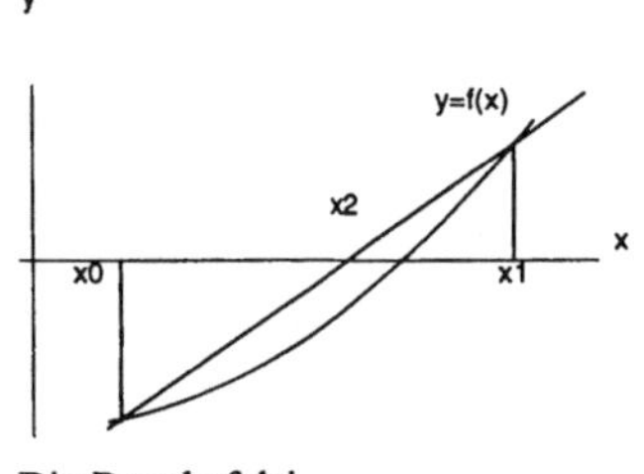

Die Regula falsi

Im Gegensatz zum Newtonschen Verfahren muß die Differenzierbarkeit von f nicht verlangt werden. Wir können die obige Vorschrift so interpretieren, daß durch den Quotienten $(x^{(\nu)} - x^{(\nu-1)})/(f(x^{(\nu)}) - f(x^{(\nu-1)}))$ der Wert der Ableitung $f'(x^{(\nu)})$ im Newtonschen Verfahren approximiert wird. Falls einmal $f(x^{(\nu)}) = 0$ ergibt, wird das Verfahren abgebrochen. Wesentlich für die Konvergenz des Verfahrens ist, daß die Startwerte $x^{(0)}$, $x^{(1)}$ hinreichend nahe an der Nullstelle ξ liegen.

> **Satz 6.9** *Die Funktion f sei im Intervall (a, b) zweimal stetig differenzierbar und erfülle die Bedingung*
>
> $$0 < m \le |f'(x)|, \quad |f''(x)| \le M, \; x \in (a, b)$$
>
> *mit positiven Konstanten m, M. Ist $\xi \in (a, b)$ eine (einfache) Nullstelle von f, dann gibt es eine Umgebung $U_r(\xi) \subset (a, b)$, $r > 0$, so daß das Verfahren für jedes Paar von Startwerten $x^{(0)}, x^{(1)} \in U_r(\xi)$, $x^{(0)} \ne x^{(1)}$, gegen ξ konvergiert.*

Beweis: Zunächst ergibt sich aus dem Mittelwertsatz:

$$|f(x)| = |f(x) - f(\xi)| \ge m\,|x - \xi| > 0$$

für $x \ne \xi$, so daß ξ die einzige Nullstelle in (a, b) darstellt. Wir formen um:

$$x^{(\nu+1)} - \xi = x^{(\nu)} - \xi - \frac{x^{(\nu)} - x^{(\nu-1)}}{f(x^{(\nu)}) - f(x^{(\nu-1)})} f(x^{(\nu)})$$

$$= (x^{(\nu)} - \xi)\, \frac{f(x^{(\nu)}) - f(x^{(\nu-1)}) - \dfrac{x^{(\nu)} - x^{(\nu-1)}}{x^{(\nu)} - \xi} f(x^{(\nu)})}{f(x^{(\nu)}) - f(x^{(\nu-1)})}$$

$$= (x^{(\nu)} - \xi)\, \frac{\dfrac{f(x^{(\nu)}) - f(x^{(\nu-1)})}{x^{(\nu)} - x^{(\nu-1)}} - \dfrac{f(x^{(\nu)}) - f(\xi)}{x^{(\nu)} - \xi}}{\dfrac{f(x^{(\nu)}) - f(x^{(\nu-1)})}{x^{(\nu)} - x^{(\nu-1)}}}$$

$$= (x^{(\nu)} - \xi)(x^{(\nu-1)} - \xi)\, \frac{1}{\dfrac{f(x^{(\nu)}) - f(x^{(\nu-1)})}{x^{(\nu)} - x^{(\nu-1)}}}$$

$$\frac{\dfrac{f(x^{(\nu)}) - f(x^{(\nu-11)})}{x^{(\nu)} - x^{(\nu-1)}} - \dfrac{f(x^{(\nu)}) - f(\xi)}{x^{(\nu)} - \xi}}{x^{(\nu-1)} - \xi}.$$

Mit den Integraldarstellungen:

$$\frac{f(x^{(\nu)}) - f(x^{(\nu-1)})}{x^{(\nu)} - x^{(\nu-1)}} = \int_0^1 f'(x^{(\nu-1)} + t(x^{(\nu)} - x^{(\nu-1)}))\, dt$$

und

$$\frac{\dfrac{f(x^{(\nu)}) - f(x^{(\nu-1)})}{x^{(\nu)} - x^{(\nu-1)}} - \dfrac{f(x^{(\nu)}) - f(\xi)}{x^{(\nu)} - \xi}}{x^{(\nu-1)} - \xi}$$

$$= \int_0^1 \int_0^{t_1} f''(x^{(\nu)} + t_1(x^{(\nu-1)} - x^{(\nu)}) + t_2(\xi - x^{(\nu-1)}))\, dt_2\, dt_1$$

erhalten wir die Abschätzung:

$$|x^{\nu+1} - \xi| \le \frac{M}{2m}\, |x^\nu - \xi|\, |x^{\nu-1} - \xi|\,.$$

Wählen wir $r = 2m/M$, so gilt $x^{(\nu)} \in U_r(\xi)$ für alle ν. Mit

$$|x^{(0)} - \xi|\frac{M}{2m} \le \rho < 1 \quad \text{und} \quad |x^{(1)} - \xi|\frac{M}{2m} \le \rho < 1$$

bekommt man nun leicht:

$$|x^{(\nu)} - \xi| \le \frac{2m}{M}\rho^{a_\nu}\,, \quad \nu \ge 0\,,$$

wobei a_ν die durch die Rekursionsformel:

$$a_\nu = a_{\nu-1} + a_{\nu-2}\,, \quad a_0 = 0\,, \quad a_1 = 1\,,$$

erklärten Fibonacci-Zahlen sind. Da die Fibonacci-Folge gegen Unendlich strebt, gilt offensichtlich die Behauptung. $\qquad\square$

Prinzipiell kann die Regula falsi auch zur näherungsweisen Berechnung mehrfacher Nullstellen verwendet werden. Die Voraussetzung $0 < m \le |f'(x)|$ für alle $x \in (a, b)$ ist dann jedoch nicht mehr gegeben.

Beispiel 6.7

Wir suchen mit der Regula falsi nach einer Lösung der Gleichung

$$f(x) = e^x - x - \frac{3}{2} = 0\,.$$

Offensichtlich ist $f(0) = -1/2 < 0$ und $f(1) = \approx 0.23 > 0$, so daß f im Intervall $(0, 1)$ eine Nullstelle besitzt. Man kann sich leicht davon überzeugen, daß in einem geeigneten Teilintervall von $(0, 1)$ die Voraussetzungen von Satz 6.9 erfüllt sind.

Wir führen nun die Regula falsi mit den Startwerten $x^{(0)} = 0$, $x^{(1)} = 1$ durch und überlassen wieder *Mathematica* die Rechenarbeit. Wir brechen die Rechnung ab, wenn die Bedingung

$$|x^{(\nu)} - x^{(\nu-1)}| < \varepsilon$$

mit $\varepsilon = 10^{-14}$ erfüllt ist. Das *Mathematica*-Programm

```
f[x_]:= E^x-x-3/2;
phi[x0_,x1_]:= x1 - (x1-x0)/(f[x1]-f[x0]) f[x1];
x0=0; x1=1; eps = 10^-14; FrageStop=eps+1;
xn={x0,x1};n=2;
Print["n    x(n)      |x(n)-x(n-1)|"];
While[FrageStop > eps,
x2=N[phi[xn[[n-1]],xn[[n]] ] ];
FrageStop=N[Abs[x2-xn[[n]] ]]; AppendTo[xn,x2];
Print[n," ", x2," ", FrageStop]; n++];
xi=xn[[n]]; Glei=N[f[xi]];Print["f(x(n))= ",Glei];
ls1= Table[j,{j,n}]; lc= MapThread[List,{ls1,xn}];
ListPlot[lc, PlotStyle -> {PointSize[0.013]}];
```

liefert die folgenden Ergebnisse:

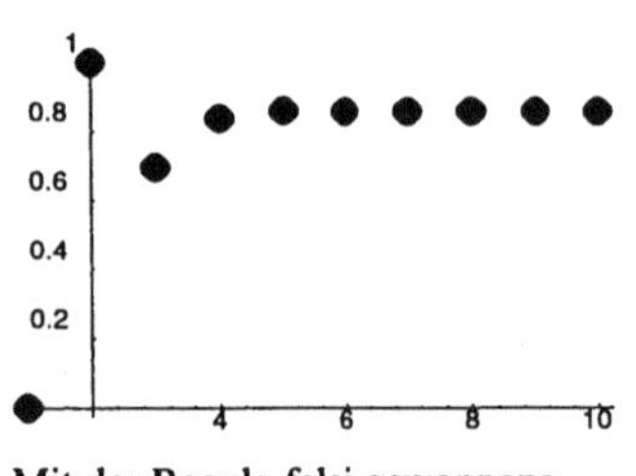

Mit der Regula falsi gewonnene
Näherungslösungen $x^{(\nu)}$ von
$f(x) = e^x - x - 3/2 = 0$

```
n    x(n)      |x(n)-x(n-1)|
2    0.696106   0.303894
3    0.837599   0.141493
4    0.860796   0.0231967
5    0.857622   0.00317388
6    0.857677   0.000054722
                            -7
7    0.857677   1.48362 10
                            -12
8    0.857677   7.06823 10
9    0.857677   0.
f(x(n))= 0.
```

Daß wir durch Einsetzen des letzten berechneten Näherungswertes $x^{(\nu)}$ tatsächlich f(x(n))= 0. erhalten, ist ein Hinweis darauf, daß wir eine gute Näherung für die Nullstelle $\xi = 0.857677$ berechnet haben.

6.5 Berechnung von Nullstellen von Polynomen

Wir stellen das Problem, sämtliche reellen Lösungen der algebraischen Gleichung

$$\sum_{j=0}^{n} a_j x^j = 0, \quad a_j \in \mathbb{R}, \quad a_n \neq 0,$$

mit Hilfe des Newtonschen Verfahrens unter Verwendung des Horner-Schemas zu bestimmen. Zuerst müssen wir ein Intervall ermitteln, in dem alle Nullstellen liegen. Der folgende Satz schließt alle Nullstellen eines komplexen Polynoms in der komplexen Ebene in einen Kreis um den Nullpunkt ein:

> **Satz 6.10** *Ist ξ eine Nullstelle des Polynoms*
>
> $$p_n(x) = x^n + a_{n-1}\,x^{n-1} + \ldots + a_1\,x + a_0\,,$$
>
> *so gilt:*
>
> $$|\xi| \le r = \max\{|a_0|,\,1 + |a_1|,\,\ldots,\,1 + |a_{n-1}|\}\,.$$

Beweis: Wir zeigen zunächst durch Induktion, daß für $\bar{x} > r$ und $j = 1, \ldots, n$ gilt:

$$\sum_{k=0}^{j-1} \frac{|a_k|}{|\bar{x}|^{j-k}} < 1\,.$$

Offenbar ist dies für $j = 1$ wegen $\bar{x} > r \ge |a_0|$ richtig. Ist nun die Behauptung für j richtig, so folgt für $j + 1$:

$$\sum_{k=0}^{j} \frac{|a_k|}{|\bar{x}|^{j+1-k}} = \frac{1}{|\bar{x}|}\left(\sum_{k=0}^{j-1} \frac{|a_k|}{|\bar{x}|^{j-k}} + |a_j|\right) < \frac{1 + |a_j|}{\bar{x}} < 1\,.$$

Damit gilt nun für $\bar{x} > r$:

$$\frac{|p_n(\bar{x})|}{|\bar{x}|^n} = \left|1 + \sum_{k=0}^{n-1} \frac{|a_k|}{|\bar{x}|^{n-k}}\right| \ge 1 - \sum_{k=0}^{n-1} \frac{|a_k|}{|\bar{x}|^{n-k}} > 0$$

und somit $p_n(\bar{x}) \neq 0$. $\qquad\qquad\square$

Beispiel 6.8

Wir betrachten das Polynom

$$p_6(x) = x^6 + x^4 - 4\,x^3 - 7\,x^2 - 12\,x - 12\,.$$

Nach Satz 6.10 liegen alle Nullstellen in einem Kreis um den Nullpunkt in der komplexen Ebene mit dem Radius 12. Wir bestimmen die Lage der Nullstellen mit NSolve:

```
p=x^6+x^4-4 x^3-7 x^2-12 x-12;
NSolve[p==0]

{{x -> -1.04698}, {x -> -0.671335 - 1.29143 I},
   {x -> -0.671335 + 1.29143 I},
   {x -> 0.145093 - 1.59873 I},
   {x -> 0.145093 + 1.59873 I}, {x -> 2.09947}}
```

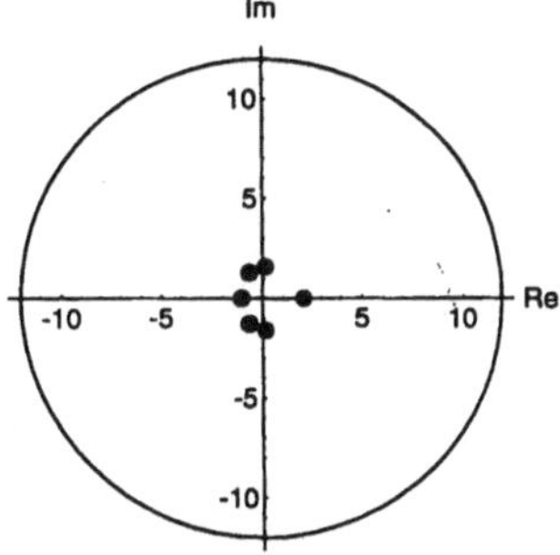

Die Nullstellen des Polynoms
$$p_6(x) =$$
$$x^6 + x^4 - 4\,x^3 - 7\,x^2 - 12\,x - 12$$
und ihre Lage innerhalb des Kreises mit dem Radius 12
NSolve

Wenn ein Polynom nur reelle Nullstellen besitzt, so kann man ihre ungefähre Lage folgendermaßen bestimmen:

Satz 6.11 *Das Polynom*

$$p_n(x) = x^n + a_{n-1}x^{n-1} + \ldots + a_1 x + a_0$$

besitze nur reelle Nullstellen. Ist $\bar{x}$ eine beliebige reelle Zahl und

$$\eta = n \left| \frac{p_n(\bar{x})}{p_n'(\bar{x})} \right|,$$

so liegt im Intervall $[\bar{x} - \eta, \bar{x} + \eta]$ mindestens eine Nullstelle von p_n.

Beweis: Es seien $x_1, \ldots, x_n$ die reellen Wurzeln von $p_n(x)$. (Mehrfache Wurzeln seien mehrfach gezählt). Wir faktorisieren das Polynom p_n:

$$p_n(x) = a_n(x - x_1) \ldots (x - x_n)$$

und führen die Polynome

$$p_{n-\nu}^*(x) = (x - x_{\nu+1})(x - x_{\nu+2}) \ldots (x - x_n)$$

$$p_0^*(x) = 1, \quad \nu = 1, 2, \ldots, n - 1,$$

ein. Offenbar gilt:

$$(x - x_1) \ldots (x - x_{\nu-1})p_{n-\nu}^*(x) = \frac{p_n(x)}{a_n(x - x_\nu)}.$$

Durch mehrfache Anwendung der Produktregel für die Ableitung erhält man:

$$\begin{aligned}
p_n'(x) &= a_n \left(p_{n-1}^*(x) + (x - x_1)p_{n-2}^*(x) \right. \\
&\quad + (x - x_1)(x - x_2)p_{n-3}^*(x) + \ldots \\
&\quad \left. + (x - x_1)(x - x_2) \ldots (x - x_{n-1})p_0^*(x) \right) \\
&= p_n(x) \left(\frac{1}{x - x_1} + \frac{1}{x - x_2} + \ldots + \frac{1}{x - x_n} \right)
\end{aligned}$$

und weiter:

$$\left| \frac{p_n'(\bar{x})}{p_n(\bar{x})} \right| = \left| \frac{1}{\bar{x} - x_1} + \ldots + \frac{1}{\bar{x} - x_n} \right| \leq \frac{n}{\min_{1 \leq k \leq n} |\bar{x} - x_k|}.$$

Also gilt insgesamt:

$$\min_{1 \leq k \leq n} |\bar{x} - x_k| \leq n \left| \frac{p_n(\bar{x})}{p_n'(\bar{x})} \right| = \eta.$$

Wird nun das Minimum auf der linken Seite dieser Ungleichung für die Nullstelle $x_{\bar{k}}$, $1 \leq \bar{k} \leq n$, angenommen, so folgt $|\bar{x} - x_{\bar{k}}| \leq \eta$. Daraus ergibt sich unmittelbar die Behauptung des Satzes. $\square$

Beispiel 6.9
Das Polynom

$$p_5(x) = x^5 - 0.4\,x^4 - 5\,x^3 + 2\,x^2 + 4\,x - 1.6$$

hat lauter reelle Nullstellen:

```
Solve[x^5-0.4 x^4-5 x^3+2 x^2+4 x-1.6==0,x]

{{x -> -2.},{x -> -1.},{x -> 0.4},{x -> 1.},{x -> 2.}}
```

Nehmen wir den Wert $\bar{x} = 0.5$. Mit Hilfe des *Mathematica*-Programms

```
a = {-1.6,4,2,-5,-0.4,1}; x0=0.5;
n= Length[a]-1; fk = {};
Do[ jr = n-k+1;
 Do[ m=n-j+1; a[[m]]=a[[m+1]]*x0+a[[m]],{j,jr}];
 k3=k-1; ak = a[[k]]*k3!; AppendTo[fk, ak], {k,2}];
f0=fk[[1]]; f1=fk[[2]]; eta = n*f0/f1;
Print["f(x0) = ", f0, ", f'(x0) = ", f1,
      ", eta = ", eta];
```

erhalten wir

```
f(x0) = 0.28125, f'(x0) = 2.3625, eta = 0.595238
```

so daß sich $\eta = 0.595238$ ergibt. Daher liegt nach Satz 6.11 im Intervall
$[-.1, 1.1]$ mindestens eine Nullstelle. Man sieht sofort, daß die Nullstellen
$\xi = 0.4$ und $\xi = 1.0$ in dem angegebenen Intervall liegen.

Bemerkung 6.1 Die Lage der Nullstellen eines Polynoms kann man
durch Berechnung von Funktionswerten, Bestimmung von Extrem-
werten und Intervallteilung eingrenzen. Hat man Intervalle I_k gefunden, in denen jeweils nur eine Nullstelle x_k liegt, dann läßt sich
das Newtonsche Verfahren zur näherungsweisen Berechnung der x_k
anwenden. Dabei sind p_n und p'_n mit Hilfe des Horner-Schemas zu
berechnen.

Bemerkung 6.2 Bei reellen Polynomen bereitet häufig die Bestimmung von komplexen - und damit von Paaren konjugiert komplexer
Wurzeln Schwierigkeiten. Zunächst liefert das Newtonsche Verfahren nur dann komplexe Näherungen $x^{(k)} = u^{(k)} + v^{(k)}i$, wenn die
Ausgangsnäherung $x^{(0)}$ nicht reell ist. Denn ist $x^{(0)}$ reell, so ist

$$x^{(1)} = x^{(0)} - \frac{p_n(x^{(0)})}{p'_n(x^{(0)})}$$

ebenfalls reell. Andererseits ist es in der Regel schwierig, einen
geeigneten komplexen Startwert zu finden. Dieser muß ja wegen der
lokalen Konvergenz des Newtonschen Verfahrens schon hinreichend
nahe bei der gesuchten Nullstelle $\xi = u + vi$ liegen. Schließlich sind
die Rechnungen mit komplexen Zahlen aufwendiger.

Hat man für eine Nullstelle x_0 von p_n iterativ eine hinreichend gute Näherung erhalten, so dividiert man p_n durch $(x - x_0)$ und wendet das Iterationsverfahren auf das Polynom p_{n-1} $(p_n = (x - x_0)p_{n-1})$ an. So erhält man nacheinander alle Nullstellen von p_n und schließt aus, daß man eine Nullstelle zweimal berechnet. Dabei könnten sich aber die Nullstellen der dividierten Polynome immer weiter von den Nullstellen des Ausgangspolynoms p_n entfernen, so daß die Genauigkeit immer mehr abnimmt. Es empfiehlt sich deshalb, das Abdividieren von Nullstellen mit der betragskleinsten Nullstelle zu beginnen.

Beispiel 6.10

Wir berechnen alle reellen Nullstellen des Polynoms

$$p_3(x) = x^3 - 23\,x^2 + 37\,x + 299$$

mit dem Newtonschen Verfahren.

Mit *Mathematica* bestimmen wir zuerst die Nullstellen der Ableitung:

```
f[x_]:= x^3 - 23 x^2 + 37 x + 299;
abl = Solve[f'[x] == 0, x]; Print[N[abl]];

{{x -> 0.851651}, {x -> 14.4817}}
```

und verschaffen uns damit Startwerte für das Newtonsche Verfahren:

```
x0it = {}; abx = x /. abl;
x0 = (N[abx[[1]]] + N[abx[[2]]])/2;
AppendTo[x0it, x0]; AppendTo[x0it, N[abx[[1]]]-10];
AppendTo[x0it, N[abx[[2]]] + 10]; Print[x0it];

{7.66667, -9.14835, 24.4817}
```

Nun können wir die drei reellen Nullstellen annähern:

```
phi[x_]:= x - f[x]/f'[x];
eps = 10^-14; FrageStop=eps+1;

Do[ x0 = x0it[[k]]; xn={x0};n=2;
FrageStop = eps +1;
Print["n          x(n)              |x(n)-x(n-1)|"];
While[FrageStop > eps, x2= N[phi[xn[[n-1]] ],20 ];
FrageStop=N[Abs[x2-xn[[n-1]] ],20]; AppendTo[xn,x2];
Print[n," ", x2," ", FrageStop]; n++], {k,3}];
```

```
n          x(n)              |x(n)-x(n-1)|
2    5.380116959064327    2.286549707602339
3    5.283433223087797    0.09668373597653
4    5.282901503932328    0.0005317191554690126
                                               -8
5    5.282901487401034    1.653129455547742 10
6    5.282901487401034    0.
n          x(n)              |x(n)-x(n-1)|
2   -5.297235836120411    3.85111359729988
3   -3.403227973078697    1.894007863041713
```

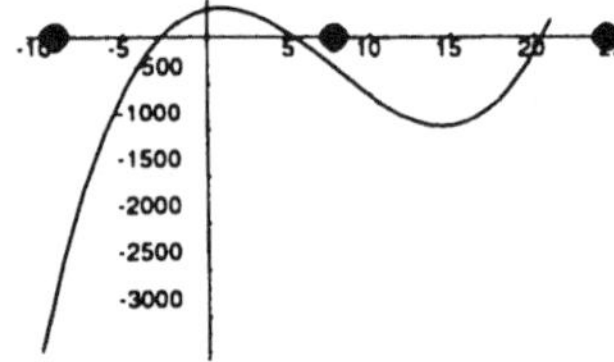

Das Polynom
$p_3(x) = x^3 - 23\,x^2 + 37\,x + 299$
mit Nullstellen und Startwerten für
das Newtonsche Verfahren

```
4   -2.821870741872125   0.5813572312065723
5   -2.76404225334017    0.05782848853195555
6   -2.763480783108201   0.0005614702319687304
7   -2.763480730364803   5.274339809346884 10
8   -2.763480730364802   4.440892098500627 10

n        x(n)             |x(n)-x(n-1)|
2   21.52940443099364    2.952278335759981
3   20.5825815621175     0.946822868876144
4   20.48169266315655    0.1008888989609495
5   20.48057937784511    0.00111328531143684
6   20.48057924296377    1.348813434276508 10
7   20.48057924296377    0.
```

Zeile 7 (erster Block): $5.274339809346884 \cdot 10^{-8}$

Zeile 8 (erster Block): $4.440892098500627 \cdot 10^{-16}$

Zeile 6 (zweiter Block): $1.348813434276508 \cdot 10^{-7}$

7 Interpolation

7.1 Interpolation durch Polynome

Gegeben seien $n + 1$ reelle Wertepaare

$$(x_0, y_0), (x_1, y_1), \ldots, (x_n, y_n)$$

mit paarweise verschiedenen Zahlen x_i ($i = 0, 1, \ldots, n$). Die *Interpolationsaufgabe* besteht nun darin, eine Funktion $f(x)$ aus einem geeigneten Raum zu finden, welche die Bedingungen:

Interpolationsaufgabe

$$f(x_i) = y_i, \quad i = 0, 1, \ldots, n$$

Stützstellen
Stützwerte

erfüllt. Die Zahlen x_i nennt man *Stützstellen* und die Werte y_i *Stützwerte*. Anstatt von Stützstellen spricht man auch von Knoten. Die Menge aller Knoten heißt Gitter. Der größte auftretende Abstand zwischen zwei benachbarten Stützstellen heißt Gitterweite. Ist der Abstand zwischen je zwei benachbarten Stützstellen gleich, so hei-

Äquidistante Stützstellen

ßen die Stützstellen *äquidistant*.

Man kann sich nun leicht davon überzeugen, daß die Interpolationsaufgabe im Vektorraum der Polynome bis zum Grad n eine eindeutige Lösung besitzt, die wir als *Interpolationspolynom* bezeichnen.

Interpolationspolynom

Satz 7.1 *Seien* $(x_0, y_0), (x_1, y_1), \ldots, (x_n, y_n)$ $n + 1$ *reelle Wertepaare mit paarweise verschiedenen* x_i ($i = 0, 1, \ldots, n$). *Dann gibt es genau ein Polynom* p_n *höchstens n-ten Grades mit*

$$p_n(x_i) = y_i, \quad i = 0, 1, \ldots, n.$$

Beweis: Seien $p_{n,1}$ und $p_{n,2}$ zwei Polynome höchstens n-ten Grades, die die Interpolationsaufgabe lösen. Das Polynom n-ten Grades $p = p_{n,1} - p_{n,2}$ besäße aber dann $n + 1$ Nullstellen und muß somit identisch veschwinden.

Zum Beweis der Existenz setzen wir:

$$p_n(x) = \sum_{j=0}^{n} a_j \, x^j$$

und zeigen, daß die Koeffizienten a_j durch die Interpolationsforderung:

$$p_n(x_i) = \sum_{j=0}^{n} a_j x_i^j = y_i, \quad i = 0, \ldots, n,$$

eindeutig festgelegt werden. Die Interpolationsforderung stellt ein
lineares Gleichungssystem mit $n + 1$ Gleichungen und $n + 1$ Unbekannten, den Koeffizienten des Polynoms p_n, dar. Die Systemdeter-
minante wird von der Vandermondeschen Determinante

$$\det \begin{pmatrix} 1 & x_0 & x_0^2 & \cdots & x_0^n \\ 1 & x_1 & x_1^2 & \cdots & x_1^n \\ \vdots & \vdots & \vdots & \cdots & \vdots \\ 1 & x_n & x_n^2 & \cdots & x_n^n \end{pmatrix} = \prod_{n \geq j > k \geq 0} (x_j - x_k)$$

gebildet, die bei paarweiser Verschiedenheit der Stützstellen nicht
verschwindet. Damit ist die eindeutige Lösbarkeit des linearen Gleichungssystems und somit der Interpolationsaufgabe gewährleistet.

$\square$

Beispiel 7.1
Gegeben sei die folgende Wertetabelle:

i	0	1	2	3
x_i	0	0.5	1	2
y_i	1.5	2.8	0.5	2.3

Gesucht werde das Interpolationspolynom $p_3(x)$ (mit $p_3(x_i) = y_i$).

Wir bilden die Vandermondesche Matrix und lösen das Gleichungssystem
für die Koeffizienten des Interpolationspolynoms:

```
vdm={{1,0,0,0},{1,0.5,0.5^2,0.5^3},{1,1,1,1},{1,2,4,8}};
LinearSolve[vdm,{1.5,2.8,0.5,2.3}]

{1.5, 9.06666666666667, -15.8, 5.733333333333336}
```

Mit *Mathematica* finden wir also:

$$p_3(x) = 1.5 + 9.06666666666667\,x - 15.8\,x^2 + 5.733333333333336\,x^3.$$

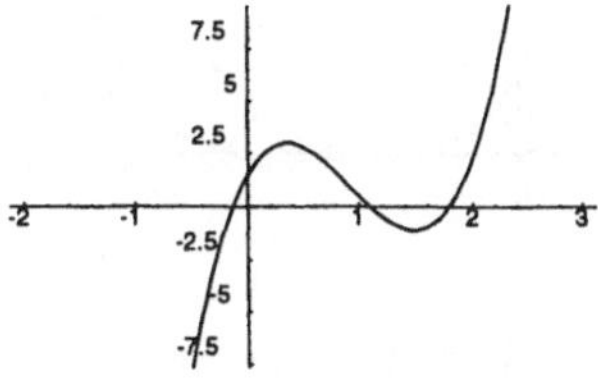

Das Interpolationspolynom p_3 aus
Beispiel 7.1

Bemerkung 7.1 Es ist oft aus praktischen Erwägungen heraus wesentlich günstiger mit einem Polynom als mit einer vorliegenden
Funktion zu arbeiten. Wir werten dann eine Funktion f an $n + 1$
Stützstellen aus, bilden $n + 1$ Wertepaare und führen die entsprechende Interpolationsaufgabe durch. Nun kann man zu bestimmten
Zwecken, anstatt mit der Funktion f mit dem Interpolationspolynom
rechnen.

7.2 Das Interpolationspolynom in der Form von Lagrange

Das Verfahren aus Satz 7.1 zur Bestimmung des Interpolationspolynoms ist in praktischen Fällen zu umständlich und gibt keine Einsicht in die Struktur des Interpolationspolynoms. Bei der Lagrangeschen Methode wird das Interpolationspolynom aus gewissen elementaren Interpolationspolynomen aufgebaut:

Satz 7.2 *Seien* $(x_0, y_0), (x_1, y_1), \dots , (x_n, y_n)$ $n + 1$ *Wertepaare mit paarweise verschiedenen* x_i $(i = 0, 1, \dots , n)$. *Die Polynome* $L_{n,j}(x)$, $j = 0, 1, \dots , n$ *seien durch*

$$L_{n,j}(x) = \prod_{i=0, i \neq j}^{n} \frac{x - x_i}{x_j - x_i}$$

erklärt.
Dann hat das Interpolationspolynom L_n *mit* $L_n(x_i) = y_i$, $i = 0, 1, \dots , n$ *die Gestalt:*

$$L_n(x) = \sum_{j=0}^{n} y_j\, L_{n,j}(x)\,.$$

Beweis: Die Polynome $L_{n,j}(x)$ sind vom Grad n und haben die Eigenschaft

$$L_{n,j}(x_k) = \delta_{jk} = \begin{cases} 0 & \text{für} \quad j \neq k \\ 1 & \text{für} \quad j = k. \end{cases}$$

Offensichtlich ist nun $L_n(x) = \sum_{j=0}^{n} y_j L_{n,j}(x)$ ein Polynom höchstens n-ten Grades, das die Interpolationsaufgabe löst, und daher mit dem Interpolationspolynom p_n übereinstimmt. $\qquad \square$

Das Interpolationspolynom $L_n(x)$ heißt *Interpolationspolynom in der Form von Lagrange*:

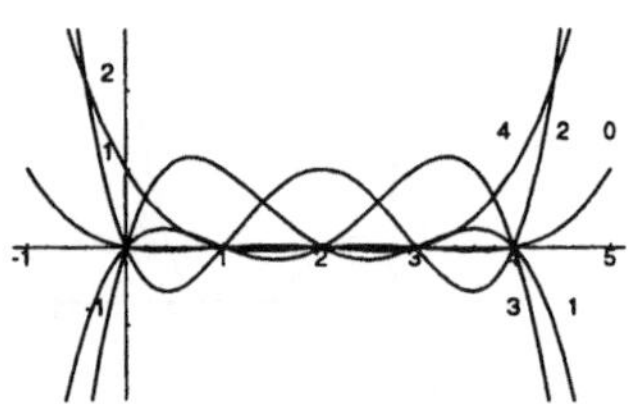

Die Polynome $L_{4,j}$ mit Stützstellen 0, 1, 2, 3, 4

Interpolationspolynom in der Form von Lagrange

$$L_n(x) = \sum_{j=0}^{n} y_j\, L_{n,j}(x)\,,$$

$$L_{n,j}(x) = \prod_{i=0, i \neq j}^{n} \frac{x - x_i}{x_j - x_i}\,.$$

Beispiel 7.2
Die folgende Wertetabelle:

i	0	1	2
x_i	0	1/2	1
$f(x_i) = y_i$	0	4/9	1/2

der Funktion

$$f(x) = \frac{x}{1 + x^3}$$

sei gegeben.

Gesucht ist das zur Wertetabelle gehörige Interpolationspolynom von Lagrange $L_2(x)$ und der Fehler ε, den man begeht, wenn man die Funktion f im Punkt $x = 0.8$ durch L_2 ersetzt:

$$\varepsilon = |f(0.8) - L_2(0.8)|\,.$$

Mit dem folgenden *Mathematica*-Programm stellen wir das Interpolationspolynom L_2 unter Verwendung von `Apply`, `Drop` und `Times` auf:

Apply
Drop
Times

```
f[x_]:= x/(1 + x^3);
xk = {0, 0.5, 1}; y = Map[f, xk]; n = Length[xk];
Do[ll[j]=Apply[Times, x-Drop[xk,{j}]]/Apply[Times,
            xk[[j]]-Drop[xk,{j}]], {j, n}];
L = Sum[ll[j] y[[j]], {j, n}]; Print["L(x) = ", L];
epsilon = Abs[f[0.8] - L /. x -> 0.8];
Print["epsilon = ", epsilon];
gr1 = Plot[f[x], {x, 0, 1}, AxesLabel -> {"x", " "},
            PlotStyle -> {Dashing[{0.04}]},
            DisplayFunction -> Identity];
gr2 = Plot[L, {x,0,1}, DisplayFunction -> Identity];
gr3 = Show[gr1, gr2,DisplayFunction ->
        $DisplayFunction];
```

und bekommen:

```
L(x) = -1.77778 (-1 + x) x + 1. (-0.5 + x) x
```

Der Fehler ε beträgt:

```
epsilon = 0.00465608
```

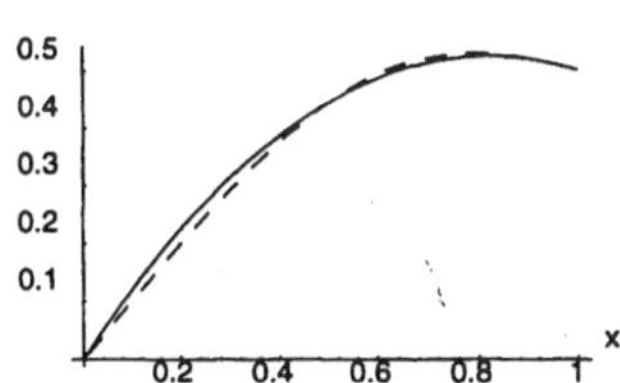

Die Funktion $f(x) = x/(1 + x^3)$ und das Interpolationspolynom L_2 aus Beispiel 7.2

Bemerkung 7.2 Im Fall äquidistanter Stützstellen $x_j = x_0 + j\,h$, $j = 0, 1, \ldots, n$ mit der Gitterweite h nehmen die Polynome $L_{n,j}$ die Gestalt

$$L_{n,j}(x) = \frac{1}{h^n} \prod_{i=0,i \neq j}^{n} \frac{x - x_0 + i\,h}{j - i}$$

an.

Beispiel 7.3

Mit dem Programm aus Beispiel 7.2 betrachten wir erneut die Funktion

$$f(x) = \frac{x}{1 + x^3}$$

und werten sie an den Stützstellen $x_j = \{0, 0.25, 0.5, 0.75, 1\}$ aus. Dann berechnen wir das zugehörige Interpolationspolynom L_4 sowie den Fehler:

$$\varepsilon = |f(0.8) - L_4(0.8)|$$

und vergleichen ihn mit dem Fehler ε aus Beispiel 7.2:

```
f[x_]:= x/(1 + x^3);
xk = {0,0.25,0.5,0.75,1}; y = Map[f, xk];
n = Length[xk];
Do[ll[j]=Apply[Times, x-Drop[xk,{j}]]/Apply[Times,
             xk[[j]]-Drop[xk,{j}]], {j, n}];
L = Sum[ll[j] y[[j]], {j, n}]; Print["L(x) = ", L];
epsilon = Abs[f[0.8] - L /. x -> 0.8];
Print["epsilon = ", epsilon];
gr1 = Plot[f[x], {x, 0, 1}, AxesLabel -> {"x", " "},
             PlotStyle -> {Dashing[{0.04}]},
             DisplayFunction -> Identity];
gr2 = Plot[L, {x,0,1}, DisplayFunction -> Identity];
gr3 = Show[gr1, gr2,DisplayFunction
          -> $DisplayFunction];
```

Wir bekommen folgendes Interpolationspolynom:

```
L(x)  = -10.5026 (-1 + x) (-0.75 + x) (-0.5 + x) x +

    28.4444 (-1 + x) (-0.75 + x) (-0.25 + x) x -

    22.5055 (-1 + x) (-0.5 + x) (-0.25 + x) x +

    5.33333 (-0.75 + x) (-0.5 + x) (-0.25 + x) x
```

und einen kleineren Fehler:

```
epsilon = 0.000295124
```

Die Funktion $f(x) = x/(1 + x^3)$ und das Interpolationspolynom L_4 aus Beispiel 7.3

Bemerkung 7.3 In der x-y-Ebene seien die Stützstellen (x_i, y_j), $i = 0, 1, \ldots, m$, $j = 0, 1, \ldots, n$ und die Funktionswerte $f(x_i, y_j)$ einer Funktion f gegeben. Es sei ferner $x_k \neq x_l$ für $k \neq l$ und $y_k \neq y_l$ für $k \neq l$. Man kann nun die Basispolynome

$$L_{m,i}(x) = \prod_{l=0, l \neq i}^{m} \frac{x - x_l}{x_i - x_l}, \quad L_{n,j}(y) = \prod_{l=0, l \neq j}^{n} \frac{y - y_l}{y_j - y_l}$$

heranziehen und ein *Lagrangesches Interpolationspolynom in der Ebene* konstruieren. Offenbar erfüllt das Polynom:

Lagrangesches Interpolationspolynom in der Ebene

$$L_{mn}(x, y) = \sum_{i=0}^{m} \sum_{j=0}^{n} f(x_i, y_j) L_{m,i}(x) L_{n,j}(y)$$

die Interpolationsforderungen

$$L_{mn}(x_i, y_j) = f(x_i, y_j), \quad i = 0, 1, \ldots, m, \, , \, j = 0, 1, \ldots, n .$$

Beispiel 7.4
Die Werte der Funktion

$$f(x, y) = \frac{1}{1 + x^2 + 2y^4}$$

seien in den folgenden Punkten (x_i, y_j) gegeben:

$$x_i = -1 + 0.5i, \quad y_j = -0.5 + 0.5j, \quad i = 0, \dots, 4, \quad j = 0, 1, 2.$$

Wir berechnen das Interpolationspolynom $L_{42}(x, y)$ und den Interpolationsfehler

$$\varepsilon = |f(0.8, 0.4) - L_{mn}(0.8, 0.4)|.$$

Wir benutzen dabei das folgende Programm:

```
f[x_, y_]:= 1/(1 + x^2 + 2y^4);
xk = {-1,-0.5,0,0.5,1}; yk = {-0.5, 0, 0.5};
m=Length[xk]; n = Length[yk]; Pmn = 0;

Do[ Zaehly = 1; Nenny = 1;
    Do[ If[l != j, Zaehly = Zaehly*(y - yk[[l]]);
Nenny = Nenny*(yk[[j]] - yk[[l]])], {l,n}];
lj2 = Zaehly/Nenny;
Do[ Zaehlx = 1; Nennx = 1;
    Do[ If[l != i, Zaehlx = Zaehlx*(x - xk[[l]]);
Nennx = Nennx*(xk[[i]] - xk[[l]])], {l, m}];
li1 = Zaehlx/Nennx;
Pmn = Pmn + li1*lj2*f[xk[[i]], yk[[j]]], {i, m}],
                            {j, n}];
Print["Lmn(x,y) = ", Pmn];
epsilon=Abs[f[0.8,0.8]-Pmn /. {x->0.8,y->0.8}];
Print["epsilon = ", epsilon];
gr1 = Plot3D[f[x,y], {x,-1,1},{y,-0.5,0.5}];
gr2 = Plot3D[Pmn, {x,-1, 1}, {y,-0.5, 0.5}];
```

und erhalten das Interpolationspolynom:

```
Lmn(x,y) = 0.627451 (-1 + x) (-0.5 + x) x (0.5 + x)

   (-0.5 + y) y - 3.87879 (-1 + x) (-0.5 + x) x

   (1 + x) (-0.5 + y) y +

   7.11111 (-1 + x) (-0.5 + x) (0.5 + x) (1 + x)

   (-0.5 + y) y - 3.87879 (-1 + x) x (0.5 + x)

   (1 + x) (-0.5 + y) y +

   0.627451 (-0.5 + x) x (0.5 + x) (1 + x) (-0.5 + y)

   y - 1.33333 (-1 + x) (-0.5 + x) x (0.5 + x)

   (-0.5 + y) (0.5 + y) +

   8.53333 (-1 + x) (-0.5 + x) x (1 + x) (-0.5 + y)

   (0.5 + y) - 16. (-1 + x) (-0.5 + x) (0.5 + x)
```

```
    (1 + x) (-0.5 + y) (0.5 + y) +

8.53333 (-1 + x) x (0.5 + x) (1 + x) (-0.5 + y)

   (0.5 + y) - 1.33333 (-0.5 + x) x (0.5 + x)

   (1 + x) (-0.5 + y) (0.5 + y) +

0.627451 (-1 + x) (-0.5 + x) x (0.5 + x) y

   (0.5 + y) - 3.87879 (-1 + x) (-0.5 + x) x (1 + x)

   y (0.5 + y) + 7.11111 (-1 + x) (-0.5 + x)

   (0.5 + x) (1 + x) y (0.5 + y) -

3.87879 (-1 + x) x (0.5 + x) (1 + x) y (0.5 + y) +

0.627451 (-0.5 + x) x (0.5 + x) (1 + x) y (0.5 + y)
```

Der Interpolationsfehler ε im Punkt $(0.8, 0.4)$ beträgt:

```
epsilon = 0.0269796
```

Wir betrachten noch die Funktion

$$f(x, y) = e^{-(x^2+y^2)}$$

im Quadrat $\{(x, y)|\ -2 \le x, y \le 2\}$. Wir nehmen die Stützstellen

$$x_i = -2 + 2i,\ y_j = -2 + 2j,\ i = 0, 1, 2,\ j = 0, 1, 2$$

und benutzen das obige *Mathematica*-Programm zur Berechnung des Interpolationspolynoms $L_{22}(x, y)$. Wir ändern die Eingabe ab:

```
f[x_, y_]:= Exp[-(x^2 + y^2)];
xk = {-2,0,2}; yk = {-2,0,2};
```

und bekommen:

```
Lmn(x,y)  =

    (-2 + x) x (-2 + y) y      (-2 + x) (2 + x) (-2 + y) y
    ----------------------  -  ---------------------------  +
             8                             4

            64 E                          32 E

    x (2 + x) (-2 + y) y       (-2 + x) x (-2 + y) (2 + y)
    ----------------------  -  ---------------------------  +
             8                             4
            64 E                          32 E

    (-2 + x) (2 + x) (-2 + y) (2 + y)
    --------------------------------  -
                  16
```

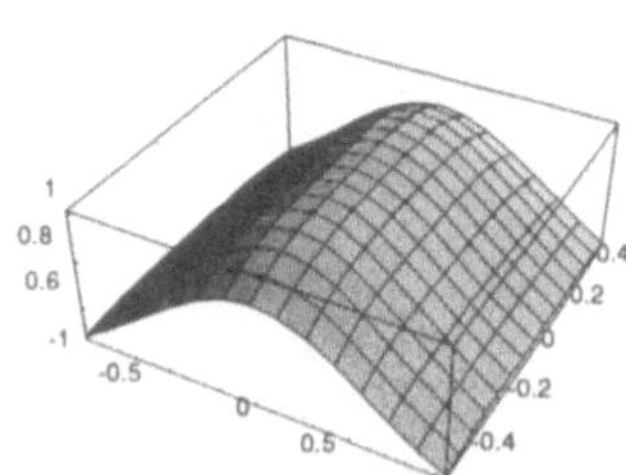

Das Interpolationspolynom L_{42} zur Funktion
$f(x, y) = 1/(1 + x^2 + 2y^4)$ aus Beispiel 7.4

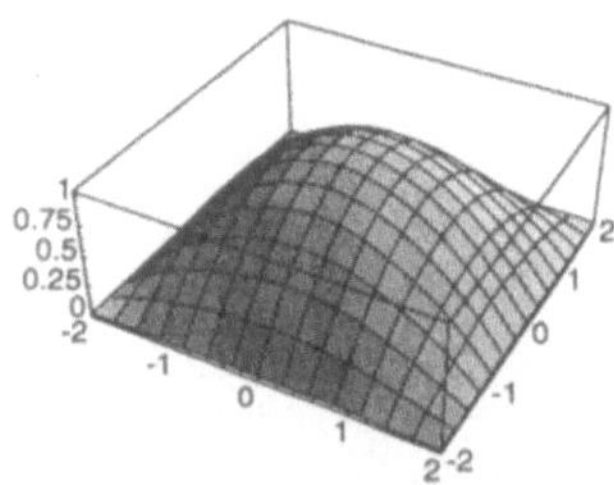

Das Interpolationspolynom L_{22} zur Funktion $f(x, y) = e^{-(x^2+y^2)}$ aus Beispiel 7.4

```
  x  (2 + x)  (-2 + y)  (2 + y)         (-2 + x)  x  y  (2 + y)
 -------------------------------   +    ----------------------
               4                                  8
          32  E                              64  E


  (-2 + x)  (2 + x)  y  (2 + y)          x  (2 + x)  y  (2 + y)
 -------------------------------   +    ----------------------
               4                                  8
          32  E                              64  E
```

7.3 Das Interpolationspolynom in der Form von Newton

Die Methode von Lagrange hat im wesentlichen den folgenden Nachteil: Hat man das Interpolationspolynom $L_n(x)$ für die $n + 1$ Stützstellen $x_0, x_1, \ldots , x_n$ berechnet und fügt eine weitere Stützstelle x_{n+1} hinzu, so muß das Interpolationspolynom $L_{n+1}(x)$ neu berechnet werden, und die bereits erzielten Ergebnisse können dabei nicht verwendet werden. Dieses Problem wird bei der Konstruktion des *Interpolationspolynoms in der Form von Newton* umgangen:

$$
\begin{aligned}
N_n(x) &= \sum_{i=0}^{n} b_i \prod_{j=0}^{i-1}(x - x_j) \\
&= b_0 + b_1(x - x_0) + b_2(x - x_0)(x - x_1) \\
&\quad + b_3(x - x_0)(x - x_1)(x - x_2) + \cdots \\
&\quad + b_n(x - x_0)(x - x_1)\cdots(x - x_{n-1}) .
\end{aligned}
$$

Interpolationspolynom in der Form von Newton

Aus der Interpolationsforderung

$$
N_n(x_i) = y_i, \quad i = 0, 1, \ldots , n,
$$

ergibt sich ein System von $n + 1$ linearen Gleichungen für die $n + 1$ unbekannten Koeffizienten b_k:

$$
\begin{aligned}
b_0 &&&= y_0 \\
b_0 &+ b_1(x_1 - x_0) &&= y_1 \\
b_0 &+ b_1(x_1 - x_0) &+ b_2(x_2 - x_0)(x_2 - x_1) &= y_2 \\
&\vdots &\vdots \qquad\qquad & \vdots \\
b_0 &+ b_1(x_1 - x_0) &+ b_2(x_2 - x_0)(x_2 - x_1) & \\
&&+ \cdots + b_n \textstyle\prod_{j=0}^{n-1}(x_n - x_j) &= y_n
\end{aligned}
$$

Das System hat Dreiecksgestalt und seine Determinante verschwindet wegen $x_i \neq x_k$, $i \neq k$ nicht:

$$(x_1 - x_0)(x_2 - x_0)(x_2 - x_1) \cdots$$
$$(x_n - x_0)(x_n - x_1) \cdots (x_n - x_{n-1}) \neq 0 \,.$$

Das System kann von oben nach unten zeilenweise aufgelöst werden, und für die ersten drei Koeffizienten bekommt man:

$$b_0 = y_0, \quad b_1 = \frac{y_1 - y_0}{x_1 - x_0}, \quad b_2 = \frac{\dfrac{y_2 - y_1}{x_2 - x_1} - \dfrac{y_1 - y_0}{x_1 - x_0}}{x_2 - x_0} \,.$$

Nimmt man zu den $x_0, x_1, \ldots, x_n$ eine weitere Stützstelle x_{n+1} hinzu, so ergibt sich das Newtonsche Interpolationspolynom $N_{n+1}(x)$ aus dem Polynom $N_n(x)$ durch:

$$N_{n+1}(x) = N_n(x) + b_{n+1}(x - x_0) \ldots (x - x_{n-1})(x - x_n) \,,$$

und nur der Koeffizient b_{n+1} muß berechnet werden.

Um die Darstellung der b_i übersichtlicher zu gestalten, führen wir die sogenannten dividierten Differenzen ein.

Dividierte Differenzen k-ter Ordnung

> **Definition 7.1** Gegeben seien die Wertepaare (x_i, y_i), $i = 0, 1, \ldots, n$, mit paarweise verschiedenen Stützstellen x_i.
> Die dividierten Differenzen 0-ter Ordnung werden durch
>
> $$y[x_i] = y_i$$
>
> gegeben und die *dividierten Differenzen k-ter Ordnung* rekursiv durch:
>
> $$y[x_{i_0}, x_{i_1}, \ldots, x_{i_k}] = \frac{y[x_{i_0}, x_{i_1}, \ldots, x_{i_{k-1}}] - y[x_{i_1}, x_{i_2}, \ldots, x_{i_k}]}{x_{i_0} - x_{i_k}} \,,$$
>
> $$k = 1, 2, \ldots \,.$$

Offenbar lauten die dividierten Differenzen erster Ordnung

$$y[x_{i_0}, x_{i_1}] = \frac{y_{i_0} - y_{i_1}}{x_{i_0} - x_{i_1}}$$

und die dividierten Differenzen zweiter Ordnung

$$y[x_{i_0}, x_{i_1}, x_{i_2}] = \frac{y[x_{i_0}, x_{i_1}] - y[x_{i_1}, x_{i_2}]}{x_{i_0} - x_{i_2}} \,.$$

Vergleicht man die obigen Formeln für b_0, b_1 und b_2 mit den dividierten Differenzen, so ergibt sich

$$b_0 = y_0, \quad b_1 = y[x_0, x_1], \quad b_2 = y[x_0, x_1, x_2] \,.$$

Es wäre nun zu mühsam, wenn man das Gleichungssystem zur Bestimmung der b_i auflösen wollte. Unter Benützung der Eindeutigkeit des Interpolationspolynoms kann man einen einfacheren Weg gehen.

Satz 7.3 *Gegeben seien die Wertepaare (x_i, y_i), $i = 0, 1, \ldots, n$, mit paarweise verschiedenen Stützstellen x_i. Dann läßt sich das Interpolationspolynom N_n mit $N_n(x_i) = y_i$, $i = 0, 1, \ldots, n$ in der Gestalt*

$$\begin{aligned} N_n(x) = {} & y_0 + y[x_0, x_1](x - x_0) \\ & + y[x_0, x_1, x_2](x - x_0)(x - x_1) + \ldots \\ & + y[x_0, x_1, \ldots, x_n](x - x_0)(x - x_1) \ldots (x - x_{n-1}) \end{aligned}$$

angeben.

Beweis: Wir greifen aus der Menge der Stütztstellen die folgenden $k+1$ Stützstellen $x_{i_0}, x_{i_1}, \ldots, x_{i_k}$ heraus und bilden das Newtonsche Interpolationspolynom $N_{i_0, i_1, \ldots, i_k}$ mit der Eigenschaft:

$$N_{i_0, i_1, \ldots, i_k}(x_i) = y_i, \quad i = i_0, i_1, \ldots, i_k.$$

Offenbar gilt nun folgende Rekursionsformel:

$$\begin{aligned} N_{i_0, i_1, \ldots, i_k}(x) = {} & \frac{1}{x_{i_0} - x_{i_k}} \Big((x - x_{i_k}) N_{i_0, i_1, \ldots, i_{k-1}}(x) \\ & - (x - x_{i_0}) N_{i_1, i_2, \ldots, i_k}(x) \Big). \end{aligned}$$

Man überzeugt sich sofort von ihrer Richtigkeit durch Auswertung der rechten und linken Seite an den Stützstellen. Außerdem stellt die rechte Seite ein Polynom höchstens vom Grad k dar.

Nun betrachten wir die Differenz

$$N_{0,1,\ldots,k}(x) - N_{0,1,\ldots,k-1}(x) = b_k (x - x_0)(x - x_1) \cdots (x - x_{k-1})$$

und finden durch Bilden der k-ten Ableitung:

$$b_k = \frac{1}{k!} \frac{d^k N_{0,1,\ldots,k}(x)}{dx^k}.$$

Aus der Rekursionsformel folgt:

$$\begin{aligned} \frac{1}{k!} \frac{d^k N_{i_0, i_1, \ldots, i_k}(x)}{dx^k} = {} & \frac{1}{x_{i_0} - x_{i_k}} \left(\frac{1}{(k-1)!} \frac{d^{k-1} N_{i_0, i_1, \ldots, i_{k-1}}(x)}{dx^{k-1}} \right. \\ & \left. - \frac{1}{(k-1)!} \frac{d^{k-1} N_{i_1, i_2, \ldots, i_k}(x)}{dx^{k-1}} \right), \end{aligned}$$

so daß wegen

$$\frac{1}{0!} \frac{d^0 N_{i_0}(x)}{dx^0} = y_{i_0}$$

die Beziehung:

$$\frac{1}{k!} \frac{d^k N_{i_0,i_1,\ldots,i_k}(x)}{dx^k} = y[x_{i_0}, x_{i_1}, \ldots, x_{i_k}]$$

gilt. Man erhält also:

$$b_k = y[x_0, x_1, \ldots, x_k], \quad k = 0, 1, \ldots, n. \qquad \square$$

Bemerkung 7.4 Wegen der Unabhängigkeit des Interpolationspolynoms von der Reihenfolge der Stützpaare ergibt sich aus Satz 7.3 , daß man die Argumente einer dividierten Differenz beliebig permutieren darf, ohne daß sich der Wert der dividierten Differenz ändert. Die dividierte Differenz ist also eine symmetrische Funktion. Beispielsweise gilt:

$$y[x_0, x_1, x_2, x_3] = y[x_1, x_3, x_2, x_0].$$

Die Berechnung der in N_n benötigten dividierten Differenzen organisiert man am besten in einem Rechenschema, das wir am Beispiel von fünf Stützstellen klarmachen wollen:

Rechenschema für dividierte Differenzen

$$
\begin{array}{llllll}
x_0 & y_0 \\
 & y[x_0,x_1] \\
x_1 & y_1 & y[x_0,x_1,x_2] \\
 & y[x_1,x_2] & & y[x_0,x_1,x_2,x_3] \\
x_2 & y_2 & y[x_1,x_2,x_3] & & & y[x_0,x_1,x_2,x_3,x_4] \\
 & y[x_2,x_3] & & y[x_1,x_2,x_3,x_4] \\
x_3 & y_3 & y[x_2,x_3,x_4] \\
 & y[x_3,x_4] \\
x_4 & y_4
\end{array}
$$

Die unterstrichenen Zahlen des Schemas sind diejenigen Koeffizienten, die im gesuchten Polynom N_4 auftreten.

Beispiel 7.5

Wir demonstrieren die Newtonsche Interpolationsmethode anhand der folgenden vier Paare von Stützstellen und Stützwerten:

i	0	1	2	3
x_i	1	3	6	10
y_i	1	2	3	4

Mit *Mathematica* (unter Verwendung von Take) setzen wir die Methode   Take
wie folgt um:

```
lx = {x0=1,x1=3,x2=6,x3=10};
ly = {y0=1,y1=2,y2=3,y3=4};
f[x0]=y0; f[x1]=y1; f[x2]=y2; f[x3]=y3;
f[x_,y___,z_]:=(f[x,y]-f[y,z])/(x-z);
Print["Die dividierte Differenz 2. Ordnung:"];
Print[f[x,y,z]];
pn=f[x0]+Sum[Apply[Times,x-Take[lx,j]]*
            Apply[f,Take[lx,j+1]],{j,1,3}];
Print["Newtonsches Interpolationspolynom:",pn];
lc=MapThread[List,{lx,ly}];
pl1=ListPlot[lc,PlotStyle->{PointSize[0.04]},
            DisplayFunction -> Identity];
pl2=Plot[pn,{x,0,10},DisplayFunction->Identity];
Show[pl1,pl2,DisplayFunction -> $DisplayFunction];
```

Dieses Program berechnet die dividierte Differenz zweiter Ordnung sym-
bolisch in der Form

```
Die dividierte Differenz 2. Ordnung:
f[x] - f[y]     f[y] - f[z]
----------- - -----------
   x - y          y - z
---------------------------
          x - z
```

und kann damit höhere dividierte Differenzen berechnen. Das Newtonsche
Interpolationspolynom N_3 wird in folgender Form ausgegeben:

```
Newtonsches Interpolationspolynom:

    -1 + x    (-3 + x) (-1 + x)
1 + ------ - ----------------- +
      2             30

(-6 + x) (-3 + x) (-1 + x)
-------------------------
          420
```

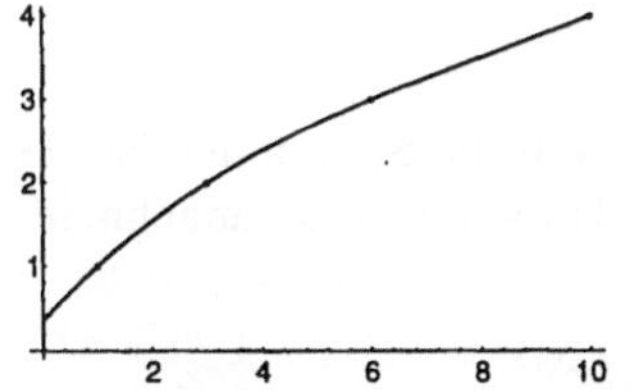

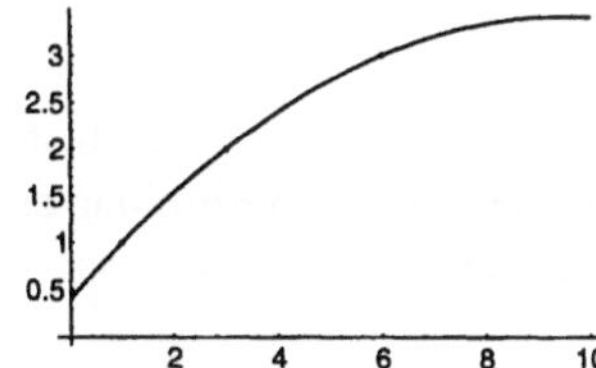

Die Interpolatiospolynome N_2 und N_3 aus Beispiel 7.5

Zur Bestätigung berechnen wir noch das Newtonsche Interpolationspolynom N_2 zu den ersten drei Stützpaaren. Mit der Eingabe:

```
lx = {x0=1,x1=3,x2=6};
ly = {y0=1,y1=2,y2=3};
f[x0]=y0; f[x1]=y1; f[x2]=y2;
f[x_,y___,z_]:=(f[x,y]-f[y,z])/(x-z);
Print["Die dividierte Differenz 2. Ordnung:"];
Print[f[x,y,z]];
pn=f[x0]+Sum[Apply[Times,x-Take[lx,j]]*
            Apply[f,Take[lx,j+1]],{j,1,2}];
```

bekommt man:

```
Newtonsches Interpolationspolynom:

       -1 + x     (-3 + x) (-1 + x)
  1 +  -------  -  ------------------
          2               30
```

7.4   Abschätzung des Interpolationsfehlers

Wir betrachten eine auf einem Intervall $[a, b]$ erklärte Funktion und nehmen an, daß wir $n + 1$ Stützstellen $a \leq x_0 < x_1 < \cdots < x_n \leq b$ haben. Mit p_n werde das Interpolationspolynom: $p_n(x_i) = f(x_i)$, $i = 0, 1, \ldots, n$, bezeichnet. Es stellt sich die Frage, welchen Fehler $f(x) - p_n(x)$ man begeht, wenn man den Funktionswert außerhalb der Stützstellen durch den Wert des Interpolationspolynoms ersetzt, (siehe Bemerkung 7.1).

> **Satz 7.4** *Sei f in $[a, b]$ $n + 1$-mal stetig differenzierbar, dann gibt es zu jedem $x \in [a, b]$ einen Punkt $\theta_x \in [a_x, b_x]$ mit $a_x = min(x_0, x)$, $b_x = max(x_n, x)$, so daß gilt:*
>
> $$f(x) - p_n(x) = \frac{1}{(n + 1)!} f^{(n+1)}(\theta_x) \prod_{i=0}^{n} (x - x_i).$$

Beweis: Wir führen die Abkürzung

$$\omega_n(x) = \prod_{i=0}^{n} (x - x_i)$$

ein und betrachten ein festes $x \in [a, b]$. Für die Stützstellen ist die Behauptung unmittelbar einsichtig, so daß wir $x \neq x_i$ annehmen. Mit der Konstanten

$$c = \frac{f(x) - p_n(x)}{\omega_n(x)}$$

erklären wir für $\xi \in [a, b]$ die Hilfsfunktion

$$\tilde{f}(\xi) = f(\xi) - p_n(\xi) - c\,\omega_n(\xi)$$

Offenbar gilt:

$$\tilde{f}(x_i) = f(x_i) - p_n(x_i) = 0, \quad i = 0, 1, \ldots, n$$

und

$$\tilde{f}(x) = f(x) - p_n(x) - c\,\omega_n(x) = 0\,,$$

so daß $\tilde{f}$ in $[a, b]$ die $n+2$ Nullstellen $x_0, x_1, \ldots, x_n, x$ besitzt. Die $(n+1)$-te Ableitung

$$\tilde{f}^{(n+1)}(\xi) = f^{(n+1)}(\xi) - p_n^{(n+1)}(\xi) - c\omega_n^{(n+1)}(\xi)$$

besitzt dann in $[a_x, b_x]$ noch mindestens eine Nullstelle θ_x. Berücksichtigt man nun $\omega_n^{(n+1)}(\xi) = (n+1)!$ und $p_n^{(n+1)}(\xi) = 0$, so ergibt sich

$$\tilde{f}^{(n+1)}(\theta_x) = f^{(n+1)}(\theta_x) - c\,(n+1)! = 0\,,$$

d. h.

$$c = \frac{f^{(n+1)}(\theta_x)}{(n+1)!} = \frac{f(x) - p_n(x)}{\omega_n(x)}\,. \qquad \Box$$

Mit Satz 7.4 können wir nun die Differenz $f(x) - p_n(x)$ betragsmäßig abschätzen und erhalten

$$|f(x) - p_n(x)| \le \frac{M}{(n+1)!}\left|\prod_{i=0}^{n}(x - x_i)\right|$$

mit

$$\max_{\theta_x \in [a_x, b_x]}\left|f^{(n+1)}(\theta_x)\right| = M\,.$$

Beispiel 7.6

Wir betrachten die Funktion

$$f(x) = \frac{1}{1 + x^2}$$

im Intervall $I = [0, 1]$ und bilden das Interpolationspolynom L_2 zu den Stützstellen $0, 0.5, 1$. Zur Abschätzung des Interpolationsfehlers benutzen wir das folgende *Mathematica*-Programm und nehmen eine Fehlerabschätung an der Stelle $x = 0.8$ vor, indem wir dort noch das Polynom:

$$\omega(x) = x(x - 0.5)(x - 1)$$

unter Benutzung von `Derivative` auswerten: `Derivative`

```
f[x_]:= 1/(1 + x^2);
xk = {0, 0.5, 1}; n = Length[xk]; x0 = 0.8;
dfx = Derivative[n][f];
Print[dfx];
Plot[dfx[x], {x,0,1}]; maxdf = 0;n2 = 40;
Do[xx=(i-1)/(n2-1); maxdf=Max[maxdf,Abs[dfx[xx]]],
                {i,n2}];
Print["maxd",n,"f = ", maxdf];
omega=N[Product[(x-xk[[k]]),{k, n}]/.x -> x0];
Print["omega(",x0,") = ", omega];
Fehler = maxdf*Abs[omega]/n!;
Print["Fehler = ", Fehler];
```

Der maximale Wert der dritten Ableitung von f wird vom Progamm zu

```
             2916
maxd3f  =  ----
             625
```

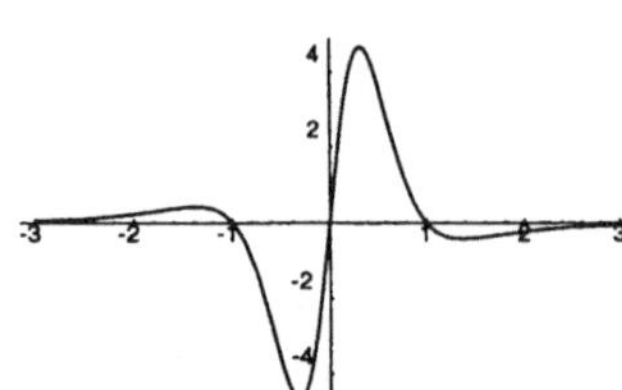

Die dritte Ableitung $f^{(3)}(x)$ von
$f(x) = 1/(1 + x^2)$

bestimmt. Der Wert der Funktion $\omega(x)$ im Punkt $x = 0.8$ ist:

```
omega(0.8)  =  -0.048
```

Deshalb ergibt sich nach Satz 7.4 folgende Abschätzung des Interpolationsfehlers

```
Fehler  =  0.0373248
```

Rechnet man den Fehler $|f(0.8) - L_2(0.8)| \approx 0.0222$ direkt aus, so zeigt sich, daß der Satz 7.4 eine sehr grobe Abschätzung liefert.

7.5   Interpolation durch Splines

Ein gravierender Nachteil der Polynominterpolation besteht darin, daß man zwischen den Stützstellen ein starkes Oszillieren des Interpolationspolynoms bekommen kann.

Beispiel 7.7
Wir nehmen die folgenden sechs Wertepaare:

i	0	1	2	3	4	5
x_i	0	4	7	8	9	10
y_i	0	0.1	0.3	0.8	2	10

und benutzen das Programm aus Beispiel 7.2 für die Berechnung des zugehörigen Interpolationspolynoms von Lagrange $L_6(x)$:

```
xk={0, 4, 7, 8, 9, 10};
y={0, 0.1, 0.3, 0.8, 2, 10}; n = Length[xk];
Do[ll[j]=Apply[Times, x-Drop[xk,{j}]]/Apply[Times,
               xk[[j]]-Drop[xk,{j}]], {j, n}];
L = Sum[ll[j] y[[j]], {j, n}]; Print["L(x) = ", L];
Lc = MapThread[List, {xk, y}];
gr1 = ListPlot[Lc, PlotStyle -> {PointSize[0.03]},
               DisplayFunction -> Identity];
gr2 = Plot[L, {x,0,10}, DisplayFunction -> Identity];
Show[gr1, gr2, DisplayFunction -> $DisplayFunction];
```

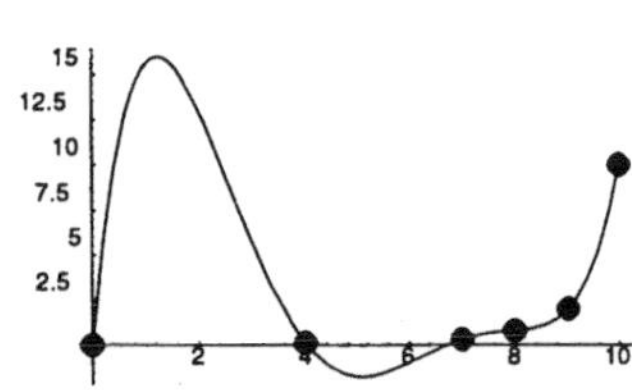

Das Interpolationspolynom L_6 aus
Beispiel 7.7

Das Interpolationspolynom von Lagrange hat die Gestalt

```
L(x)  =  0.0000694444  (-10 + x)  (-9 + x)  (-8 + x)

         (-7 + x)  x  -  0.00238095  (-10 + x)  (-9 + x)

         (-8 + x)  (-4 + x)  x  +
```

```
0.0125 (-10 + x) (-9 + x) (-7 + x) (-4 + x) x -

(-10 + x) (-8 + x) (-7 + x) (-4 + x) x
---------------------------------------- +
                  45

(-9 + x) (-8 + x) (-7 + x) (-4 + x) x
------------------------------------
                  36
```

Man sieht im Bild, daß das Interpolationspolynom $L_6(x)$ zwischen den ersten beiden Stützstellen einen sehr starken Ausschlag nach oben aufweist.

Auch bei der Fehlerabschätzung aus Satz 7.4 hat man keine Garantie dafür, daß der Fehler gegen Null geht, wenn die Anzahl der Stützstellen nach Unendlich strebt. Das liegt daran, daß sowohl die Ableitung $f^{(n+1)}(x)$ als auch die Funktion $\omega(x)$ sehr große Werte annehmen können. Man teilt nun das Intervall $[a, b]$ in kleinere Intervalle auf und führt in diesen Teilintervallen jeweils eine Interpolation mit Polynomen durch, wobei nur die Eckpunkte des Teilintervalls als Stützstellen genommen werden. Anschließend werden die einzelnen Interpolationspolynome in geeigneter Weise aneinander gefügt, wobei die Differenzierbarkeit der Interpolierenden insgesamt etwas eingeschränkt wird. Dies führt auf den Begriff der *polynomialen Splines*, die wir kurz als *Splines* bezeichnen werden.

Definition 7.2 Sei $[a, b]$ ein Intervall und $a = x_0 < x_1 < x_2 < \ldots < x_{n-1} < x_n = b$. Dann heißt die Menge

$$\Delta = \{x_0, x_1, \ldots, x_n\}$$

eine *Partition* (oder Unterteilung) des Intervalls $[a, b]$.

Partition

Definition 7.3 Eine auf dem Intervall $[a, b]$ erklärte Funktion S wird ein zur Partition $\Delta = \{x_0, x_1, \ldots, x_n\}$ gehörender *Spline der Ordnung k* genannt, wenn folgende Bedingungen erfüllt sind:
1) S ist in $[a, b]$ $(k-1)$-mal stetig differenzierbar.
2) Auf jedem Teilintervall $[x_i, x_{i+1}]$ $(i = 0, 1, \ldots, n-1)$ stimmt S mit einem Polynom S_i überein, dessen Grad höchstens k beträgt.
Sind zusätzlich Stützwerte $y_0, y_1, \ldots, y_n$ gegeben, dann heißt S interpolierender Spline, wenn
3) die Interpolationsforderungen: $S(x_i) = y_i, \quad i = 0, 1, \ldots, n$ erfüllt sind.

Spline der Ordnung k

Die Splines der Ordnung 2 – *quadratische Splines–* und 3 – *kubische Splines–* werden wir näher betrachten.

7.6   Quadratische Splines

Nach Definition 7.3 hat ein quadratischer (interpolierender) Spline die Gestalt:

$$S(x) = \begin{cases} S_0(x) & \text{für} \quad x \in [x_0, x_1] \\ S_1(x) & \text{für} \quad x \in [x_1, x_2] \\ \vdots \\ S_{n-1}(x) & \text{für} \quad x \in [x_{n-1}, x_n] \end{cases}$$

mit

$$S_i(x) = y_i + a_i\,(x - x_i) + b_i\,(x - x_i)^2, \quad i = 0, 1, \ldots, n-1\,.$$

Durch diesen Ansatz sind offenbar die Forderungen 2) und 3) bis auf $S_{n-1}(x_n) = y_n$ bereits erledigt, und man hat noch die Koeffizienten a_i und b_i so zu bestimmen, daß die Bedingungen 1) erfüllt sind. Die erforderlichen Rechnungen gestalten sich am bequemsten, wenn man noch ein Polynom zweiten Grades

$$S_n(x) = y_n + a_n\,(x - x_n) + b_n\,(x - x_n)^2$$

im Intervall $x \geq x_n$ hinzunimmt und S_n und S_n' im Knoten x_n jeweils stetig anschließt.

Aus $S_i'(x_i) = S_{i-1}'(x_i)$, $i = 1, \ldots, n$, erhalten wir zunächst die Gleichung

$$a_i = a_{i-1} + 2b_{i-1}(x_i - x_{i-1})$$

bzw.

$$b_{i-1} = \frac{a_i - a_{i-1}}{2(x_i - x_{i-1})}, \quad i = 1, \ldots, n\,.$$

Wird dieser Ausdruck in $S_i(x_i) = S_{i-1}(x_i)$ eingesetzt, so ergibt sich:

$$a_i = -a_{i-1} + 2\,\frac{y_i - y_{i-1}}{x_i - x_{i-1}}, \quad i = 1, \ldots, n-1\,.$$

Gibt man nun $a_0 = S_0'(x_0)$ vor, so können nach:

$$a_i = -a_{i-1} + 2\,\frac{y_i - y_{i-1}}{x_i - x_{i-1}}, \quad i = 1, \ldots, n-1$$

$$b_i = \frac{a_{i+1} - a_i}{2(x_{i+1} - x_i)}, \quad i = 0, \ldots, n-1\,,$$

alle Koeffizienten $a_1, \ldots a_{n-1}$ und $b_0, \ldots, b_{n-1}$ berechnet werden.

Beispiel 7.8

Wir nehmen dieselben Wertepaare wie im Beispiel 7.7 und interpolieren mit
einem quadratischen Spline. Setzen wir a_0 durch

$$a_0 = S_0'(x_0) = \frac{y_1 - y_0}{x_1 - x_0}$$

fest, dann können wir den quadratischen Spline zur vorliegenden Partition
von [0, 10] wie folgt berechnen:

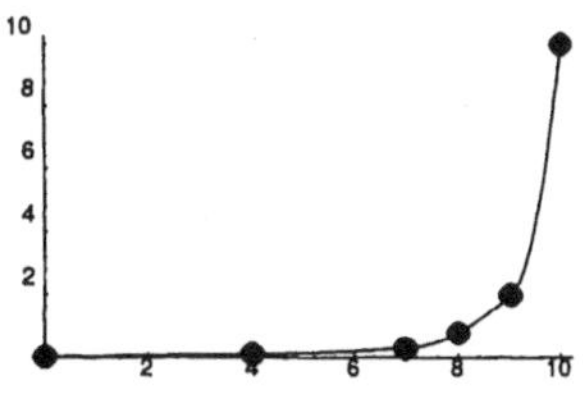

Der quadratische Spline aus
Beispiel 7.8

```
xk={0, 4, 7, 8, 9, 10}; a={}; b={}; pls={};
y={0,0.1,0.3,0.8,2,10}; n=Length[xk]; n1=n-1;
AppendTo[a, (y[[2]]-y[[1]])/(xk[[2]] - xk[[1]])];
Do[ ai=2*(y[[i]]-y[[i-1]])/(xk[[i]]-xk[[i-1]])-
    a[[i-1]]; AppendTo[a, ai], {i, 2, n}];
Do[ bi = (a[[i+1]]-a[[i]])/(2*(xk[[i+1]]-xk[[i]]));
AppendTo[b, bi], {i, n1}];
Lc = MapThread[List, {xk, y}];
gr1 = ListPlot[Lc, PlotStyle -> {PointSize[0.03]},
                DisplayFunction -> Identity];
Do[ S=y[[i]]+(x-xk[[i]])*(a[[i]]+b[[i]]*(x-xk[[i]]));
pli = Plot[S, {x, xk[[i]], xk[[i+1]]},
            DisplayFunction -> Identity];
AppendTo[pls, pli], {i, n1}];
S=y[[n1]]+(x-xk[[n1]])*(a[[n1]]+b[[n1]]*(x-xk[[n1]]));
pletzt = Plot[S, {x, xk[[n1]], xk[[n]]},
            DisplayFunction -> Identity];
Show[pls, gr1, pletzt,
     DisplayFunction -> $DisplayFunction];
```

Man sieht im Bild, daß der quadratische Spline bei der vorgenommenen
Wahl von a_0 eine monotone Funktion darstellt, die im Gegensatz zum
Interpolationspolynom keine Schwankungen aufweist.

Oft hat man einen Zwischenwert y_* zwischen y_i und y_{i+1} und sucht
dasjenige Argument x_* aus dem Intervall $[x_1, x_{i+1}]$ mit $S(x_*) =
y_*$. Nachdem der quadratische Spline konstruiert ist, und wir die
Koeffizienten a_i und b_i in der Darstellung

$$S_i(x) = y_i + a_i\,(x - x_i) + b_i\,(x - x_i)^2$$

kennen, erhalten wir für die Bestimmung von x_* die quadratische
Gleichung

$$y_i + a_i\,(x_* - x_i) + b_i\,(x_* - x_i)^2 = y_*\,.$$

Beispiel 7.9

Wir betrachten wieder die Wertepaare aus Beispiel 7.7 und setzen für a_0:

$$a_0 = 10\,\frac{y_1 - y_0}{x_1 - x_0}\,.$$

```
xk={0, 4, 7, 8, 9, 10}; a={}; b={}; pls={};
y={0,0.1,0.3,0.8,2,10}; n=Length[xk]; n1=n-1;
AppendTo[a,10*(y[[2]]-y[[1]])/(xk[[2]] - xk[[1]])];
Do[ ai=2*(y[[i]]-y[[i-1]])/(xk[[i]]-xk[[i-1]])-
    a[[i-1]]; AppendTo[a, ai], {i, 2, n}];
Do[ bi = (a[[i+1]]-a[[i]])/(2*(xk[[i+1]]-xk[[i]]));
AppendTo[b, bi], {i, n1}];
Lc = MapThread[List, {xk, y}];
gr1 = ListPlot[Lc, PlotStyle -> {PointSize[0.03]},
                DisplayFunction -> Identity];
Do[ S=y[[i]]+(x-xk[[i]])*(a[[i]]+b[[i]]*(x-xk[[i]]));
pli = Plot[S, {x, xk[[i]], xk[[i+1]]},
            DisplayFunction -> Identity];
AppendTo[pls, pli], {i, n1}];
S=y[[n1]]+(x-xk[[n1]])*(a[[n1]]+b[[n1]]*(x-xk[[n1]]));
pletzt = Plot[S, {x, xk[[n1]], xk[[n]]},
            DisplayFunction -> Identity];
Show[pls, gr1, pletzt,
     DisplayFunction -> $DisplayFunction];
```

Nun berechnen wir noch dasjenige Argument x_*, für das $S(x_*) = 5$ gilt:

```
S4=y[[5]]+(x-xk[[5]])*(a[[5]]+b[[5]]*(x-xk[[5]]))

2 + (1.73333 + 6.26667 (-9 + x)) (-9 + x)

Solve[S4==5,x]

{{x -> 8.15612}, {x -> 9.56729}}
```

Das gesuchte Argument ist also $x_* = 9.56729$.

Der quadratische Spline aus
Beispiel 7.9

7.7 Kubische Splines

Kubische Splines trifft man in den Anwendungen besonders oft an.
Wie bei den quadratischen Splines bleiben bei der Interpolation durch
kubische Splines gewisse Randbedingen offen. Die folgenden Randbedingungen sind besonders gebräuchlich:

Natürliche Randbedingungen

Natürlicher kubischer Spline

> **Definition 7.4** Sei S der zur Partition $\Delta = \{x_0, x_1, \ldots, x_n\}$ des
> Intervalls $[a, b]$ gehörende kubische Spline. Die Bedingungen
> $S''(x_0) = 0$, $S''(x_n) = 0$ heißen *natürliche Randbedingungen*.
> Mit den natürlichen Randbedingungen heißt der kubische Spline
> $S(x)$ *natürlicher kubischer Spline*.

Nun beschreiben wir einen Algorithmus zur Herstellung eines natürlichen kubischen, interpolierenden Splines S auf einem Intervall
$[a, b]$. Die Restriktion des gesuchten Splines auf ein Teilintervall
$[x_i, x_{i+1}]$, $i = 0, 1, \ldots, n - 1$, besitzt die Darstellung

$$S_i(x) = y_i + a_i\,(x - x_i) + b_i\,(x - x_i)^2 + c_i\,(x - x_i)^3 ,$$

womit die Forderung 2) und die Interpolationsforderungen 3) aus der Definition 7.3 bis auf $S_{n-1}(x_n) = y_n$ wieder erfüllt sind. Zur Bestimmung der Koeffizienten a_i, b_i, c_i der Polynome S_i stehen nun noch die Bedingungen 1) zur Verfügung. Im folgenden gehen wir wieder wie bei den quadratischen Splines vor und nehmen im Intervall $x \geq x_n$ ein Polynom dritten Grades

$$S_n(x) = y_n + a_n\,(x - x_n) + b_n\,(x - x_n)^2 + c_n\,(x - x_n)^3 .$$

Im Knoten x_n wird S_n, S_n' und S_n'' jeweils stetig angeschlossen.

Wir bekommen zunächst die Ableitungen:

$$S_i'(x) = a_i + 2\,b_i\,(x - x_i) + 3\,c_i\,(x - x_i)^2$$
$$S_i''(x) = 2\,b_i + 6\,c_i\,(x - x_i)$$

und führen zur Abkürzung die Intervallängen $h_i = x_{i+1} - x_i$, $i = 0, \ldots, n - 1$ ein. Aus der Bedingung $S_i''(x_i) = S_{i-1}''(x_i)$, $i = 1, \ldots, n$, (Stetigkeit der zweiten Ableitung), erhalten wir die Beziehung

$$2\,b_i = 2\,b_{i-1} + 6\,c_{i-1}\,h_{i-1}$$

und daraus:

$$c_{i-1} = \frac{1}{3\,h_{i-1}}(b_i - b_{i-1}) ,$$

bzw.

$$c_i = \frac{1}{3\,h_i}(b_{i+1} - b_i), \quad i = 0, \ldots, n - 1 .$$

Aus der Stetigkeitsbedingung $S_i(x_i) = S_{i-1}(x_i) = y_i, i = 1, \ldots, n$, folgt die Beziehung

$$y_i = y_{i-1} + a_{i-1}\,h_{i-1} + b_{i-1}\,h_{i-1}^2 + c_{i-1}\,h_{i-1}^3 ,$$

die sich in

$$a_{i-1}\,h_{i-1} = y_i - y_{i-1} - b_{i-1}\,h_{i-1}^2 - c_{i-1}\,h_{i-1}^3$$

bzw.

$$a_i = \frac{1}{h_i}\,(y_{i+1} - y_i) - h_i\,(b_i + c_i\,h_i), i = 0, \ldots, n - 1$$

umformen läßt. Eliminieren wir hieraus c_i, so folgt:

$$a_i = \frac{1}{h_i}\,(y_{i+1} - y_i) - \frac{h_i}{3}\,(b_{i+1} + 2\,b_i), i = 0, \ldots, n - 1 .$$

Die Bedingung $S_i'(x_i) = S_{i-1}'(x_i)$ (Stetigkeit der Ableitung), $i = 1, \ldots, n$, führt auf:

$$a_i = a_{i-1} + 2\,b_{i-1}h_{i-1} + 3\,c_{i-1}h_{i-1}^2 \,, i = 1, \ldots, n-1 \,.$$

Ersetzen wir wiederum c_i, dann bekommen wir:

$$a_i = a_{i-1} + h_{i-1}\,(b_i + b_{i-1})\,, \quad i = 1, \ldots, n \,.$$

Werden schließlich in der letzten Beziehung a_i und a_{i-1} ersetzt, so ergibt sich für $i = 1, \ldots, n-1$:

$$\frac{1}{h_i}\,(y_{i+1} - y_i) - \frac{h_i}{3}\,(b_{i+1} + 2\,b_i) =$$

$$\frac{1}{h_{i-1}}\,(y_i - y_{i-1}) - \frac{h_{i-1}}{3}\,(b_i + 2\,b_{i-1}) + h_{i-1}\,(b_i + b_{i-1})\,,$$

was als lineares Gleichungssystem mit $n-1$ Gleichungen für $n+1$ Unbekannte $b_0 \ldots, b_n$ aufgefaßt werden kann:

$$h_{i-1}\,b_{i-1} + 2\,b_i\,(h_{i-1} + h_i) + h_i\,b_{i+1} =$$

$$\frac{3}{h_i}\,(y_{i+1} - y_i) - \frac{3}{h_{i-1}}\,(y_i - y_{i-1})\,, i = 1, \ldots, n-1 \,.$$

Wegen der Randbedingung $S_0''(x_0) = 0$ und $S_n''(x_0) = 0$ gilt $b_0 = 0$ und $b_n = 0$, so daß wir nur noch $n-1$ Unbekannte $b_1 \ldots, b_{n-1}$ haben. Wir schreiben das Gleichungssystem nun in der Form

$$A\,\vec{b} = \vec{y}$$

mit

$$A = \begin{pmatrix}
2(h_0+h_1) & h_1 & 0 & 0 & 0 & \ldots & 0 \\
h_1 & 2(h_1+h_2) & h_2 & 0 & 0 & \ldots & 0 \\
0 & h_2 & 2(h_2+h_3) & h_3 & 0 & \ldots & 0 \\
\ldots & \ldots & \ldots & \ldots & \ldots & \ldots & \ldots \\
0 & 0 & \ldots & 0 & h_{n-3} & & h_{n-2} \\
0 & 0 & \ldots & 0 & 0 & h_{n-2} & 2(h_{n-2}+h_{n-1})
\end{pmatrix} ,$$

und

$$\vec{b} = \begin{pmatrix} b_1 \\ b_2 \\ \vdots \\ b_{n-1} \end{pmatrix} ,$$

$$\vec{y} = \begin{pmatrix}
\frac{3}{h_1}(y_2 - y_1) - \frac{3}{h_0}(y_1 - y_0) \\
\frac{3}{h_2}(y_3 - y_2) - \frac{3}{h_1}(y_2 - y_1) \\
\vdots \\
\frac{3}{h_{n-1}}(y_n - y_{n-1}) - \frac{3}{h_{n-2}}(y_{n-1} - y_{n-2})
\end{pmatrix} .$$

Die Matrix A hat folgende Eigenschaften: sie ist *tridiagonal*, symmetrisch und *streng diagonal-dominant*, d. h. das Element in der Diagonale hat einen Betrag, der größer ist als die Summe der Beträge der übrigen Elemente der betreffenden Zeile. Man kann sich anhand des Gaußschen Algorithmus überlegen, daß eine streng diagonal dominante Matrix invertierbar ist. Also sind zunächst die b_i eindeutig bestimmt und damit auch die a_i und c_i.

Tridiagonalmatrix

Streng diagonal-dominante Matrix

Insgesamt bekommen wir den kubischen Interpolationspline, indem wir zuerst das System $A\vec{b} = \vec{y}$ lösen und dann die Koeffizienten a_i und c_i mit:

$$a_i = \frac{1}{h_i}\,(y_{i+1} - y_i) - \frac{h_i}{3}(b_{i+1} + 2\,b_i)\,,\, i = 0,\ldots,n-1,$$

$$c_i = \frac{1}{3h_i}\,(b_{i+1} - b_i)\,,\, i = 0,\ldots,n-1$$

berechnen.

Beispiel 7.10

Wir nehmen die Wertepaare

$$x_j = \frac{j\,\pi}{8}\,,\ y_j = \sin(x_j)\,,\ j = 0,1,\ldots,4,$$

und interpolieren mit einem natürlichen kubischen Spline. Zur Lösung des linearen Gleichungssystems ziehen wir `TridiagonalSolve` aus `LinearAlgebra`Tridiagonal`` heran.

`TridiagonalSolve`

`LinearAlgebra`Tridiagonal``

```
<<LinearAlgebra`Tridiagonal`
pts={{x1=0,y1=Sin[x1]},{x2=Pi/8,y2=Sin[x2]},
{x3=Pi/4,y3=Sin[x3]},{x4=3 Pi/8,y4=Sin[x4]},
{x5=Pi/2,y5=Sin[x5]}}

kubspln[pts_]:=Module[{pts1,varx,vary,ln,gi,pi,qi,b},
pts1=Transpose[pts];
varx=pts1[[1]]; vary=pts1[[2]]; n=Length[varx];
gi=Table[3/(varx[[k+1]]-varx[[k-1]])*
  ((vary[[k+1]]-vary[[k]])/(varx[[k+1]]-varx[[k]]))
-(vary[[k]]-vary[[k-1]])/(varx[[k]]-varx[[k-1]]))
  ,{k,2,n-1}]//N;
pi=Table[(varx[[k]]-varx[[k-1]])/
   (varx[[k+1]]-varx[[k-1]]),{k,2,n-2}]//N;
qi=Table[(varx[[k+1]]-varx[[k]])/
   (varx[[k+1]]-varx[[k-1]]),{k,2,n-2}]//N;
b=Table[2,{n-2}];
bi=Join[{0},TridiagonalSolve[pi,b,qi,gi],{0}];
ci=Table[bi[[k+1]]-bi[[k]]/(3*(varx[[k+1]]-varx[[k]])),
         {k,n-1}]//N;
ai=Table[(vary[[k+1]]-vary[[k]])/(varx[[k+1]]-
  varx[[k]]))-(varx[[k+1]]-varx[[k]])*(bi[[k]]+
ci[[k]])*(varx[[k+1]] - varx[[k]])),{k,n-1}]//N;
spls=Table[vary[[k]] + (x-varx[[k]])*(ai[[k]] +
```

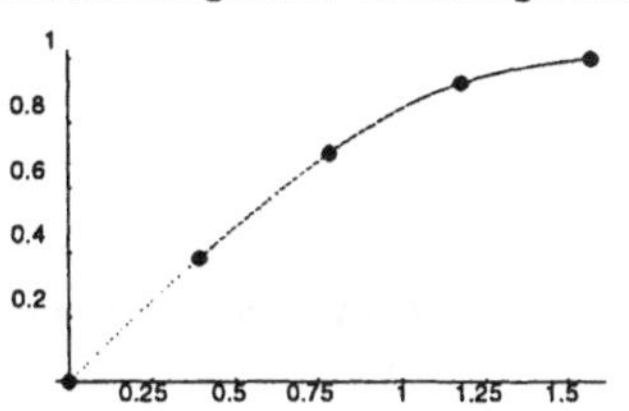

Der natürliche kubische Spline aus Beispiel 7.10

```
(x-varx[[k]])*(bi[[k]]+(x-varx[[k]])*ci[[k]])),
            {k,n-1}];
plots=Table[Plot[spls[[k]],
            {x,varx[[k]],varx[[k+1]]},
            DisplayFunction->Identity,
            PlotStyle->Hue[k/n]],{k,n-1}];
pletzt=Plot[spls[[n-1]],{x,varx[[n-1]],varx[[n]]},
            PlotStyle->Hue[(n-1)/n],
            DisplayFunction -> Identity];
datapl=ListPlot[pts,PlotStyle->{PointSize[0.02]},
                DisplayFunction -> Identity];
Show[plots,datapl,pletzt,
        DisplayFunction->$DisplayFunction]]

kubspln[pts]
```

Beispiel 7.11

Wir nehmen wieder die Wertepaare (x_i, y_i), $i = 0, 1, \ldots, 5$, aus Beispiel 7.7 und interpolieren mit einem natürlichen kubischen Spline. Das Program `kubspln[pts]` aus Beispiel 7.10 läßt sich wie folgt einsetzen:

```
pts={{x1=0,y1=0},{x2=4,y2=0.1}, {x3=7,y3=0.3},
      {x4=8,y4=0.8},{x5=9,y5=2}, {x6=10,y6=10}}
kubspln[pts]
```

Ein Vergleich der Bilder zeigt, daß der kubische Spline viel kleinere Ausschläge zwischen den Stützstellen aufweist als das Interpolationspolynom.

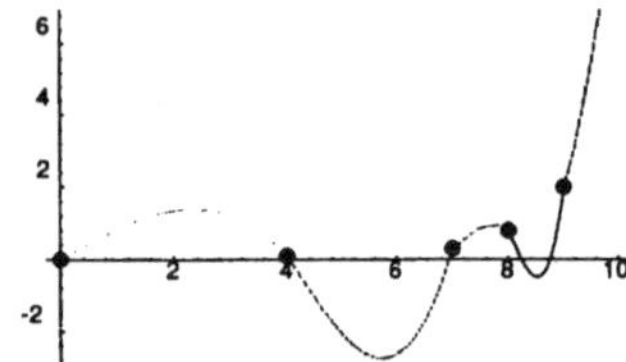

Der natürliche kubische Spline aus Beispiel 7.11

Bemerkung 7.5 Durch die Parameterdarstellung $t \to (x(t), y(t))$, $t \in [a, b]$ werde eine ebene Kurve vorgegeben. Wir wählen Parameterwerte $t_0 < t_1 < \ldots < t_n$, berechnen die Kurvenpunkte $(x_i, y_i) = (x(t_i), y(t_i))$ und legen durch die Punkte (t_i, x_i) und (t_i, y_i), $i = 0, 1, \ldots, n$, jeweils einen (interpolierenden) Spline S_x bzw. S_y. Man erhält so eine vektorielle Splinefunktion und spricht von *parametrischen Splines*. Diese parametrische Splineinterpolation eignet sich insbesondere bei geschlossenen Kurven und bei Kurven, die nicht doppelpunktfrei sind. Außerdem lassen sich die obigen Überlegungen sofort auf Raumkurven übertragen.

Parametrischer Spline

Beispiel 7.12

Wir betrachten als geschlossene Kurve einen Kreis mit dem Radius R um den Nullpunkt $(R \cos(2\pi t/n), R \sin(2\pi t/n))$, $n \in \mathbb{N}$, $0 \le t \le n$. Wir wählen die Wertepaare:

$$(x_i, y_i) = \left(R \cos\left(\frac{2\pi i}{n}\right), R \sin\left(\frac{2\pi i}{n}\right) \right) \quad i = 0, 1, \ldots, n,$$

Für die Berechnung der kubischen Splines $S_x(t)$ und $S_y(t)$ nehmen wir das Programm aus Beispiel 7.10 (und verwenden `Return`):

Return

```
ClearAll[kubspln, ParametrischerSpline]
```

```
<<LinearAlgebra`Tridiagonal`
kubspln[varx_, vary_]:=
Module[{n,gi,pi,qi,b},
n=Length[varx];
gi=Table[3/(varx[[k+1]]-varx[[k-1]])*
  ((vary[[k+1]]-vary[[k]])/(varx[[k+1]]-varx[[k]])
-(vary[[k]]-vary[[k-1]])/(varx[[k]]-varx[[k-1]])),
    {k,2,n-1}]//N;
pi=Table[(varx[[k]]-varx[[k-1]])/
    (varx[[k+1]]-varx[[k-1]]),{k,2,n-2}]//N;
qi=Table[(varx[[k+1]]-varx[[k]])/
    (varx[[k+1]]-varx[[k-1]]),{k,2,n-2}]//N;
b=Table[2,{n-2}];
bi=Join[{0},TridiagonalSolve[pi,b,qi,gi],{0}];
ci=Table[bi[[k+1]]-bi[[k]]/(3*(varx[[k+1]]-varx[[k]])),
         {k,n-1}]//N;
ai=Table[(vary[[k+1]]-vary[[k]])/(varx[[k+1]]-
   varx[[k]])-(varx[[k+1]]-varx[[k]])*(bi[[k]]+
ci[[k]]*(varx[[k+1]] - varx[[k]])),{k,n-1}]//N;
Return[{ai,bi,ci}]]

ParametrischerSpline[n_, r0_] :=
(vart = Table[j-1, {j, n}];
xi = Table[N[r0*Cos[2 Pi*(j-1)/(n-1)]],{j, n}];
{aix,bix,cix}=kubspln[vart,xi];
yi = Table[N[r0*Sin[2 Pi*(j-1)/(n-1)]],{j, n}];
{aiy,biy,ciy}=kubspln[vart,yi];
splsx=Table[xi[[k]] + (t-vart[[k]])*(aix[[k]] +
(t-vart[[k]])*(bix[[k]]+(t-vart[[k]])*cix[[k]])),
            {k,n-1}];
splsy=Table[yi[[k]] + (t-vart[[k]])*(aiy[[k]] +
(t-vart[[k]])*(biy[[k]]+(t-vart[[k]])*ciy[[k]])),
            {k,n-1}];
Print[splsx[[2]]];
plots=Table[ParametricPlot[{splsx[[k]],splsy[[k]]},
         {t,vart[[k]],vart[[k+1]]},
           DisplayFunction -> Identity],{k,n-1}];
pts = MapThread[List, {xi,yi}];
datapl=ListPlot[pts,PlotStyle->{PointSize[0.02]},
DisplayFunction -> Identity];
Show[plots, datapl,
     AspectRatio -> Automatic,
     DisplayFunction->$DisplayFunction])

ParametrischerSpline[25, 1]
```

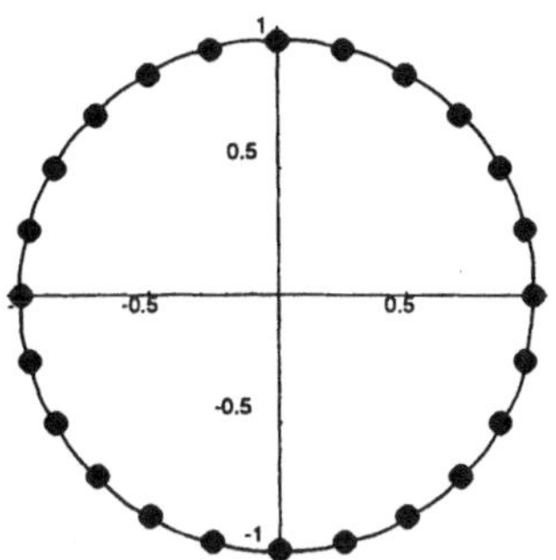

Der parametrische Spline
$S_x(t)$, $S_y(t)$ aus Beispiel 7.12,
$n = 25$

7.8 Trigonometrische Interpolation

Wir unterteilen das Intervall $[0, 2\pi]$ mit äquidistanten Stützstellen

$$x_k = \frac{2\pi k}{n}, \quad k = 0, 1, \ldots, n - 1$$

und geben (komplexe) Stützwerte y_k, $k = 0, 1, \ldots, n - 1$ vor.

Komplexes trigonometrisches Interpolationsproblem

> Beim *komplexen trigonometrischen Interpolationsproblem* ist ein komplexes trigonometrisches Polynom
>
> $$t_{n-1}(x) = \sum_{j=0}^{n-1} c_j \, e^{j x i}$$
>
> mit der folgenden Eigenschaft gesucht:
>
> $$t_{n-1}(x_k) = y_k, \quad k = 0, 1, \dots, n-1$$

Wir stellen zunächst fest, daß das komplexe trigonometrische Interpolationsproblem stets genau eine Lösung besitzt. Wenn man nämlich die komplexe Variable $z = e^{x i}$ einführt, und das Polynom

$$p_{n-1}(z) = \sum_{j=0}^{n-1} c_j \, z^j$$

betrachtet, so gilt

$$t_{n-1}(x) = p_{n-1}\left(e^{x i}\right) .$$

Wir bekommen damit das Problem, ein Polynom $p_{n-1}(z)$ höchstens $(n-1)$-ten Grades mit

$$p_{n-1}(z_k) = y_k, \quad z_k = e^{x_k i}, \quad k = 0, 1, \dots, n-1,$$

zu finden. Da die Knoten $z_k = e^{x_k i}$ paarweise verschieden sind, ist das komplexe trigonometrische Interpolationsproblem nach Satz 7.1 immer eindeutig lösbar.

Beispiel 7.13

Wir geben die Stützstellen

$$z_k = e^{\frac{2\pi k}{4} i}, \quad k = 0, 1, 2, 3$$

vor und berechnen das (komplexe) Interpolationspolynom $p_3(z)$ zu den reellen Stützwerten $y_k = 2, 3, 7, 1$. Gleichzeitig ergibt sich damit das komplexe trigonometrische Interpolationspolynom zu den Stützstellen $x_k = 2\pi k/4$. Wir benutzen die Lagrangesche Methode und das Programm aus Beispiel 7.2:

```
zk = {Exp[0 I],Exp[(2 Pi/4) I],
      Exp[2 (2 Pi/4) I],Exp[3 (2 Pi/4) I]};
y ={2,3,7,1} ; n = Length[zk];
Do[ll[j]=Apply[Times, z-Drop[zk,{j}]]/Apply[Times,
              zk[[j]]-Drop[zk,{j}]], {j, n}];
L = Sum[ll[j] y[[j]], {j, n}]//Simplify


                         2                  3
13 + (-5 - 2 I) z + 5 z  + (-5 + 2 I) z
---------------------------------------------
                    4
```

```
L = L/.z->Exp[x I]

                I x         2 I x                    3 I x
13 + (-5 - 2 I) E     + 5 E         + (-5 + 2 I) E
------------------------------------------------------------
                           4
```

Also: $\quad p_3(z) = \dfrac{13}{4} - \dfrac{5+2i}{4}\,z + \dfrac{5}{4}\,z^2 + \dfrac{-5+2i}{4}\,z^3$

und $\quad t_3(x) = \dfrac{13}{4} - \dfrac{5+2i}{4}\,e^{xi} + \dfrac{5}{4}\,e^{2xi} + \dfrac{-5+2i}{4}\,e^{3xi}.$

Wir ermitteln noch den Realteil $\Re(t_3)$ des Interpolationspolynoms t_3:

```
t=ComplexExpand[Re[L]]

(13 - 5 Cos[x] + 5 Cos[2 x] - 5 Cos[3 x] + 2 Sin[x] -

   2 Sin[3 x]) / 4
```

Also:

$$\Re(t_3(x)) = \frac{13}{4} - \frac{5}{4}\cos(x) + \frac{5}{4}\cos(2x) - \frac{5}{4}\cos(3x)$$
$$+ \frac{1}{2}\sin(x) - \frac{1}{2}\sin(3x).$$

Offenbar gilt: $\Re(t_3(x_k)) = y_k$ für $x_k = 2\pi k/4,\, k = 0, 1, \ldots, n-1$.

Bemerkung 7.6 Wenn man n Stützstellen und reelle Stützwerte hat
und mit einem *reellen trigonometrischen Polynom*:

$$\frac{a_0}{2} + \sum_{j=1}^{m}(a_j\cos(jx) + b_j\sin(jx))$$

**Reelles trigonometrisches
Polynom**

interpoliert, möchte man mit n trigonometrischen Funktionen auskommen. Mit dem Realteil des komplexen trigonometrischen Polynoms t_{n-1} wäre dies nicht möglich, wie Beispiel 7.13 zeigt. Die Interpolation mit einem reellen trigonometrischen Polynom geschieht
am bequemsten, wenn man weitere Eigenschaften des komplexen
trigonometrischen Interpolationspolynoms ausnützt.

Die trigonometrische Interpolation ist besonders dann angebracht,
wenn man eine reelle 2π-periodische Funktion f hat und die n
Stützstellen $x_k = 2\pi k/n,\, k = 0, 1, \ldots, n-1$, mit den Stützwerten
$y_k = f(x_k)$.
Wir wenden uns nun der Bestimmung der Koeffizienten $c_0, c_1, \ldots, c_{n-1}$
des komplexen trigonometrischen Interpolationspolynoms zu. Aufgrund der speziellen Anordnung der Knoten gibt es einen einfacheren

Weg als den in Satz 7.1 beschriebenen oder den der Lagrange Interpolation.

Satz 7.5 *Das* komplexe trigonometrische Interpolationspolynom $t_{n-1}(x) = \sum_{j=0}^{n-1} c_j\, e^{jxi}$ *mit der Eigenschaft:*

$$t_{n-1}(x_k) = y_k, \quad k = 0, 1, \ldots, n-1$$

wird durch die Koeffizienten

$$c_j = \frac{1}{n} \sum_{k=0}^{n-1} y_k w_n^{-jk}, \quad j = 0, 1, \ldots, n-1,$$

mit $w_n = e^{\frac{2\pi}{n} i}$ *festgelegt.*

Komplexes trigonometrisches Interpolationspolynom

Beweis: Bei $l = \nu n$ und $\nu \in \mathbb{Z}$ gilt:

$$\sum_{j=0}^{n-1} w_n^{jl} = n\,.$$

Ist jedoch $l \neq \nu n$ für alle $\nu \in \mathbb{Z}$, so gilt:

$$\sum_{j=0}^{n-1} w_n^{jl} = \frac{w_n^{ln} - 1}{w_n^l - 1} = \frac{e^{2\pi l i} - 1}{w_n^l - 1} = 0\,.$$

Die Bedingung $t_{n-1}(x_k) = y_k$ nimmt die Gestalt

$$y_k = \sum_{j=0}^{n-1} c_j\, w_n^{jk}, \quad k = 0, 1, \ldots, n-1\,,$$

an. Multiplizieren wir auf beiden Seiten w_n^{-lk}, $l = 0, 1, \ldots, n-1$, und summieren über k, so erhalten wir mit den Vorüberlegungen:

$$\sum_{k=0}^{n-1} w_n^{-lk} y_k = \sum_{k=0}^{n-1} w_n^{-lk} \sum_{j=0}^{n-1} c_j w_n^{jk} = \sum_{j=0}^{n-1} c_j \sum_{k=0}^{n-1} w_n^{k(j-l)} = n c_l\,.$$

Die eindeutige Lösung lautet also: $c_j = \frac{1}{n} \sum_{k=0}^{n-1} y_k w_n^{-jk}$. $\qquad\square$

Offenbar gilt: $c_j = \overline{c_{n-j}}$ und

$$c_0 = \frac{1}{n} \sum_{k=0}^{n-1} y_k\,.$$

Ist n gerade, so ist $c_{n/2}$ wegen $c_{n/2} = \overline{c_{n-(n/2)}}$ stets reell, und es gilt:

$$c_{n/2} = \frac{2}{n} \sum_{k=0}^{n-1} y_k\,.$$

Bemerkung 7.7 Der Beweis von Satz 7.5 basiert auf der Orthogonalitätsrelation:

$$\sum_{k=0}^{n-1} w_n^{kj}\, w_n^{-kl} = n\,\delta_{jl}\,, \quad j,l = 0,1,\ldots,n-1\,,$$

für $n \geq 1$ und $w_n = e^{(2\pi/n)i}$. Ist $n = 2N$, so gilt:

$$\sum_{k=0}^{n-1} w_n^{kj}\, w_n^{kl} = 0\,, \quad j,l = 0,1,\ldots,N-1\,.$$

Nun betrachten wir das reelle Interpolationsproblem, d.h. alle Stützwerte y_k sind reell. Wir suchen ein reelles trigonometrisches Polynom, das die in Bemerkung 7.6 angegebene Gestalt besitzt und und n reelle Parameter enthält.

Satz 7.6

Mit

$$N = \begin{cases} (n+1)/2 & \text{\textit{für ungerades} } n \\ n/2 & \text{\textit{für gerades} } n \end{cases}$$

und

$$a_j = \frac{2}{n} \sum_{k=0}^{n-1} y_k \cos(jx_k)\,, \quad j = 0,1,\ldots,N\,,$$

$$b_j = \frac{2}{n} \sum_{k=0}^{n-1} y_k \sin(jx_k)\,, \quad j = 1,\ldots,N-1\,,$$

bilden wir das reelle trigonometrische Polynom:

$$t_{R,n-1}(x) = \frac{a_0}{2} + \sum_{j=1}^{N-1}(a_j \cos(jx) + b_j \sin(jx)) + a_N \cos(Nx))\,,$$

wobei anstelle von a_N *eine Null zu setzen ist, falls n ungerade ist. Dann gilt:*

$$t_{R,n-1}(x_k) = y_k\,.$$

Reelles trigonometrisches Interpolationspolynom

Beweis: Wir nutzen die Eigenschaft $c_j = \overline{c_{n-j}}$ der Koeffizienten des komplexen trigonometrischen Interpolationspolynoms t_{n-1} aus und fassen die Terme mit den Indizes $j = 1, n-1,\ j = 2, n-2, \ldots$ zusammen. Dies ergibt:

$$y_k = t_{n-1}(x_k) = c_0 + \sum_{j=1}^{n-1} c_j e^{j x_k i}$$

$$= c_0 + \sum_{j=1}^{N-1} \left(c_j e^{j x_k i} + c_{n-j} e^{(n-j) x_k i} \right) + c_N e^{N x_k i}$$

$$= c_0 + \sum_{j=1}^{N-1} \left(c_j e^{j x_k i} + \bar{c}_j e^{(n-j) x_k i} \right) + c_N e^{N x_k i}$$

$$= c_0 + \sum_{j=1}^{N-1} \left(c_j e^{j x_k i} + \overline{c_j e^{j x_k i}} - \bar{c}_j e^{-j x_k i} + \bar{c}_j e^{(n-j) x_k i} \right)$$

$$\quad + c_N (\cos(N x_k) + i \sin(N x_k))$$

$$= c_0 + \sum_{j=1}^{N-1} 2\Re \left(c_j e^{j x_k i} \right) + c_N \cos(N x_k)$$

$$\quad + \sum_{j=1}^{N-1} \bar{c}_j \left(e^{(n-j) x_k i} - e^{-j x_k i} \right) + i c_N \sin(N x_k)$$

$$= c_0 + \sum_{j=1}^{N-1} 2\,\Re \left(c_j e^{j x_k i} \right) + c_N \cos(N x_k)$$

wobei der letzte Summand entfällt, falls n ungerade ist.

Berechnet man nun noch den Realteil von $c_j e^{j x i}$, so folgt die Behauptung. $\qquad\square$

Bemerkung 7.8 Für den Fall, daß n gerade ist, $n = 2N$, kann das trigonometrische Interpolationspolynom aus Satz 7.6 folgendermaßen geschrieben werden: Wir haben die Stützstellen

$$x_k = \frac{\pi k}{N}, \quad k = 0, 1, \ldots, 2N - 1$$

und das Interpolationspolynom:

$$t_{R,2N-1}(x) = \frac{a_0}{2} + \sum_{j=1}^{N} (a_j \cos(jx) + b_j \sin(jx))$$

$$\text{mit} \qquad a_j = \frac{1}{N} \sum_{k=0}^{2N-1} y_k \cos(j x_k),$$

$$b_j = \frac{1}{N} \sum_{k=0}^{2N-1} y_k \sin(j x_k), \quad j = 1, \ldots, N.$$

Es gilt nämlich:

$$b_N = \frac{1}{N} \sum_{k=0}^{2N-1} y_k \sin(N x_k) = \frac{1}{N} \sum_{k=0}^{2N-1} y_k \sin(\pi k) = 0.$$

Beispiel 7.14

Wir betrachten die Funktion

$$f(x) = \frac{x^2}{1 + 4x + 3x^2 - 0.5x^3}$$

im Intervall $[0, 2\pi[$ und setzen sie periodisch fort mit der Bedingung $f(0) = f(2\pi) = 0$. Wir wollen das reelle trigonometrische Interpolationspolynom $t_{R,7}(x)$ zu den Stützstellen $x_k = 2\pi k/8$, $k = 0, 1, \ldots, 7$ berechnen und benutzen dazu das Programm:

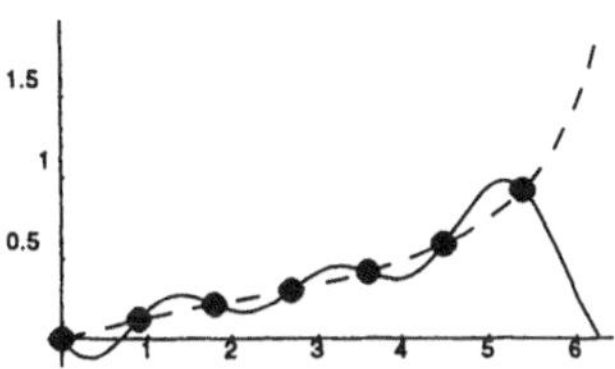

Die Funktion
$f(x) = x^2/(1 + 4x + 3x^2 - 0.5x^3)$
und das trigonometrische
Interpolationspolynom $t_{R,7}(x)$ aus
Beispiel 7.14

```
f[x_]:= x^2/(1 +4 x + 3 x^2 - 0.5 x^3); n=7;
xk = Table[N[2Pi*(k-1)/n], {k, n}];
y = Map[f, xk]; M = Floor[(n+1)/2] + 1;
aj = Table[2/n*(Sum[y[[k]]*N[Cos[(k-1)*xk[[j]] ]],
        {k, n}]), {j, M}];
bj = Table[2/n*(Sum[y[[k]]*N[Sin[(k-1)*xk[[j]] ]],
        {k, n}]), {j, M}];
tnR = aj[[1]]/2 + Sum[aj[[j]]*Cos[(j-1)*x]+
        bj[[j]]*Sin[(j-1)*x], {j, 2, M-1}];
If[EvenQ[n], tnR=tnR + aj[[M]]/2*Cos[M*x]];
Print["Trigonometrisches Interpolationspolynom:",
        tnR];
lc = MapThread[List, {xk, y}];
pl1 = ListPlot[lc, PlotStyle -> {PointSize[0.03]},
                DisplayFunction -> Identity];

pl2 = Plot[tnR, {x,0,2Pi},
        DisplayFunction -> Identity];
pl3 = Plot[f[x], {x,0,2Pi},
        AxesLabel -> {"x", " "},
        PlotStyle -> {Dashing[{0.04}]},
        DisplayFunction -> Identity];
Show[pl1, pl2, pl3,
        DisplayFunction -> $DisplayFunction];
```

Wir erhalten das trigonometrische Interpolationspolynom:

```
0.367231 - 0.0512666 Cos[x] - 0.144807 Cos[2 x] -

0.171158 Cos[3 x] - 0.296941 Sin[x] -

0.151713 Sin[2 x] - 0.0470149 Sin[3 x]
```

Mit demselben Programm betrachten wir die Funktion

$$f(x) = 2\sqrt{x} - \sqrt[3]{x}$$

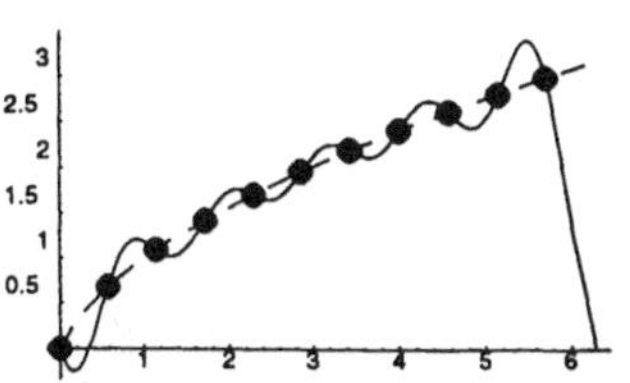

Die Funktion $f(x) = 2x^{1/2} - x^{1/3}$
und das trigonometrische
Interpolationspolynom $t_{R,11}(x)$ aus
Beispiel 7.14

im Intervall $[0, 2\pi[$ und berechnen das trigonometrische Interpolationspolynom $t_{R,11}(x)$ zu den Stützstellen $x_k = 2\pi k/12$, $k = 0, 1, \ldots, 11$ unter der Bedingung $f(0) = f(2\pi) = 1$. Wir ändern die Eingabe ab:

```
f[x_]:=2 x^(1/2)-x^(1/3); n=11;
```

und bekommen:

```
 1.80787 - 0.463168 Cos[x] - 0.362169 Cos[2 x] -

   0.335649 Cos[3 x] - 0.325387 Cos[4 x] -

   0.321501 Cos[5 x] - 0.834955 Sin[x] -

   0.406786 Sin[2 x] - 0.231859 Sin[3 x] -

   0.123502 Sin[4 x] - 0.039052 Sin[5 x]
```


```
f[x_]:=2 x^(1/2)-x^(1/3); n=11;
```

8 Approximation

8.1 Approximation durch Polynome

Bei der Interpolation durch Polynome (oder durch Splines) wird zu gegebenen Stützstellen und Stützwerten eine Interpolierende konstruiert, die an den Stützstellen als Funktionswerte die Stützwerte annimmt. Häufig stammen die Stützwerte von einer gegebenen Funktion ab, und man ersetzt dann die Funktion durch die Interpolierende. Bei der Approximation durch Polynome versucht man nun ein Polynom zu finden, das sich über das ganze zugrunde liegende Intervall möglichst gut an die gegebene Funktion annähert.

Genauer formulieren wir die Approximationsaufgabe wie folgt:

Zu einer gegebenen stetigen Funktion $f : [a, b] \to \mathbb{R}$ ist ein Polynom

$$\psi(x) = c_0 + c_1 x + \ldots + c_n x^n$$

höchstens n-ten Grades zu bestimmen, so daß der Abstand:

$$\int_a^b (f(x) - \psi(x))^2 \, dx$$

minimal wird.

Approximation im quadratischen Mittel durch Polynome

Man spricht dann von der *besten Approximierenden im quadratischen Mittel durch Polynome* bis zum Grad n. Daß genau eine beste Approximierende existiert, sichert der folgende:

Satz 8.1 *Sei* $f : [a, b] \to \mathbb{R}$ *eine stetige Funktion. Dann gibt es genau eine Minimalstelle* $(c_0^{(0)}, c_1^{(0)}, \ldots, c_n^{(0)})$ *der Funktion:*

$$D(c_0, c_1, \ldots, c_n) = \int_a^b \left(f(x) - (c_0 + c_1 x + \ldots + c_n x^n) \right)^2 dx \,.$$

Beweis: Eine notwendige Bedingung für das Vorliegen einer Minimalstelle ist das Verschwinden der partiellen Ableitungen

$$\frac{\partial D(c_0, c_1, \ldots, c_n)}{\partial c_i}$$

$$= -2 \int_a^b \left(f(x) - (c_0 + c_1 x + \ldots + c_n x^n) \right) x^i \, dx$$

$$= 0, \quad i = 0, 1, \ldots, n.$$

Diese Bedingung ergibt ein lineares Gleichungssystem:

Normalgleichungen
$$\sum_{j=0}^n \left(\int_a^b x^{i+j} \, dx \right) c_j^{(0)} = \int_a^b x^i f(x) \, dx, \quad i = 0, 1, \ldots, n,$$

die sogenannten *Normalgleichungen*, zur Bestimmung der gesuchten Koeffizienten $c_0^{(0)}, c_1^{(0)}, \ldots, c_n^{(0)}$. Die Systemmatrix der Normalgleichungen $A = (a_{ij})_{i,j=0,\ldots,n}$ hat die Gestalt:

$$a_{ij} = \int_a^b x^{i+j} \, dx = \frac{1}{i+j+1}(b^{i+j+1} - a^{i+j+1}).$$

Die Matrix A ist symmetrisch und positiv definit. Die Symmetrie ergibt sich unmittelbar aus der Definition der a_{ij}. Für beliebige $q_k \in \mathbb{R}, k = 0, 1, \ldots, n$ gilt:

$$\sum_{i,j=0}^n a_{ij} q_i q_j = \int_a^b \left(\sum_{i,j=0}^n q_i q_j x^{i+j} \right) dx = \int_a^b \left(\sum_{i=0}^n q_i x^i \right)^2 dx$$

$$\geq 0,$$

und das Gleichheitszeichen gilt genau dann, wenn $q_0 = q_1 = \ldots = q_n = 0$ ist. Daher bekommen wir für einen beliebigen Vektor $(q_0, q_1, \ldots, q_n)$, der ungleich dem Nullvektor ist

$$\sum_{i,j} a_{ij} q_i q_j > 0,$$

und A ist positiv definit. Wir können die positive Definitheit auch so schreiben:

$$(q_0, q_1, \ldots, q_n) \left(A (q_0, q_1, \ldots, q_n)^T \right) \geq 0$$

für alle vom Nullvektor verschiedenen Vektoren. Hieraus folgt sofort, daß nur für den Nullvektor

$$A(q_0, q_1, \ldots, q_n)^T = (0, 0, \ldots, 0)^T$$

gelten kann. Die Matrix A ist also nichtsingulär, und die Normalgleichungen besitzen genau eine Lösung.

Bilden wir die zweiten partiellen Ableitungen:

$$\frac{\partial^2 D(c_0, c_1, \ldots, c_n)}{\partial c_i \partial c_j} = \int_a^b x^i\, x^j\, dx = a_{ij}\,,$$

so stellen wir fest, daß die Hessematrix mit der Matrix A übereinstimmt. Also ist die Hessematrix positiv definit, und es liegt tatsächlich ein Minimum vor. $\qquad\square$

Setzt man $q_i = c_i^{(0)}$, so folgt für die beste Approximierende

$$\psi^{(0)}(x) = c_0^{(0)} + c_1^{(0)} x + \cdots + c_n^{(0)} x^n$$

die Beziehung:

$$\sum_{i,j=0}^{n} a_{ij}\, c_i^{(0)}\, c_j^{(0)} = \int_a^b (\psi^{(0)}(x))^2\, dx\,.$$

Eine große Schwierigkeit bei der Aufstellung der Normalgleichungen stellt bei den meisten Funktionen die Berechnung der rechten Seiten $\int_a^b x^i f(x)\, dx$ dar.

Ist $[a, b] = [0, 1]$, dann bekommen wir $a_{ij} = 1/(i + j + 1)$, und A nimmt die Gestalt

$$A = \begin{pmatrix} 1 & \dfrac{1}{2} & \cdots & \dfrac{1}{n+1} \\[2mm] \dfrac{1}{2} & \dfrac{1}{3} & \cdots & \dfrac{1}{n+2} \\[2mm] \vdots & \vdots & \cdots & \vdots \\[2mm] \dfrac{1}{n+1} & \dfrac{1}{n+2} & \cdots & \dfrac{1}{2n+1} \end{pmatrix}$$

an.

Beispiel 8.1

Gegeben ist die Funktion

$$f(x) = \frac{x^4}{1 + x^2}\,, \quad x \in [-1, +1]\,.$$

Wir suchen die beste Approximierende im quadratischen Mittel unter allen quadratischen Polynomen

$$\psi(x) = c_0 + c_1 x + c_2 x^2\,.$$

Die Normalgleichungen werden mit dem folgenden Programm aufgestellt und gelöst:

```
n=3; a=-1; b= 1;
f[x_]:= x^4/(1+x^2);
A = Table[1/(i+j-1)*(b^(i+j-1)-a^(i+j-1)),
                          {i,n}, {j,n}];
Print[MatrixForm[A]];
rs = Table[Integrate[x^(j-1) f[x], {x,a,b}],
                          {j,n}];
Print[rs]; Loesung = LinearSolve[A, rs];
Print[Loesung];
psi = Sum[N[ Loesung[[j]] ]*x^(j-1), {j,n}];
Print["Beste Approx. = ", psi];
gr1 = Plot[f[x], {x,-1,1},
              DisplayFunction -> Identity];
gr2 = Plot[psi, {x,-1,1},
              PlotStyle ->{Dashing[{0.04}]},
              DisplayFunction -> Identity];
Show[gr1, gr2, DisplayFunction->$DisplayFunction];
```

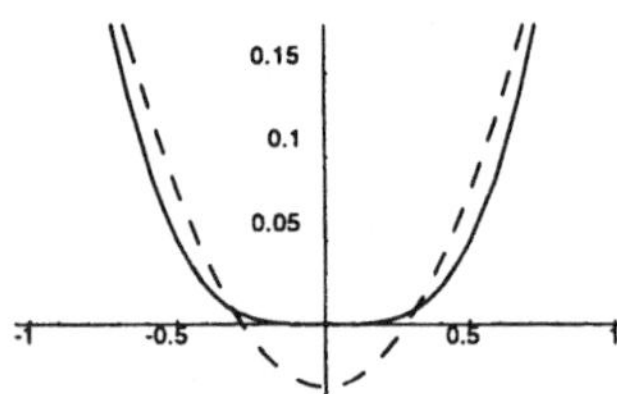

Die Funktion $f(x) = x^4/(1+x^2)$
und die Approximierende
$\psi(x) = c_0^{(0)} + c_1^{(0)}x + c_2^{(0)}x^2$ aus
Beispiel 8.1

Wir bekommen die Matrix A in der Form:

```
              2
              -
  2     0     3

        2
        -
  0     3     0

  2           2
  -           -
  3     0     5
```

und die rechten Seiten der Normalgleichungen:

```
    4       Pi      26    Pi
{-(-)   +   --,  0, --  - --}
    3       2       15    2
```

LinearSolve Mit LinearSolve werden die Koeffizienten $c_0^{(0)}, c_1^{(0)}, c_2^{(0)}$ berechnet:

```
  -8 + 3 Pi    -12 (52 - 15 Pi) + 20 (-8 + 3 Pi)
{---------  +  ----------------------------------, 0,
    12                        192


  12 (52 - 15 Pi) - 20 (-8 + 3 Pi)
  --------------------------------}
                64
```

Die beste Approximierende im quadratischen Mittel unter den Polynomen
zweiten Grades hat also Gestalt:

```
                                          2
Beste Approx. = -0.037611 + 0.469028 x
```

Beispiel 8.2

Wir berechnen die beste Approximierende im quadratischen Mittel der Funktion

$$f(x) = x\,e^{-x}, \quad x \in [-2, 2]$$

unter allen kubischen Polynomen

$$\psi(x) = c_0 + c_1\,x + c_2\,x^2 + c_3\,x^3.$$

Wir benutzen das Programm aus Beispiel 8.1 mit der Eingabe:

```
n=4; a=-2; b= 2;
f[x_]:= x Exp[-x];
```

und bekommen die Matrix A:

```
         16
         --
4    0    3    0

         16        64
         --        --
0    3    0    5

16        64
--        --
3    0    5    0

         64        256
         --        ---
0    5    0    7
```

sowie die rechten Seiten der Normalgleichungen:

```
  -3      2   -10      2   -38      2   -168      2
{ -- - E ,  --- + 2 E ,  --- - 2 E ,  ---- + 8 E }
   2      2    2      2    2      2     2      2
   E      E        E          E
```

Schließlich erhalten wir die beste Approximierende:

```
                                              2
Beste Approx. = 0.284228 + 0.812246 x - 1.67474 x

                        3
            + 0.710373 x
```

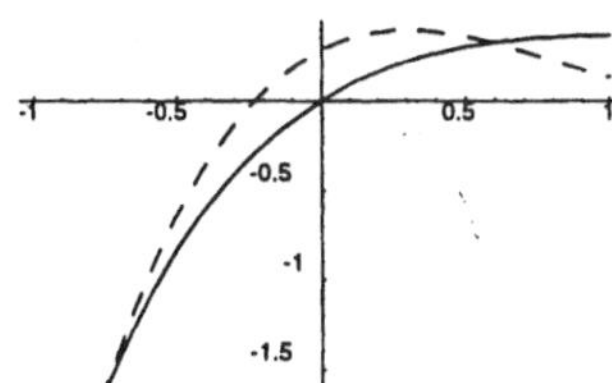

Die Funktion $f(x) = xe^{-x}$ und die
Approximierende
$$\psi(x) = c_0^{(0)} + c_1^{(0)}x + c_2^{(0)}x^2 + c_3^{(0)}x^3$$
aus Beispiel 8.2

8.2 Die Gaußsche Fehlerquadratmethode

Seien nun wieder $N + 1$ paarweise verschiedene Stützstellen x_i, $i = 0, 1, \ldots, N$ mit Stützwerten y_i gegeben, die natürlich auch Werte einer Funktion f an den Stützstellen darstellen können.

> Gesucht ist ein Polynom
>
> $$\psi(x) = c_0 + c_1 x + \ldots + c_n x^n$$
>
> höchstens n-ten Grades, das die Summe der *Fehlerquadrate*:
>
> $$\sum_{i=0}^{N} (y_i - \psi(x_i))^2$$
>
> minimiert.

Ausgleichsproblem
Fehlerquadrate

Dieses Problem wird als *Ausgleichsproblem* bezeichnet. Die eindeutige Existenz des *Ausgleichspolynoms* wird gewährleistet durch den

> **Satz 8.2** *Sei* $N \geq n$ *und* (x_i, y_i), $i = 0, 1, \ldots, N$, *Wertepaare mit paarweise verschiedenen* x_i. *Dann gibt es genau eine Minimalstelle* $(c_0^{(0)}, c_1^{(0)}, \ldots, c_n^{(0)})$ *der Funktion*
>
> $$D(c_0, c_1, \ldots, c_n) = \sum_{i=0}^{N} (y_i - \psi(x_i))^2 .$$

Ausgleichspolynom

Beweis: Notwendig für das Vorliegen einer Extremalstelle sind die Bedingungen:

$$\frac{\partial D(c_0, c_1, \ldots, c_n)}{\partial c_j} = -2 \sum_{j=0}^{N} (y_i - (c_0 + c_1 x_i + \ldots + c_n x_i^n)) \, x_i^j$$

$$= 0, \quad j = 0, 1, \ldots, n .$$

Sie bilden ein lineares Gleichungssystem aus $n + 1$ Gleichungen für die $n + 1$ Koeffizienten $c_k^{(0)}$ des Ausgleichspolynoms und werden als *Gaußsche Normalgleichungen* bezeichnet.

Wir gehen nun analog zum Beweis von Satz 8.1 vor und bringen die Gaußschen Normalgleichungen in die Form:

Gaußsche Normalgleichungen

$$\sum_{k=0}^{n} \left(\sum_{i=0}^{N} x_i^{j+k} \right) c_k^{(0)} = \sum_{i=0}^{N} y_i x_i^j, \quad j = 0, 1, \ldots, n .$$

Die Systemmatrix $A = (a_{jk})_{j,k=0,\ldots,n}$ der Gaußschen Normalgleichungen wird auch als *Gramsche Matrix* bezeichnet und hat die Gestalt:

$$a_{jk} = \sum_{i=0}^{N} x_i^{j+k} \, .$$

Gramsche Matrix

Wiederum ist A symmetrisch und positiv definit, denn es gilt zunächst für beliebige $q_k \in \mathbb{R}$, $k = 0, 1, \ldots, n$:

$$\sum_{j,k=0}^{n} a_{jk} q_k q_j = \sum_{j,k=0}^{n} \left(\sum_{i=0}^{N} x_i^{j+k} \right) q_k q_j = \sum_{i=0}^{N} \left(\sum_{j=0}^{n} q_j x_i^j \right)^2 \geq 0 \, .$$

Das Gleichheitszeichen gilt genau dann, wenn

$$\sum_{j=0}^{n} q_j x_i^j = 0 \, , \quad i = 0, 1, \ldots, N$$

gilt. Da $N \geq n$ ist und die Stützstellen paarweise verschieden sind, hat das Polynom $\sum_{j=0}^{n} q_j x_i^j$ mindestens $n+1$ Nullstellen, und dies bedeutet, daß $q_0 = q_1 = \ldots = q_n = 0$ ist. Daß nun ein Minimum vorliegt, kann man genau wie in Satz 8.1 nachweisen. $\qquad \square$

Bemerkung 8.1 Mit der Bezeichnung

$$S_r = \sum_{i=0}^{N} x_i^r$$

lauten die Gaußschen Normalgleichungen schließlich ausgeschrieben:

$$S_0 c_0^{(0)} + S_1 c_1^{(0)} + \ldots + S_n c_n^{(0)} = \sum_{i=0}^{N} y_i$$

$$S_1 c_0^{(0)} + S_2 c_1^{(0)} + \ldots + S_{n+1} c_n^{(0)} = \sum_{i=0}^{N} x_i \, y_i$$

$$\vdots$$

$$S_n c_0^{(0)} + S_{n+1} c_1^{(0)} + \ldots + S_{2n} c_n^{(0)} = \sum_{i=0}^{N} x_i^n \, y_i \, .$$

Beispiel 8.3

Die Funktion

$$f(x) = \frac{1 + x^2}{1 + x^4}$$

sei an den Stützstellen $x_i = -1 + 0.5i$, $i = 0, 1, \ldots, 4$, gegeben mit Stützwerten $y_i = f(x_i)$. Gesucht ist das Ausgleichspolynom $\psi^{(0)}$ dritten Grades nach der Gaußschen Fehlerquadratmethode.

Die Fehlerquadratmethode wird folgendermaßen mit *Mathematica* (unter Verwendung von `Integer`) programmiert:

```
f[x_]:= (1+x^2)/(1+x^4);
Ausgleich[n_, np_, xk_List, y_List]:=
( phik[x_, k_Integer]:= If[k==0, 1,x^k];
s[r_]:= Sum[phik[xk[[j]], r], {j, np}];
A = Table[s[i-2+j], {i,n}, {j,n}];
Print["Gramsche Matrix = "];
Print[MatrixForm[A]];
rSeite = Table[Sum[y[[i]]*phik[xk[[i]], j-1],
                        {i, np}], {j,n}];
Print["Rechte Seite = "];
Print[rSeite];
Loes = LinearSolve[A, rSeite];
ps1 = Sum[N[Loes[[j]] ]*phik[x,j-1],{j,n}]; ps1);
np = 5; n = 4;
xk = Table[-1+0.5*(j-1), {j, np}];
y = Table[f[xk[[j]]], {j, np}];
psi = Ausgleich[n, np, xk, y];
Print["psi(x) = ", psi];

gr1 = Plot[psi, {x,xk[[1]], xk[[np]]},
           AxesLabel -> {"x", " "},
           PlotStyle -> {Dashing[{0.04}]},
           DisplayFunction -> Identity];
lc = MapThread[List, {xk,y}];
gr2 = ListPlot[lc,PlotStyle->{PointSize[0.02]},
           DisplayFunction -> Identity];
gr3 = Plot[f[x], {x, xk[[1]], xk[[np]]},
              DisplayFunction -> Identity];
Show[gr1,gr2,gr3,
        DisplayFunction -> $DisplayFunction];
```

Wir bekommen die Gramsche Matrix und die rechte Seite der Normalgleichungen:

```
Gramsche Matrix =

5            0.          2.5          0.

0.           2.5         0.           2.125

2.5          0.          2.125        0.

0.           2.125       0.           2.03125
```

```
Rechte Seite =
                         -16                       -16
{5.35294, -2.22045 10     , 2.58824, 1.11022 10    }
```

und schließlich das Ausgleichspolynom:

```
                         -15                 2
psi(x) = 1.12101 - 1.22125 10    x - 0.10084 x  +

            -15  3
  1.33227 10    x
```

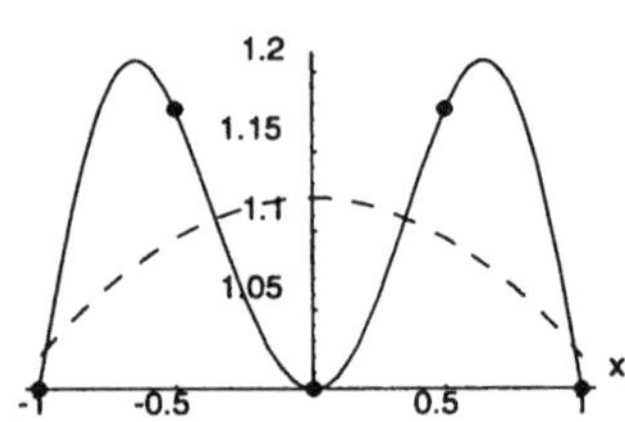

Die Funktion
$f(x) = (1 + x^2)/(1 + x^4)$ und das Ausgleichspolynom
$\psi(x) = c_0^{(0)} + c_1^{(0)}x + c_2^{(0)}x^2 + c_3^{(0)}x^3$
aus Beispiel 8.3

Bemerkung 8.2 Im Fall $N = n$ haben wir genau ein Interpolationspolynom p_n mit $p_n(x_i) = y_i$. Da die Summe der Fehlerquadrate $\sum_{i=0}^{N}(y_i - p_n(x_i))^2$ Null ergibt, liefert das Interpolationspolynom gerade das Minimum und stimmt mit dem Ausgleichspolynom überein. Im Fall $N < n$ ist die Schlußweise aus dem Beweis von Satz 8.2 nicht mehr möglich, und die Gaußschen Normalgleichungen können eine singuläre Gramsche Matrix besitzen. Auf jeden Fall minimiert das Interpolationspynom höchstens N-ten Grades die Summe der Fehlerquadrate.

Beispiel 8.4

Seien die Wertepaare:

i	0	1	2
x_i	-1	0	1
y_i	1	2	0

gegeben. Gesucht werde ein Polynom dritten Grades

$$\psi(x) = c_0 + c_1 + c_2 x^2 + c_3 x^3,$$

welches die Summe der Fehlerquadrate minimiert. Offenbar gilt $N = 2$ und $n = 3$, also $N < n$.

Wir stellen die Gramsche Matrix auf und berechnen ihre Determinante:

```
np = 3; n = 4; xk = {-1,0,1}; y = {1,2,0};
phik[x_, k_Integer]:= If[k==0, 1,x^k];
s[r_]:= Sum[phik[xk[[j]], r], {j, np}];
A = Table[s[i-2+j], {i,n}, {j,n}];
Print["Gramsche Matrix = "];
Print[MatrixForm[A]];
detA = Det[A]; Print["det(A) = ", detA];

Gramsche Matrix =
3   0   2   0

0   2   0   2

2   0   2   0

0   2   0   2

det(A) = 0
```

Das System der Normalgleichungen ist also nicht eindeutig lösbar.

Beispiel 8.5

Gegeben ist die Wertetabelle:

i	0	1	2	3	4
x_i	0.02	0.1	0.50	0.80	1.0
y_i	20	15	1	6	3

Gesucht ist nach der Gaußschen Fehlerquadratmethode:

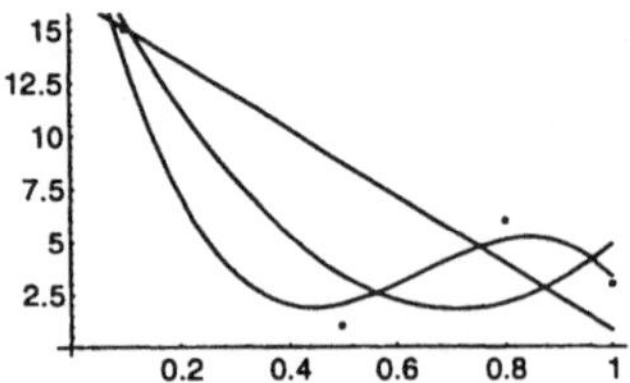

Die Ausgleichsgerade, die quadratische und kubische Ausgleichsparabel aus Beispiel 8.5

1)   das Ausgleichspolynom ersten Grades (Ausgleichsgerade),

2)   das Ausgleichspolynom zweiten Grades (quadratische Ausgleichsparabel),

3)   das Ausgleichspolynom dritten Grades (kubische Ausgleichsparabel).

Wir benutzen das *Mathematica*-Programm zur Berechnung des Ausgleichspolynoms aus Beispiel 8.3:

```
xk = {0.02, 0.10, 0.50, 0.80, 1.00};
y = {20, 15, 1, 6, 3};
psi = Ausgleich[2, 5, xk, y];
Print["psi(x) = ", psi];
```

Dieses liefert die folgende Ausgleichsgerade:

```
psi(x) = 16.687 - 15.8822 x
```

Wenn wir im obigen Programm den Wert n = 2 durch den Wert n = 3 ersetzen, erhalten wir die quadratische Ausgleichsparabel:

$$psi(x) = 20.222 - 51.8992 \, x + 36.5639 \, x^2$$

Setzen wir n = 4, dann haben wir die kubische Ausgleichsparabel:

$$psi(x) = 23.2796 - 116.7 \, x + 200.159 \, x^2 - 103.397 \, x^3$$

Bemerkung 8.3 Fallen mehrere Stützstellen zusammen, so ist die eindeutige Lösbarkeit des Ausgleichsproblems mit einem Polynom n-ten Grades immer noch gewährleistet, wenn die Anzahl der verschiedenen Stützstellen mindestens $n + 1$ beträgt. Die Normalgleichungen aus Bemerkung 8.1 können auch in diesem Fall verwendet werden.

Beispiel 8.6

Gegeben sind die folgenden Wertepaare:

i	0	1	2	3	4	5	6	7	8	9	10	11
x_i	3	3	5	6	6	6	6	9	9	10	12	12
y_i	2	2.2	3	3	2	6	6.5	10	9.5	13.5	14.0	12

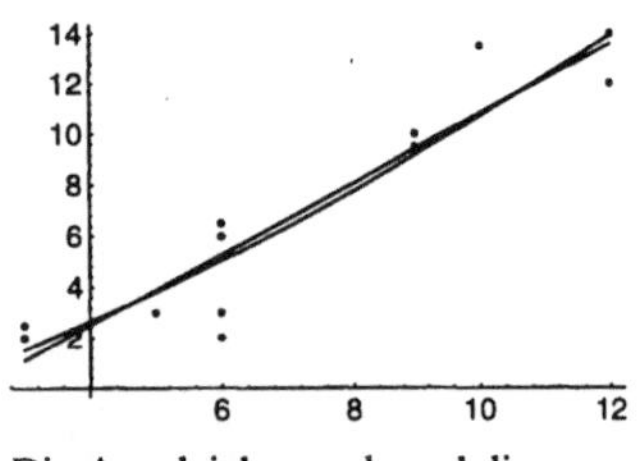

Die Ausgleichsgerade und die Ausgleichsparabel aus Beispiel 8.6

Mit Hilfe des *Mathematica*-Programms aus Beispiel 8.3 berechnen wir die Ausgleichsgerade:

```
xk = {3,3,5,6,6,6,6,9,9,10,12,12};
y = {2,2.5,3,3,2,6,6.5,10,9.5,13.5,
     14.0,12};
psi = Ausgleich[2, 12, xk, y];
Print["psi(x) = ",psi]
```

```
psi(x) = -3.03059 + 1.38353 x
```

und die quadratische Ausgleichsparabel:

```
psi = Ausgleich[3, 12, xk, y];
Print["psi(x) = ",psi]

psi(x) = -1.34784 + 0.858704 x + 0.0345547 x
                                              2
```

Bemerkung 8.4 Beim Ausgleichsproblem kann natürlich anstatt der Polynome $1, x, \dots, x^n$ ein anderes System linear unabhängiger Funktionen

$$\varphi_0(x), \varphi_1(x), \dots, \varphi_n(x)$$

zugrunde gelegt werden. Wir suchen dann diejenige Linearkombination

$$\psi(x) = \sum_{k=0}^{n} c_k \, \varphi_k(x),$$

welche die Summe der Fehlerquadrate

$$\sum_{i=0}^{N} (f(x_i) - \psi(x_i))^2$$

minimiert. Wenn wir genau wie bei den Polynomen vorgehen, erhalten wir für die Koeffizienten der besten Approximierenden

$$\psi^{(0)}(x) = \sum_{k=0}^{n} c_k^{(0)} \, \varphi_k(x)$$

die *Gaußschen Normalgleichungen*:

$$\sum_{k=0}^{n} c_k^{(0)}(\varphi_j, \varphi_k) = (y, \varphi_j), \quad j = 0, 1, \dots, n, \quad N \geq n,$$

Gaußsche Normalgleichungen

mit

$$(\varphi_j, \varphi_k) = \sum_{i=0}^{N} \varphi_j(x_i) \, \varphi_k(x_i)$$

und

$$(y, \varphi_j) = \sum_{i=0}^{N} y_i \varphi_j(x_i) \text{ bzw. } (f, \varphi_j) = \sum_{i=0}^{N} f(x_i)\varphi_j(x_i),$$

wenn die Daten y_i von einer Funktion f abstammen. Die Systemmatrix:

Gramsche Matrix

$$A = \begin{pmatrix} (\varphi_0, \varphi_0) & (\varphi_0, \varphi_1) & \ldots & (\varphi_0, \varphi_n) \\ (\varphi_1, \varphi_0) & (\varphi_1, \varphi_1) & \ldots & (\varphi_1, \varphi_n) \\ \vdots & \vdots & \ldots & \vdots \\ (\varphi_n, \varphi_0) & (\varphi_n, \varphi_1) & \ldots & (\varphi_n, \varphi_n) \end{pmatrix}$$

der Normalgleichungen heißt *Gramsche Matrix*.

Die Normalgleichungen aus Bemerkung 8.4 wollen wir im Fall der *trigonometrischen Approximation* betrachten.

Trigonometrische Approximation

Sei f eine 2π-periodische Funktion, deren Funktionswerte $y_i = f(x_i)$ an $2N$ äquidistanten Stellen

$$x_i = i\frac{\pi}{N}, \quad i = 0, 1, \ldots, 2N - 1,$$

gegeben sind. (Da f periodisch ist, ist mit $f(0)$ auch $f(2\pi)$ bekannt). Wir suchen eine beste Approximierende $\psi^{(0)}$ der Gestalt:

$$\psi(x) = \frac{a_0^{(0)}}{2} + \sum_{k=1}^{n} \left(a_k^{(0)} \cos(kx) + b_k^{(0)} \sin(kx) \right), n < N,$$

d. h. wir legen die trigonometrischen Funktionen

$$1, \cos(x), \ldots, \cos(nx), \sin(x) \ldots, \sin(nx)$$

als Basissystem $\varphi_0, \ldots, \varphi_{2n+1}$ zugrunde.

Spaltet man die komplexen Orthogonalitätsrelationen aus Bemerkung 7.7 in Realteil und Imaginärteil auf, dann bekommen wir die folgenden Beziehungen für $j, l = 0, 1, \ldots, N - 1$:

$$\sum_{k=0}^{2N-1} \left(\cos\left(\frac{\pi}{N}kj\right) \cos\left(\frac{\pi}{N}kl\right) + \sin\left(\frac{\pi}{N}kj\right) \sin\left(\frac{\pi}{N}kl\right) \right) = 2N\delta_{jl},$$

$$\sum_{k=0}^{2N-1} \left(\sin\left(\frac{\pi}{N}kj\right) \cos\left(\frac{\pi}{N}kl\right) - \cos\left(\frac{\pi}{N}kj\right) \sin\left(\frac{\pi}{N}kl\right) \right) = 0,$$

$$\sum_{k=0}^{2N-1} \left(\cos\left(\frac{\pi}{N}kj\right) \cos\left(\frac{\pi}{N}kl\right) - \sin\left(\frac{\pi}{N}kj\right) \sin\left(\frac{\pi}{N}kl\right) \right) = 0,$$

$$\sum_{k=0}^{2N-1} \left(\sin\left(\frac{\pi}{N}kj\right) \cos\left(\frac{\pi}{N}kl\right) + \cos\left(\frac{\pi}{N}kj\right) \sin\left(\frac{\pi}{N}kl\right) \right) = 0.$$

Hiermit läßt sich die Gramsche Matrix bequem aufstellen. Sie nimmt Diagonalgestalt mit den Diagonalelementen $2N, N, \ldots, N$ an. Die Koeffizienten der besten Approximierenden ergeben sich somit zu:

$$a_0^{(0)} = \frac{1}{N} \sum_{i=0}^{2N-1} y_i, \ a_k^{(0)} = \frac{1}{N} \sum_{i=0}^{2N-1} y_i \cos(kx_i),$$

$$b_k^{(0)} = \frac{1}{N} \sum_{i=0}^{2N-1} y_i \sin(kx_i).$$

Mit der Periodizität können wir auch schreiben:

$$a_0^{(0)} = \frac{1}{N} \sum_{i=1}^{2N} y_i, \ a_k^{(0)} = \frac{1}{N} \sum_{i=1}^{2N} y_i \cos(kx_i),$$

$$b_k^{(0)} = \frac{1}{N} \sum_{i=1}^{2N} y_i \sin(kx_i).$$

Hält man N fest und vergrößert n, so ändern sich die bereits berechneten Koeffizienten $a_0^{(0)}, a_k^{(0)}, b_k^{(0)}$ nicht.

Ist $n = N$, so liegt der Fall der reellen trigonometrischen Interpolation bei geradzahliger Stützstellenanzahl vor. Vergleichen wir die Koeffizienten der besten Approximation mit denen des Interpolationspolynoms aus Bemerkung 7.8, dann zeigt sich, daß die beste Approximierende gerade die n-te Teilsumme des reellen trigonometrischen Interpolationspolynoms darstellt.

Beispiel 8.7

Gegeben sei die Funktion

$$f(x) = \frac{x^2}{1 + (\cos(x))^2}$$

in den Stützstellen $x_i = j\pi/N$, $j = 0, 1, \ldots, 2N - 1$. Wir berechnen die beste trigonometrische Approximierende $\psi^{(0)}(x)$ für $N = 7, n = 3$ und $N = 7, n = 5$.

Dazu verwenden wir folgendes *Mathematica*-Programm:

```
f[x_]:= x^2/(1+Cos[x]^2);
np=7; n=3;
np2 = 2*np; np1 = np + 1; n1 = n+1;
a={}; b={};
y = Table[N[f[j*Pi/np]], {j, np2}];
a0 = (1/np)*Sum[y[[j]], {j, np2}];
Do[ ak = (1/np)*Sum[y[[j]]*N[Cos[k*j*Pi/np]],
     {j, np2}];
AppendTo[a, ak];
bk=(1/np)*Sum[y[[j]]*N[Sin[k*j*Pi/np]],
     {j,np2}]; AppendTo[b, bk], {k, n}];
psi = a0/2 + Sum[a[[k]]*Cos[k*x]+
     b[[k]]*Sin[k*x], {k, n}];
```

```
Print["psi(x) = ", psi];
gr1 = Plot[psi, {x, 0,2Pi},
DisplayFunction -> Identity];
gr2 = Plot[f[x], {x,0, 2Pi},
           PlotStyle -> {Dashing[{0.04}]},
           DisplayFunction -> Identity];
Show[gr1,gr2,DisplayFunction->$DisplayFunction];
```

Dieses Programm liefert die folgende beste Approximationsfunktion $\psi^{(0)}(x)$:

```
psi(x) = 9.91019 + 3.74456 Cos[x] -

1.04921 Cos[2 x] + 1.33894 Cos[3 x] -

9.76467 Sin[x] - 3.7683 Sin[2 x] - 0.595561 Sin[3 x]
```

Mit der Eingabe:

```
f[x_]:= x^2/(1+Cos[x]^2);
np=7; n=5;
```

bekommen wir

```
psi(x) = 9.91019 + 3.74456 Cos[x] -

1.04921 Cos[2 x] + 1.33894 Cos[3 x] +

2.03416 Cos[4 x] + 1.57393 Cos[5 x] -

9.76467 Sin[x] - 3.7683 Sin[2 x] -

0.595561 Sin[3 x] - 0.812403 Sin[4 x] -

0.806064 Sin[5 x]
```

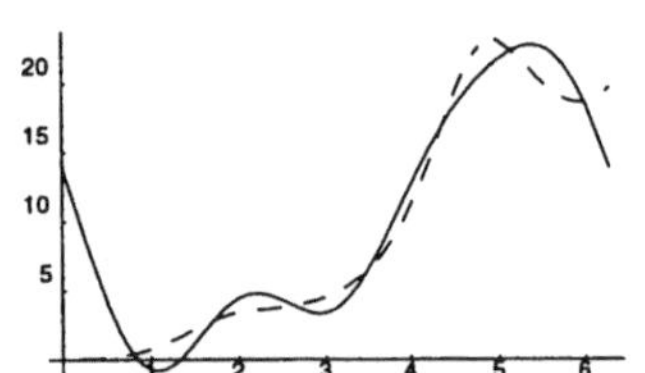

Die Funktion
$f(x) = x^2/(1 + (\cos(x))^2)$ und die
beste trigonometrische
Approximierende für $N = 7, n = 3$
und $N = 7, n = 5$ aus Beispiel 8.7

8.3 Tschebyscheff-Entwicklung

Wenn wir eine Funktion f durch ein Polynom p interpolieren, können wir eine Abschätzung des Interpolationsfehlers $|f(x) - p(x)| \leq \epsilon$ mit einer für alle x aus dem zugrunde liegenden Intervall gültigen Schranke ϵ angeben. Wenn wir im quadratischen Mittel durch eine Funktion ψ approximieren, haben wir keine vergleichbare Fehlerabschätzung zur Verfügung.

Bei der *gleichmäßigen Approximation* hat man ein System linear unabhängiger, in $[a, b]$ stetiger Funktionen $\varphi_0, \varphi_1, \dots, \varphi_n$ und sucht diejenige Linearkombination

$$\psi^{(0)}(x) = \sum_{k=0}^{n} c_k^{(0)} \varphi_k(x),$$

welche die Maximumsnorm über alle Linearkombinationen

$$\psi(x) = \sum_{k=0}^{n} c_k\, \varphi_k(x)$$

minimiert:

$$\| f - \psi^{(0)} \| = \min_{\psi} \| f - \psi \| = \min_{\psi} \max_{x \in [a,b]} |f(x) - \psi(x)| .$$

Gleichmäßige Approximation

Wir werden im folgenden bei der gleichmäßigen Approximation das System der Tschebyscheff-Polynome als Funktionensystem zugrunde legen. Man kann sich dabei auf die gleichmäßige Approximation von Polynomen durch Tschebyscheff-Polynome beschränken, wenn die zu approximierende Funktion f genügend oft differenzierbar ist. Wir nehmen dann ein Taylorpolynom von f, schätzen seine Abweichung von f mittels des Restgliedes ab und approximieren das Taylorpolynom gleichmäßig durch Tschebyscheff-Polynome. Der Grad des Approximationspolynoms ist dabei kleiner als der des Taylorpolynoms, so daß wir das Approximationspolynom mit geringerem Aufwand berechnen können.

Mit Hilfe der trigonometrischen Funktionen $\cos(k\theta)$ führen wir nun die Tschebyscheff-Polynome ein:

Definition 8.1 Die durch

$$T_k(x) = \cos(k(\arccos(x)))\,, \quad k = 0, 1, \dots ,$$

in $[-1, +1]$ erklärten Polynome heißen *Tschebyscheff-Polynome*.

Tschebyscheff-Polynome

Die Tschebyscheff-Polynome lassen sich mit der Rekursionsformel:

$$T_{k+1}(x) = 2\,x\,T_k(x) - T_{k-1}(x)\,,$$
$$T_0(x) = 1,\ T_1 = x,\quad k = 1, 2, \dots ,$$

berechnen, die sich aus der Beziehung

$$\cos((k+1)\,\theta) + \cos((k-1)\,\theta) = 2\,\cos(k\,\theta)\cos(\theta)$$

ergibt. Die ersten sechs Tschebyscheff-Polynome lauten:

$$
\begin{aligned}
T_0(x) &= 1\,, & T_3(x) &= 4\,x^3 - 3\,x\,, \\
T_1(x) &= x\,, & T_4(x) &= 8\,x^4 - 8\,x^2 + 1\,, \\
T_2(x) &= 2\,x^2 - 1\,, & T_5(x) &= 16\,x^5 - 20\,x^3 + 5\,x\,.
\end{aligned}
$$

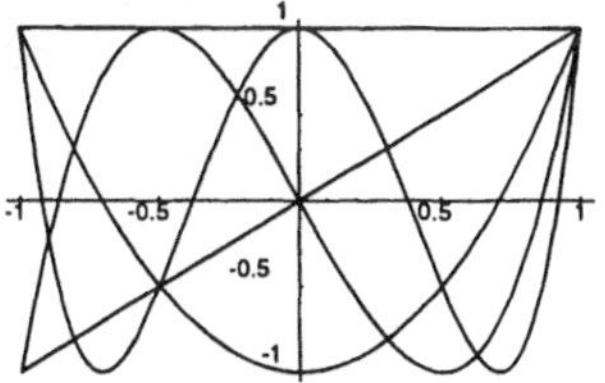

Die ersten
Tschebyscheff-Polynome

Bemerkung 8.5 Aus der Rekursionsformel liest man unmittelbar folgende Eigenschaften der Tschebyscheff-Polynome ab:

T_k ist ein Polynom in x vom Grad k, und der Koeffizient von x^k in $T_k(x)$ ist 2^{k-1}, $k \geq 1$.

Die Tschebyscheff-Polynome $T_0, \ldots T_n$ bilden somit eine Basis des Vektorraums der Polynome bis zum n-ten Grad. Mittels vollständiger Induktion erhalten wir die folgende Darstellung der Monome:

$$x^k = 2^{1-k} \left(T_k + \binom{k}{1} T_{k-2} + \binom{k}{2} T_{k-4} + \cdots + \binom{k}{\frac{k-1}{2}} T_1 \right)$$

für ungerades k und

$$x^k = 2^{1-k} \left(T_k + \binom{k}{1} T_{k-2} + \binom{k}{2} T_{k-4} + \cdots + \frac{1}{2} \binom{k}{\frac{k}{2}} T_0 \right)$$

für gerades k. Beim Induktionsschritt multipliziert man mit x^2 und nutzt zweimal die Rekursionsformel aus, um auf der rechten Seite den Faktor x^2 zu beseitigen.

Die Darstellung der ersten sechs Monome durch Tschebyscheff-Polynome lautet:

$$
\begin{aligned}
1 &= T_0, & x^3 &= 2^{-2}(3\,T_1 + T_3), \\
x &= T_1, & x^4 &= 2^{-3}(3\,T_0 + 4\,T_2 + T_4), \\
x^2 &= 2^{-1}(T_0 + T_2), & x^5 &= 2^{-4}(10\,T_1 + 5\,T_3 + T_5).
\end{aligned}
$$

Beispiel 8.8

Mathematica kennt die Tschebyscheff-Polynome. Man kann mit dem Befehl ChebyshevT auf sie zugreifen:

ChebyshevT

```
ChebyshevT[10,x]
```

```
          2        4         6          8          10
-1 + 50 x   - 400 x  + 1120 x  - 1280 x  + 512 x
```

Umgekehrt setzen wir die Darstellung der Monome x^k durch Tschebyscheff-Polynome aus Bemerkung 8.5 wie folgt mit *Mathematica* (unter Verwendung von Return, Binomial und EvenQ) um:

Return
Binomial
EvenQ

```
xT[k_]:= ( If[k==0, Return[T[0]]];
If[k==1,Return[T[1]]]; s0 = T[k]; If[EvenQ[k],
klast=k/2;cf=(1/2)*Binomial[k,klast]*T[0],
klast=(k-1)/2; cf=Binomial[k,klast]*T[1] ];
s1 = Sum[Binomial[k,j]*T[k-2*j],{j,klast-1}];
(s0 + s1 + cf)*2^(1-k) );
Do[Print["x^",k," = ", xT[k]], {k,10}];
```

Wir geben die Tschebyscheff-Darstellung der Monome x^k, $k = 1, \ldots, 10$ explizit aus:

```
x^1 = T[1]

        T[0] + T[2]
x^2 = -----------
            2
```

```
         3 T[1]  +  T[3]
x^3  =  -------------
              4
         3 T[0]  +  4 T[2]  +  T[4]
x^4  =  ----------------------
                   8
         10 T[1]  +  5 T[3]  +  T[5]
x^5  =  ------------------------
                   16
         10 T[0]  +  15 T[2]  +  6 T[4]  +  T[6]
x^6  =  ----------------------------------
                     32
         35 T[1]  +  21 T[3]  +  7 T[5]  +  T[7]
x^7  =  ----------------------------------
                     64
         35 T[0]  +  56 T[2]  +  28 T[4]  +  8 T[6]  +  T[8]
x^8  =  --------------------------------------------
                        128
         126 T[1]  +  84 T[3]  +  36 T[5]  +  9 T[7]  +  T[9]
x^9  =  --------------------------------------------
                        256
x^10 =  (126 T[0]  +  210 T[2]  +  120 T[4]  +  45 T[6]  +

         10 T[8]  +  T[10])  /  512
```

Jedes Polynom $p_m(x)$ vom Grad m läßt sich nun ebenfalls eindeutig als Linearkombination:

$$p_m(x) = \sum_{j=0}^{m} b_j \, T_j(x)$$

Tschebyscheff-Entwicklung

von Tschebyscheff-Polynomen schreiben. Diese Linearkombination nennt man *Tschebyscheff-Entwicklung* des Polynoms p_m. Man erhält sie, indem man die Tschebyscheff-Entwicklung der Monome aus Bemerkung 8.5 benutzt.

Beispiel 8.9

Zur Bestimmung der Koeffizienten b_j der Tschebyscheff-Entwicklung eines Polynoms $p_m(x)$ benutzen wir folgendes *Mathematica*-Programm:

```
xT[k_]:= ( If[k==0, Return[T[0]]];
If[k==1,Return[T[1]]]; s0 = T[k]; If[EvenQ[k],
klast=k/2;cf=(1/2)*Binomial[k,klast]*T[0],
klast=(k-1)/2; cf=Binomial[k,klast]*T[1] ];
s1 = Sum[Binomial[k,j]*T[k-2*j],{j,klast-1}];
(s0 + s1 + cf)*2^(1-k) );
```

Betrachten wir nun das Polynom

$$p_5(x) = 5\,x^5 - 3\,x^4 + 2\,x^2 - 7,$$

so erhalten wir mit `Coefficient` die Tschebyscheff-Entwicklung:

`Coefficient`

```
a = {-7,0,2,0,-3,5}; m =6; cj = {};
f[x_,n_]:= Sum[a[[j]]*xT[j-1], {j,n}];
pm = f[x,m]; pm=Expand[pm];Print["Pm(x) = ", pm];
Do[c0 = Coefficient[pm, T[j-1]]; AppendTo[cj,c0],
   {j,m}];

Pm(x) =

-57 T[0]      25 T[1]     T[2]     25 T[3]      3 T[4]      5 T[5]
-------- + ------- - ---- + ------- - ------ + ------
   8           8        2        16          8          16
```

Wir stellen noch einige weitere Eigenschaften der Tschebyscheff-Polynome zusammen, die sich sofort aus ihrer Definition ergeben:
Es gilt

$$|T_k(x)| \leq 1$$

für alle $x \in [-1, +1]$ und

$$T_k(-1) = (-1)^k ,$$

$T_k(1) = 1$. Insgesamt nimmt T_k die Werte ± 1 an $k + 1$ Stellen $x_j = \cos(\pi j/k)$, $j = 0, 1, \ldots, k$, in $[-1, 1]$ an. T_k besitzt in $[-1, +1]$ genau k Nullstellen $x_j = \cos((2j + 1)\pi/2k)$, $j = 0, 1, \ldots, k - 1$.

Nachdem wir nun die Tschebyscheff-Polynome eingeführt haben, wenden wir uns der gleichmäßigen Approximation zu. Der folgenden Eigenschaft der Tschebyscheff-Polynome kommt dabei eine zentrale Bedeutung zu:

Approximationseigenschaft der Tschebyscheff-Polynome

> **Satz 8.3** *Sei p_m ein Polynom m-ten Grades, $m \geq 1$ mit der Tschebyscheff-Entwicklung $p_m(x) = \sum_{k=0}^{m} b_k T_k(x)$. Dann stellt die Teilsumme $\psi^{(0)}(x) = \sum_{k=0}^{m-1} b_k T_k(x)$ die beste gleichmäßige Approximation des Polynoms p_m durch ein Polynom $(m-1)$-ten Grades im Intervall $[-1, +1]$ dar:*
>
> $$\| p_m - \psi^{(0)} \| = \min_{\psi \in \Pi_{m-1}} \| f - \psi \|$$
>
> $$= \min_{\psi \in \Pi_{m-1}} \max_{x \in [-1,1]} |f(x) - \psi(x)|,$$
>
> *(wobei Π_{m-1} die Menge aller Polynome bis zum Grad $m-1$ bezeichnet).*

Beweis: Aus der Beschränktheit der Tschebyscheff-Polynome erhalten wir die Abschätzung:

$$\left| p_m(x) - \psi^{(0)}(x) \right| \leq |b_m| .$$

Wir zeigen, daß für jedes Polynom $\psi \neq \psi^{(0)}$ vom Grad $m - 1$, mindestens eine Stelle $x_\psi \in (-1, 1)$ existiert mit $|p_m(x_\psi) - \psi(x_\psi)| > |b_m|$. Dazu genügt es zu zeigen, daß ein Polynom q vom Grad m mit dem höchsten Koeffzienten $2^{m-1}c_m$ an mindestens einer Stelle $x_q \in (-1, 1)$ einen Wert $|q(x_q)| \geq |c_m|$ erreicht. Nehmen wir an, es gäbe ein Polynom q m-ten Grades mit dem Höchstkoeffizienten $2^{m-1}c_m$ und $|q(x)| < |c_m|$ für alle $x \in (-1, 1)$. Wir betrachten die Differenz $(q/c_m - T_m)$, welche ein Polynom vom Grad $m - 1$ darstellt. Da T_m an $m + 1$ Stellen x_j abwechselnd die Werte ± 1 annimmt und $|q(x)/c_m| < 1$ ist, nimmt das Polynom $(q/c_m - T_m)$ an den Stellen x_j abwechselnd echt positive und echt negative Werte an. Damit besäße das Polynom $m - 1$-ten Grades $(q/c_m - T_m)$ aber mindestens m Nullstellen. $\qquad\square$

Beispiel 8.10

Wir betrachten wieder das Polynom $p_5(x) = 5x^5 - 3x^4 + 2x^2 - 7$. Mit Hilfe des *Mathematica*-Programms:

```
xT[k_]:= ( If[k==0, Return[T[0]]];
If[k==1,Return[T[1]]]; s0 = T[k]; If[EvenQ[k],
klast=k/2;cf=(1/2)*Binomial[k,klast]*T[0],
klast=(k-1)/2; cf=Binomial[k,klast]*T[1] ];
s1 = Sum[Binomial[k,j]*T[k-2*j],{j,klast-1}];
(s0 + s1 + cf)*2^(1-k) );
a = {-7,0,2,0,-3,5}; m =6; cj = {};
f[x_,n_]:= Sum[a[[j]]*xT[j-1], {j,n}];
pm = f[x,m]; pm=Expand[pm];Print["Pm(x) = ", pm];
Do[c0 = Coefficient[pm, T[j-1]]; AppendTo[cj,c0],
    {j,m}];
psi= pm /. T[m-1]-> 0;
Print["psi(x) = ", psi];
rule1 = T[j_] -> ChebyshevT[j,x];
poly = Sum[a[[j]]*x^(j-1), {j,m}];
Print["Das urspruengliche Polynom = ", poly];
rule1 = T[j_] -> ChebyshevT[j,x];
psi1 = psi /. rule1;
Print["psi6(x) = ", psi1];
gr1 = Plot[poly, {x, -1,1},
DisplayFunction -> Identity];
gr2 = Plot[psi1, {x,-1,1},
            PlotStyle -> {Dashing[{0.04}]},
            DisplayFunction -> Identity];
Show[gr1,gr2,DisplayFunction->$DisplayFunction];
```

erhalten wir die folgende beste gleichmäßige Approximation für p_5:

$$\text{psi(x)} = \frac{-57\ T[0]}{8} + \frac{25\ T[1]}{8} - \frac{T[2]}{2} + \frac{25\ T[3]}{16} - \frac{3\ T[4]}{8}$$

oder, wenn wir $T_j(x)$ ersetzen:

$$\text{psi6(x)} = -\left(\frac{57}{8}\right) + \frac{25\ x}{8} + \frac{1 - 2\ x^2}{2} + \dots$$

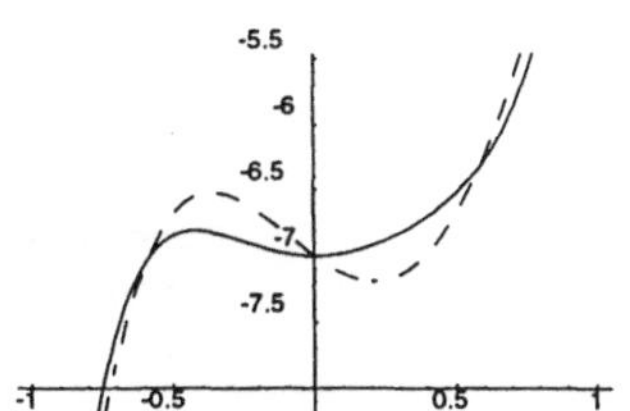

Das Polynom $p_5(x)$ und die beste gleichmäßige Approximation $\psi^{(0)}(x)$ durch Polynome von höchstens viertem Grad

```
                    3                 2       4
     25  (-3 x + 4 x )    3 (1 -  8 x  + 8 x )
     ----------------  -  --------------------
            16                      8
```

Man kann auch mehr als ein Glied der Tschebyscheff-Entwicklung des Polynoms $p_m(x) = \sum_{j=0}^{m} b_j T_j(x)$ weglassen. Wir erhalten dann für $n \leq m - 1$ die Abschätzung:

$$\max_{x \in [-1,+1]} \left| p_m(x) - \sum_{j=0}^{n} b_j T_j(x) \right| \leq \sum_{j=n+1}^{m} |b_j|.$$

Nun kommen wir zur Approximation einer differenzierbaren Funktion f. Wir nehmen zunächst eine Taylorentwicklung von f an der Stelle $x = 0$ vor:

$$f(x) = p_m(x) + R_{m+1}(x).$$

Hierbei bezeichnet p_m das Taylorpolynom m-ten Grades und R_{m+1} das Restglied. Die Funktion f wird durch eine Teilsumme der Tschebyscheff-Entwicklung des Taylorpolynoms p_m approximiert. Den Approximationsfehler können wir gemäß:

$$\left| f(x) - \sum_{j=0}^{n} b_j T_j(x) \right| \leq \left| \sum_{j=n+1}^{m} b_j T_j(x) \right| + |R_{m+1}(x)|$$

abschätzen.

Beispiel 8.11

Gegeben ist die Funktion $f(x) = e^x + 2e^{-x}$, $x \in [-1, 1]$. Wir berechnen das Taylorpolynom p_9 vom Grad 9 und stellen die Tschebyscheff-Entwicklung

$$p_9(x) = \sum_{j=0}^{9} b_j T_j(x)$$

auf. Anschließend approximieren wir p_9 durch

$$S_6(x) = \sum_{j=0}^{6} b_j T_j(x)$$

und schätzen den Fehler $|f(x) - S_6(x)|$ ab.

Wir benutzen das *Mathematica*-Programm (mit `Binomial` und `Normal`):

Binomial
Normal

```
f[x_]:=Exp[x]+2 Exp[-x];

xT[k_]:= ( If[k==0, Return[T[0]]];
If[k==1,Return[T[1]]]; s0 = T[k]; If[EvenQ[k],
klast=k/2;cf=(1/2)*Binomial[k,klast]*T[0],
klast=(k-1)/2; cf=Binomial[k,klast]*T[1] ];
```

```
s1 = Sum[Binomial[k,j]*T[k-2*j],{j,klast-1}];
(s0 + s1 + cf)*2^(1-k) );

m = 9;
f1 = Normal[Series[f[x], {x, 0, m}]];
Print["P9(x) = ", f1];
cj = {};a = {};
Do[aj=Coefficient[f1,x^(j-1)]; AppendTo[a,aj],{j, m+1}];
Do[pm = f1 /. x^j_ -> xT[j], {j,2,m}];
pm = pm /. x -> xT[1]; cp0 = Coefficient[pm, x^0];
pm = pm - cp0 + cp0*xT[0];
pm=Expand[pm];
Print["Pm(x) = ", pm];
Do[c0 = Coefficient[pm, T[j-1]]; AppendTo[cj,c0],
    {j,m+1}];
s789 = Sum[Abs[ cj[[j]] ], {j,8,10}];
Print["s789 = ", N[s789]];
psi = pm /. {T[7] -> 0, T[8] -> 0, T[9] -> 0};
Print["psi(x) = ", psi];
rule1 = T[j_] -> ChebyshevT[j,x];
psi1 = psi /. rule1; Print["psi1(x) = ", psi1];
gr1 = Plot[f[x], {x, -1, 1},
                DisplayFunction -> Identity];
gr2 = Plot[psi1, {x, -1,1},
                PlotStyle -> {Dashing[{0.04}]},
                DisplayFunction -> Identity];
Show[gr1,gr2, DisplayFunction -> $DisplayFunction];
```

Das Taylorpolynom p_9 von f vom Grad 9 an der Stelle $x_0 = 0$ ergibt sich
zu:

```
                   2    3    4    5     6      7
                3 x    x    x    x     x      x
P9(x) = 3 - x + ---- - -- + -- - --- + --- - ---- +
                2      6    8    120   240    5040

      8         9
      x         x
    ----- - ------
    13440   362880
```

Wir haben die Fehlerabschätzung:

$$|f(x) - p_9(x)| \leq \frac{e}{10!} < 7.5 \cdot 10^{-7} = \varepsilon_2.$$

Nun wird die Tschebyscheff-Entwicklung von p_9 berechnet:

```
          104819 T[1]    263821 T[3]    263821 T[5]
Pm(x) = 3 - ----------- + ----------- + ----------- +
            368640         552960        1290240

    263821 T[7]    263821 T[9]
    ----------- + -----------
     5160960       46448640
```

Wir approximieren p_9 durch die Teilsumme S_6:

```
          104819 T[1]    263821 T[3]    263821 T[5]
psi(x) = 3 - ----------- + ----------- + -----------
            368640         552960        1290240
```

Wir bekommen damit

$$|p_9(x) - S_6(x)| \le |b_7| + |b_8| + |b_9| = 0.0567984$$

und insgesamt:

$$|f(x) - S_6(x)| = |f(x) - \sum_{j=0}^{6} b_j T_j(x)| \le 0.0567984 + 3\frac{e}{10!} \le 0.06 \,.$$

Wir ersetzen die Tschebyscheff-Polynome noch in S_6 und bekommen:

```
                                                3
                 104819 x     263821 (-3 x + 4 x )
psi1(x)  =  3 -  --------  +  --------------------  +
                  368640             552960


                        3        5
        263821 (5 x - 20 x  + 16 x )
        ----------------------------
                 1290240
```

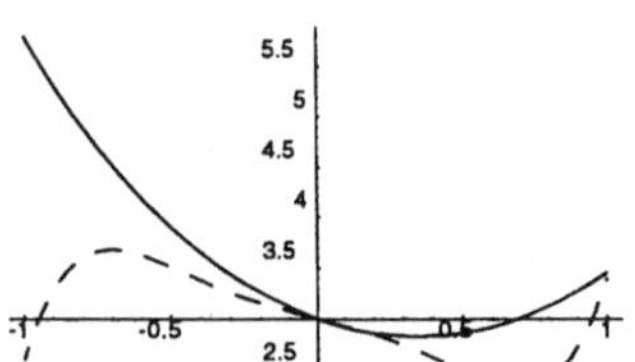

Die Funktion $f(x) = e^x + 2e^{-x}$ und die Approximierende S_6 aus Beispiel 8.11

Beispiel 8.12

Gegeben sei die Funktion $f(x) = e^{\frac{x^2}{2}}$, $x \in [-1, 1]$. Wir berechnen wieder das Taylorpolynom p_9 vom Grad 9 und stellen die Tschebyscheff-Entwicklung

$$p_9(x) = \sum_{j=0}^{9} b_j \, T_j(x)$$

auf. Anschließend approximieren wir p_9 durch

$$S_n(x) = \sum_{j=0}^{n} b_j \, T_j(x)$$

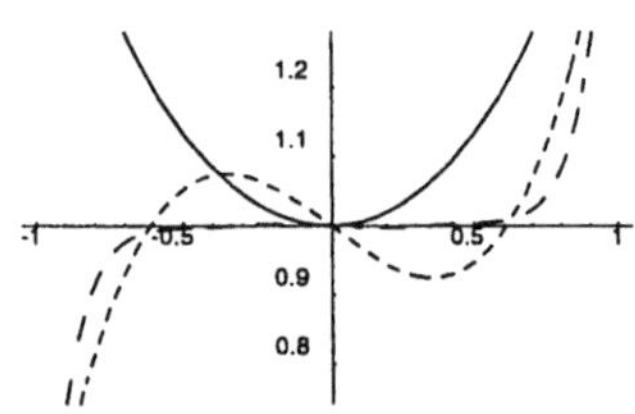

Die Funktion $f(x) = e^{x^2/2}$ und die Approximierende S_3, S_7 aus Beispiel 8.12

für $n = 3, 7$. Wir benutzen das *Mathematica*-Programm aus Beispiel 8.12:

```
f[x_]:=Exp[x^2/2];
xT[k_]:= ( If[k==0, Return[T[0]]];
If[k==1,Return[T[1]]]; s0 = T[k]; If[EvenQ[k],
klast=k/2;cf=(1/2)*Binomial[k,klast]*T[0],
klast=(k-1)/2; cf=Binomial[k,klast]*T[1] ];
s1 = Sum[Binomial[k,j]*T[k-2*j],{j,klast-1}];
(s0 + s1 + cf)*2^(1-k) );
m = 9;
f1 = Normal[Series[f[x], {x, 0, m}]];
Print["P9(x) = ", f1];
cj = {};a = {};
Do[aj=Coefficient[f1,x^(j-1)]; AppendTo[a,aj],{j,m+1}];
Print["a = ", a];
Do[pm = f1 /. x^j_ -> xT[j], {j,2,m}];
pm = pm /. x -> xT[1]; cp0 = Coefficient[pm, x^0];
pm = pm - cp0 + cp0*xT[0];
pm=Expand[pm];
Print["Pm(x) = ", pm];
psi3a = pm /. {T[4]->0,T[5]->0,T[6]->0,
            T[7] -> 0, T[8] -> 0, T[9] -> 0};
```

```
psi7a = pm /. {T[8]->0, T[9] -> 0};
rule1 = T[j_] -> ChebyshevT[j,x];
psi3 = psi3a /. rule1; Print["psi3(x) = ", psi3];
psi7 = psi7a /. rule1; Print["psi7(x) = ", psi7];
gr1 = Plot[f[x], {x, -1, 1},
                DisplayFunction -> Identity];

gr2 = Plot[psi3, {x, -1,1},
                PlotStyle -> {Dashing[{0.02}]},
                DisplayFunction -> Identity];
gr3 = Plot[psi7, {x, -1,1},
                PlotStyle -> {Dashing[{0.04}]},
                DisplayFunction -> Identity];

Show[gr1,gr2,gr3, DisplayFunction -> $DisplayFunction];
```

$$P9(x) = 1 + \frac{x^2}{2} + \frac{x^4}{8} + \frac{x^6}{48} + \frac{x^8}{384}$$

$$psi3(x) = 1 + \frac{5229\,x}{16384} + \frac{1743\,(-3\,x + 4\,x^3)}{8192}$$

$$psi7(x) = 1 + \frac{5229\,x}{16384} + \frac{1743\,(-3\,x + 4\,x^3)}{8192} +$$

$$\frac{747\,(5\,x - 20\,x^3 + 16\,x^5)}{8192} +$$

$$\frac{747\,(-7\,x + 56\,x^3 - 112\,x^5 + 64\,x^7)}{32768}$$

9 Numerische Integration

9.1 Interpolationsquadraturformeln

Nach dem Hauptsatz der Differential- und Integralrechnung können wir das bestimmte Integral einer stetigen Funktion $f(x)$ mit Hilfe einer Stammfunktion F von f berechnen:

$$I(f) = \int\limits_a^b f(x)\,dx = F(b) - F(a)\,.$$

Oft kann das Bestimmen einer Stammfunktion einen sehr großen Aufwand verursachen, und viele stetige Funktionen wie $f(x) = \sin(x^2)$ besitzen keine Stammfunktion, die sich durch elementare Funktionen ausdrücken läßt. Man bedient sich dann numerischer Integrationsverfahren, die sich auch einsetzen lassen, wenn f nur an gewissen Stützstellen bekannt ist.

Bemerkung 9.1 Eine einfache Möglichkeit, $I(f)$ anzunähern, wird bereits durch die Riemannschen Summen gegeben. Unterteilen wir $[a, b]$ durch $a = x_0 < x_1 < \ldots < x_n = b$, dann ergibt sich folgende Näherung:

Rechteckregel

$$Q_n(f) = \sum_{k=1}^n f(x_{k-1})(x_k - x_{k-1})\,.$$

Wir können diese sogenannte *Rechteckregel* auch so interpretieren, daß wir anstatt über die Funktion f über die Treppenfunktion p integrieren, die im Intervall $[x_{k-1}, x_k]$ durch die Konstante $p(x) = f(x_{k-1})$ gegeben wird. Bei einer äquidistanten Unterteilung:

$$x_{k+1} - x_k = \frac{b - a}{n} = h, \quad k = 0, 1, \ldots, n - 1$$

nimmt die Rechteckregel folgende einfache Form an:

$$Q_n(f) = h \sum_{k=1}^n f(x_{k-1})\,.$$

Beispiel 9.1

Wir betrachten die Funktion $f(x) = x^2 - x$ und lassen *Mathematica* (unter
Verwendung von Append) das Integral $I(f) = \int_0^2 f(x)\,dx$ näherungswei-   Append
se mit der Rechteckregel

$$Q_{10}(f) = \frac{1}{5} \sum_{k=1}^{10} f(x_{k-1}) \quad \text{bzw.} \quad Q_{20}(f) = \frac{1}{10} \sum_{k=1}^{20} f(x_{k-1})$$

ausrechnen:

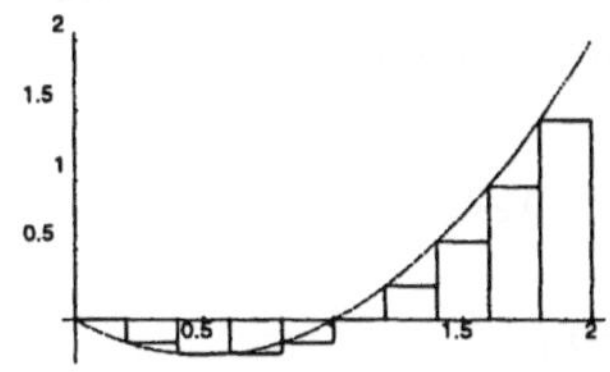 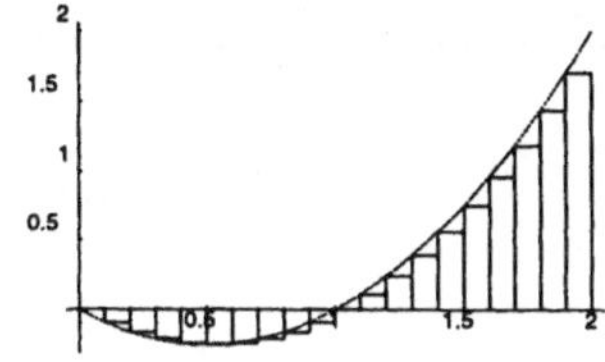

Das Integral $\int_0^2 (x^2 - x)\,dx$ mit der
Rechteckregel, $n = 10$ (links),
$n = 20$ (rechts)

```
rechteckint[f_, a_, b_, n_]:=
  Module[{x},
h = (b - a)/n;
numplot[approx_]:=
  Module[{x,i},
  g = {Plot[f[x], {x, a, b},
      PlotStyle -> RGBColor[1,0,0],
      DisplayFunction ->Identity]};
Do[g = Append[g, Plot[approx[x,i], {x,i,i+h},
      DisplayFunction -> Identity]];
  g = Append[g, Graphics[Line[{{i,0},
                {i,approx[i,i]}}]]]];
  g = Append[g, Graphics[Line[{{i+h,0},
              {i+h, approx[i+h,i]}}]]]],
      {i, a, b-h, h}];
gr1 = Show[g,DisplayFunction ->$DisplayFunction];];
exactint = N[Integrate[f[x], {x, a, b}]];
oflinks  = N[Sum[f[x]*h, {x, a, b-h,h}]];
Print["I(f):                 ", exactint];
Print["Q(f): ", oflinks];
Clear[approx];
Do[approx[x_, i_]:= f[i], {i,a,b-h,h}];
numplot[approx];
```

Das Programm liefert folgende Ergebnisse:

```
f[x_]:= x^2 - x;
rechteckint[f, 0, 2, 10]

I(f):   0.666667
Q(f):   0.48

rechteckint[f, 0, 2, 20]

Q(f): 0.57
```

Zur Konstruktion weiterer Integrations- oder Quadraturformeln ersetzt man f durch ein Interpolationspolynom p und nimmt $I(p)$ als Näherungswert für $I(f)$. Sei $f : [a, b] \longrightarrow \mathbb{R}$ eine stetige Funktion, und das Intervall $[a, b]$ werde durch $n + 1$ Stützstellen x_j, $j = 0, 1, \ldots, n$:

$$a \leq x_0 < x_1 < \ldots < x_n \leq b$$

unterteilt. Wir interpolieren mit der Lagrangeschen Methode und bekommen nach Satz 7.2 das Interpolationspolynom:

$$L_n(x) = \sum_{k=0}^{n} L_{n,k}(x)\, f(x_k)$$

mit
$$L_{n,k}(x) = \prod_{j=0,\, j \neq k}^{n} \frac{x - x_j}{x_k - x_j}\,.$$

Anstatt von f integrieren wir das Interpolationspolynom L_n:

$$Q_n(f) = \int_a^b L_n(x)\, dx = \int_a^b \sum_{k=0}^{n} L_{n,k}(x)\, f(x_k)\, dx$$

$$= \sum_{k=0}^{n} f(x_k) \int_a^b L_{n,k}(x)\, dx$$

und erhalten die:

Definition 9.1 Die Quadraturformel:

$$Q_n(f) = \sum_{k=0}^{n} A_k f(x_k)\,.$$

mit den *Gewichten*:

$$A_k = \int_a^b L_{n,k}(x)\, dx, \quad k = 0, 1, \ldots, n,$$

heißt *Interpolationsquadraturformel*.

Interpolationsquadraturformel

Gewichte

Die Gewichte hängen nur von dem Integrationsintervall $[a, b]$ und den gegebenen Stützstellen x_k, aber nicht von dem Integranden f ab. Die Gewichte A_k sind leicht zu ermitteln, da nur über Polynome integriert werden muß. Bei größeren n werden die Rechnungen jedoch sehr umfangreich.

Beispiel 9.2

Im Fall $n = 1$ setzen wir $x_0 = a$ und $x_1 = b$. Die Gewichte A_0 und A_1 der Interpolationsquadraturformel $Q_1(f)$ ergeben sich zu:

$$A_0 = \int_a^b \frac{x-b}{a-b}\, dx = \frac{b-a}{2}, \quad A_1 = \int_a^b \frac{x-a}{b-a}\, dx = \frac{b-a}{2}.$$

Unterteilen wir das Intervall $[a, b]$ in zwei bzw. drei gleich große Teilintervalle durch:

$$x_0 = a, \; x_1 = \frac{a+b}{2}, \; x_2 = b,$$

bzw.

$$x_0 = a, \; x_1 = a + \frac{b-a}{3}, \; x_2 = a + \frac{2(b-a)}{3}, \; x_3 = b,$$

so berechnen wir die Gewichte A_k der Interpolationsquadraturformel $Q_2(f)$ bzw. $Q_3(f)$ am besten mit folgendem *Mathematica*-Programm:

```
Clear[Qf];
Qf[g_,n_]:=
Module[{x},
L = {};  A = {}; n1 = n + 1;
Do[ num = 1; den = 1;
(* ---- Berechnung von L_k ---- *)
    Do [ fj = If[ j!= k, x - g[[j]], 1];
         gj = If[ j!= k, g[[k]] - g[[j]], 1];
         num = num*fj; den = den*gj, {j, n1}];
   11 = num/den;  AppendTo[L, 11];
f[x_]:= 11;
(* --------- Berechnung von A_k --------- *)
aa = Integrate[f[x], {x,a,b}]//Simplify;
AppendTo[A, aa], {k, n1}];
Do[ k1 = k - 1;
Print["A[", k1,"] = ", A[[k]] ], {k, n1}]
```

Die Ergebnisse lauten:

```
Qf[{a,(a+b)/2,b},2]

            -a + b
A[0]    = ------
             6


          2 (-a + b)
A[1]    = ----------
             3


          -a + b
A[2]   = ------
             6
```

bzw.

```
Qf[{a,a+(b-a)/3,a+2*(b-a)/3,b},3]
```

```
                 -a + b
   A[0]    =    ------
                   8


                 3 (-a + b)
   A[1]    =    ----------
                     8


                 3 (-a + b)
   A[2]    =    ----------
                     8


                 -a + b
   A[3]    =    ------
                   8
```

Wenn wir die gefundenen Gewichte einsetzen, erhalten wir die Quadraturformeln:

Trapezregel
Simpsonregel
3/8-Regel

$$Q_1(f) = \frac{b-a}{2}(f(a) + f(b)),$$

$$Q_2(f) = \frac{b-a}{6}\left(f(a) + 4f\left(\frac{a+b}{2}\right) + f(b)\right),$$

$$Q_3(f) = \frac{b-a}{8}\left(f(a) + 3f\left(a + \frac{b-a}{3}\right)\right.$$

$$\left. +3f\left(a + 2\frac{b-a}{3}\right) + f(b)\right).$$

Man bezeichnet sie als *Trapez-*, *Simpson-* bzw. *3/8-Regel.*

Die Trapezregel (links), die
Simpsonregel (Mitte), die
3/8-Regel (rechts)

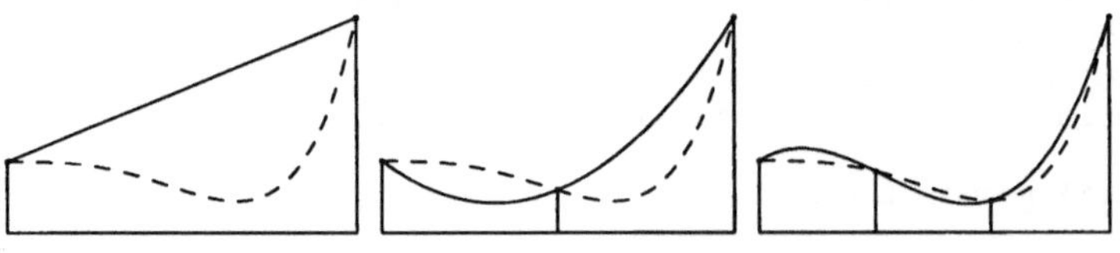

Wenn wir eine Funktion f durch ein Interpolationspolationspolynom L_n ersetzen, so begehen wir einen Fehler, der nach Satz 7.4 die Darstellung

$$f(x) - L_n(x) = \frac{1}{(n+1)!} f^{(n+1)}(\xi_x)\omega_n(x)$$

mit

$$\omega_n(x) = (x - x_0)(x - x_1)\ldots(x - x_n), \quad \xi_x \in [a, b]$$

besitzt. Durch Integration bekommen wir damit einen Fehler:

$$E_n(f) = \int_a^b (f(x) - L_n(x))\, dx$$

$$= \frac{1}{(n+1)!} \int_a^b f^{(n+1)}(\xi_x)\omega_n(x)\, dx.$$

Restglied der Interpolationsquadraturformel

Wir schreiben:

$$I(f) = Q_n(f) + E_n(f)$$

und bezeichnen $E_n(f)$ als *Restglied der Quadraturformel* oder *Quadraturfehler*.

Beispiel 9.3

Wir schätzen den Quadraturfehler ab durch:

$$|E_n(f)| \le \frac{1}{(n+1)!} \max_{x\in[a,b]} |f^{(n+1)}(x)| \int_a^b |\omega_n(x)|\, dx$$

und werten das Integral $\int_a^b |\omega_n(x)|\, dx$ für die Quadraturformeln $Q_1(f)$, $Q_2(f)$ und $Q_3(f)$ aus Beispiel 9.2 aus.

```
iw1=Integrate[(x-a)*(x-b),{x,a,b}]//Simplify
```

```
        3
(a - b)
--------
   6
```

```
iw21=Integrate[(x-a)*(x-(a+b)/2)*(x-b),
              {x,a,(a+b)/2}]//Simplify
```

```
        4
(-a + b)
---------
   64
```

```
iw22=Integrate[(x-a)*(x-(a+b)/2)*(x-b),
              {x,(a+b)/2,b}]//Simplify
```

```
         4
-(-a + b)
----------
    64
```

```
iw31=
Integrate[(x-a)*(x-a-(b-a)/3)*(x-a-2*(b-a)/3)*(x-b),
         {x,a,a+(b-a)/3}]//Simplify
```

```
              5
19 (a - b)
-----------
   7290

iw32=
Integrate[(x-a)*(x-a-(b-a)/3)*(x-a-2*(b-a)/3)*(x-b),
          {x,a+(b-a)/3,a+2*(b-a)/3}]//Simplify

            5
11 (-a + b)
-----------
    7290

iw33=
Integrate[(x-a)*(x-a-(b-a)/3)*(x-a-2*(b-a)/3)*(x-b),
          {x,a+2*(b-a)/3,b}]//Simplify

              5
19 (a - b)
-----------
   7290
```

Damit ergibt sich:

$$\int_a^b |\omega_1(x)|\, dx = \frac{(b-a)^3}{6}, \qquad \int_a^b |\omega_2(x)|\, dx = \frac{(b-a)^4}{32},$$

$$\int_a^b |\omega_3(x)|\, dx = 49\frac{(b-a)^5}{7290},$$

und

$$|E_1(f)| \le \frac{(b-a)^3}{12} \max_{x\in[a,b]} |f''(x)|,$$

$$|E_2(f)| \le \frac{(b-a)^4}{216} \max_{x\in[a,b]} |f'''(x)|,$$

$$|E_3(f)| \le 49\frac{(b-a)^5}{174960} \max_{x\in[a,b]} |f^{(4)}(x)|.$$

(Die so gefundenen Abschätzungen können im Fall $n = 2, 3$ wesentlich verbessert werden).

Die Funktion $\omega_n(x)$ aus Beispiel 9.3 für $n = 1$ (links), $n = 2$ (Mitte), $n = 3$ (rechts)

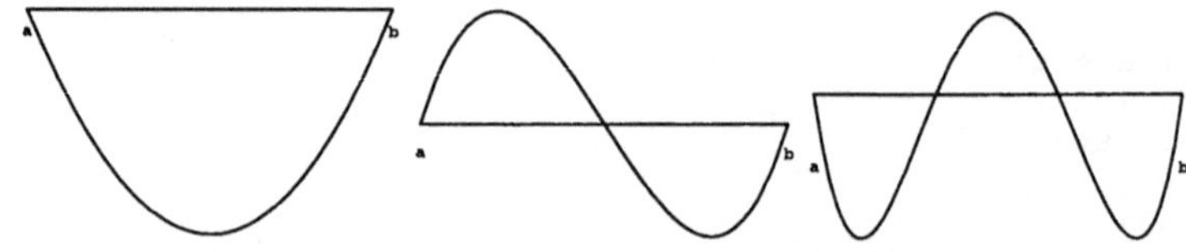

Bemerkung 9.2 Die Interpolationsquadraturformel $Q_n(f)$ (aus Definition 9.1) integriert Polynome bis zum n-ten Grad exakt. Umgekehrt lassen sich die Gewichte eindeutig durch die Forderung festlegen, daß die Monome

$$1, x, x^2, \dots, x^n$$

exakt integriert werden. Da die Matrix $(x_k^j)_{k,j=0,1,\dots,n}$ nichtsingulär ist, besitzt das Gleichungssystem:

$$\sum_{k=0}^{n} A_k\, x_k^j = \frac{b^{j+1}}{j+1} - \frac{a^{j+1}}{j+1}, \quad j = 0, 1, \dots, n,$$

nämlich genau eine Lösung $A_0, \dots, A_n$.

Beispiel 9.4

Wir nehmen die Quadraturformeln aus Beispiel 9.2 und integrieren ein Polynom zweiten Grades

$$f_2(x) = a_2\, x^2 + a_1\, x + a_0,$$

mit $Q_2(f)$ bzw. ein Polynom dritten Grades

$$f_3(x) = a_3\, x^3 + a_2\, x^2 + a_1\, x + a_0$$

mit $Q_3(f)$. Wir führen die Rechnungen mit *Mathematica* durch:

```
f2[x_]:= a2*x^2 + a1*x + a0;
qf=((b-a)/6)*(f2[a]+4*f2[(a+b)/2]+f2[b]);
qf//Simplify//Expand
```

```
              2         3                2         3
         a  a1    a  a2           a1 b      a2 b
-(a a0) - ----- - ----- + a0 b + ----- + -----
           2        3              2         3
```

Der Vergleich mit der exakten Integration zeigt, daß der Quadraturfehler tatsächlich gleich Null ist:

```
Integrate[f2[x],{x,a,b}]//Simplify
```

```
              2         3                2         3
         a  a1    a  a2           a1 b      a2 b
-(a a0) - ----- - ----- + a0 b + ----- + -----
           2        3              2         3
```

bzw.

```
f3[x_]:= a3*x^3 + a2*x^2 + a1*x + a0;
qf=((b-a)/8)*(f3[a]+3*f3[a+(b-a)/3]+
    3*f3[a+2*(b-a)/3]+f3[b]);
qf//Simplify//Expand
```

```
             2         3         4                        2
       a  a1    a  a2    a  a3                      a1 b
-(a a0) -  -----  -  -----  -  -----  + a0 b  +  ----- +
             2         3         4                        2


        3         4
   a2 b      a3 b
   -----  +  -----
     3         4
```

Der Vergleich mit der exakten Integration zeigt wieder, daß der Quadraturfehler tatsächlich gleich Null ist:

```
Integrate[f3[x],{x,a,b}]//Simplify
```

```
             2         3         4                        2
       a  a1    a  a2    a  a3                      a1 b
-(a a0) -  -----  -  -----  -  -----  + a0 b  +  ----- +
             2         3         4                        2


        3         4
   a2 b      a3 b
   -----  +  -----
     3         4
```

9.2 Die Trapez-, Simpson-, 3/8- und Sehnentrapezregel

Newton-Cotes-Formeln Wählt man äquidistante Stützstellen, dann werden die interpolato-
rischen Qudraturformeln als *Newton-Cotes-Formeln* bezeichnet. Im
Beispiel 9.2 haben wir die Newton-Cotes-Formeln für $n = 1, 2, 3$
aufgestellt.

Zur Darstellung des Quadraturfehlers bei der Trapezregel $Q_1(f)$
zeigen wir den:

> **Satz 9.1** *Sei $f : [a, b] \longrightarrow \mathbb{R}$ zweimal stetig differenzierbar.
> Dann gibt es ein $\eta \in (a, b)$ mit:*
>
> $$\int_a^b f(x)\, dx = Q_1(f) - \frac{(b-a)^3}{12} f''(\eta).$$

Beweis: Für den Quadraturfehler bekommen wir zunächst:

$$E_1(f) = \frac{1}{2} \int_a^b (x-a)(x-b) f''(\xi)\, dx.$$

Im Intervall (a, b) gilt $(x - a)(x - b) < 0$. Deshalb existiert nach dem erweiterten Mittelwertsatz der Integralrechnung in (a, b) ein η mit

$$E_1(f) = \frac{1}{2} f''(\eta) \int_a^b (x - a)(x - b)\, dx \,.$$

Durch Ausrechnen des Integrals ergibt sich die Behauptung. $\square$

An der Darstellung des Quadraturfehlers wird noch einmal deutlich, daß die Trapezregel Polynome ersten Grades exakt integriert.

Die Genauigkeit der Trapezregel kann durch Unterteilung des Intervalls $[a, b]$ in N gleich große Intervalle der Länge $h = (b - a)/N$ verbessert werden. Im Teilintervall $[a+kh, a+(k+1)h]$, $0 \leq k \leq N - 1$ liefert die Trapezregel:

$$\int_{a+kh}^{a+(k+1)h} f(x)\, dx = \frac{h}{2}(f_k + f_{k+1}) + E_{1,k}$$

mit $f_k = f(a + kh)$ und nach Satz 9.1 gilt mit einem $\eta_k \in (a + kh, a + (k + 1)h)$:

$$E_{1,k} = -\frac{h^3}{12} f''(\eta_k) \,.$$

Summiert man über alle Teilintervalle, so ergibt sich die *summierte Trapezregel*:

$$Q_{1,N}(f) = \frac{b - a}{N} \left(\frac{1}{2} f_0 + f_1 + \ldots + f_{N-1} + \frac{1}{2} f_N \right) .$$

Summierte Trapezregel

Das Restglied bei der summierten Trapezregel wird durch den Faktor $1/N^2$ verkleinert:

Satz 9.2 *Sei* $f : [a, b] \longrightarrow \mathbb{R}$ *zweimal stetig differenzierbar. Dann gibt es ein* $\eta \in (a, b)$ *mit:*

$$\int_a^b f(x)\, dx = Q_{1,N}(f) - \frac{(b - a)^3}{12\, N^2} f''(\eta) \,.$$

Beweis: Nach Satz 9.1 bekommen wir mit $\eta_k \in (a+kh, a+(k+1)h)$:

$$\int_a^b f(x)\, dx = Q_{1,N}(f) - \frac{(b - a)^3}{12\, N^3} \left(f''(\eta_0) + \ldots + f''(\eta_{N-1}) \right) .$$

Als arithmetisches Mittel liegt die Größe

$$m = \frac{1}{N} \left(f''(\eta_0) + \ldots + f''(\eta_{N-1}) \right)$$

im Wertebereich der zweiten Ableitung f'', und es gibt nach dem Zwischenwertsatz ein $\eta \in (a, b)$, so daß $m = f''(\eta)$ gilt. Damit folgt die Behauptung. $\qquad\Box$

Beispiel 9.5
Wir betrachten wieder die Funktion

$$f(x) = x^2 - x$$

aus Beispiel 9.1 und berechnen

$$\int\limits_0^2 f(x)\, dx$$

näherungsweise mit der Trapezregel und mit der summierten Trapezregel für $N = 5$ und $N = 10$. Wir benutzen das folgende *Mathematica*-Programm:

```
trapezint[f_, a_, b_, n_]:=
  Module[{x},
h = (b - a)/n;
numplot[approx_]:=
  Module[{x,i},
  g = {Plot[f[x], {x, a, b},
      PlotStyle -> RGBColor[1,0,0],
      DisplayFunction ->Identity]};
Do[g = Append[g, Plot[approx[x,i], {x,i,i+h},
      DisplayFunction -> Identity]];
  g = Append[g, Graphics[Line[{{i,0},
                {i,approx[i,i]}}]]];
  g = Append[g, Graphics[Line[{{i+h,0},
              {i+h, approx[i+h,i]}}]]],
      {i, a, b-h, h}];
gr1 = Show[g,DisplayFunction ->$DisplayFunction];
exactint = N[Integrate[f[x], {x, a, b}]];
oftrapez= N[Sum[(f[x]+f[x+h])/2*h, {x,a,b-h,h}]];
Print["I(f):                   ", exactint];
Print["Q1N(f): ", oftrapez];
Clear[approx];
Do[approx[x_, i_]:= f[i]+(f[i+h]-f[i])/h (x-i),
              {i,a,b-h,h}];
numplot[approx];
```

Wir bekommen folgende Näherungswerte und zum Vergleich das exakte Resultat $I(f)$:

```
f[x_]:= x^2 - x;
trapezint[f, 0, 2, 1]


I(f):    0.666667
Q1N(f): 2.


trapezint[f, 0, 2, 5]
```

```
trapezint[f, 0, 2, 5]

Q1N(f): 0.72

trapezint[f, 0, 2, 10]

Q1N(f): 0.68
```

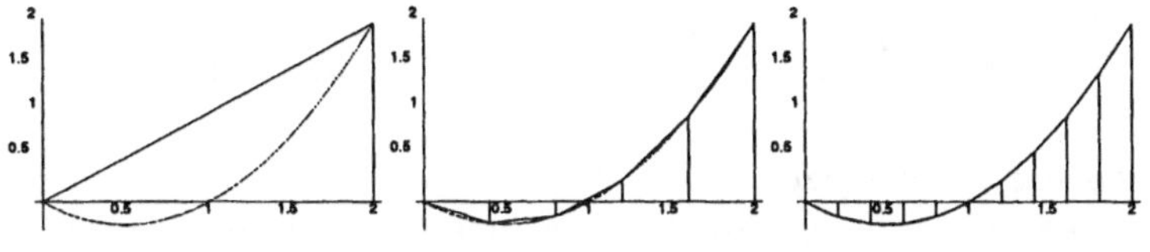

Das Integral $\int_0^2 (x^2 - x)\,dx$ mit der summierten Trapezregel für $N = 1$ (links), $N = 5$ (Mitte), $N = 10$ (rechts)

Wir wenden uns nun der Darstellung des Quadraturfehlers bei der Simpson-Regel zu. Die Simpson-Regel integriert gemäß ihrer Konstruktion Polynome bis zum Grad 2 exakt. Betrachten wir das Polynom

$$\omega_2(x) = (x - a)\left(x - \frac{a+b}{2}\right)(x - b).$$

Es besitzt den Grad 3 und ist symmetrisch zum Mittelpunkt des Intervalls $[a, b]$. Deshalb gilt: $\int_a^b \omega_2(x)\,dx = 0$. Da ferner ω_2 an den Stützstellen der Sipmsonformel verschwindet, bekommen wir:

$$\int_a^b \omega_2(x)\,dx = \frac{b-a}{6}\left(\omega_2(a) + 4\,\omega_2\left(\frac{a+b}{2}\right) + \omega_2(b)\right) = 0.$$

Die Polynome dritten Grades können aber mit

$$1\,,\,x\,,\,x^2\,,\,\omega_2(x)$$

aufgespannt werden, und damit werden alle Polynome dritten Grades exakt von der Simpson-Regel integriert.

Satz 9.3 *Sei* $f : [a, b] \longrightarrow \mathbb{R}$ *viermal stetig differenzierbar. Dann gibt es ein* $\eta \in (a, b)$ *mit:*

$$\int_a^b f(x)\,dx = Q_2(f) - \frac{1}{90}\left(\frac{b-a}{2}\right)^5 f''(\eta).$$

Beweis: Das Polynom $p_3(x)$ dritten Grades, das den Bedingungen

$$p_3(a) = f(a), \quad p_3\left(\frac{a+b}{2}\right) = f\left(\frac{a+b}{2}\right), \quad p_3(b) = f(b)$$

und

$$p_3' \left(\frac{a+b}{2} \right) = f' \left(\frac{a+b}{2} \right)$$

genügt, interpoliert $f(x)$ an den Stützstellen a, $(a+b)/2$ und b und seine Ableitung nimmt den Wert von f' an der Stützstelle $(a+b)/2$ an. Ähnlich wie in Satz 7.4 kann gezeigt werden, daß der Interpolationsfehler $r(x) = f(x) - p_3(x)$ eine Darstellung:

$$r(x) = \frac{1}{4!} (x-a) \left(x - \frac{a+b}{2} \right)^2 (x-b) f^{(4)}(\xi_x)$$

mit $a < \xi_x < b$ besitzt.

Das Polynom $p_3(x)$ wird durch die Simpsonregel exakt integriert:

$$\int_a^b f(x)\,dx = \int_a^b p_3(x)\,dx + \int_a^b r(x)\,dx$$

$$= \frac{b-a}{6} \left(p_3(a) + 4\, p_3 \left(\frac{a+b}{2} \right) + p_3(b) \right)$$

$$+ \int_a^b r(x)\,dx$$

$$= \frac{b-a}{6} \left(f(a) + 4\, f \left(\frac{a+b}{2} \right) + f(b) \right)$$

$$+ \int_a^b r(x)\,dx.$$

Der Quadraturfehler kann also dargestellt werden durch:

$$E_2(f) = \frac{1}{24} \int_a^b (x-a) \left(x - \frac{a+b}{2} \right)^2 (x-b) f^{(4)}(\xi_x)\,dx.$$

Im Intervall $[a, b]$ gilt $(x-a)(x-x_1)^2(x-b) \leq 0$ und nach dem erweiterten Mittelwertsatz der Integralrechnung existiert ein $\eta \in (a, b)$, so daß

$$E_2(f) = \frac{1}{24} f^{(4)}(\eta) \int_a^b (x-a) \left(x - \frac{a+b}{2} \right)^2 (x-b)\,dx.$$

Rechnet man das Integral aus, so folgt die Behauptung. $\square$

Wir unterteilen $[a, b]$ durch eine gerade Anzahl von N gleich großen Teilintervallen der Länge $h = (b-a)/N$. In jedem Doppelintervall

$$[a + (k-1)h, a + (k+1)h], \quad 1 \le k \le N - 1,$$

liefert die Simpsonregel:

$$\int\limits_{a+(k-1)h}^{a+(k+1)h} f(x)\,dx = \frac{h}{3}\,(f_{k-1} + 4f_k + f_{k+1}) + E_{2,k}$$

mit $f_k = f(a + kh)$. Summiert man nun über die Teilintervalle $[a, a+2h]$, $[a+2h, a+4h]$, ..., $[a+((N/2)-1)2h, a+(N/2)2h]$, so erhalten wir die *summierte Simpsonregel*:

$$Q_{2,N}(f) = \frac{b-a}{3N}\,(f_0 + f_N + 2(f_2 + f_4 + \ldots + f_{N-2})$$
$$+ \cdots + 4\,(f_1 + f_3 + \ldots + f_{N-1}))\,.$$

Summierte Simpsonregel

Der Quadraturfehler bei der summierten Simpsonregel wird durch den Faktor $2^4/N^4$ verkleinert:

Satz 9.4 *Sei* $f : [a, b] \longrightarrow \mathbb{R}$ *viermal stetig differenzierbar. Dann gibt es ein* $\eta \in (a, b)$ *mit:*

$$\int\limits_a^b f(x)\,dx = Q_{2,N}(f) - \frac{(b-a)^5}{180\,N^4}\,f^{(4)}(\eta)\,.$$

Beweis: Nach Satz 9.3 bekommen wir mit $\eta_k \in (a + k2h, a + (k+1)2h)$, $k = 0, 1, \ldots, N/2 - 1$:

$$\int\limits_a^b f(x)\,dx = Q_{2,N}(f) - \frac{1}{90}\left(\frac{b-a}{N}\right)^5 \left(f^{(4)}(\eta_0) + f^{(4)}(\eta_1)\right.$$
$$\left. + \cdots + f^{(4)}(\eta_{\frac{N}{2}-1})\right)\,.$$

Wie im Beweis von Satz 9.2 bekommen wir aufgrund der Existenz eines $\eta \in (a, b)$ mit

$$\frac{2}{N}\left(f^{(4)}(\eta_0) + \ldots + f^{(4)}(\eta_{\frac{N}{2}-1})\right) = f^{(4)}(\eta)$$

die Behauptung. $\qquad\qquad\qquad\qquad\qquad\qquad\qquad\qquad\Box$

Durch die Sätze 9.3 und 9.4 wird noch einmal die Exaktheit der Simpsonregel für Polynome bis zum Grad 3 bestätigt.

Beispiel 9.6

Wir berechnen das Integral:

$$\int_0^2 (x^3 + 2x^2 - 3x + 4)\,dx$$

mit der summierten Simpsonregel für $N = 2, 4, 6$ und

$$\int_0^2 (123\,x^4 - 45\,x^3 + 67\,x^2 - 8\,x + 9)\,dx$$

mit der summierten Simpsonregel für $N = 10$. Dabei benutzen wir das folgende *Mathematica*-Programm:

```
Clear[simpsonint];
simpsonint[f_, a_, b_, n_]:=
  Module[{x},
h = (b - a)/n;
exaktint = N[Integrate[f[x], {x, a, b}]];
simpson  = N[(1/3)*h*(f[a]+f[b]
            +2*(Sum[f[a+2i*h], {i, 1, (1/2)*n-1}])
            +4*(Sum[f[a+(2i-1)*h], {i, 1, (1/2)*n}]))];
Print["I(f):                    ",exaktint];
Print["Q2N(f): ", simpson];

(* - Ende simpsonint - *)]
```

Im ersten Fall ergibt sich stets das exakte Ergebnis:

```
f[x_]:=x^3+2 x^2-3 x+4;
simpsonint[f,0,2,2]

I(f):    11.3333
Q2N(f): 11.3333

simpsonint[f,0,2,4]

Q2N(f): 11.3333

simpsonint[f,0,2,6]

Q2N(f): 11.3333
```

Im zweiten Fall bekommt man:

```
f[x_]:=123 x^4-45 x^3+67 x^2-8 x+9;

simpsonint[f,0,2,10]

I(f):    787.867
Q2N(f): 787.919
```

Offensichtlich unterscheiden sich die Ergebnisse. Aber der relative Fehler $|I(f) - Q_{2,10}(f)|/|I(f)|$ ist sehr klein. Die Darstellung des Quadraturfehlers aus Satz 9.4 ergibt wegen $f^{(4)}(\xi) = 2952$:

$$\int_0^2 f(x)\,dx - Q_{2,10}(f) = -\frac{2^5}{180 \cdot 10^4}\, 2952 = -0.05248\ldots .$$

Für die 3/8-Regel wollen wir die Abschätzung des Quadraturfehlers aus Beispiel 9.3 nicht ausführlich verbessern. Wir leiten aber noch eine summierte 3/8-Regel her. Dazu unterteilen wir das Intervall $[a, b]$ in N gleich große Teilintervalle der Länge $h = (b - a)/N$. Wir nehmen an, daß N durch 3 teilbar ist. Für das Teilintervall $[a + kh, a + (k + 3)h]$ hat die 3/8-Regel die Gestalt

$$\int_{a+kh}^{a+(k+3)h} f(x)\,dx = \frac{3h}{8}\,(f(a + kh) + 3f(a + (k + 1)h)$$

$$+ 3f(a + (k + 2)h) + f(a + (k + 3)h))$$
$$+ E_{3,k+1}(f)\,.$$

Summiert man nun wieder über die Intervalle $[a, a + 3h]$, $[a + 3h, a + 6h], \ldots, [a + ((N/3) - 1)3h, a + (N/3)3h]$, so ergibt sich die *summierte 3/8-Regel*:

$$Q_{3,N}(f) = \frac{3h}{8}((f_0 + f_N) + 2(f_3 + f_6 + \ldots + f_{N-3})$$
$$+ 3(f_1 + f_2 + f_4 + f_5 + \ldots + f_{N-2} + f_{N-1}))$$

$$\text{mit } f_k = f(a + kh).$$

Summierte 3/8-Regel

Ähnlich wie bei der Trapez- und der Simpsonregel könnten wir eine Darstellung des Quadraturfehlers in der Form

$$\int_a^b f(x)\,dx - Q_{3,N}(f) = -\frac{(b - a)^5}{80N^4}\, f^{(4)}(\eta)$$

mit einem $\eta \in (a, b)$ herleiten. Der Quadraturfehler bei der Simpsonregel ist also kleiner als bei der 3/8-Regel.

Liegen bei einer Interpolationsquadraturformel die Stützstellen im Innern des Integrationsintervalls, so spricht man von Formeln vom offenen Typ. Bei den *MacLaurin-Formeln* liegen die Stützstellen jeweils in der Mitte eines Teilintervalls. Wir beschränken uns auf die Unterteilung in ein einziges Teilintervall und betrachten das Integral

MacLaurin-Formeln

$$I(f) = \int_0^h f(x)\,dx\,.$$

Wir suchen nun eine Quadraturformel $Q_M(f)$ der Gestalt

$$Q_M(f) = A_0\, f\left(\frac{h}{2}\right).$$

Ist f zweimal stetig differenzierbar, so entwickelt man f an der Stelle $x_0 = h/2$ und erhält mit $\xi(x) \in [0, h]$:

$$f(x) = f\left(\frac{h}{2}\right) + f'\left(\frac{h}{2}\right)\left(x - \frac{h}{2}\right) + \frac{1}{2}f''(\xi_x)\left(x - \frac{h}{2}\right)^2.$$

Integration über $[0, h]$ liefert unter Berücksichtigung von $\int_0^h (x - h/2)\, dx = 0$:

$$\int_0^h f(x)\, dx = f\left(\frac{h}{2}\right) h + \frac{1}{2}\int_0^h \left(x - \frac{h}{2}\right)^2 f''(\xi_x)\, dx$$

$$= h\, f\left(\frac{h}{2}\right) + E_Q(f).$$

Mit Hilfe des verallgemeinerten Mittelwertsatzes der Integralrechnung finden wir schließlich mit einem $\eta \in [0, h]$:

$$\int_0^h f(x)\, dx = h\, f(\frac{h}{2}) + \frac{1}{2}f''(\eta)\int_0^h \left(x - \frac{h}{2}\right)^2 dx$$

$$= hf\left(\frac{h}{2}\right) + \frac{h^3}{24}f''(\eta).$$

Man kann die Größe $hf(h/2)$ als Flächeninhalt eines Rechtecks mit den Seitenlängen h und $f(h/2)$ oder als Flächeninhalt eines Trapezes, dessen eine Seite von der Tangente an $f(x)$ im Punkte $(h/2, f(h/2))$ gebildet wird, auffassen. Die Quadraturformel:

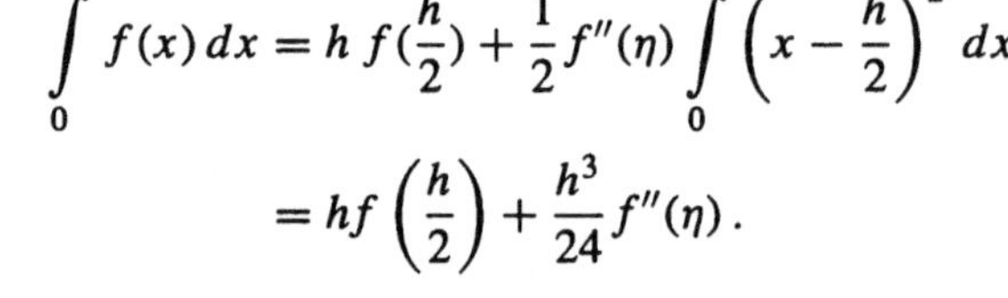

$$Q_M(f) = h\, f\left(\frac{h}{2}\right)$$

wird deshalb als *Tangententrapezregel* bezeichnet.

Unterteilen wir das Intervall $[a, b]$ in N Teilintervalle der Länge $h = (b - a)/N$, und wenden die Quadraturformel $Q_M(f)$ in jedem Teilintervall an, so erhalten wir die *summierte Tangententrapezregel*:

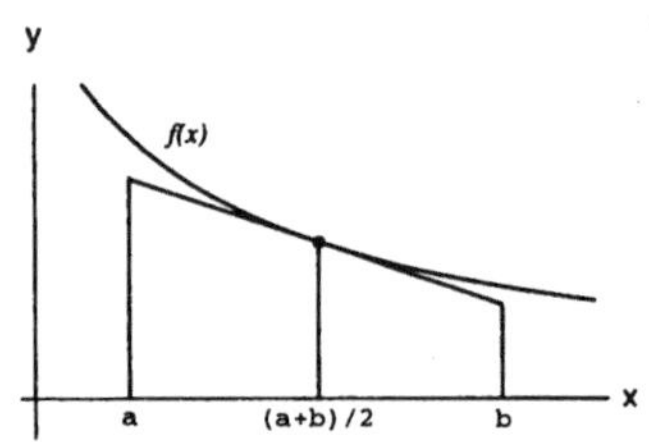
Die Tangententrapezregel

Tangententrapezregel

Summierte Tangententrapezregel

$$Q_{M,N}\, f(x) = h \sum_{k=0}^{N-1} f\left(a + (2k + 1)\frac{h}{2}\right), h = \frac{b - a}{N},$$

mit dem Quadraturfehler:

$$\int\limits_a^b f(x)\,dx = Q_{M,N}\,f(x) + \frac{h^2}{24}(b-a)f''(\eta)\,, \quad \eta \in [a,b]\,.$$

Die Tangententrapezregel hat also dieselbe Fehlerordnung wie die Trapezregel.

Beispiel 9.7
Wir berechnen das Integral

$$\int\limits_0^2 (x^2 - x)\,dx$$

aus Beispiel 9.1 näherungsweise mit der zusammengesetzten Tangententrapezregel.

Wir können dazu das Programm aus Beispiel 9.1 mit leichten Modifikationen verwenden:

```
rechteckint[f_, a_, b_, n_]:=
  Module[{x},
h = (b - a)/n;
numplot[approx_]:=
  Module[{x,i},
  g = {Plot[f[x], {x, a, b},
        PlotStyle -> RGBColor[1,0,0],
        DisplayFunction ->Identity]};
Do[g = Append[g, Plot[approx[x,i], {x,i,i+h},
        DisplayFunction -> Identity]];
  g = Append[g, Graphics[Line[{{i,0},
                  {i,approx[i,i]}}]]]];
  g = Append[g, Graphics[Line[{{i+h,0},
                {i+h, approx[i+h,i]}}]]]],
        {i, a, b-h, h}];
gr1 = Show[g,DisplayFunction ->$DisplayFunction];];
exactint = N[Integrate[f[x], {x, a, b}]];
ofmitte  = N[Sum[f[x+h/2]*h, {x, a, b-h,h}]];
Print["I(f):                   ", exactint];
Print["Q(f): ", ofmitte];
Clear[approx];
Do[approx[x_, i_]:= f[i+h/2], {i,a,b-h,h}];
numplot[approx];


f[x_]:=x^2-x
rechteckint[f,0,2,10]


I(f): 0.666667
Q(f): 0.66
```

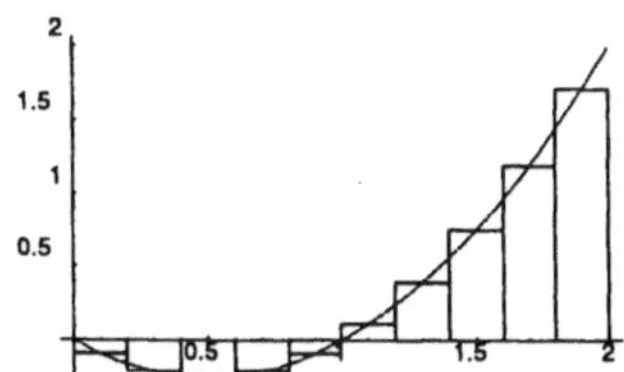

Das Integral $\int_0^2 (x^2 - x)\,dx$ mit der zusammengesetzten Tangententrapezregel, $n = 10$

Bemerkung 9.3 Ein Doppelintegral über einen ebenen Rechtecksbereich D

$$\int\int\limits_D f(x,y)\,dx\,dy$$

kann mit ähnlichen Interpolationsmethoden behandelt werden wie ein eindimensionales Integral.

Wir überziehen dazu $D = \{(x, y) | a \leq x \leq b, c \leq y \leq d\}$ mit einem Gitter von Stützstellen (x_i, y_j), $i = 0, 1, \ldots, m$, $j = 0, 1, \ldots, n$ ($x_k \neq x_l$ für $k \neq l$, $y_k \neq y_l$ für $k \neq l$) und bilden das Lagrangesche Interpolationspolynom (vgl. Bemerkung 7.3):

$$L_{m,n}(x, y) = \sum_{i=0}^{m} \sum_{j=0}^{n} f(x_i, y_j)\, L_i(x)\, L_j(y)$$

mit den Basispolynomen:

$$L_{m,i}(x) = \prod_{l=0, l \neq i}^{m} \frac{x - x_l}{x_i - x_l}, \quad L_{n,j}(y) = \prod_{l=0, l \neq j}^{n} \frac{y - y_l}{y_j - y_l}.$$

Integrieren wir das Interpolationspolynom $L_{m,n}$ anstelle der Funktion f, so erhalten wir eine *Kubaturformel* der Gestalt:

Kubaturformel

$$K_{m,n}(f) = \sum_{i=0}^{m} \sum_{j=0}^{n} \beta_{ij}^{mn}\, f(x_i, y_j)$$

mit den Gewichten

$$\beta_{ij}^{mn} = \int_{a}^{b} L_{m,i}(x)\, dx \int_{c}^{d} L_{n,j}(y)\, dy.$$

Die Gewichte sind also gerade die Produkte der entsprechenden Gewichte im eindimensionalen Fall. Zu ähnlichen Ergebnissen kommt man, wenn man das Integral schreibt:

$$\iint_{D} f(x, y)\, dx\, dy = \int_{c}^{d} g(y)\, dy, \quad g(y) = \int_{a}^{b} f(x, y)\, dx$$

und für jede eindimensionale Integration eine Quadraturformel verwendet.

Beispiel 9.8

Wir verwenden die summierte Simpsonregel für die Integration über das Rechteck $D = \{(x, y) | a \leq x \leq b, c \leq y \leq d\}$. Seien N_1 und N_2 gerade Zahlen und

$$h_1 = \frac{b - a}{N_1}, \quad h_2 = \frac{d - c}{N_2},$$

$$x_i = a + i\,h_1, \quad i = 0, 1, \ldots, N_1,$$

$$y_j = c + j\,h_2, \quad j = 0, 1, \ldots, N_2.$$

Anwendung der summierten Simpsonregel bei der iterierten Integration führt
auf die Kubaturformel:

$$K_{S,N_1,N_2}(f) = \frac{h_2}{3}\left(g_0 + g_{N_2} + 2(g_2 + g_4 + \ldots + g_{N_2-2})\right.$$

$$\left. + 4(g_1 + g_3 + \ldots + g_{N_2-1})\right)$$

$$\text{mit}\qquad g_j = \frac{h_1}{3}\left(f(x_0, y_j) + f(x_{N_1}, y_j)\right.$$

$$+ 2\left(f(x_2, y_j) + f(x_4, y_j) + \ldots + f(x_{N_1-2}, y_j)\right)$$

$$+ 4\left(f(x_1, y_j) + f(x_3, y_j) + \ldots + f(x_{N_1-1}, y_j)\right)\Big),$$

$$j = 0, 1, \ldots, N_2.$$

Beispiel 9.9

Wir betrachten das Integral $\displaystyle\int_0^1\int_0^1 e^{x+y}\,dx\,dy = (e-1)^2 = 2.952492$. Wir
verwenden die Simpson-Formel $K_{S,N_1,N_2}(f)$. Setzen wir

$$x_i = \frac{1}{2} + i\,h, \quad i = -1, 0, 1, \quad h = \frac{1}{2},$$

$$y_j = \frac{1}{2} + j\,h, \quad j = -1, 0, 1, \quad h = \frac{1}{2},$$

$$f_{ij} = f(x_i, y_j).$$

Wir rechnen zuerst mit der Simpsonregel:

```
f[x_,y_]:= Exp[x + y];
a = 0; b = 1; c = 0; d = 1; N1 = 2; N2 = 2;
h1 = (b-a)/N1; h2=(d-c)/N2; m1=N1+1; m2=N2+1;
exaktint = N[Integrate[f[x,y], {x,a,b},{y,c,d}]];
g = Table[0.0, {j, m2}];
Do[ yj = c + (j-1)*h2;
g[[j]]   = N[1/3 h1 (f[a,yj]+f[b,yj]
    + 4(Sum[f[a+(2i-1)*h1,yj], {i, 1, 1/2*N1}])
    + 2(Sum[f[a+2i*h1,yj], {i, 1, 1/2*N1-1}]))],
                              {j,m2}];
simps2 = 1/3 h2 (g[[1]]+g[[m2]]
    + 4(Sum[g[[2j]], {j, 1, 1/2*N2}])
    + 2(Sum[g[[2j+1]], {j, 1, 1/2*N2-1}]));
    Print["Integral:                   ",exaktint];
    Print["Integral nach Simpsonregel: ", simps2];
```

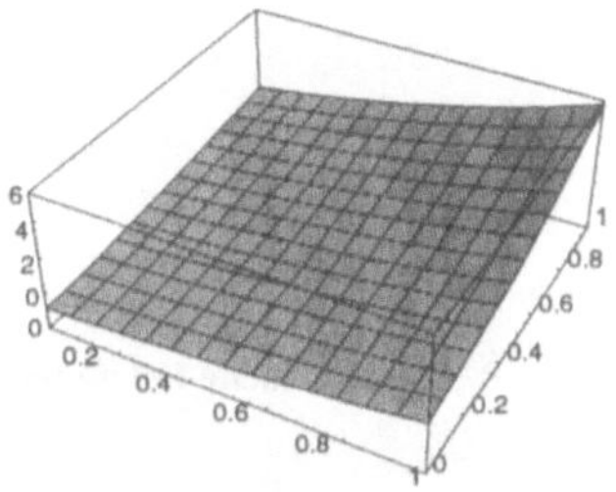

Das Integral $\int_0^1\int_0^1 e^{x+y}\,dx\,dy$ als
Volumen des Körpers, der von den
Flächen $z = e^{x+y}$,
$x = 0, x = 1, \; y = 0, y = 1$
begrenzt wird.

und bekommen die folgenden numerischen Ergebnisse:

```
Integral:                   2.95249
Integral nach Simpsonregel: 2.95448
```

Der absolute Fehler beträgt ca. 0.002.

Jetzt setzen wir N1=4; N2=4 im obigen Programm und rechnen mit der
summierten Simpsonregel. Das Programm liefert das Ergebnis:

```
Integral nach Simpsonregel: 2.95262
```

Der absolute Fehler beträgt jetzt ca. 0.00013.

9.3 Gauß-Quadratur

Bei der Herleitung einer Interpolationsquadraturformel vom Typ

$$Q_n(f) = \sum_{k=0}^{n} A_k \, f(x_k)$$

werden die $n + 1$ Stützstellen im Integrationsintervall fest vorgegeben. Die Gewichte A_k werden dann durch die Forderung festgelegt, daß Polynome bis zum Grad n exakt integriert werden. Bei der Gauß-Quadratur wird auch noch die Lage der Stützstellen offengelassen, so daß wir insgesamt $2(n + 1) = 2n + 2$ freie Parameter haben. Das Ziel ist nun, die Lage der Stützstellen und die Wahl der Gewichte so zu gestalten, daß Polynome bis zum Grad $2n + 1$ exakt integriert werden.

Wir führen zunächst die *Legendreschen Polynome* l_n ein. Wir erhalten sie durch Orthogonalisieren der Monome $1, x, x^2, \ldots$ mit dem Verfahren von Hilbert-Schmidt:

Legendresche Polynome

$$l_0 = 1\,,$$

$$l_n = x^n - \sum_{k=0}^{n-1} \frac{(x_k, l_k)}{(l_k, l_k)} \, l_k\,, \quad n > 1\,,$$

wobei für zwei beliebige Polynome p und q das Skalarprodukt (p, q) durch:

$$(p, q) = \int_{-1}^{1} p(x)\, q(x)\, dx$$

erklärt wird. Das Orthogonalisierungsverfahren liefert eine Folge von Polynomen l_n vom Grad n mit der Eigenschaft:

$$(l_m, l_n) \quad \begin{cases} = 0 \,, & \text{falls} \quad m \neq n \\ \neq 0 \,, & \text{falls} \quad m = n\,. \end{cases}$$

Die Legendre-Polynome $l_0, l_1, \ldots, l_n$ spannen den Raum der Polynome bis zum Grad n auf:

$$< l_0, l_1, \ldots, l_n > = < 1, x, \ldots, x^n >$$

Die ersten fünf Legendreschen Polynome lauten:

$$l_0(x) = 1, \quad l_1(x) = x, \quad l_2(x) = x^2 - \frac{1}{3}\,,$$

$$l_3(x) = x^3 - \frac{3}{5}x, \quad l_4(x) = x^4 - \frac{6}{7}x^2 + \frac{1}{7}.$$

Bemerkung 9.4 Die Nullstellen von l_n sind alle einfach und liegen im offenen Intervall $(-1, 1)$. Nehmen wir an, l_n besäße im Intervall $(-1, 1)$ $m < n$ Nullstellen $x_1, \ldots, x_m$ ungerader Vielfachheit. Das Polynom

$$p(x) = \prod_{k=1}^{m}(x - x_k)$$

hat dann den Grad m, und gemäß Konstruktion der Legendre-Polynome gilt: $(l_n, p) = 0$. Andererseits besitzt das Polynom $l_n\, p$ nur Nullstellen mit gerader Vielfachheit, und daraus folgt $\int_{-1}^{1} l_n(x)\, p(x)\, dx = (l_n, p) \neq 0$.

Die Matrix:

$$M_n = \begin{pmatrix} l_0(\tilde{x}_0) & \cdots & l_0(\tilde{x}_n) \\ \vdots & \vdots & \vdots \\ l_n(\tilde{x}_0) & \cdots & l_n(\tilde{x}_n) \end{pmatrix}$$

ist für jedes n und beliebige paarweise verschiedene $\tilde{x}_0, \ldots, \tilde{x}_n$ nichtsingulär. Andernfalls gäbe es Konstante λ_k, die nicht alle verschwinden, mit:

$$\sum_{k=0}^{n} \lambda_k l_k(\tilde{x}_j) = 0$$

für alle $j = 0, 1, \ldots, n$. Das Polynom $\sum_{k=0}^{n} \lambda_k l_k(x)$ vom Grad n hätte dann aber $n + 1$ verschiedene Nullstellen.

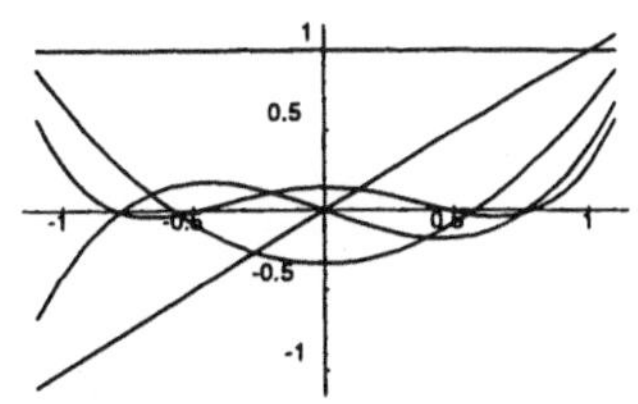
Die ersten fünf Legendreschen Polynome

Satz 9.5 *Seien* $1 < x_0 < x_1 < \cdots < x_n < 1$ *die Nullstellen des Legendre-Polynoms* l_{n+1} *und* $A_0, A_1, \ldots, A_n$ *die Lösung des Systems*

$$\sum_{k=0}^{n} l_0(x_k)\, A_k = 2, \quad \sum_{k=0}^{n} l_j(x_k)\, A_k = 0, \quad j = 1, \ldots, n.$$

Dann integriert die Gaußsche Quadraturformel:

$$G_{n+1}(f) = \sum_{k=0}^{n} A_k\, f(x_k)$$

Polynome bis zum Grad $2n + 1$ *exakt:*

$$\int_{-1}^{1} x^m\, dx = \sum_{k=0}^{n} A_k\, x_k^m, \quad m = 0, 1, \ldots, 2n + 1.$$

Gaußsche Quadraturformel

Beweis: Nach Bemerkung 9.3 ist das Gleichungssystem eindeutig lösbar. Gemäß der Konstruktion der Legendre-Polynome gilt:

$$\int\limits_{-1}^{1} l_0(x)\,dx = 2$$

und

$$\int\limits_{-1}^{1} l_j(x)\,dx = \int\limits_{-1}^{1} l_j(x)l_0(x)\,dx = (l_j, l_0) = 0$$

für $j \neq 0$. Damit werden Polynome höchstens n-ten Grades bereits exakt von der Quadraturformel integriert. Nun betrachten wir ein Monom x^m, $m = n + 1, \ldots, 2n + 1$. Wir schreiben:

$$x^m = p(x)\,l_{n+1}(x) + q(x)$$

mit Polynomen p und q, die höchstens den Grad n haben. Integration ergibt dann:

$$\int\limits_{-1}^{1} x^m\,dx = (p, l_{n+1}) + \int\limits_{-1}^{1} q(x)\,dx = \int\limits_{-1}^{1} q(x)\,dx\,,$$

während die Quadraturformel mit $l_{n+1}(x_k) = 0$ liefert:

$$\sum_{k=0}^{n} A_k\,x_k^m = \sum_{k=0}^{n} A_k\,q(x_k)\,.$$

Da die Quadraturformel aber für das Polynom q exakt ist, folgt die Behauptung. $\qquad\square$

Beispiel 9.10

Wir wollen die ersten drei Gaußschen Quadraturformeln explizit angeben.

Im Fall $n = 0$ (eine Stützstelle) bekommen wir die Nullstelle $x_0 = 0$ von l_1 als Stützstelle und zur Bestimmung des Gewichts A_0 ergibt sich die Gleichung:

$$l_0(x_0)\,A_0 = A_0 = 2\,,$$

also:
$$G_1(f) = 2\,f(0)\,.$$

Im Fall $n = 1$ (zwei Stützstellen) bekommen wir die Nullstellen $x_0 = -1/\sqrt{3}$, $x_1 = 1/\sqrt{3}$ von l_2 und zur Bestimmung der Gewichte A_0, A_1 ergibt sich das Gleichungssystem:

$$l_0(x_0)\,A_0 + l_0(x_1)\,A_1 = A_0 + A_1 = 2\,,$$

$$l_1(x_0)\,A_0 + l_1(x_1)\,A_1 = -\frac{1}{\sqrt{3}}A_0 + \frac{1}{\sqrt{3}}A_1 = 0\,,$$

also:
$$G_2(f) = f\left(-\frac{1}{\sqrt{3}}\right) + f\left(\frac{1}{\sqrt{3}}\right)\,.$$

Im Fall $n = 2$ (drei Stützstellen) bekommen wir die Nullstellen $x_0 = -\sqrt{3/5}$, $x_1 = 0$, $x_2 = \sqrt{3/5}$ von l_3 und zur Bestimmung der Gewichte A_0, A_1, A_1 ergibt sich das Gleichungssystem:

$$l_0(x_0)\, A_0 + l_0(x_1)\, A_1 + l_0(x_2)\, A_2 = A_0 + A_1 + A_2 = 2\,,$$

$$l_1(x_0)\, A_0 + l_1(x_1)\, A_1 + l_1(x_2)\, A_2 = -\sqrt{\frac{3}{5}} A_0 + \sqrt{\frac{3}{5}} A_2 = 0\,,$$

$$l_2(x_0)\, A_0 + l_2(x_1)\, A_1 + l_2(x_2)\, A_2 = \frac{4}{15} A_0 - \frac{1}{3} A_1 + \frac{3}{5} A_2 = 0\,,$$

also:
$$G_3(f) = \frac{5}{9}\, f\left(-\sqrt{\frac{3}{5}}\right) + \frac{8}{9}\, f(0) + \frac{5}{9}\, f\left(\sqrt{\frac{3}{5}}\right)\,.$$

Zur Abschätzung des Quadraturfehlers bei der Gaußschen Quadratur beweisen wir den:

> **Satz 9.6** *Sei $f : [-1, 1] \to \mathbb{R}$ $2(n + 1)$ mal stetig differenzierbar. Dann gilt für die Gaußsche Quadraturformel aus Satz 9.5 mit einem $\xi \in (-1, 1)$:*
>
> $$\int\limits_{-1}^{1} f(x)\,dx = \sum_{k=0}^{n} A_k\, f(x_k) + \frac{\int_{-1}^{1} l_{n+1}(x)^2\,dx}{(2(n + 1))!}\, f^{(2(n+1))}(\xi)\,.$$

Beweis: Wir fügen zu den Nullstellen $x_0, \ldots, x_n$ des Legendreschen Polynoms l_{n+1} weitere $2n + 1$ Stützstellen $\tilde{x}_0, \ldots, \tilde{x}_n$ hinzu, so daß wir insgesamt $2n + 2$ paarweise verschiedene Stützstellen erhalten. Das interpolierende Polynom p_{2n+2} hat den Grad $2n + 1$ und wird von der Gaußschen Formel G_{n+1} exakt integriert. Nach Satz 7.4 gilt die Restglieddarstellung:

$$f(x) = p_{2n+2}(x) + \frac{f^{(2(n+1))}(\xi_x)}{(2(n + 1))!} \prod_{k=0}^{n}(x - x_k) \prod_{k=0}^{n}(x - \tilde{x}_k)\,.$$

Integriert man auf beiden Seiten, so ergibt sich zunächst:

$$\int\limits_{-1}^{1} f(x)\,dx = \sum_{k=0}^{n} A_k\, f(x_k)$$

$$+ \frac{1}{(2(n + 1))!} \int\limits_{-1}^{1} f^{(2(n+1))}(\xi_x) \prod_{k=0}^{n}(x - x_k) \prod_{k=0}^{n}(x - \tilde{x}_k)\,dx\,.$$

Aus Stetigkeitsgründen kann nun $\tilde{x}_k = x_k$ gewählt werden und mit dem verallgemeinerten Mittelwertsatz der Integralrechnung folgt wieder die Behauptung. $\square$

Wenn eine Funktion f über ein Intervall $[-h, h]$ integriert werden soll, so schreiben wir

$$\int_{-h}^{h} f(x)\,dx = h \int_{-1}^{1} f(h\,\tilde{x})\,d\tilde{x}$$

und können dann auf der rechten Seite eine Gaußsche Quadraturformel anwenden.

Beispiel 9.11

Wir werten die Fehlerformel aus Satz 9.6 für $n = 1, 2$ aus:

```
Integrate[(x^2-1/3)^2,{x,-1,1}]/4!
```

```
  1
 ---
 135
```

```
Integrate[(x^3-(3/5) x)^2,{x,-1,1}]/6!
```

```
   1
 -----
 15750
```

Im Fall $n = 1$ ergibt dies mit einem $\eta \in [-h, h]$:

$$\int_{-h}^{h} f(x)\,dx = G_2(f, h) + \frac{h^5}{135} f^{(4)}(\eta)\,,$$

$$G_2(f, h) = h\left(f\left(-\frac{h}{\sqrt{3}}\right) + \left(\frac{h}{\sqrt{3}}\right)\right),$$

und im Fall $n = 2$ mit einem $\eta \in [-h, h]$:

$$\int_{-h}^{h} f(x)\,dx = G_3(f, h) + \frac{h^7}{15750} f^{(6)}(\eta)\,,$$

$$G_3(f, h) = \frac{h}{9}\left(5 f\left(-\sqrt{\frac{3}{5}}h\right) + 8 f(0) + 5 f\left(\sqrt{\frac{3}{5}}h\right)\right).$$

Hierbei haben wir noch die Kettenregel

$$\frac{d^j f(h\tilde{x})}{d\tilde{x}^j} = h^j \left.\frac{d^j f(\tilde{x})}{d\tilde{x}^j}\right|_{h\tilde{x}}$$

benutzt.

Die Verwendung einer Gaußschen Formel hat gegenüber einer Newton-Cotes-Formel gleicher Fehlerordnung den Vorteil, daß man erheblich weniger Stützstellen benötigt. Mit zwei Stützstellen erhalten wir bereits eine Formel der Fehlerordnung $O(h^5)$ und mit drei Stützstellen eine Formel der Fehlerordnung $O(h^7)$. Die Newton-Cotes-Formeln der Fehlerordnung $O(h^5)$ bzw. $O(h^7)$ benötigen drei bzw. fünf Stützstellen.

Zur Bestimmung des Integrals von f über ein Intervall $[a, b]$ teilen wir schließlich $[a, b]$ in N Teilintervalle der Länge $2h$ mit $h = (b-a)/2N$. Auf jedem Teilintervall $[a + 2kh, a + 2(k+1)h]$, $k = 0, 1, \ldots, N-1$ wenden wir die Gaußsche Formel mit dem zugehörigen Restglied an. Mit einer ähnlichen Transformation wie oben erhalten wir *summierte Gaußsche Formeln*. Sie lauten für $n = 1$ und $n = 3$ mit einem $\eta \in [a, b]$:

$$\int_a^b f(x)\,dx = G_{2,N}(f, h) + \frac{b-a}{270} h^4 f^{(4)}(\eta),$$

$$G_{2,N}(f, h) = h \sum_{k=0}^{N-1} \left(f\left(a + (2k+1)h - \frac{h}{\sqrt{3}} \right) \right.$$

$$\left. + f\left(a + (2k+1)h + \frac{h}{\sqrt{3}} \right) \right),$$

$$\int_a^b f(x)\,dx = G_{3,N}(f, h) + \frac{b-a}{31500} h^6 f^{(6)}(\eta),$$

$$G_{3,N}(f, h) = \frac{h}{9} \sum_{j=0}^{N-1} \left(5 f\left(a + (2j+1)h - \sqrt{\frac{3}{5}}h \right) \right.$$

$$+ 8 f(a + (2j+1)h)$$

$$\left. + 5 f\left(a + (2j+1)h + \sqrt{\frac{3}{5}}h \right) \right),$$

$$h = \frac{b-a}{2N}.$$

Summierte Gaußsche Formel

Beispiel 9.12
Wir berechnen

$$\int_0^2 (x^2 - x)\,dx$$

mit der Gaußschen Quadraturformel $G_2(f, h)$ (aus Beispiel 9.11) bzw. mit
der summierten Gaußschen Quadraturformel $G_{2,N}(f, h)$. Das *Mathematica*-
Programm

```
f[x_] := x^2-x;
a = 0;  b = 2; n = 5; h = (b-a)/(2 n);
h1 = N[h/Sqrt[3]];
exaktint = N[Integrate[f[x], {x, a, b}]];
gauss2 = N[h*Sum[(f[a+(2k+1)*h - h1]+
f[a+(2k+1)*h + h1]), {k,0,n-1,1}]];
Print["Integral:                ", exaktint];
Print["Integral mit Gauss-Formel: ", gauss2];
```

liefert folgende numerische Ergebnisse:

```
Integral:         0.666667
Integral mit G2N: 0.666667
```

Wir berechnen noch

$$\int\limits_{-3}^{7} (12\,x^5 - 15\,x^3 + 67\,x^2 - x + 2)\,dx$$

mit der Gaußschen Quadraturformel $G_3(f, h)$ (aus Beispiel 9.11) bzw. der
summierten Gaußschen Quadraturformel $G_{3,N}(f, h)$. Das *Mathematica*-
Programm

```
f[x_] := 12 x^5 - 15 x^3 + 67 x^2 - x + 2;
a = -3;  b = 7; n = 1; h = (b-a)/(2 n);
h1 = N[h*Sqrt[3/5]];
exaktint = N[Integrate[f[x], {x, a, b}]];
gauss3 = N[h/9*Sum[(5f[a+(2k+1)*h - h1]+
8f[a+(2k+1)*h] +
5f[a+(2k+1)*h + h1]), {k,0,n-1,1}]];
Print["Integral:                ", exaktint];
Print["Integral mit G3N: ", gauss3];
```

liefert folgende numerische Ergebnisse:

```
Integral:         233.403
Integral mit G3N: 233.403
```

Dieselben Resultate hätte man auch mit den zusammengesetzten Formeln
bei beliebigem $N \geq 1$ bekommen.

9.4 Das Romberg-Verfahren

Beim Romberg-Verfahren werden durch geeignete Kombinationen
von summierten Trapezregeln Formeln höherer Ordnung erzeugt.
Unter Verwendung von k Trapezregel-Werten können Polynome bis
zum Grad $2k - 1$ exakt integriert werden. Wir werden dies an dem
einfachen Beispiel $k = 3$ verdeutlichen.

Wir betrachten die summierte Trapezregel und unterteilen dabei das Intervall $[a, b]$ jeweils in 2^{j-1} Teilintervalle der Länge

$$h_j = \frac{b-a}{2^{j-1}}, \quad j \geq 1.$$

Dies ergibt folgende Trapezregelwerte:

$$T_{j,1} = \frac{h_j}{2}\,(f(a) + 2\,f(a + h_j)$$
$$+ \cdots + 2\,f(a + (2^{j-1} - 1)\,h_j) + f(b)).$$

Mit

$$h_1 = b - a, \quad h_2 = \frac{b-a}{2}, \quad h_3 = \frac{b-a}{4}$$

und der Bezeichnung

$$x_i = a + i\,h_3, \quad i = 0, 1, 2, 3, 4,$$

erhalten wir die ersten drei Werte:

$$T_{1,1} = \frac{h_1}{2}\,(f(x_0) + f(x_4)),$$
$$T_{2,1} = \frac{h_2}{2}\,(f(x_0) + 2f(x_2) + f(x_4)),$$
$$T_{3,1} = \frac{h_3}{2}\,(f(x_0) + 2f(x_1) + 2f(x_2) + 2f(x_3) + f(x_4)).$$

Verwenden wir dieselben Bezeichnungen, so können wir die Simpsonregel und die summierte Simpsonregel bei Unterteilung in zwei Teilintervalle schreiben:

$$T_{2,2} = \frac{h_2}{3}\,(f(x_0) + 4f(x_2) + f(x_4)),$$
$$T_{3,2} = \frac{h_3}{3}\,(f(x_0) + 4f(x_1) + 2f(x_2) + 4f(x_3) + f(x_4)).$$

Aufgrund der speziellen Gestalt der Intervallängen h_1, h_2 und h_3 erhält man sofort folgende Beziehungen:

$$T_{2,2} = \frac{4T_{2,1} - T_{1,1}}{3}, \qquad T_{3,2} = \frac{4T_{3,2} - T_{2,1}}{3}.$$

Die Simpsonformeln integrieren Polynome höchstens dritten Grades exakt. Man kann also Polynome, die höchstens den Grad drei haben mit den Trapezregeln $T_{1,1}, T_{2,1}, T_{3,1}$ exakt integrieren.

Weiter kann man sich durch Nachrechnen davon überzeugen, daß mit der Formel

$$T_{3,3} = \frac{16\,T_{3,2} - T_{2,2}}{15}$$

Beim *Romberg-Verfahren* werden diese Formeln fortgesetzt und Näherungswerte für $\int_a^b f(x)\,dx$ rekursiv berechnet:

Romberg-Verfahren

$$T_{j,k} = \frac{4^{k-1} T_{j,k-1} - T_{j-1,k-1}}{4^{k-1} - 1} \qquad k \geq 2,\, j \geq k.$$

Graphisch läßt sich diese Formel durch das Romberg-Schema veranschaulichen:

Romberg-Schema

$$
\begin{array}{c|ccccc}
h_1 & T_{1,1} \\
    &   & T_{2,2} \\
h_2 & T_{2,1} &   & T_{3,3} \\
    &   & T_{3,2} &   & T_{4,4} \\
h_3 & T_{3,1} &   & T_{4,3} & \vdots \\
    &   & T_{4,2} & \vdots \\
h_4 & T_{4,1} & \vdots \\
\vdots & \vdots
\end{array}
$$

Beispiel 9.13

Mit dem folgenden *Mathematica*-Programm setzen wir das Romberg-Schema um und geben $T_{2,2}$, $T_{3,2}$ und $T_{3,3}$ an:

```
zeilen = 3;
v = 1; h = b - a; n = 1; t = {};
Do[tj = Sum[(f[a+k*h]+f[a+(k+1)*h]),{k,0,n-1}]*h/2;
AppendTo[t, tj];
Print["T[[", j, ",", "1]] = ", tj];
n = 2*n; h = h/2, {j, zeilen}];
T = Table[0.0, {j, zeilen}, {k, zeilen}];
Do[T[[j,1]] = t[[j]], {j,zeilen}];
Do[v = 4v;
   Do[ T[[j,k]] = T[[j,k-1]] +
     (T[[j,k-1]] - T[[j-1, k-1]])/(v - 1);
Print["T[[", j, ",", k, "]] = ", T[[j,k]] ],
                  {j, k, zeilen}],
   {k, 2, zeilen}];

T[[2,2]]//Simplify


                          a + b
(-a + b) (f[a] + f[b] + 4 f[-----])
                            2
-----------------------------------
                 6
```

```
T[[3,2]]//Simplify

                                 a + b         3 a + b
((-a + b) (f[a] + f[b] + 2 f[-----] + 4 f[-------] +
                                   2             4

          a + 3 b
     4 f[-------])) / 12
             4

T[[3,3]]//Simplify

                                       a + b
((-a + b) (7 f[a] + 7 f[b] + 12 f[-----] +
                                     2

           3 a + b          a + 3 b
     32 f[-------] + 32 f[-------])) / 90
            4                 4
```

Man erkennt unmittelbar, daß $T_{2,2}$ und $T_{3,2}$ Simpsonformeln darstellen.

Mit dem obigen Programm kann nun auch nachgerechnet werden, daß die Formel $T_{3,3}$ die Monome x^4 und x^5 exakt integriert. Wir legen dazu zunächst $f(x) = x^4$ bzw. $f(x) = x^5$ fest und berechnen dann $T_{3,3}$:

```
f[x_] := x^4;

Simplify[T[[3,3]]]

   5     5
  -a  + b
  --------
     5

f[x_] := x^5;

Simplify[T[[3,3]]]

   6     6
  -a  + b
  --------
     6
```

Wird nun ein Integral $\int_a^b f(x)\,dx$ mit dem Romberg-Schema berechnet, so bricht man im allgemeinen das Schema ab, wenn aufeinander folgende Zahlen im Rahmen der gewünschten Genauigkeit übereinstimmen.

Beispiel 9.14

Wir betrachten das Integral:

$$\int_0^1 e^{\frac{x^2}{2}}\,dx$$

und berechnen vier Spalten des Romberg-Schemas mit Programm aus Beispiel 9.11:

Wir definieren den Integranden und geben die Intervallgrenzen ein:

```
f[x_]:= Exp[0.5 x^2];
a = 0; b = 1;
zeilen = 4;
```

Dies ergibt fogende Werte:

```
T[[1,1]] = 1.32436
T[[2,1]] = 1.22875
T[[3,1]] = 1.20351
T[[4,1]] = 1.1971
T[[2,2]] = 1.19689
T[[3,2]] = 1.19509
T[[4,2]] = 1.19497
T[[3,3]] = 1.19497
T[[4,3]] = 1.19496
T[[4,4]] = 1.19496

Integral:  1.194957662
```

Ein Vergleich mit dem von *Mathematica* gelieferten Wert für das Integral zeigt, daß $T_{4,4}$ einen guten Näherungswert darstellt.

10 Numerische Lösung gewöhnlicher Differentialgleichungen

10.1 Das Euler-Cauchy-Verfahren

Zur numerischen Lösung des Anfangswertproblems $y' = g(x, y)$, $y(x_0) = y_0$ integrieren wir die Differentialgleichung zunächst im Intervall $[x, x + h]$:

$$y(x + h) = y(x) + \int_x^{x+h} g(t, y(t)) \, dt$$

und werten das Integral auf der rechten Seite näherungsweise nach der Rechteckregel aus:

$$\int_x^{x+h} g(t, y(t)) \, dt \approx h \, g(x, y(x)) .$$

Dies führt auf die:

Definition 10.1 Das Rekursionsschema:

$$x_i = x_0 + i \, h, \quad i = 1, \ldots, n,$$

$$y_0^h = y_0 ,$$

$$y_{i+1}^h = y_i^h + h \, g(x_i, y_i^h), \quad i = 0, \ldots, n - 1,$$

heißt *Euler-Cauchy-Verfahren* (oder Polygonzugverfahren) mit der Schrittweite h zur näherungsweisen Lösung von $y' = g(x, y)$, $y(x_0) = y_0$.

Ausgehend von $y_0^h = y_0$ wird in den Gitterpunkten x_i eine numerische Lösung (Näherungslösung) berechnet. Ein numerisches Verfahren liefert im Gegensatz zu analytischen Verfahren keine Näherungslösungsfunktion sondern eine Tabelle von Wertepaaren (x_i, y_i^h).

Euler-Cauchy-Verfahren

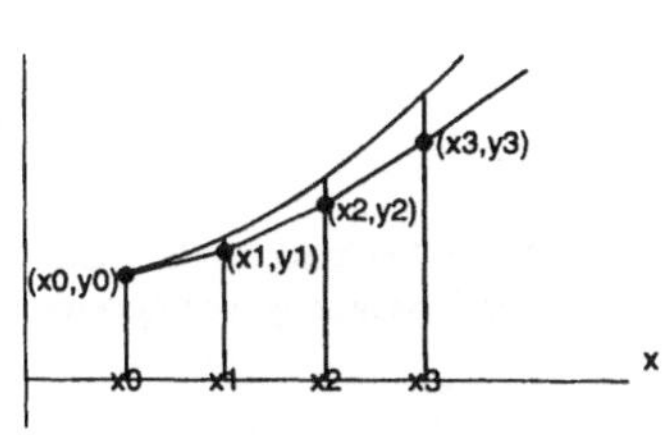

Das Euler-Cauchy-Verfahren
(Polygonzugverfahren)

Beispiel 10.1

Gegeben sei das Anfangswertproblem (vgl. Beispiel 1.11):

$$y' = y^2, \quad y(0) = 1,$$

und gesucht wird ein Näherungswert $y(0.6)$ nach dem Euler-Cauchy-Verfahren mit der Schrittweite $h = 0.1$.

PrependTo

Wir benützen das folgende *Mathematica*-Programm (mit PrependTo):

```
g[x_,y_]:= y^2;
h = 0.1; yi = {1}; n = 7;
xi = Table[(i-1)*h,{i,n}];
Do[ y0 = yi[[i]]; y1 = y0 + h*g[xi[[i]],y0];
            y0 = y1; AppendTo[yi, y1],{i,n-1}];
Print["Numerische Loesung = ", yi];
gr1 = Plot[1/(1-x),{x,0,0.6},
            DisplayFunction -> Identity];
lc = MapThread[List, {xi,yi}];
gr2 = ListPlot[lc, PlotStyle -> {PointSize[0.01]},
                DisplayFunction -> Identity];
Show[gr1, gr2, DisplayFunction -> $DisplayFunction];
```

In den Gitterpunkten x_i, $i = 0, 1, \ldots, 6$ erhalten wir folgende Näherungswerte y_i^h:

```
Numerische Loesung = {1, 1.1, 1.221, 1.37008, 1.5578,

                      1.80047, 2.12464}
```

Die exakte Lösung lautet

$$y(x) = \frac{1}{1 - x}$$

mit $y(0.6) = 2.5$. Der Wert der numerischen Lösung im Gitterpunkt x_6 lautet: $y_6^h = 2.12464$.

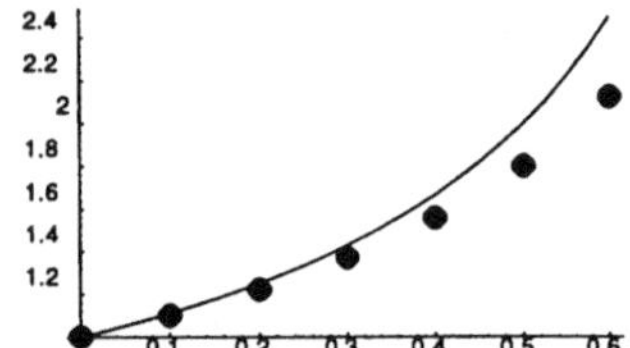

Die exakte Lösung
$y(x) = 1/(1 - x)$ von
$y' = y^2$, $y(0) = 1$ und die
numerische Lösung nach dem
Euler-Cauchy-Verfahren

Zur Fehlerbetrachtung nehmen wir an, daß g stetig differenzierbar ist. Damit besitzen die Lösungen $y(x)$ stetige zweite Ableitungen:

$$y''(x) = g_x(x, y(x)) + g_y(x, y(x))$$

und nach dem Satz von Taylor gilt:

$$y(x + h) - (y(x) + h\, g(x, y(x))) = \frac{h^2}{2}\, y''(\xi), \xi \in (x, x + h)\,.$$

Man bezeichnet:

**Lokaler Verfahrensfehler des
Euler-Cauchy-Verfahrens**

$$y(x + h) - (y(x) + h\, g(x, y(x)))$$

als *lokalen Verfahrensfehler des Euler-Cauchy-Verfahrens*. Sind $y(x)$ und $y(x + h)$ Werte der exakten Lösung, dann gibt der lokale Verfahrensfehler Auskunft über die Abweichung des nach dem Euler-Cauchy-Verfahren ermittelten Näherungswertes vom exakten Wert $y(x + h)$.

Definition 10.2 Ist $y(x)$ die exakte Lösung des Anfangswertproblems

$$y' = g(x, y), \, y(x_0) = y_0,$$

und y_i^h die nach dem Euler-Cauchy-Verfahren in den Gitterpunkten $x_i = x_0 + i\,h$, $i = 0, \ldots, n$ gewonnene numerische Lösung. Dann heißt

$$\epsilon_i = y(x_i) - y_i^h, \quad i = 1, \ldots, n,$$

globaler Verfahrensfehler an der Stelle x_i.

Globaler Verfahrensfehler des Euler-Cauchy-Verfahrens

Der globale Verfahrensfehler kann wie folgt abgeschätzt werden:

Satz 10.1 *Sei $D \subset \mathbb{R}^2$ und $g : D \to \mathbb{R}$ stetig differenzierbar mit $|g_y(x, y)| \leq L$ für alle $(x, y) \in D$. Sei $y(x)$ die Lösung des Anfangswertproblems*

$$y' = g(x, y), \, y(x_0) = y_0,$$

und $|y''(x)| \leq M$ für alle x. Dann gilt mit $h > 0$ und $L > 0$ in einer genügend kleinen Umgebung von x_0:

$$|\epsilon_i| \leq \frac{M\,h}{2L} \left(e^{L\,(x_i - x_0)} - 1\right), \quad i = 1, \ldots, n.$$

Beweis: Wir schreiben $y_i = y(x_i)$ für Gitterpunkte $x_i = x_0 + i\,h$. Dann gilt nach dem Satz von Taylor mit einem $\xi_i \in (x_i, x_{i+1})$:

$$y_{i+1} = y_i + h\,g(x_i, y_i) + \frac{h^2}{2}\,y''(\xi_i)$$

und

$$\begin{aligned}
\epsilon_{i+1} &= y_{i+1} - y_{i+1}^h \\
&= y_i + h\,g(x_i, y_i) + \frac{h^2}{2}\,y''(\xi_i) - \left(y_i^h + h\,g(x_i, y_i^h)\right) \\
&= \epsilon_i + h\,\left(g(x_i, y_i) - g(x_i, y_i^h)\right) + \frac{h^2}{2}\,y''(\xi_i).
\end{aligned}$$

Nach dem Mittelwertsatz gilt mit einem $\eta_i \in (y_i, y_i^h)$:

$$\begin{aligned}
g(x_i, y_i) - g(x_i, y_i^h) &= g_y(x_i, \eta_i)\,(y_i - y_i^h) \\
&= \epsilon_i\,g_y(x_i, \eta_i).
\end{aligned}$$

Betrachtet man die beiden Ungleichungen zusammen und berücksichtigt die vorausgesetzten Schranken für $|g_y(x, y)|$ und $|y''(x)|$, so ergibt sich:

$$|\epsilon_{i+1}| \leq |\epsilon_i|(1 + h\,L) + \frac{h^2}{2}\,M\,.$$

Mit $i\,h = x_i - x_0$ erhält man hieraus durch vollständige Induktion:

$$\begin{aligned}
|\epsilon_i| &\leq \frac{h^2}{2}\,M\,\left(1 + (1 + h\,L) + \ldots + (1 + h\,L)^{i-1}\right) \\[2mm]
&= \frac{h^2}{2}\,M\,\frac{(1 + h\,L)^i - 1}{h\,L} \\[2mm]
&\leq \frac{h^2}{2}\,M\,\frac{e^{L\,i\,h} - 1}{h\,L} \\[2mm]
&= \frac{M\,h}{2\,L}\,\left(e^{L\,(x_i - x_0)} - 1\right)\,.
\end{aligned}$$

$\qquad\qquad\qquad\qquad\qquad\qquad\qquad\qquad\qquad\qquad\qquad\qquad$ $\square$

Ist $L = 0$, d.h. die rechte Seite der Differentialgleichung hängt nicht von y ab, so kann man durch den Grenzübergang $L \to 0$ die Abschätzung:

$$|\epsilon_i| \leq \frac{M\,h}{2}\,(x_i - x_0)$$

bekommen.

Nach Satz 10.1 besitzt der Fehler die Ordnung $O(h)$, und es gilt:

Konvergenz des Euler-Cauchy-Verfahrens

$$\lim_{\substack{h \to 0, \\ x_0 + i\,h \to x}} (y_i^h - y(x)) = 0\,.$$

Man spricht deshalb von der *Konvergenz des Verfahrens*.

Beispiel 10.2

Wir berechnen zunächst mit DSolve die Lösung des Anfangswertproblems:

$$y' = x\,(x + y)^2 + x - 1\,,\quad y(0) = 1\,.$$

```
<<Calculus`DSolve`
DSolve[{y'[x]==x (x+y[x])^2+x-1,y[0]==1},y[x],x]

                       Pi     2
                       -- + x
                       2
{{y[x] -> -x + Tan[-------]}}
                       2
```

Also:

$$y(x) = \tan\left(\frac{x^2}{2} + \frac{\pi}{4}\right) - x\,,\quad |x| < \sqrt{\frac{\pi}{2}}\,.$$

Nun berechnen wir eine numerische Lösung nach dem Euler-Cauchy-Verfahren im Intervall $0 \leq x \leq 1$ mit den Schrittweiten $h = 0.2$, $h = 0.1$, $h = 0.05$, und beobachten die Konvergenz des Verfahrens. (Wir benutzen das Progamm aus Beispiel 10.1).

```
g[x_,y_]:= x (x+y)^2+x-1;
h = 0.2; yi = {1}; n = 6;
```

```
Numerische Loesung =
{1, 0.8, 0.68, 0.653312, 0.761807, 1.11209}
```

```
g[x_,y_]:= x (x+y)^2+x-1;
h = 0.1; yi = {1}; n = 11;
```

```
Numerische Loesung =
{1, 0.9, 0.82, 0.760808,
```

```
  0.724567, 0.715153, 0.738983, 0.806556, 0.935436,
```

```
  1.15637, 1.52696}
```

```
g[x_,y_]:= x (x+y)^2+x-1;
h = 0.05; yi = {1}; n = 21;
```

```
Numerische Loesung =
{1, 0.95, 0.905, 0.86505,
```

```
  0.830278, 0.800892, 0.777197, 0.759602, 0.748649,
```

```
  0.745036, 0.749669, 0.763711, 0.788671, 0.826524,
```

```
  0.879877, 0.952238, 1.0484, 1.17506, 1.34185,
```

```
  1.56301, 1.86049}
```

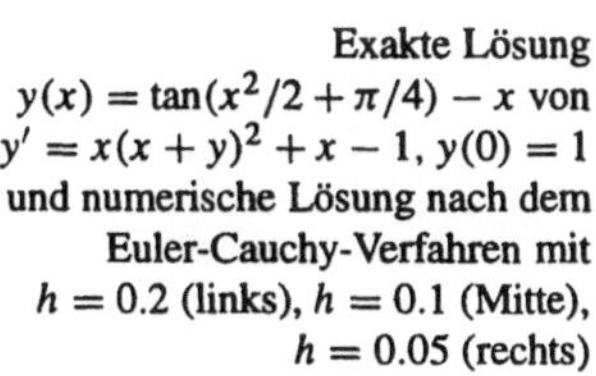

Exakte Lösung
$y(x) = \tan(x^2/2 + \pi/4) - x$ von
$y' = x(x + y)^2 + x - 1$, $y(0) = 1$
und numerische Lösung nach dem
Euler-Cauchy-Verfahren mit
$h = 0.2$ (links), $h = 0.1$ (Mitte),
$h = 0.05$ (rechts)

Benutzen wir nun anstatt der Rechteckregel die Quadraturformel:

$$\int_{x}^{x+h} g(t, y(t))\, dt \approx h\, g(x + h, y(x + h)),$$

so werden wir auf das *implizite Euler-Cauchy-Verfahren* geführt:

$$
\begin{aligned}
x_i &= x_0 + i\,h, \quad i = 1, \ldots, n, \\
y_0^h &= y_0, \\
y_{i+1}^h &= y_i^h + h\, g(x_{i+1}, y_{i+1}^h), \quad i = 0, \ldots, n - 1.
\end{aligned}
$$

**Implizites
Euler-Cauchy-Verfahren**

Bei diesem Verfahren bekommen wir bei jedem Rechenschritt eine Gleichung, aus welcher der Näherungswert y_{i+1}^h erst berechnet werden muß. Wir erhalten also y_{i+1}^h lediglich implizit.

Beispiel 10.3

Gegeben ist das Anfangswertproblem

$$y' = \frac{y}{x} - \frac{x}{y}, \quad y(1) = 1,$$

mit der exakten Lösung (vgl. Beispiel 2.3):

$$y(x) = \sqrt{1 - 2\ln(x)}, \quad 0 < x < e^{\frac{1}{2}}.$$

Wir suchen eine numerische Lösung im Intervall [1, 1.5] mit dem impliziten Euler-Cauchy-Verfahren mit der Schrittweite $h = 0.05$. Das Rechenschema nimmt die Gestalt an:

$$y_{i+1}^h = y_i^h + h \left(\frac{y_{i+1}^h}{x_{i+1}} - \frac{x_{i+1}}{y_{i+1}^h} \right).$$

Von der quadratischen Gleichung für y_{i+1}^h benötigen wir jeweils die positive Lösung.

Wir benutzen dazu das folgende *Mathematica*-Programm, das y_{i+1}^h iterativ bestimmt:

```
g[x_, y_]:= y/x - x/y;
exloes[x_]:= Sqrt[1 - 2*Log[x]];
h = 0.05;y1 = {1};x0 = 1;
eps = 10^-5; epsit = 10; ixmax = 10; xn = 1;
Do[ y10 = y1[[i]]; ylit = y10; epsit = 10; xn = xn + h;
While[epsit > eps,
y1n = y10 + h*g[xn,ylit];
epsit = Abs[ylit-y1n]; ylit = y1n];
AppendTo[y1,y1n], {i, ixmax}];
Print[y1]; i1 = ixmax + 1; xmax = 1+i1*h;
xk = Table[1+(i-1)*h,{i,i1}];lc=MapThread[List,{xk,y1}];
gr1 = ListPlot[lc, PlotStyle -> {PointSize[0.01]},
               DisplayFunction -> Identity];
gr2 = Plot[exloes[x], {x, 1, xmax},
           DisplayFunction -> Identity];
Show[gr1,gr2, DisplayFunction -> $DisplayFunction];
```

Das Programm liefert folgende Tabelle von Näherungwerten y_i^h:

```
{1, 0.994575, 0.98334, 0.965795, 0.941272, 0.908859,
 0.867269, 0.814573, 0.747649, 0.6607, 0.539736}
```

Bemerkung 10.1 Das Euler-Cauchy-Verfahren ist ein Beispiel für ein *Einschrittverfahren* zur Lösung von

$$y' = g(x, y), \quad y(x_0) = y_0.$$

Mit einer Verfahrensfunktion $\Phi(x, y, h)$ wird eine Näherungslösung y_i^h auf dem Gitter x_i berechnet durch:

Einschrittverfahren

$$y_{i+1}^h = y_i^h + h\,\Phi(x_i, y_i^h, h), \quad y_0^h = y_0,$$

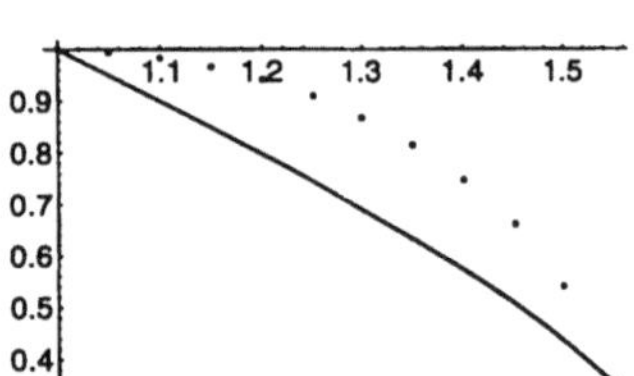

Exakte Lösung von
$y' = y/x - x/y$, $y(0) = 1$, und
numerische Lösung nach dem
impliziten Euler-Cauchy-Verfahren
mit $h = 0.05$

Das Verfahren heißt *konsistent von der Ordnung* p, wenn p die größte natürliche Zahl ist, so daß für jede genügend oft differenzierbare Lösung $y(x)$ von $y' = g(x, y)$ gilt:

$$\frac{1}{h}\left(y(x+h) - y(x)\right) - \Phi(x, y(x), h) = O(h^p).$$

Konsistenz eines Einschrittverfahrens von der Ordnung p

Ein Einschrittverfahren heißt an der Stelle x konvergent, wenn

$$\lim_{\substack{h\to 0, \\ ih\to x}} (y_i^h - y(x)) = 0.$$

Es heißt *konvergent von der Ordnung* $p > 0$, wenn:

$$y_i^h - y(x_i) = O(h^p), \quad i = 0, 1, \ldots.$$

Konvergenz eines Einschrittverfahrens von der Ordnung p

Die Verfahrensfunktion des Euler-Cauchy-Verfahrens:

$$\Phi(x, y, h) = g(x, y)$$

hängt nicht von h ab. Seine Konvergenzordnung ist offenbar 1.

Bemerkung 10.2 Die Aussage von Satz 10.1 läßt sich allgemeiner so fassen: Wird durch eine stetige Verfahrensfunktion $\Phi(x, y, h)$ ein Einschrittverfahren der Konsistenzordnung $p > 0$ gegeben, welches eine Lipschitzbedingung

$$|\Phi(x, y_1, h) - \Phi(x, y_2, h)| \le L\,|y_1 - y_2|$$

in einem Streifen $y_1, y_2 \in (-\infty, \infty)$, $h \in [0, h_0]$ erfüllt, dann ist das Verfahren konvergent von der Ordnung p.

10.2 Runge-Kutta-Verfahren

Runge-Kutta-Verfahren zur numerischen Lösung des Anfangswertproblems

$$y' = g(x, y), \quad y(x_0) = y_0,$$

werden folgendermaßen konstruiert. Man ermittelt zunächst Hilfsgrößen: $k_0, \ldots, k_{m-1}$ und berechnet dann eine Näherung y^h für $y(x+h)$ durch:

$$y^h = y + \sum_{j=0}^{m-1} A_j k_j.$$

Runge-Kutta-Verfahren

Man spricht von einem *expliziten Runge-Kutta-Verfahren* der Ordnung m, wenn die Hilfsgrößen folgende Gestalt haben:

**Explizites
Runge-Kutta-Verfahren**

$$
\begin{aligned}
k_0 &= h\, g(x, y)\,, \\
k_1 &= h\, g(x + \alpha_1 h,\, y + \beta_{10} k_0)\,, \\
k_2 &= h\, g(x + \alpha_2 h,\, y + \beta_{20} k_0 + \beta_{21} k_1)\,, \\
&\ \ \vdots \\
k_{m-1} &= h\, g(x + \alpha_{m-1} h,\, y + \beta_{m-1,0} k_0 \\
&\qquad\ + \ldots + \beta_{m-1,m-1}\, k_{m-2})\,.
\end{aligned}
$$

Das Euler-Cauchy-Verfahren stellt offenbar ein Runge-Kutta-Verfahren erster Ordnung dar.

Wie beim Euler-Cauchy-Verfahren bezeichnen wir nun:

**Lokaler Verfahrensfehler des
Runge-Kutta-Verfahrens**

$$
r_m(h) = y(x + h) - \left(y(x) + \sum_{j=0}^{m-1} A_j\, k_j \right)
$$

als *lokalen Verfahrensfehler*. Ist die rechte Seite der Differentialgleichung $l + 1$ mal stetig differenzierbar, so kann der lokale Verfahrensfehler entwickelt werden:

$$
r_m(h) = \sum_{j=0}^{l} r_m^{(j)}(0)\, \frac{h^j}{j!} + r_m^{(l+1)}(\theta_h\, h)\, \frac{h^{l+1}}{(l+1)!}\,.
$$

Das Ziel ist nun, die Parameter α_j, β_{jm} und A_j so zu bestimmen, daß mit möglichst großem l die Bedingungen

$$
r_m^{(j)}(0) = 0\,, \quad j = 0, 1, \ldots, l\,,
$$

erfüllt sind. Der lokale Verfahrensfehler bekommt dann die Gestalt:

$$
r_m(h) = r_m^{(l+1)}(\theta_h\, h)\, \frac{h^{l+1}}{(l+1)!} = O(h^{l+1})\,.
$$

Beispiel 10.4

Die Entwicklung des lokalen Verfahrensfehlers $r_m(h)$ in ein Taylorpolynom um 0 erfordert sehr aufwendige Rechnungen. Wir benötigen dazu die Ableitungen von $y(x + h)$ und $k_0, \ldots, k_{m-1}$ an der Stelle $h = 0$.

Mit dem Programm aus Beispiel 5.1 kann

$$
c_j = \frac{y^{(j)}(x)}{j!}
$$

berechnet werden:

```
X:=Function[$f,Dot[{1,g[x,y]},Map[D[$f,#]&,{x,y}]]];
c[0]=y0; fh[0,x,y]=g[x,y];
Do[fh[k+1,x,y]=X[fh[k,x,y]];
   c[k+1]=fh[k,x,y]/(k+1)!,{k,0,3}];
```

Wir bekommen beispielsweise $c_3 = y^{(3)}(x)/3!$

```
c[3]
```

```
     (0,1)          (1,0)                    (1,1)
 (g       [x, y] g       [x, y] + g[x, y] g       [x, y] +

             (0,1)     2              (0,2)
   g[x, y] (g       [x, y]  + g[x, y] g       [x, y] +

        (1,1)            (2,0)
     g       [x, y]) + g       [x, y]) / 6
```

Die Ableitungen

$$\left.\frac{d^j k_i}{d h^j}\right|_{h=0}$$

erhält man direkt nach Eingabe der k_i:

```
k0[h_]:=h g[x,y];
k1[h_]:=h g[x+al1 h,y+be10 k0[h]];
k2[h_]:=h g[x+al2 h,y+be20 k0[h]+be21 k1[h]];
```

Beispielsweise ergeben sich $(d^2 k_1/dh^2)_{h=0}$ und $(d^3 k_2/dh^3)_{h=0}$:

```
D[k1[h],{h,2}]/2!/.h->0//Simplify

              (0,1)              (1,0)
be10 g[x, y] g       [x, y] + al1 g       [x, y]

D[k2[h],{h,3}]/2!/.h->0//Simplify

           (0,1)                    (0,1)
(6 be21 g       [x, y] (be10 g[x, y] g       [x, y] +

          (1,0)
    al1 g       [x, y]) +

   3 (be20 + be21) g[x, y]

                          (0,2)
   ((be20 + be21) g[x, y] g       [x, y] +

          (1,1)
    al2 g       [x, y]) +

                                      (1,1)
    3 al2 ((be20 + be21) g[x, y] g       [x, y] +

          (2,0)
    al2 g       [x, y])) / 2
```

Beispiel 10.5

Wir leiten Runge-Kutta-Verfahren zweiter Ordnung her. Mit $m = 2$ haben wir:

$$
\begin{aligned}
r_2(h) &= y(x + h) - (y(x) + A_0 k_0 + A_1 k_1) \\
&= y(x + h) - y(x) - h A_0 g(x, y(x)) \\
&\quad - h A_1 g(x + \alpha_1 h, y(x) + h \beta_{10} g(x, y(x))).
\end{aligned}
$$

Zur Festlegung der Parameter α_1, β_{10}, A_0, A_1 entwickeln wir $r_2(h)$ in das Taylorpolynom zweiten Grades um 0. Nach Beispiel 10.4 ergibt sich:

$$
\begin{aligned}
y(x + h) - y(x) &= g(x, y(x))h \\
&\quad + (g_x(x, y(x)) + g(x, y(x)) g_y(x, y(x))) \frac{h^2}{2} \\
&\quad + O(h^3)
\end{aligned}
$$

und

$$
\begin{aligned}
A_0 k_0 + A_1 k_1 &= (A_0 + A_1) g(x, y(x)) h \\
&\quad + A_1 (\alpha_1 g_x(x, y(x)) + \beta_{10} g(x, y(x)) g_y(x, y(x))) h^2 \\
&\quad + O(h^3).
\end{aligned}
$$

Da das herzuleitende Runge-Kutta-Verfahren unabhängig von der Differentialgleichung sein soll, vergleichen wir in den beiden Entwicklungen die Koeffizienten von gh, $g_x h^2$ und $g g_y h^2$. Dies ergibt die folgenden drei Bedingungen:

$$
A_0 + A_1 = 1, \quad A_1 \alpha_1 = \frac{1}{2}, \quad A_1 \beta_{10} = \frac{1}{2}.
$$

Man kann $A_1 \neq 0$ beliebig wählen und die Parameter α_1, β_{10} und A_0 schreiben als:

$$
\alpha_1 = \beta_{10} = \frac{1}{2A_1}, \quad A_0 = 1 - A_1.
$$

Setzt man $A_1 = 1/2$, so erhält man das *Heun-Verfahren*:

Heun-Verfahren

$$
y^h = y + \frac{1}{2} (h g(x, y) + h g(x + h, y + h g(x, y))).
$$

Mit $A_1 = 1$ erhält man das *modifizierte Euler-Cauchy-Verfahren*:

Modifiziertes Euler-Cauchy-Verfahren

$$
y^h = y + h g \left(x + \frac{h}{2}, y + \frac{h g(x, y)}{2} \right).
$$

Wird die Ordnung des Runge-Kutta-Verfahrens größer als drei, so ergibt sich bei Bestimmung der Werte α_j, β_{jl} und A_j ein enormer Rechenaufwand. Wir geben das *klassische Runge-Kutta-Verfahren* vierter Ordnung ohne Herleitung an:

$$y^h = y + \frac{1}{6}\,(k_0 + 2\,k_1 + 2\,k_2 + k_3)\,,$$

$$k_0 = h\,g(x,\,y)\,,$$

$$k_1 = h\,g\left(x + \frac{h}{2},\,y + \frac{k_0}{2}\right)\,,$$

$$k_2 = h\,g\left(x + \frac{h}{2},\,y + \frac{k_1}{2}\right)\,,$$

$$k_3 = h\,g(x + h,\,y + k_2)\,.$$

Klassisches Runge-Kutta-Verfahren

Das klassische Runge-Kutta-Verfahren ist ein Einschrittverfahren mit der Verfahrensfunktion:

$$\Phi(x,\,y,\,h) = \frac{1}{6}\,(k_0 + 2\,k_1 + 2\,k_2 + k_3)$$

und dem lokalen Verfahrensfehler der Ordnung $O(h^5)$.

Beschaffen wir uns eine numerische Lösung y_i^h des Anfangswertproblems $y' = g(x,\,y)$, $y(x_0) = y_0$, auf dem Gitter $x_i = x_0 + hi$, so gehen wir folgendermaßen vor:

$$k_0^{(i)} = h\,g\left(x_i,\,y_i^h\right)\,,$$

$$k_1^{(i)} = h\,g\left(x_i + \frac{h}{2},\,y_i^h + \frac{k_0^{(i)}}{2}\right)\,,$$

$$k_2^{(i)} = h\,g\left(x_i + \frac{h}{2},\,y_i^h + \frac{k_1^{(i)}}{2}\right)\,,$$

$$k_3^{(i)} = h\,g\left(x_i + h,\,y_i^h + k_2^{(i)}\right)\,,$$

$$y_{i+1}^h = y_i^h + \frac{1}{6}\left(k_0^{(i)} + 2\,k_1^{(i)} + 2\,k_2^{(i)} + k_3^{(i)}\right)\,.$$

Bei jedem Rechenschritt müssen vier Funktionswerte von g berechnet werden.

Beispiel 10.6

Gegeben ist das Anfangswertproblem

$$y' = -\cos(x)\,y + e^{-\sin(x)}\,, \quad y(0) = 1\,,$$

mit der exakten Lösung

$$y(x) = (x + 1)\, e^{-\sin(x)}\,.$$

Zur numerischen Lösung mit Hilfe des klassischen Runge-Kutta-Verfahrens benutzen wir das *Mathematica*-Programm:

```
g[x_,y_]:= -y Cos[x] + Exp[-Sin[x]];
exloes[x_]:= (x + 1)*Exp[-Sin[x]];
h = 0.05; y1 = {1}; xi = {0}; ix = 50; xn = 0;
Khopt = 0.10;
Do[ y0 = y1[[i]]; c0i = h*g[xn, y0];
c1i = h*g[xn + h/2, y0 + c0i/2];
c2i = h*g[xn + h/2, y0 + c1i/2]; xn = xn+h;
c3i = h*g[xn, y0 + c2i];
yn = N[y0 + (c0i + 2*(c1i + c2i) + c3i)/6];
y0 = yn; AppendTo[y1, y0]; AppendTo[xi,xn];
Kh = 2*N[Abs[(c1i-c2i)/(c0i-c1i)]];
If[Kh > Khopt, h = h*Khopt/Kh], {i,ix}];
gr1 = Plot[exloes[x], {x, xi[[1]],xi[[ix+1]]},
        DisplayFunction -> Identity];
lc = MapThread[List, {xi, y1}];
gr2 = ListPlot[lc,
        PlotStyle -> {PointSize[0.02]},
        DisplayFunction -> Identity];
Show[gr1,gr2,DisplayFunction->$DisplayFunction];
```

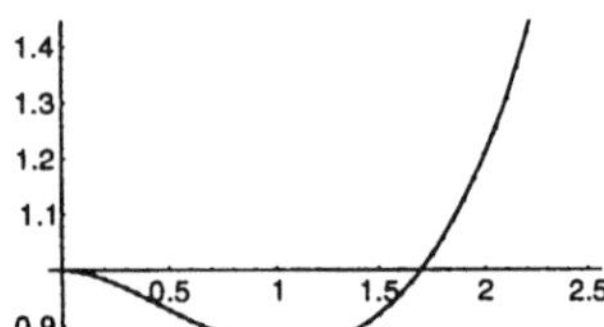

Die exakte Lösung
$y(x) = (x + 1)e^{-\sin(x)}$ von
$y' = -\cos(x)y + e^{-\sin(x)}$,
$y(0) = 1$ und die numerische
Lösung nach dem klassischen
Runge-Kutta-Verfahren

Beispiel 10.7

Wir betrachten erneut die Differentialgleichung $y' = y^2$ aus Beispiel 10.1 mit den Anfangsbedingungen $y(0) = 1$ und $y(0) = -1$ und vergleichen das klassische Runge-Kutta-Verfahren mit dem Euler-Cauchy-Verfahren. Die exakten Lösungen lauten:

$$y(x) = \frac{1}{1-x} \quad \text{und} \quad y(x) = \frac{1}{-1-x}\,.$$

Die numerischen Berechnungen werden mit folgendem Programm ausgeführt:

```
g[y_]:= y^2;
exloes[x_]:= 1/(1-x);
h = 0.1; y1i = {};AppendTo[y1i,1]; y2i = y1i; n = 3;
Do[ y0 = y1i[[i]]; y1 = y0 + h*g[y0];
        y0 = y1; AppendTo[y1i, y1],{i, n}];
Print["Euler-Loesung = ", y1i];
y0 = 1;
Do[c0i = h*g[y0]; c1i = h*g[y0+c0i/2];
c2i = h*g[y0 + c1i/2]; c3i = h*g[y0 + c2i];
y1 = y0 + (c0i + 2*(c1i+c2i) + c3i)/6;
y0 = y1; AppendTo[y2i, y0], {i, n}];
Print["RK-Loesung = ", y2i];
err1 = y1i; err2 = y2i;
Do[ err1[[i]] = y1i[[i]] - exloes[(i-1)*h];
        err2[[i]] = y2i[[i]] - exloes[(i-1)*h], {i, n+1}];
Print["Fehler des Euler-Cauchy-Verfahrens = ", err1];
Print["Fehler des Runge-Kutta-Verfahrens =  ", err2];
```

```
Euler-Loesung = {1, 1.1, 1.221, 1.37008}
RK-Loesung = {1, 1.11111  1.25, 1.42857}
```

```
Fehler des Euler-Cauchy-Verfahrens =
 {0, -0.0111111, -0.029, -0.0584873}
```

Fehler des Runge-Kutta-Verfahrens =

$$\{0,\ -6.21059\ 10^{-7},\ -2.00795\ 10^{-6},\ -5.24227\ 10^{-6}\}$$

Mit demselben Programm erhalten wir:

```
exloes[x_]:= 1/(-1-x);
h = 0.1; yli = {};AppendTo[yli,-1]; y2i = yli; n = 3;
y0 = -1;
```

```
Euler-Loesung = {-1, -0.9, -0.819, -0.751924}
RK-Loesung = {-1, -0.909091, -0.833334, -0.769231}
```

```
Fehler des Euler-Cauchy-Verfahrens =
 {0, 0.00909091, 0.0143333, 0.0173069}
```

Fehler des Runge-Kutta-Verfahrens =

$$\{0,\ -2.77241\ 10^{-7},\ -3.9551\ 10^{-7},\ -4.36523\ 10^{-7}\}$$

Bemerkung 10.3 Einschrittverfahren $\Phi(x, y, h)$ zur Lösung von $y' = g(x, y)$, $y(x_0) = y_0$, lassen sich unmittelbar auf Systeme übertragen. Zur Lösung des Anfangswertproblems

$$y_k = g^k(x, y_1, \dots, y_n), \quad y_k(x_0) = y_{0,k},$$

$k = 1, \dots, n$ wird eine Näherungslösung $y^h_{i,k}$ auf dem Gitter x_i durch:

$$y^h_{i+1,k} = y^h_{i,k} + h\,\Phi^k(x_i, y^h_{i,1}, \dots, y^h_{i,n}, h), \quad y^h_{0,k} = y_{0,k}$$

$k = 1, \dots, n$ berechnet.

Beispielsweise bekommen wir das *Heun-Verfahren für Systeme*:

$$y^h_{i+1,l} = y^h_{i,l} + \frac{1}{2}\left(k^{(i)}_{l,0} + k^{(i)}_{l,1}\right),$$

$$k^{(i)}_{l,0} = h\,g^l(x_i, y^h_{i,1}, \dots, y^h_{i,n}),$$

$$k^{(i)}_{l,1} = h\,g^l(x_i + h, y^h_{1i} + k^{(i)}_{01}, \dots, y^h_{ni} + k^{(i)}_{0n}),$$

$$l = 1, \dots, n.$$

Heun-Verfahren für Systeme

10.3 Adams-Verfahren

Bei einem Einschrittverfahren wird der Wert y_{i+1}^h der Näherungslösung im Gitterpunkt x_{i+1} auf der Basis der Näherungslösung y_i^h in x_i ermittelt. Dabei können wie bei den Runge-Kutta-Verfahren höherer Ordnung komplizierte Zwischenschritte erforderlich sein. Bezieht man nun die Werte $y_{j-s}^h, \ldots, y_{j+q}^h$ in die Berechnung des Näherungswertes y_j^h ein, so kommt man zu einem *Mehrschrittverfahren*. Die *Adams-Verfahren* sind Mehrschrittverfahren der Gestalt:

Mehrschrittverfahren

Adams-Verfahren

$$y_{j+1}^h = y_j^h + h \sum_{i=-s}^{q} A_j\, g(x_{j-i}, y_{j-i}^h)\,.$$

Ist $s = 0$, so heißt das Adams-Verfahren *explizit*. Der neue Wert y_{j+1}^h kann explizit errechnet werden auf der Basis der bekannten Werte $y_{j-q}^h, \ldots, y_j^h$. Ist jedoch beispielsweise $s = -1$ und $A_{-1} \neq 0$, so benötigen wir den Funktionswert $g(x_{j+1}, y_{j+1}^h)$ für die Berechnung von y_{j+1}^h. Der Wert y_{j+1}^h kann nur implizit gefunden werden, und wir sprechen von *impliziten Adams-Verfahren*. Das implizite Euler-Cauchy-Verfahren ist ein Beispiel für ein solches Verfahren.

Explizites Adams-Verfahren

Implizites Adams-Verfahren

Wir wenden uns nun der Konstruktion expliziter Adams-Verfahren zu:

$$y_{j+1}^h = y_j^h + h \sum_{i=0}^{q} A_i\, g(x_{j-i}, y_{j-i}^h)$$

zur Lösung des Anfangswertproblems $y' = g(x, y)$, $y(x_0) = x_0$ zu. Wir gehen wieder von der Beziehung

$$y(x + h) = y(x) + \int_{x}^{x+h} g(t, y(t))\, dt$$

aus und erhalten durch die Substitution $t = x + \alpha h$:

$$y(x + h) - y(x) = h \int_{0}^{1} g(x + \alpha h, y(x + \alpha h))\, d\alpha\,.$$

Mit der Abkürzung

$$z_j(\alpha) = g(x_j + \alpha h, y(x_j + \alpha h))$$

bekommen wir schließlich:

$$y(x_j + h) - y(x_j) = h \int_{0}^{1} z_j(\alpha)\, d\alpha\,.$$

Das Integral auf der rechten Seite wird durch eine Quadraturformel

$$\int_0^1 z(\alpha)\,d\alpha \approx \sum_{i=0}^{q} A_i\, z_j(-i)$$

ausgewertet, die für Polynome bis zum Grad q exakt sein soll. Analog zur Berechnung der Gewichte einer Interpolationsquadraturformel in Bemerkung 9.2 lassen sich die Koeffizienten A_i eindeutig aus dem Gleichungssystem

$$\sum_{i=0}^{q} A_i = 1, \quad \sum_{i=0}^{q} A_i(-i)^j = \frac{1}{j+1}, \quad j = 1, \dots, q$$

bestimmen.

Beispiel 10.8

Wir bestimmen die Koeffizienten der expliziten Adams-Verfahren für $q = 0, 1, 2, 3, 4$.

Für $q = 0$ erhalten wir das bekannte (explizite) Euler-Cauchy-Verfahren:

$$y_{j+1}^h = y_j^h + h\, g(x_j, y_j^h)\,.$$

Nehmen wir nun $q = 1$. Die Koeffizienten A_0 und A_1 ergeben sich aus:

$$A_0 + A_1 = 1, \quad -A_1 = \frac{1}{2},$$

und lauten:

$$A_0 = \frac{3}{2}, \quad A_1 = -\frac{1}{2}\,.$$

Das Adams-Verfahren nimmt dann die folgende Gestalt an:

$$y_{j+1}^h = y_j^h + \frac{h}{2}\left(3\, g(x_j, y_j^h) - g(x_{j-1}, y_{j-1}^h)\right)\,.$$

Im Falle $q = 2$ haben wir:

$$A_0 + A_1 + A_2 = 1, \quad -A_1 - 2A_2 = \frac{1}{2}, \quad A_1 + 4A_2 = \frac{1}{3}\,.$$

Die Auflösung ergibt:

$$A_0 = \frac{23}{12}, \quad A_1 = -\frac{4}{3}, \quad A_2 = \frac{5}{12},$$

und man bekommt das folgende Adams-Verfahren:

$$y_{j+1}^h = y_j^h + \frac{h}{12}\left(23\, g(x_j, y_j^h) - 16\, g(x_{j-1}, y_{j-1}^h) + 5\, g(x_{j-2}, y_{j-2}^h)\right)\,.$$

In der Praxis wird der Fall Fall $q = 3$ am meisten verwendet. Die Gleichungen:

$$A_0 + A_1 + A_2 + A_3 = 1, \quad -A_1 - 2A_2 - 3A_3 = \frac{1}{2},$$

$$A_1 + 4A_2 + 9A_3 = \frac{1}{3}, \quad -A_1 - 8A_2 - 27A_3 = \frac{1}{4},$$

lösen wir mit *Mathematica* auf:

```
Solve[{A0+A1+A2+A3==1,
       -A1-2*A2-3*A3==1/2,
       A1+4*A2+9*A3==1/3,
       -A1-8*A2-27*A3==1/4}]


          55            59            37             3
{{A0  ->  --,  A1  ->  -(--),  A2  ->  --,  A3  ->  -(-)}}
          24            24            24             8
```

Dies ergibt das folgende Adams-Verfahren:

$$
y_{j+1}^h = y_j^h + \frac{h}{24}\left(55\,g(x_j, y_j^h) - 59\,g(x_{j-1}, y_{j-1}^h)\right.
$$
$$
\left. + 37\,g(x_{j-2}, y_{j-2}^h) - 9\,g(x_{j-3}, y_{j-3}^h)\right).
$$

Die Adams-Verfahren benötigen q Startwerte

$$
y_0^h, y_1^h, \ldots, y_{q-1}^h.
$$

Diese Werte müssen zuerst mit Hilfe eines anderen Verfahrens gefunden werden. Man kann dazu beispielsweise ein Runge-Kutta-
Verfahren q-ter Ordnung verwenden. Dadurch wird die Implementierung eines Adams-Verfahren etwas komplizierter als die eines
Einschrittverfahrens.

Die expliziten Adams-Verfahren haben jedoch folgenden Vorteil. Bei einem Adams-Schritt von x_i nach x_{i+1} muß nur ein
neuer Funktionswert $g(x_j, y_j^h)$ berechnet werden, während bei einem Runge-Kutta-Schritt q Funktionswerte zu berechnen sind. Das
Adams-Verfahren ist deshalb deutlich schneller als ein Runge-Kutta-
Verfahren.

Beispiel 10.9

Wir betrachten das Anfangswertproblem

$$
y' = x^2 y, \quad y(1) = 3,
$$

mit der exakten Lösung:

$$
y(x) = \frac{3^{\frac{1}{3}}}{e}\, e^{\frac{x^3}{3}}.
$$

Zur numerischen Behandlung verwenden wir das Adams-Verfahren mit $q =$
3 zusammen mit dem klassischen Runge-Kutta-Verfahren:

```
f[x_, y_]:= x^2*y;
fex[x_]:= 3*Exp[(x^3-1)/3];
xi = {1}; yi = {3}; h = 0.05;
(* --- Das Runge-Kutta-Verfahren 4. Ordnung --- *)
Do[xx = xi[[i]]; yy = yi[[i]]; c0i = h*f[xx,yy];
c1i = h*f[xx + h/2, yy+c0i/2];
c2i = h*f[xx + h/2, yy + c1i/2]; xn = xx + h;
```

```
c3i = h*f[xn,yy + c2i];
yneu = yy + (c0i + 2*(c1i+c2i) + c3i)/6;
AppendTo[yi, yneu]; AppendTo[xi, xn], {i, 3}];
(* --- Das Adams-Verfahren --- *)
i = 4; fi = {f[xi[[i]], yi[[i]] ], f[xi[[i-1]],
yi[[i-1]] ],
f[xi[[i-2]], yi[[i-2]] ], f[xi[[i-3]], yi[[i-3]] ]};
Do[yneu =
yi[[i]] + (h/24)*(55*fi[[1]]-59*fi[[2]]+37*fi[[3]]-
    9*fi[[4]]]);
AppendTo[yi,yneu]; xn = xi[[i]] + h; AppendTo[xi, xn];
fneu = f[xn, yneu]; PrependTo[fi,fneu], {i,4,20}];
Print["Numerische Loesung = ", yi];
extab = Table[N[ fex[ xi[[i]] ] ], {i,21}];
Print["Exakte Loesung = ", extab];
gr1 = Plot[fex[x], {x, xi[[1]], xi[[21]]},
          DisplayFunction -> Identity];
lc = MapThread[List, {xi,yi}];
gr2 = ListPlot[lc, PlotStyle -> {PointSize[0.03]},
               DisplayFunction -> Identity];
Show[gr1, gr2, DisplayFunction -> $DisplayFunction];
```

Dieses Programm liefert die folgenden Ergebnisse:

```
Numerische Loesung = {3, 3.16184, 3.34995, 3.56883,
    3.82386, 4.12175, 4.47068, 4.88075, 5.36449,
    5.93754, 6.61957, 7.43543, 8.41672, 9.6039,
    11.0491, 12.8201, 15.0053, 17.7213, 21.1227,
    25.4165, 30.8813}
Exakte Loesung = {3., 3.16184, 3.34995, 3.56883,
    3.82393, 4.12193, 4.471, 4.88126, 5.36526,
    5.93868, 6.62122, 7.43777, 8.42002, 9.60856,
    11.0557, 12.8294, 15.0184, 17.74, 21.1494,
    25.4548, 30.9368}
```

Auch die Mehrschrittverfahren lassen sich unmittelbar auf Systeme von Differentialgleichungen erster Ordnung übertragen. Beispielsweise kann man das Adams-Verfahren mit $q = 3$ aus Beispiel 10.8 wie folgt für Systeme schreiben:

$$
\begin{aligned}
y^h_{k,j+1} = y^h_{k,j} + \frac{h}{24} \big(&55\, g^k(x_j, y^h_{1j}, \ldots, y^h_{nj}) \\
&-59\, g^k(x_{j-1}, y^h_{1,j-1}, \ldots, y^h_{n,j-1}) \\
&+37\, g^k(x_{j-2}, y^h_{1,j-2}, \ldots, y^h_{n,j-2}) \\
&-9\, g^k(x_{j-3}, y^h_{1,j-3}, \ldots, y^h_{n,j-3}) \big), \\
&k = 1, 2, \ldots, n,\ j = 3, 4, \ldots.
\end{aligned}
$$

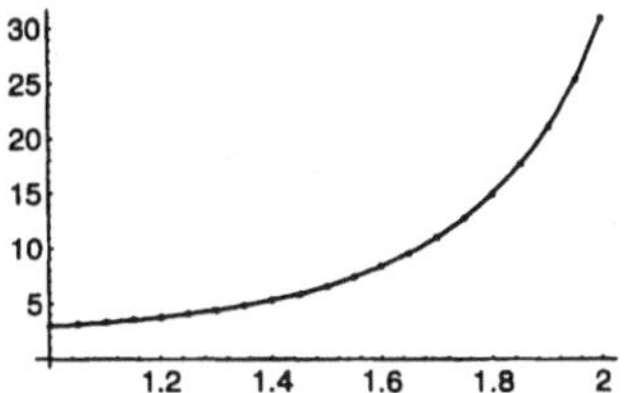

Die exakte Lösung
$y(x) = (3/e^{(1/3)})e^{x^3/3}$ von
$y' = x^2 y$, $y(1) = 3$ und die
numerische Lösung nach dem
Adams-Verfahren mit $q = 3$
zusammen mit dem klassischen
Runge-Kutta-Verfahren

Adams-Verfahren für Systeme

11 Numerische Lösung linearer Gleichungssysteme

11.1 Gauß-Elimination

Wir betrachten ein lineares, inhomogenes System mit n Gleichungen für n Unbekannte:

$$
\begin{aligned}
a_{11}\, x_1 + a_{12}\, x_2 + \cdots + a_{1n}\, x_n &= b_1 \\
a_{21}\, x_1 + a_{22}\, x_2 + \cdots + a_{2n}\, x_n &= b_2 \\
&\;\;\vdots \\
a_{n1}\, x_1 + a_{n2}\, x_2 + \cdots + a_{nn}\, x_n &= b_n
\end{aligned}
$$

mit Konstanten $a_{ij} \in \mathbb{R}$ und $b_i \in \mathbb{R}$ und Unbekannten x_j, $j = 1, \ldots , n$. Mit den Bezeichnungen:

$$
A = \begin{pmatrix}
a_{11} & a_{12} & \ldots & a_{1n} \\
a_{21} & a_{22} & \ldots & a_{2n} \\
\vdots & \vdots & \vdots & \vdots \\
a_{n1} & a_{n2} & \ldots & a_{nn}
\end{pmatrix},
$$

$$
x = \begin{pmatrix} x_1 \\ x_2 \\ \vdots \\ x_n \end{pmatrix}, \;
b = \begin{pmatrix} b_1 \\ b_2 \\ \vdots \\ b_n \end{pmatrix},
$$

lautet das System in Matrixschreibweise:

$$
A\, x = b .
$$

Beispiel 11.1
Das einfache System:

$$
\begin{aligned}
x_1 + 2x_2 &= 3 \\
4x_1 + 5x_2 &= 6
\end{aligned}
$$

kann leicht gelöst werden. Mit `LinearSolve` bekommt man: `LinearSolve`

```
A = {{1, 2}, {4, 5}}; b = {3, 6};
x = LinearSolve[A, b]; Print[x];
```

```
{-1, 2}
```

Man kann sofort nachprüfen, daß diese Lösung richtig ist.

Es gibt aber auch Systeme, für die `LinearSolve` falsche Ergebnisse berechnet. Sei

$$A = \left(\frac{1}{i + j - 1} \right)_{i,j=1,\dots,n} .$$

Mit Random erzeugen wir eine beliebige rechte Seite b und lösen das   `Random`
System $Ax = b$ bei $n = 15$:

```
A = N[Table[1/(i+j-1), {i,15}, {j,15}]];
b = Table[Random[], {15}];
x = LinearSolve[A, b]; Fehler = A . x - b; Print[Fehler];
```

Mathematica gibt die folgende Warnung aus:

```
LinearSolve::luc:
   Warning: Result for LinearSolve of badly conditioned matrix
   {<<15>>} may contain significant numerical errors.
```

Der Differenzvektor $Ax - b$ ist offensichtlich vom Nullvektor verschieden:

```
{-0.0000694634, -0.0235715, -0.10428, -0.134556, 0.462418,
0.104955, -0.104838, -0.614841, 0.0879729, -0.273492,
0.312036, -0.180927, -0.175387, 0.143774, 0.305338}
```

so daß die Lösung falsch ist.

Wir schildern nun kurz das *Gaußsche Eliminationsverfahren* zur   **Gaußsches**
Lösung des Systems $Ax = b$. Dabei wird das System in ein gestaf-   **Eliminationsverfahren**
feltes System mit einer oberen Dreiecksmatrix überführt, und man
kann dann die Unbekannten von der letzten Zeile ausgehend auf
einfachem Wege ausrechnen. Wir setzen $\det(A) \neq 0$ voraus und
werden im Verlauf des Eliminationsprozesses weitere vereinfachen-
de Annahmen machen.

Die Ausgangsform des Systems bezeichnen wir nun mit:

$$A^{(0)}x = b^{(0)} .$$

Wir nehmen an, daß $a_{11}^{(0)} \neq 0$ ist, und überführen das System in die
neue Form

$$A^{(1)}x = b^{(1)} .$$

Die Lösung wird dabei nicht verändert, aber die Matrix $A^{(1)}$ enthält
in der ersten Spalte unterhalb der Hauptdiagonalen lauter Nullen:

$$A^{(1)} = \begin{pmatrix} a_{11}^{(0)} & a_{12}^{(0)} & \dots & a_{1n}^{(0)} \\ 0 & a_{22}^{(1)} & \dots & a_{2n}^{(1)} \\ \dots & \dots & \dots & \dots \\ 0 & a_{n2}^{(1)} & \dots & a_{nn}^{(1)} \end{pmatrix}, \quad b^{(1)} = \begin{pmatrix} b_1^{(0)} \\ b_2^{(1)} \\ \vdots \\ b_n^{(1)} \end{pmatrix},$$

mit

$$
a_{ik}^{(1)} = \begin{cases} 0 & \text{für } k = 1, \ i = 2, \ldots, n, \\[2ex] a_{ik}^{(0)} - a_{1k}^{(0)} \dfrac{a_{i1}^{(0)}}{a_{11}^{(0)}} & \text{sonst,} \end{cases}
$$

$$
b_i^{(1)} = b_i^{(0)} - b_i^{(0)} \frac{a_{i1}^{(0)}}{a_{11}^{(0)}}, \quad i = 2, \ldots, n.
$$

Haben wir nach i Schritten die lösungsäquivalente Form

$$
A^{(i)}x = b^{(i)}
$$

mit:

$$
A^{(i)} = \begin{pmatrix}
a_{11}^{(0)} & a_{12}^{(0)} & \cdots & a_{1i}^{(0)} & a_{1,i+1}^{(0)} & \cdots & a_{1n}^{(0)} \\
0 & a_{22}^{(1)} & \cdots & a_{2i}^{(1)} & a_{2,i+1}^{(1)} & \cdots & a_{2n}^{(1)} \\
\cdots & \cdots & \cdots & \cdots & \cdots & \cdots & \cdots \\
0 & 0 & \cdots & a_{ii}^{(i)} & a_{i,i+1}^{(i)} & \cdots & a_{in}^{(i)} \\
\cdots & \cdots & \cdots & 0 & a_{i+1,i+1}^{(i)} & \cdots & a_{i+1,n}^{(i)} \\
\cdots & \cdots & \cdots & \cdots & \cdots & \cdots & \cdots \\
0 & 0 & \cdots & 0 & a_{n,i+1}^{(i)} & \cdots & a_{nn}^{(i)}
\end{pmatrix}
$$

erreicht, dann bearbeiten wir im $(i+1)$-ten Schritt die Zeilen mit den Indizes $k = i+2, \ldots, n$ und sorgen dafür, daß unterhalb des Elements $a_{i+1,i+1}$ lauter Nullen stehen. Dabei nehmen wir $a_{i+1,i+1} \neq 0$ an und gehen völlig analog zum ersten Schritt vor. Nach $n-1$ Schritten gelangen wir dann bei folgender Gestalt an:

$$
\begin{aligned}
a_{11}^{(0)}x_1 + a_{12}^{(0)}x_2 + \ldots + a_{1n}^{(0)}x_n &= b_1^{(0)}, \\
a_{22}^{(1)}x_2 + \ldots + a_{2n}^{(1)}x_n &= b_2^{(1)}, \\
&\vdots \\
a_{nn}^{(n-1)}x_n &= b_n^{(n-1)}.
\end{aligned}
$$

Die Lösung kann nun leicht durch Rückwärtseinsetzen:

$$x_n = \frac{b_n^{(n-1)}}{a_{nn}^{(n-1)}},$$

$$x_j = \frac{a_j^{(j-1)}}{a_{jj}^{(j-1)}} - \sum_{k=j+1}^{n} \frac{a_{jk}^{(j-1)}}{a_{jj}^{(j-1)}} x_k,$$

$$j = n-1, n-2, \dots, 1,$$

berechnet werden. In der angegebenen Form läßt sich das Gaußsche Eliminationsverfahren genau dann realisieren, wenn $a_{ii}^{(i-1)} \neq 0$ für alle $i = 1, 2, \dots, n-1$ ist. Offenbar gilt zusätzlich:

$$\det(A) = a_{11}^{(0)} \, a_{22}^{(1)} \cdots a_{nn}^{(n-1)}.$$

Trifft man im i-ten Rechenschritt aber auf das Diagonalelement $a_{ii}^{(i-1)} = 0$, so kann man durch Vertauschen von Zeilen mit den Indizes $i, \dots, n$ (ohne die Lösung zu verändern), ein von Null verschiedenes Matrixelement an die Stelle (i, i) schaffen. Andernfalls wäre $\det(A) = 0$. Die Suche nach einem solchen von Null verschiedenen Element heißt Pivotsuche und das gesuchte Element *Pivotelement*. **Pivotelement** (Man kann bei der Pivotsuche natürlich auch Spalten mit den Indizes $i, \dots, n$ vertauschen).

Bei der *Spaltenpivotsuche* sucht man aus den Elementen $a_{j,i}^{(i-1)}$, **Spaltenpivotsuche** $j = i, \dots, n$ ein dem Betrage nach größtes Element als neues Diagonalelement heraus. Führt man das Eliminationsverfahren mit Spaltenpivotsuche durch, so gilt:

$$\det(A) = (-1)^k \, a_{11}^{(0)} \, a_{22}^{(1)} \cdots a_{nn}^{(n-1)},$$

wobei k die Anzahl der Zeilenvertauschungen ist.

Bei der *Zeilenpivotsuche* sucht man aus den Elementen $a_{i,k}^{(i-1)}$, **Zeilenpivotsuche** $k = i, \dots, n$ ein dem Betrage nach größtes Element als neues Diagonalelement heraus.

Bei der totalen Pivotsuche sucht man schließlich aus den Elementen $a_{jk}^{(i)}$, $j, k \geq i+1$ ein dem Betrage nach größtes Element heraus.

Beispiel 11.2

Wir betrachten das System $Ax = b$ mit

$$A = \begin{pmatrix} 1 & -2 & 3 & 4 \\ 4 & 5 & 6 & 7 \\ 7 & -8 & 9 & 1 \\ 1 & 2 & 3 & 4 \end{pmatrix}, \quad b = \begin{pmatrix} 3 \\ 6 \\ 1 \\ 2 \end{pmatrix}.$$

Das folgende *Mathematica*-Programm implementiert das Gaußsche Eliminationsverfahren mit Spaltenpivotsuche:

```
pivot[a_List, n_Integer, i_Integer]:=
( elem = 0;
Do[z = Abs[a[[j,i]]]; If[z>elem, elem = z; j0=j],
{j, i, n}]; j0 );

vertauschung[M_List,i_Integer,j_Integer]:=
Module[{vz1,vz2,Mz}, vz1 = M[[i]]; vz2 = M[[j]];
    Mz = ReplacePart[M,vz2,i]; ReplacePart[Mz,vz1,j]]

(* --- Vorwaerts-Elimination --- *)
A = {{1, -2, 3,4}, {4, 5, 6,7}, {7, -8, 9,1},{1,2,3,4}};
b = {3, 6, 1,2}; A0 = A; b0 = b;
n = Length[A]; Print["n = ", n]; x = b;
Do[ k = pivot[A, n, i]; If[i!= k, A = vertauschung[A,i,k];
b = vertauschung[b,i,k]];
Do[ u = -A[[k,i]]/A[[i,i]]; b[[k]]= b[[k]]+ u*b[[i]];
Do[A[[k,j]] = A[[k,j]] + u*A[[i,j]],{j,1,n}],
            {k,i+1,n}],{i,n-1}];
Print[MatrixForm[A]]; Print["b = ", b];
(* --- Ruecksubstitution --- *)
x[[n]] = b[[n]]/A[[n,n]];
Do[j = n-i; s1 = Sum[(A[[j,k]]/A[[j,j]])*x[[k]],
                {k, j+1,n}];
x[[j]]= b[[j]]/A[[j,j]]-s1, {i,n-1}];
Print["Loesung = ", x];
x = LinearSolve[A0, b0]; Print[x];
```

Wir erhalten folgende Systemmatrix in Dreiecksgestalt und die neue rechte
Seite:

$$\begin{pmatrix} 7 & -8 & 9 & 1 \\[1em] 0 & \dfrac{67}{7} & \dfrac{6}{7} & \dfrac{45}{7} \\[1em] 0 & 0 & \dfrac{120}{67} & \dfrac{297}{67} \\[1em] 0 & 0 & 0 & -\left(\dfrac{9}{5}\right) \end{pmatrix}$$

$$b = \left\{1,\ \dfrac{38}{7},\ \dfrac{224}{67},\ -\left(\dfrac{13}{5}\right)\right\}$$

Schließlich liefert das Programm den Lösungsvektor x:

$$\text{Loesung} = \left\{\dfrac{133}{72},\ -\left(\dfrac{1}{4}\right),\ -\left(\dfrac{41}{24}\right),\ \dfrac{13}{9}\right\}$$

Wir vergleichen mit der Lösung von `LinearSolve`:

$$\left\{ \frac{133}{72}, \ -\left(\frac{1}{4}\right), \ -\left(\frac{41}{24}\right), \ \frac{13}{9} \right\}$$

und erhalten in Übereinstimmung den Lösungsvektor:

$$x = \begin{pmatrix} \dfrac{133}{72} \\[2ex] -\dfrac{1}{4} \\[2ex] -\dfrac{41}{24} \\[2ex] \dfrac{13}{9} \end{pmatrix}.$$

Der Gaußsche Algorithmus benötigt etwa $n^3/3$ Multiplikationen. Bei speziellen Matrizen kann sich der Rechenaufwand erheblich verringern. Betrachten wir beispielsweise ein System

$$A\,x = b$$

mit einer *Tridiagonalmatrix* A:

$$\begin{pmatrix} a_{11} & a_{12} & 0 & 0 & 0 & \cdots & 0 \\ a_{21} & a_{22} & a_{23} & 0 & 0 & \cdots & 0 \\ 0 & a_{32} & a_{33} & a_{34} & 0 & \cdots & 0 \\ \cdots & \cdots & \cdots & \cdots & \cdots & \cdots & \cdots \\ 0 & 0 & \cdots & 0 & a_{n-1,n-2} & a_{n-1,n-1} & a_{n-1,n} \\ 0 & 0 & \cdots & 0 & 0 & a_{n,n-1} & a_{nn} \end{pmatrix}.$$

Tridiagonalmatrix

Die Matrix A sei außerdem *streng diagonal-dominant*, (vgl. Abschnitt 7.7), d.h.:

$$\begin{aligned} |a_{11}| &> |a_{12}|, \\ |a_{jj}| &> |a_{j,j-1}| + |a_{j,j+1}|, \quad j = 2, \ldots, n-1, \\ |a_{n,n}| &> |a_{n,n-1}|. \end{aligned}$$

Streng diagonal-dominante Matrix

Diese Eigenschaft zieht die Invertierbarkeit nach sich. Wir lösen das System durch Gauß-Elimination und nehmen an, daß wir ohne Pivotisierung auskommen. Sei also $a_{11} \neq 0$. Dann können wir die erste Gleichung des Systems in der Form

$$x_1 = c_1\, x_2 + d_1$$

mit

$$c_1 = -\frac{a_{12}}{a_{11}}, \quad d_1 = \frac{b_1}{a_{11}}$$

schreiben. Die zweite Gleichung des Systems nimmt dann die Gestalt

$$a_{21}\,(c_1\, x_2 + d_1) + a_{22}\, x_2 + a_{23}\, x_3 = b_2\,,$$

bzw.

$$x_2 = c_2\, x_3 + d_2$$

mit

$$c_2 = \frac{-a_{23}}{a_{21}\, c_1 + a_{22}}, \quad d_2 = \frac{b_2 - a_{21}\, d_1}{a_{21}\, c_1 + a_{22}}$$

an. Damit haben wir x_1 aus der zweiten Gleichung des Systems eliminiert. Setzen wir:

$$x_{j-1} = c_{j-1}\, x_j + d_{j-1}$$

in die j-te Gleichung:

$$a_{j,j-1}\, x_{j-1} + a_{jj}\, x_j + a_{j,j+1}\, x_{j+1} = b_j$$

ein, so ergibt sich die Rekursionsformel:

$$
\begin{aligned}
c_j &= \frac{-a_{j,j+1}}{a_{j,j-1}\, c_{j-1} + a_{jj}}, \\
d_j &= \frac{b_j - a_{j,j-1}\, c_{j-1}}{a_{j,j-1}\, c_{j-1} + a_{jj}}, \quad j = 1, 2, \ldots, n-1,
\end{aligned}
$$

für die Koeffizienten c_j und d_j. Betrachtet man die Beziehung:

$$x_{n-1} = c_{n-1}\, x_n + d_{n-1}$$

zusammen mit der letzten Gleichung des Systems:

$$a_{n,n-1}\, x_{n-1} + a_{n,n}\, x_n = b_n\,,$$

so bekommt man durch Auflösen:

$$x_n = \frac{b_n - a_{n,n-1}\, d_{n-1}}{a_{n,n-1}\, c_{n-1} + a_{n,n}}\,.$$

Die anderen Unbekannten x_j für $j = n-1, n-2, \ldots, 1$ berechnet man rekursiv:

$$x_j = c_j\, x_{j+1} + d_j, \quad j = n-1, n-2, \ldots, 1.$$

Die Anzahl der Punktoperationen beträgt $5n - 4$ bei diesem Verfahren.

11.2 Das Cholesky-Verfahren

In diesem Abschnitt betrachten wir (reelle) symmetrische Matrizen: $A = A^T$ und stellen zunächst einige Eigenschaften zusammen. Symmetrische Matrizen besitzen lauter reelle Eigenwerte und sind diagonalähnlich. Weiter besitze A die Eigenschaft der positiven Definitheit, d.h. es gilt $x^T A x > 0$ für alle Spaltenvektoren $x \in \mathbb{R}^n$, $x \neq 0$. Eine symmetrische Matrix A ist genau dann positiv definit, wenn alle Eigenwerte positiv sind. Hieraus folgt insbesondere, daß die Determinante positiv ist. Außerdem ist eine symmetrische, positiv definite Matrix invertierbar. Ein notwendiges und hinreichendes Kriterium für die positive Definitheit der Matrix $A = (a_{ij})_{j,k=1,\dots,n}$ stellt das *Hurwitz-Kriterium* dar:

Die Matrix A ist genau dann positiv, wenn sämtliche Hauptdeterminanten von A

$$\det \begin{pmatrix} a_{11} & a_{1,2} & \cdots & a_{1,l} \\ \vdots & \vdots & \vdots & \vdots \\ a_{l,1} & a_{l,2} & \cdots & a_{l,l} \end{pmatrix}$$

Hurwitz-Kriterium

$(l = 1, \dots, n)$ positiv sind.

Eine symmetrische, positiv definite Matrix kann auf folgende Weise in eine untere und eine obere Dreiecksmatrix zerlegt werden:

Satz 11.1 *Die Matrix A sei symmetrisch und positiv definit. Dann existiert eindeutig eine reelle, nichtsinguläre untere Dreiecksmatrix V mit positiven Diagonalelementen, so daß gilt:*

Cholesky-Zerlegung

$$A = V V^T.$$

Beweis: Die Behauptung ist richtig für 1×1-Matrizen. Wir nehmen an, daß sie auch für $n \times n$-Matrizen richtig ist, und führen den Induktionsschluß wie folgt durch. Wir schreiben eine symmetrische $(n + 1) \times (n + 1)$-Matrix A in der Form:

$$A = \begin{pmatrix} \tilde{A} & a \\ a^T & a_{n+1,n+1} \end{pmatrix},$$

wobei $\tilde{A}$ eine symmetrische, positiv definite $n \times n$-Matrix ist und $a \in \mathbb{R}^n$ ein Spaltenvektor. Nach Voraussetzung kann zunächst $\tilde{A}$ mit einer reellen, nichtsingulären unteren Dreiecksmatrix $\tilde{V}$ zerlegt werden $\tilde{A} = \tilde{V} \tilde{V}^T$. Nun läßt sich auch A gemäß:

$$A = \begin{pmatrix} \tilde{V}\,\tilde{V}^T & a \\ a^T & a_{n+1,n+1} \end{pmatrix}$$

$$= \begin{pmatrix} \tilde{V} & 0 \\ v^T & v_{n+1,n+1} \end{pmatrix} \begin{pmatrix} \tilde{V}^T & v \\ 0 & v_{n+1,n+1} \end{pmatrix}$$

zerlegen. Dabei muß der Spaltenvektor $v \in \mathbb{R}^n$ die Gestalt $v = \tilde{V}^{-1}a$ annehmen und $v_{n+1,n+1} \in \mathbb{C}$ die Bedingung:

$$v_{n+1,n+1}^2 = a_{n+1,n+1} - v^T v$$

erfüllen, denn durch Ausmultiplizieren bekommt man:

$$\begin{pmatrix} \tilde{V} & 0 \\ v^T & v_{n+1,n+1} \end{pmatrix} \begin{pmatrix} \tilde{V}^T & v \\ 0 & v_{n+1,n+1} \end{pmatrix}$$
$$= \begin{pmatrix} \tilde{V}\,\tilde{V}^T & \tilde{V}\,v \\ (\tilde{V}\,v)^T & v^T v + v_{n+1,n+1}^2 \end{pmatrix}.$$

Wegen $\det(A) = (\det(\tilde{V}))^2 v_{n+1,n+1}^2$ ist aber $v_{n+1,n+1}^2$ eine positive reelle Zahl und damit auch $v_{n+1,n+1} \in \mathbb{R}$. Wir können also $v_{n+1,n+1} > 0$ wählen und haben die Behauptung bewiesen. $\qquad\square$

Mit der Bezeichnung:

$$V = \begin{pmatrix} v_{11} & 0 & 0 & 0 & \ldots & 0 \\ v_{21} & v_{22} & 0 & 0 & \ldots & 0 \\ v_{31} & v_{32} & v_{33} & 0 & \ldots & 0 \\ \vdots & \vdots & \vdots & \vdots & \vdots & \vdots \\ v_{n1} & v_{n2} & \ldots & \ldots & \ldots & v_{nn} \end{pmatrix}$$

nimmt die Cholesky-Zerlegung $A = V V^T$ die Gestalt an:

$$\sum_{k=1}^{\min\{i,j\}} v_{ik}\,v_{jk} = a_{ij}, \quad i,j = 1,\ldots,n.$$

Daraus ergibt sich der *Cholesky-Algorithmus* zur Herstellung von V:

Cholesky-Algorithmus

$$v_{ij} = \frac{a_{ij} - \sum_{k=1}^{j-1} v_{ik}\,v_{jk}}{v_{jj}},$$
$$i = 1,\ldots,n,\, j = 1,\ldots,i-1,$$

$$v_{ii} = \sqrt{a_{ii} - \sum_{k=1}^{i-1} v_{ik}^2}, \quad i = 1,\ldots,n,$$

wobei $\sum_{k=1}^{j-1} v_{ik}v_{jk} = 0$ bei $j = 1$ sein soll. Die Elemente von V werden zeilenweise berechnet. Wir geben die ersten beiden Zeilen an. Die erste Zeile $i = 1$ ergibt sich mit:

$$v_{11} = \sqrt{a_{11}}\,.$$

Die zweite Zeile $i = 2$ ergibt sich mit:

$$v_{21} = \frac{a_{21}}{\sqrt{a_{11}}}$$

und

$$v_{22} = \sqrt{a_{22} - v_{21}^2} = \sqrt{a_{22} - \frac{a_{21}^2}{a_{11}}}\,.$$

Beispiel 11.3

Gegeben sei die symmetrische Matrix:

$$A = \begin{pmatrix} 2 & 0 & -1 \\ 0 & 2 & -1 \\ -1 & -1 & 2 \end{pmatrix}.$$

Da alle drei Hauptdeterminanten

$$|2| = 2, \quad \begin{vmatrix} 2 & 0 \\ 0 & 2 \end{vmatrix} = 4, \quad det\,(A) = 4,$$

positiv sind, ist A positiv definit.

Wir berechnen die Cholesky-Zerlegung von A und benutzen das folgende *Mathematica*-Programm:

```
a = {{2,0, -1}, {0,2,-1}, {-1,-1,2}};
y = b; n = Length[a];
v = a;
Do[ Do[ v[[i,j]] = 0, {i,n}], {j,n}];
Do[ v[[i,i]]= Sqrt[a[[i,i]]- Sum[v[[i,k]]^2, {k,i-1}]];
Do[ v[[j,i]]= (a[[j,i]]-Sum[v[[j,k]]*v[[i,k]], {k,i-1}])/
              v[[i,i]], {j,i+1,n}], {i,n}];
Print[MatrixForm[v]];

Sqrt[2]          0                 0



0                Sqrt[2]           0

       1                1
- (-------)     - (-------)
  Sqrt[2]         Sqrt[2]     1
```

Das Programm liefert also folgende Matrix V für die Zerlegung $A = VV^T$:

$$A = \begin{pmatrix} \sqrt{2} & 0 & 0 \\ 0 & \sqrt{2} & 0 \\ -\frac{1}{\sqrt{2}} & -\frac{1}{\sqrt{2}} & 1 \end{pmatrix}.$$

Mit `LinearAlgebra'Cholesky'` und `CholeskyDecomposition` berechnet *Mathematica* direkt die Cholesky-Zerlegung:

`LinearAlgebra'Cholesky'`
`CholeskyDecomposition`

```
<<LinearAlgebra'Cholesky'
A={{2,0,-1},{0,2,-1},{-1,-1,2}};
CholeskyDecomposition[A]//MatrixForm
```

```
                                         1
                                    -(-------)
    Sqrt[2]          0                 Sqrt[2]


                                         1
                                    -(-------)
    0               Sqrt[2]            Sqrt[2]



    0                0                  1
```

Wir erhalten V^T und $A = (V^T)^T \, V^T$.

Besitzt das Gleichungssystem $Ax = b$ nun eine Systemmatrix A, die symmetrisch und positiv definit ist, dann kann die Lösung des Systems $Ax = b$ mit Hilfe der Cholesky-Zerlegung von A auf zwei Systeme mit Dreiecksform reduziert werden. Führen wir die Hilfssysteme:

$$V\,y = b, \quad V^T x = y,$$

ein, so bekommen wir:

$$A\,x = V\,V^T x = V\,y = b.$$

Das System $Ax = b$ kann somit nach dem *Cholesky-Verfahren* gelöst werden:

Cholesky-Verfahren

$$y_i = \frac{b_i - \sum_{k=1}^{i-1} v_{ik} y_k}{v_{ii}}, \quad i = 1, \dots, n,$$

$$x_i = \frac{y_i - \sum_{k=i+1}^{n} v_{ki} x_k}{v_{ii}}, \quad i = n, n-1, \dots, 1.$$

Diese Rechnung besteht aus n^2 Multiplikationen und $2n$ Divisionen. Die Cholesky-Zerlegung erfordert etwa $n^3/6$ Multiplikationen und n Quadratwurzelberechnungen. Das Cholesky-Verfahren kommt also mit erheblich weniger Operationen aus als der Gaußsche Algorithmus.

Beispiel 11.4
Wir lösen das das System $Ax = b$ mit

$$A = \begin{pmatrix} 5 & 3 & 2 & 1 \\ 3 & 5 & 1 & 2 \\ 2 & 1 & 5 & 3 \\ 1 & 2 & 3 & 5 \end{pmatrix}, \quad b = \begin{pmatrix} 1 \\ 2 \\ 3 \\ 4 \end{pmatrix},$$

nach dem Cholesky-Verfahren. Zunächst überzeugen wir uns davon, daß alle Hauptdeterminanten positiv sind:

```
a = {{5,3,2,1}, {3,5,1,2}, {2,1,5,3}, {1,2,3,5}};

Det[{{5,3}, {3,5}}]
16

Det[{{5,3,2}, {3,5,1}, {2,1,5}}]
67

Det[a]
165
```

Das Cholesky-Verfahren setzen wir mit folgendem Programm um:

```
a = {{5,3,2,1}, {3,5,1,2}, {2,1,5,3}, {1,2,3,5}};
b = {1,2,3,4};
y = b; n = Length[a]; v = a; x = b;
Do[ Do[ v[[i,j]] = 0, {i,n}], {j,n}];
Do[ v[[i,i]]= Sqrt[a[[i,i]]- Sum[v[[i,k]]^2, {k,i-1}]]];
Do[ v[[j,i]]= (a[[j,i]]-Sum[v[[j,k]]*v[[i,k]], {k,i-1}])/
               v[[i,i]], {j,i+1,n}], {i,n}];
Print[MatrixForm[v]];

Do[ y[[i]]=(b[[i]]-Sum[v[[i,k]]*y[[k]], {k,i-1}])/v[[i,i]],
                                            {i,n}];
Do[i=n-j+1; x[[i]]=(y[[i]]-Sum[v[[k,i]]*x[[k]],
              {k,i+1,n}])/v[[i,i]],
                                      {j,n}];

Print[x]
```

Wir geben die Zerlegungsmatrix V:

$$
\begin{array}{cccc}
\text{Sqrt}[5] & 0 & 0 & 0 \\[1ex]
\dfrac{3}{\text{Sqrt}[5]} & \dfrac{4}{\text{Sqrt}[5]} & 0 & 0 \\[2ex]
\dfrac{2}{\text{Sqrt}[5]} & \dfrac{-1}{4\,\text{Sqrt}[5]} & \dfrac{\text{Sqrt}[67]}{4} & 0 \\[2ex]
\dfrac{1}{\text{Sqrt}[5]} & \dfrac{7}{4\,\text{Sqrt}[5]} & \dfrac{43}{4\,\text{Sqrt}[67]} & \text{Sqrt}\!\left[\dfrac{165}{67}\right]
\end{array}
$$

und die Lösung aus:

$$\left\{ -\left(\frac{23}{165}\right), \ \frac{32}{165}, \ \frac{43}{165}, \ \frac{98}{165} \right\}$$

Zum Vergleich berechnen wir die Lösung mit `LinearSolve`:

```
LinearSolve[a, b]
```

$$\left\{-\left(\frac{23}{165}\right),\ \frac{32}{165},\ \frac{43}{165},\ \frac{98}{165}\right\}$$

11.3   Iterative Verfahren

Die bisherigen Verfahren zur Lösung eines linearen Gleichungssystems wie die Gauß-Elimination oder das Cholesky-Verfahren fallen in die Klasse der direkten Verfahren, die nach endlich vielen Schritten die exakte Lösung des Systems liefern. Bei den iterativen Verfahren hat man eine Folge von Näherungslösungen, die gegen die exakte Lösung konvergieren. Oft reicht die Durchführung weniger Iterationsschritte aus, um eine Näherungslösung mit gewünschter Genauigkeit zu bekommen.

Wir betrachten zunächst eine *Fixpunktgleichung*:

Fixpunktgleichung

$$x = B\,x + c$$

mit einer $n \times n$-Matrix B und einem Spaltenvektor c. Mit Hilfe der Schrittfunktion

$$\varphi(x) = B\,x + c$$

konstruieren wir eine Iterationsfolge:

$$x^{(k+1)} = \varphi(x^{(k)})\,,$$

wobei $x^{(0)}$ ein beliebiger Startvektor ist. Ziel ist es nun, Bedingungen dafür anzugeben, daß die Iterationsfolge gegen einen Fixpunkt konvergiert.

Geht man von dem System:

$$A\,x = b$$

zur äquivalenten Fixpunktgleichung:

$$x = x + b - A\,x = (E - A)\,x + b$$

über, so kann man versuchen, diese Gleichung iterativ durch *Richardson-Iteration*:

Richardson-Iteration

$$x^{(k+1)} = \varphi(x^{(k)}) = (E - A)\,x^{(k)} + b\,, \quad k \geq 0,$$

zu lösen, wobei $x^{(0)}$ beliebig gewählt werden kann.

Beispiel 11.5

Wir betrachten das Gleichungssystem:

$$\frac{7}{8} x_1 + \frac{1}{14} x_2 - \frac{1}{3} x_3 = 1$$

$$\frac{1}{6} x_1 + \frac{3}{4} x_2 + \frac{1}{7} x_3 = 1$$

$$-\frac{1}{3} x_1 + \frac{1}{12} x_2 + \frac{8}{9} x_3 = 1.$$

Wir gehen zur Fixpunktgleichung $x = (E - A)x + b$ mit:

$$A = \begin{pmatrix} \frac{7}{8} & \frac{1}{14} & \frac{1}{3} \\ \frac{1}{6} & \frac{3}{4} & \frac{1}{7} \\ -\frac{1}{3} & \frac{1}{12} & \frac{8}{9} \end{pmatrix}, \quad b = \begin{pmatrix} 1 \\ 1 \\ 1 \end{pmatrix}$$

über und berechnen vom Startwert $(0, 0, 0)$ ausgehend zehn Richardson-Iterierte:

```
a = {{7/8,1/14,1/3},{1/6,3/4,1/7},{-1/3,1/12,8/9}};
b = {1, 1, 1};
n = Length[a];
c = IdentityMatrix[n] - a;
xk = Table[0, {n}];
Do[xk=b+c.xk;
    Print[k,"-te Iterierte = ", N[xk]],{k,1,10}]

1-te Iterierte = {1., 1., 1.}
2-te Iterierte = {0.720238, 0.940476, 1.36111}
3-te Iterierte = {0.569149, 0.920635, 1.31294}
4-te Iterierte = {0.567737, 0.947738, 1.25888}
5-te Iterierte = {0.583645, 0.962472, 1.25014}
6-te Iterierte = {0.587493, 0.964752, 1.25325}
7-te Iterierte = {0.586777, 0.964237, 1.25468}
8-te Iterierte = {0.586245, 0.964022, 1.25465}
9-te Iterierte = {0.586206, 0.964063, 1.25449}
10-te Iterierte = {0.586252, 0.964103, 1.25445}
```

Wir vergleichen mit der Lösung, die von `LinearSolve` berechnet wird:

```
x=LinearSolve[a,b]; Print[x,"=",N[x]]

 1784   26404   11452
{----, -----, -----}={0.586264, 0.964107, 1.25446}
 3043   27387   9129
```

Offenbar erhalten wir in diesem Beispiel eine gute Näherung durch die Richardson-Iteration.

Bevor wir uns der Konvergenzfrage bei iterativen Verfahren zuwenden, stellen wir einige Grundlagen bereit. Wir hatten bereits beim Existenz-und Eindeutigkeitssatz für Systeme (Satz 3.6) die Maximumsnorm im $\mathbb{R}^n$ benutzt. Es gibt viele Möglichkeiten im $\mathbb{R}^n$ eine Norm zu erklären. Drei der gebräuchlichsten Normen im $\mathbb{R}^n$ sind:

Normen im $\mathbb{R}^n$

$$\| x \|_\infty = \max_{1 \leq i \leq n} |x_i|, \quad \text{(Maximumsnorm)},$$

$$\| x \|_1 = \sum_{i=1}^{n} |x_i|, \quad \text{(Summennorm)},$$

$$\| x \|_2 = \sqrt{\left(\sum_{i=1}^{n} |x_i|^2 \right)}, \quad \text{(Euklidische Norm)}.$$

Alle diese Normen erfüllen die *Norm-Axiome*:

Norm-Axiome

1.) $\| x \| \geq 0$ für alle $x \in \mathbb{R}^n$,

2.) $\| x \| = 0 \implies x = 0$,

3.) $\| \alpha x \| = |\alpha| \, \| x \|$ für alle $x \in \mathbb{R}^n$ und $\alpha \in \mathbb{R}$,

4.) $\| x + y \| \leq \| x \| + \| y \|$ für alle $x, y \in \mathbb{R}^n$, (Dreiecksungleichung).

Im $\mathbb{R}^n$ sind alle Normen äquivalent:

$$||x||_\mu \leq c_\nu \, ||x||_\nu$$

für alle x mit einer Konstanten $c_\nu > 0$. Konvergenz einer Folge bezüglich der einen Norm zieht Konvergenz bezüglich der anderen Norm nach sich.

Bei der Matrixexponentialfunktion in Satz 5.4 haben wir bereits eine Matrixnorm benutzt. Es gibt wiederum verschiedene Matrixnormen. Drei der gebräuchlichsten *Matrixnormen* für reelle $(n \times n)$-Matrizen $A = (a_{ik})$ sind:

$$\| A \|_{\infty} = \max_{1 \le i \le n} \sum_{k=1}^{n} |a_{ik}|, \ \text{(Zeilensummennorm)},$$

$$\| A \|_{1} = \max_{1 \le k \le n} \sum_{i=1}^{n} |a_{ik}|, \ \text{(Spaltensummennorm)},$$

$$\| A \|_{2} = \sqrt{\sum_{i,k=1}^{n} |a_{ik}|^2}, \ \text{(Euklidische Norm)}.$$

Matrixnormen für reelle $(n \times n)$-Matrizen

Diese Matrixnormen erfüllen nun alle die *Matrixnorm-Axiome*:

1.) $\| A \| \ge 0$ für alle A,

2.) $\| A \| = 0 \implies A = 0$,

3.) $\| \alpha A \| = |\alpha| \ \| A \|$ für alle A und $\alpha \in \mathbb{R}$,

4.) $\| A + B \| \le \| A \| + \| B \|$ für alle A, B, (Dreiecksungleichung),

5.) $\| A B \| \le \| A \| \| B \|$.

Matrixnorm-Axiome

Bemerkung 11.1 Die oben angegebenen Matrixnormen besitzen die Eigenschaft der *Verträglichkeit* mit der entsprechenden (Vektor)-Norm:

$$\| A x \| \le \| A \| \ \| x \|$$

Verträglichkeit von Normen

für alle Matrizen A und Vektoren x.

Es gilt also:

$$\| A x \|_j \le \| A \|_j \ \| x \|_j$$

für alle Matrizen A und Vektoren x und $j = \infty, 1, 2$.

Zum Nachweis der eindeutigen Lösbarkeit von Fixpunktgleichungen und der Konvergenz iterativer Verfahren machen wir folgende Voraussetzungen: Sei B eine $n \times n$-Matrix mit Elementen aus $\mathbb{R}$ und $c \in \mathbb{R}^n$ ein Spaltenvektor. Die Funktion

$$\varphi(x) = B x + c$$

erfülle die Lipschitzbedingung

$$\| \varphi(x) - \varphi(\tilde{x}) \| \le L \| x - \tilde{x} \|, \quad 0 \le L < 1$$

für alle $x, \tilde{x} \in \mathbb{R}^n$ (bezüglich einer Vektornorm $\| \cdot \|$).

Satz 11.2 (Fixpunktsatz)
Die Fixpunktgleichung:

$$x = \varphi(x)$$

besitzt unter den gemachten Voraussetzungen genau eine Lösung
$\bar{x} \in \mathbb{R}^n$.
Wird mit einem beliebigen Startvektor $x^{(0)} \in \mathbb{R}^n$ eine Iterations-
folge $x^{(k+1)} = \varphi(x^{(k)})$ erklärt, so gilt:

$$\lim_{k \to \infty} x^{(k)} = \bar{x}.$$

Ferner gilt die a posteriori-Fehlerabschätzung:

$$\| x^{(k)} - \bar{x} \| \leq \frac{L}{1 - L} \| x^{(k)} - x^{(k-1)} \|, \quad k \geq 1,$$

und die a priori-Fehlerabschätzung:

$$\| x^{(k)} - \bar{x} \| \leq \frac{L^k}{1 - L} \| x^{(1)} - x^{(0)} \|, \quad k \geq 1,$$

Fixpunktsatz
A posteriori-Fehlerabschätzung
A priori-Fehlerabschätzung

Beweis: Wir zeigen zuerst, daß die Fixpunktgleichung höchstens eine Lösung besitzen kann. Wir nehmen an, es gäbe zwei Lösungen
$\bar{x}_1 \neq \bar{x}_2$. Aus

$$\bar{x}_1 = \varphi(\bar{x}_1), \quad \bar{x}_2 = \varphi(\bar{x}_2)$$

bekommen wir mit der Lipschitzbedingung:

$$\| \bar{x}_1 - \bar{x}_2 \| = \| \varphi(\bar{x}_1) - \varphi(\bar{x}_2) \| \leq L \| \bar{x}_1 - \bar{x}_2 \|$$

und daraus

$$\| \bar{x}_1 - \bar{x}_2 \| (1 - L) \leq 0.$$

Wegen $0 \leq L < 1$ kann diese Ungleichung nur für $\| \bar{x}_1 - \bar{x}_2 \| =$
0 erfüllt sein. Das heißt, es wäre $\bar{x}_1 = \bar{x}_2$ im Widerspruch zur
Annahme.
Aus $x^{(k+1)} = \varphi(x^{(k)})$ und $\bar{x} = \varphi(\bar{x})$ ergibt sich mit der Lipschitzbedingung:

$$\begin{aligned}
\| x^{(k+1)} - \bar{x} \| &\leq L \| x^{(k)} - \bar{x} \| \\
&\leq L^2 \| x^{(k-1)} - \bar{x} \| \\
&\cdots \\
&\leq L^{k+1} \| x^{(0)} - \bar{x} \|.
\end{aligned}$$

Da $\lim_{k \to \infty} L^k = 0$ für $0 \leq L < 1$ ist, folgt

$$\lim_{k\to\infty} \parallel x^{(k+1)} - \bar{x} \parallel = 0\,.$$

Damit konvergiert die Iterationsfolge. Für beliebiges k bekommen wir schließlich:

$$\parallel \bar{x} - \varphi(\bar{x}) \parallel \,\leq\, \parallel \bar{x} - x^{(k+1)} \parallel + \parallel x^{(k+1)} - \varphi(\bar{x}) \parallel\,,$$

bzw.

$$\parallel \bar{x} - \varphi(\bar{x}) \parallel \,\leq\, \parallel \bar{x} - x^{(k+1)} \parallel + L \parallel x^{(k)} - \bar{x} \parallel$$

und daraus die Fixpunkteigenschaft.

Mit der Lipschitzbedingung leitet man die Ungleichungen her:

$$\begin{aligned}
\parallel x^{(k+1)} - x^{(k)} \parallel \;&\leq\; L \parallel x^{(k)} - x^{(k-1)} \parallel\,,\\
\parallel x^{(k+2)} - x^{(k+1)} \parallel \;&\leq\; L \parallel x^{(k+1)} - x^{(k)} \parallel\,,\\
&\leq\; L^2 \parallel x^{(k)} - x^{(k-1)} \parallel\,,\\
&\;\;\vdots\\
\parallel x^{(k+m)} - x^{(k+m-1)} \parallel \;&\leq\; L^m \parallel x^{(k)} - x^{(k-1)} \parallel\,.
\end{aligned}$$

Nun benützen wir die Dreiecksungleichung und bekommen:

$$\begin{aligned}
\parallel x^{(k+m)} - x^{(k)} \parallel \;&=\; \left\|\, \sum_{j=0}^{m} \left(x^{(k+j+1)} - x^{(k+j)}\right) \right\|\\[2mm]
&\leq\; \sum_{j=1}^{m} L^j \parallel x^{(k)} - x^{(k-1)} \parallel\\[2mm]
&=\; \left(L \sum_{j=0}^{m-1} L^j \right) \parallel x^{(k)} - x^{(k-1)} \parallel\\[2mm]
&=\; L\frac{1 - L^m}{1 - L} \parallel x^{(k)} - x^{(k-1)} \parallel\\[2mm]
&\leq\; \frac{L}{1 - L} \parallel x^{(k)} - x^{(k-1)} \parallel\,.
\end{aligned}$$

Hieraus ergibt sich unmittelbar:

$$\parallel x^{(k+m)} - x^{(k)} \parallel \,\leq\, \frac{L^k}{1 - L} \parallel x^{(1)} - x^{(0)} \parallel\,.$$

Lassen wir bei festem k und $m \to \infty$ gehen, so folgt die a posteriori-Fehlerabschätzung

$$\parallel x^{(k)} - x \parallel \,\leq\, \frac{L}{1 - L} \parallel x^{(k)} - x^{(k-1)} \parallel$$

und wiederum unmittelbar die a priori-Fehlerabschätzung. $\square$
Offenbar können wir eine Lipschitzbedingung für die Schrittfunktion φ gewährleisten, wenn

$$\| B \| \le L < 1$$

gilt, und die gewählte Matrixnorm $\| B \|$ mit der gewählten (Vektor)-Norm $\| x \|$ verträglich ist, (Bemerkung 11.1).

Beispiel 11.6

Wir betrachten erneut die Richardson-Iteration aus Beispiel 11.5: $\varphi(x) = B x + b$ mit der 3×3-Matrix:

$$B = E - A = \begin{pmatrix} -\frac{1}{8} & \frac{1}{14} & \frac{1}{3} \\ \frac{1}{6} & -\frac{1}{4} & \frac{1}{7} \\ -\frac{1}{3} & \frac{1}{12} & -\frac{1}{9} \end{pmatrix}$$

und dem Vektor:

$$b = \begin{pmatrix} 1 \\ 1 \\ 1 \end{pmatrix}.$$

Wir berechnen die Zeilensummen-, die Spaltensummen- und die Euklidische Norm der Matrix B:

```
a = {{7/8,1/14,1/3},{1/6,3/4,1/7},{-1/3,1/12,8/9}};
B = IdentityMatrix[3] - a;

Do[zsum=Sum[Abs[B[[i,k]]],{k,3}];Print[zsum],{i,3}]
```

```
89
---
168

47
--
84

19
--
36
```

Also: $\qquad\qquad\qquad\qquad \|B\|_\infty = \dfrac{89}{168}.$

```
Do[ssum=Sum[Abs[B[[i,k]]],{i,3}];Print[ssum],{k,3}]
```

```
5
-
8

17
--
42

37
--
63
```

Also: $\qquad\qquad\qquad\qquad \|B\|_1 = \dfrac{5}{8}.$

```
Sqrt[Sum[B[[i,k]]^2,{i,3},{k,3}]]
```

```
317
---
504
```

Also:

$$\|B\|_2 = \frac{317}{504}$$

und

$$\|B\|_\infty < \|B\|_2 < \|B\|_1 \, .$$

Nach Satz 11.2 konvergiert das Richardson-Verfahren. Mit $\|x^{(1)} - x^{(0)}\|_\infty = 1$ und

```
L=89/168;
L^10/(1-L)
```

```
 31181719929966183601
----------------------
8421910596579043049472
```

```
%//N
```

```
0.003702452023491215
```

ergibt die a priori-Fehlerabschätzung:

$$\|x^{(10)} - \bar{x}\|_\infty \leq 0.003702452023491215 \, .$$

11.4   Jacobi-, Gauß-Seidel- und SOR-Verfahren

Löst man jeweils die i-te Gleichung nach x_i auf, so ergibt sich ein weiteres einfaches Iterationsverfahren zur numerischen Lösung des Systems $Ax = b$. Wir setzen voraus, daß kein Diagonalelement a_{ii} verschwindet, (oder daß wir durch Zeilenvertauschungen dafür gesorgt haben). Dann kann das System in die lösungsäquivalente Form:

$$x_1 \;=\; -\frac{1}{a_{11}}(a_{12}\,x_2 + a_{13}\,x_3 + \cdots + a_{1n}\,x_n) + \frac{b_1}{a_{11}},$$

$$\vdots$$

$$x_i \;=\; -\frac{1}{a_{ii}}(a_{i1}\,x_1 + \cdots + a_{i,i-1}\,x_{i-1} + a_{i,i+1}\,x_{i+1}$$

$$+ \cdots + a_{in}\,x_n) + \frac{b_i}{a_{ii}},$$

$$\vdots$$

$$x_n \;=\; -\frac{1}{a_{nn}}(a_{n1}\,x_1 + a_{n2}\,x_2 + \cdots + a_{n,n-1}\,x_{n-1}) + \frac{b_n}{a_{nn}}$$

gebracht werden, bzw.:

$$x_i = - \sum_{k=1, k \neq i}^{n} \frac{a_{ik}}{a_{ii}} x_k + \frac{b_i}{a_{ii}}, \quad i = 1, \dots, n.$$

Zur iterativen Lösung gehen wir nun vor nach dem *Jacobi-Verfahren*:

Jacobi-Verfahren

$$x^{(k+1)} = B\, x^{(k)} + c.$$

mit $B = (b_{ik})_{i,k=1,\dots,n}$:

$$b_{ik} = \begin{cases} \dfrac{a_{ik}}{a_{ii}}, & i \neq k \\ 0, & i = k \end{cases} \quad , \quad i, k = 1, \dots, n$$

und $c = (c_1, \dots, c_n)$:

$$c_i = \frac{b_i}{a_{ii}}, \quad i = 1, \dots, n.$$

Nach Satz 11.2 und Bemerkung 11.1 ist eine der drei folgenden Bedingungen hinreichend für die Konvergenz des Jacobi-Verfahrens:

$$\| B \|_\infty = \max_{1 \leq i \leq n} \sum_{k=1, k \neq i}^{n} \left| \frac{a_{ik}}{a_{ii}} \right| \leq L_\infty < 1,$$

$$\| B \|_1 = \max_{1 \leq k \leq n} \sum_{i=1, i \neq k} \left| \frac{a_{ik}}{a_{ii}} \right| \leq L_1 < 1,$$

$$\| B \|_2 = \sqrt{\sum_{\substack{i,k=1 \\ i \neq k}}^{n} \left(\frac{a_{ik}}{a_{ii}} \right)^2} \leq L_2 < 1.$$

Beispiel 11.7

Wir betrachten das lineare Gleichungssystem:

$$\begin{aligned} 10\,x_1 + 2\,x_2 + x_3 &= 13, \\ x_1 + 10\,x_2 + 2\,x_3 &= 13, \\ 2\,x_1 + x_2 + 10\,x_3 &= 13. \end{aligned}$$

mit der exakten Lösung $x^T = (1, 1, 1)$. Für das Jacobi-Verfahren:

$$x_1 = -\frac{2}{10}x_2 - \frac{1}{10}x_3 + \frac{13}{10},$$

$$x_2 = -\frac{1}{10}x_1 - \frac{2}{10}x_3 + \frac{13}{10},$$

$$x_3 = -\frac{2}{10}x_1 - \frac{1}{10}x_2 + \frac{13}{10}.$$

erhalten wir eine Lipschitzbedingung in der Maximumsnorm:

$$\max_{1\leq i\leq 3}\sum_{k=1,i\neq k}^{n}\left|\frac{a_{ik}}{a_{ii}}\right| = 0.3 \leq L_\infty < 1.$$

Wir implementieren das Jacobi-Verfahren mit dem folgenden *Mathematica*-Programm und benutzen den Startvektor $x_0^T = (0, 0, 0)$. Außerdem lassen wir das Programm die Maximunsnorm der Differenz zweier aufeinander folgender Jacobi-Iterierter ausgeben:

```
a = {{10,2, 1}, {1,10,2}, {2,1,10}}; b = {13, 13, 13};
n = Length[a]; ncount = 0; c = b; bb = a; epsit = 10;
eps = 10^-5; xk0 = Table[0, {n}]; xk = Table[10,{n}];
Do[ c[[i]] = b[[i]]/a[[i,i]];
Do[ bb[[i,k]]=If[i!=k,-a[[i,k]]/a[[i,i]], 0],{k,n}],{i,n}];
While[epsit>eps||ncount <= 10, xk = bb . xk0 + c; ncount++;
Print[ncount,"-te Jacobi-Iterierte = ", N[xk]];
epsit = Abs[Max[xk-xk0]]; Print["epsk = ", N[epsit]];
xk0 = xk];
```

Anhand der folgenden numerischen Ergebnisse ersieht man, daß die Folge $x^{(k)}$ konvergiert:

```
1-te Jacobi-Iterierte = {1.3, 1.3, 1.3}
epsk = 1.3
2-te Jacobi-Iterierte = {0.91, 0.91, 0.91}
epsk = 0.39
3-te Jacobi-Iterierte = {1.027, 1.027, 1.027}
epsk = 0.117
4-te Jacobi-Iterierte = {0.9919, 0.9919, 0.9919}
epsk = 0.0351
5-te Jacobi-Iterierte = {1.00243, 1.00243, 1.00243}
epsk = 0.01053
6-te Jacobi-Iterierte = {0.999271, 0.999271, 0.999271}
epsk = 0.003159
7-te Jacobi-Iterierte = {1.00022, 1.00022, 1.00022}
epsk = 0.0009477
8-te Jacobi-Iterierte = {0.999934, 0.999934, 0.999934}
epsk = 0.00028431
9-te Jacobi-Iterierte = {1.00002, 1.00002, 1.00002}
epsk = 0.000085293
10-te Jacobi-Iterierte = {0.999994, 0.999994, 0.999994}
epsk = 0.0000255879
11-te Jacobi-Iterierte = {1., 1., 1.}
                    -6
epsk = 7.67637 10
```

Gesamtschrittverfahren

Das Richardson-Verfahren und das Jacobi-Verfahren gehören zur Klasse der *Gesamtschrittverfahren* . Alle Komponenten von $x^{(k+1)}$ werden in einem Rechenschritt ermittelt und dann im nächsten Schritt verwendet. Das Jacobi-Verfahren konvergiert relativ langsam. Eine Verbesserung in dieser Hinsicht bekommt man mit dem *Gauss-Seidel-Verfahren*. Wir schreiben das System $Ax = b$ in der Form:

$$x = B\,x + c$$

wie beim Jacobi-Verfahren und iterieren:

$$x^{(k+1)} = B_r\,x^{(k)} + B_l\,x^{(k+1)} + c\,,$$

wobei:

$$B_r = \begin{pmatrix} 0 & b_{12} & b_{13} & \ldots & b_{1n} \\ 0 & 0 & b_{23} & \ldots & b_{2n} \\ \ldots & \ldots & \ldots & \ldots & \ldots \\ \ldots & \ldots & \ldots & \ldots & b_{n-1,n} \\ 0 & 0 & \ldots & \ldots & 0 \end{pmatrix},$$

$$B_l = \begin{pmatrix} 0 & 0 & \ldots & \ldots & 0 \\ b_{21} & 0 & \ldots & \ldots & 0 \\ \ldots & \ldots & \ldots & \ldots & 0 \\ \ldots & \ldots & \ldots & \ldots & 0 \\ b_{n1} & b_{n2} & \ldots & b_{n,n-1} & 0 \end{pmatrix}.$$

In Komponentenschreibweise lautet die Iterationsvorschrift:

Gauss-Seidel-Verfahren

$$x_i^{(k+1)} = -\sum_{j=i+1}^{n} \frac{a_{ij}}{a_{ii}} x_j^{(k)} - \sum_{j=1}^{i-1} \frac{a_{ij}}{a_{ii}} x_j^{(k+1)} + \frac{b_i}{a_{ii}},$$

$$i = 1, \ldots, n, \quad k = 0, 1, 2, \ldots .$$

Einzelschrittverfahren

Beim Gauß-Seidel-Verfahren werden die bereits berechneten Komponenten $x_1^{(k+1)}, \ldots, x_{i-1}^{(k+1)}$ der $(k+1)$-ten Iterierten in die Berechnung der Komponenten $x_i^{(k+1)}$ eingegeben. Man spricht hier von einem *Einzelschrittverfahren*.

Beispiel 11.8

Wir betrachten wieder das System aus Beispiel 11.7 und suchen eine Näherungslösung mit dem Gauß-Seidel-Verfahren.

Das Gauß-Seidel-Verfahren setzen wir mit dem folgenden *Mathematica*-Programm um und geben wieder die Maximumsnorm der Differenz zweier aufeinander folgender Iterierter aus:

```
a = {{10,2, 1}, {1,10,2}, {2,1,10}}; b = {13, 13, 13};
n = Length[a]; ncount = 0; c = b; bb = a; epsit = 10;
eps = 10^-10; xk0 = Table[0, {n}]; xk = Table[10,{n}];
Do[ c[[i]] = b[[i]]/a[[i,i]];
   Do[ bb[[i,k]] = If[i!=k,-a[[i,k]]/a[[i,i]], 0],{k,n}],
                                             {i,n}];
While[epsit > eps || ncount <= 4,
Do[salt = Sum[bb[[i,j]]*xk0[[j]], {j,i+1,n}];
sneu = Sum[bb[[i,j]]*xk[[j]], {j,i-1}];
xk[[i]] = c[[i]] + salt + sneu, {i,n}];
ncount++;
Print[ncount,"-te Iterierte = ", N[xk]];
epsit = Abs[Max[xk-xk0]]; Print["epsk = ", N[epsit]];
xk0 = xk];
x = LinearSolve[a, b]; Print["x = ",x, " = ", N[x]];
```

Das Programm liefert folgende numerische Ergebnisse:

```
1-te Iterierte = {1.3, 1.17, 0.923}
epsk = 1.3
2-te Iterierte = {0.9737, 1.01803, 1.00346}
epsk = 0.080457
3-te Iterierte = {0.996048, 0.999704, 1.00082}
epsk = 0.0223483
4-te Iterierte = {0.999977, 0.999838, 1.00002}
epsk = 0.00392895
5-te Iterierte = {1.00003, 0.999993, 0.999995}
epsk = 0.000154546
6-te Iterierte = {1., 1., 1.}
                      -6
epsk = 8.04212 10
7-te Iterierte = {1., 1., 1.}
                      -7
epsk = 4.95002 10
8-te Iterierte = {1., 1., 1.}
                      -7
epsk = 1.02876 10
9-te Iterierte = {1., 1., 1.}
                      -8
epsk = 2.28223 10
10-te Iterierte = {1., 1., 1.}
                      -10
epsk = 8.53482 10
11-te Iterierte = {1., 1., 1.}
                      -11
epsk = 5.31789 10
x = {1, 1, 1} = {1., 1., 1.}
```

Offensichtlich konvergiert das Gauß-Seidel-Verfahren bei diesem Beispiel
schneller gegen die exakte Lösung als das Jacobi-Verfahren.

Führt man einen *Relaxationsparameter* ω ein, so gelangt man vom
Gauß-Seidel-Verfahren zum *SOR-Verfahren* (successive overrelaxa-
tion):

SOR-Verfahren
Relaxationsparameter

$$
\begin{aligned}
x_i^{(k+1)} &= (1 - \omega)\, x_i^{(k)} \\
&\quad - \frac{\omega}{a_{ii}} \left(\sum_{j=1}^{i-1} a_{ij} x_j^{(k+1)} + \sum_{j=i+1}^{n} a_{ij} x_j^{(k)} - b_i \right), \\
&\quad i = 1, 2, \ldots, n, \quad k = 0, 1, 2, \ldots.
\end{aligned}
$$

Für $\omega = 1$ erhält man das Gauß-Seidel-Verfahren aus dem SOR-Verfahren. Durch geschickte Wahl des Relaxationsparameters kann die Konvergenzgeschwindigkeit erheblich gesteigert werden.

Beispiel 11.9

Wir betrachten erneut das System aus Beispiel 11.7 und suchen nun eine Näherungslösung mit dem SOR-Verfahren.

Wir implementieren das SOR-Verfahren wie folgt mit *Mathematica*:

```
a = {{10,2, 1}, {1,10,2}, {2,1,10}}; b = {13, 13, 13};
eps = 10^-10; omega = 1.01;
n = Length[a]; ncount = 0; c = b; bb = a;
xk0 = Table[0, {n}]; xk = Table[10,{n}]; epsit = 10;
Do[ c[[i]] = b[[i]]/a[[i,i]];
Do[ bb[[i,k]]=If[i!=k,-a[[i,k]]/a[[i,i]], 0],{k,n}],{i,n}];
While[epsit > eps || ncount <= 4,
Do[salt = Sum[bb[[i,j]]*xk0[[j]], {j,i+1,n}];
sneu = Sum[bb[[i,j]]*xk[[j]], {j,i-1}];
xk[[i]]=(1-omega)*xk0[[i]]+omega*(c[[i]]+salt+sneu),{i,n}];
ncount++;
Print[ncount,"-te Iterierte = ", N[xk]];
epsit = Abs[Max[xk-xk0]]; Print["epsk = ", N[epsit]];
xk0 = xk];
x = LinearSolve[a, b]; Print["x = ",x, " = ", N[x]];
```

Bei $\omega = 1.01$ liefert das Programm folgende numerische Ergebnisse, wobei die Differenz zweier aufeinander folgender Iterierter mit ausgegeben wird:

```
1-te Iterierte = {1.313, 1.18039, 0.928555}
epsk = 1.313
2-te Iterierte = {0.967648, 1.0159, 1.00564}
epsk = 0.0770892
3-te Iterierte = {0.996543, 0.99905, 1.00074}
epsk = 0.0288948
4-te Iterierte = {1.00015, 0.999845, 0.999978}
epsk = 0.00360937
5-te Iterierte = {1.00003, 1., 0.999993}
epsk = 0.000157744
6-te Iterierte = {1., 1., 1.}
                        -6
epsk = 6.51395 10
7-te Iterierte = {1., 1., 1.}
                        -8
epsk = 7.13271 10
8-te Iterierte = {1., 1., 1.}
```

```
                       -7
epsk = 2.55229 10
9-te Iterierte = {1., 1., 1.}
                       -9
epsk = 9.47293 10
10-te Iterierte = {1., 1., 1.}
                       -10
epsk = 5.02916 10
11-te Iterierte = {1., 1., 1.}
                       -11
epsk = 2.64045 10
x = {1, 1, 1} = {1., 1., 1.}
```

Mathematica-Befehle

Sachwortverzeichnis

Inhalt der weiteren Bände

Differentialgleichungen mit Mathematica

von Walter Strampp und Victor Ganzha

1995. VIII, 187 Seiten mit zahlreichen Abbildungen und Beispielen.
Kartoniert.
ISBN 3-528-06618-0

Aus dem Inhalt: Differentialgleichungen erster Ordnung - Differentialgleichungssysteme erster Ordnung - Lineare Differentialgleichungen mit konstanten Koeffizienten - Partielle Differentialgleichungen erster Ordnung - Lineare Partielle Differentialgleichungen zweiter Ordnung

Differentialgleichungen spielen in den Naturwissenschaften und der Technik eine bedeutende Rolle, da viele Modelle mit ihrer Hilfe formuliert werden. Für die exakte Lösung dieser Gleichungen gibt es ausgefeilte mathematische Methoden, die in dem Computeralgebra-System Mathematica verfügbar sind. Das Buch enthält einerseits eine Einführung in die Theorie der gewöhnlichen und partiellen Differentialgleichungen und beschreibt andererseits, wie sich Mathematica zur Lösung dieser Gleichungen einsetzen läßt. Die theoretischen Ergebnisse werden in algorithmischer Form angegeben und mit vielen Beispielen ergänzt, die auch die graphischen Fähigkeiten von Mathematica ausnutzen.

Mathematica griffbereit Version 2

von Nancy Blachman

Aus dem Amerik. übersetzt von Carsten Herrmann und Uwe Krieg.
1993. VI, 312 Seiten. Kartoniert.
ISBN 3-528-06524-9

Aus dem Inhalt: Über Mathematica - Aufgliederung nach Kategorie - Vollständige Liste der Anweisungen - Mitgelieferte Pakete - Elektronische Information - Benutzeroberfläche - Glossar - Hilfe.

Mathematica ist momentan das wichtigste Programmpaket, um mathematische Berechnungen exakt (und nicht numerisch) auf einem Computer auszuführen. Das Buch bietet eine vollständige Beschreibung aller Befehle und Datentypen, sowohl nach Funktionsgruppen als auch alphabetisch geordnet.

Über die Autorin:
Nancy Blachmann war am Entwurf des Mathematica-Systems beteiligt. Von ihr stammt das Help-System in Mathematica.

Verlag Vieweg · Postfach 1547 · 65005 Wiesbaden · Fax (0611) 78 78-420